Besonderheiten bei der Bewertung von KMU

Susann Ihlau · Hendrik Duscha

Besonderheiten bei der Bewertung von KMU

Planungsplausibilisierung, Steuern, Kapitalisierung

2., aktualisierte Auflage

Springer Gabler

Susann Ihlau
Düsseldorf, Deutschland

Hendrik Duscha
Düsseldorf, Deutschland

ISBN 978-3-658-18674-6 ISBN 978-3-658-18675-3 (eBook)
https://doi.org/10.1007/978-3-658-18675-3

Die Deutsche Nationalbibliothek verzeichnet diese Publikation in der Deutschen Nationalbibliografie; detaillierte bibliografische Daten sind im Internet über http://dnb.d-nb.de abrufbar.

Springer Gabler

Springer Gabler ist ein Imprint der eingetragenen Gesellschaft Springer Fachmedien Wiesbaden GmbH und ist ein Teil von Springer Nature
Die Anschrift der Gesellschaft ist: Abraham-Lincoln-Str. 46, 65189 Wiesbaden, Germany

Vorwort zur 2. Auflage

Es sind inzwischen fünf Jahre seit dem Erscheinen der ersten Auflage unseres Buches vergangen. Wir haben uns weiterhin intensiv in der Praxis mit der Bewertung von KMU beschäftigt und erheblich an Erfahrung hinzugewonnen. Diese neuen Erkenntnisse sind in die zweite Auflage eingeflossen.

Aber auch in der Literatur und Facharbeit des IDW gibt es wesentliche neue Publikationen zur Bewertung von KMU. Zu verweisen ist hier insbesondere auf den IDW Praxishinweis 1/2014 zu Besonderheiten bei der Ermittlung eines objektivierten Unternehmenswertes kleiner und mittelgroßer Unternehmen, den IDW Standard S 13 zu Besonderheiten bei der Unternehmensbewertung zur Bestimmung von Ansprüchen im Familien- und Erbrecht, den IDW Praxishinweis 2/2017 zur Beurteilung einer Unternehmensplanung bei Bewertung, Restrukturierungen, Due Diligence und Fairness Opinion sowie das Kapitel zu Besonderheiten bei der Bewertung von kleinen und mittelgroßen Unternehmen im WP Handbuch Bewertung und Transaktionsberatung. Diese neuen Verlautbarungen haben ihren Eingang in die 2. Auflage dieses Buches gefunden.

Seit der Novellierung des Bewertungsgesetzes hat die Bewertung für steuerliche Zwecke zunehmend an Bedeutung gewonnen. Der Gesetzgeber hat vor dem Hintergrund des niedrigen Zinsniveaus beim vereinfachten Ertragswertverfahren den anzuwendenden Kapitalisierungsfaktor fixiert. Dem IDW Praxishinweis 1/2014 liegt ein fachlicher Austausch der beiden Arbeitsgruppen der Bundessteuerberaterkammer und des IDW in Deutschland zugrunde, bei dem über die wesentlichen Besonderheiten bei der Ermittlung objektivierter Unternehmenswerte Einigkeit erzielt wurde. Die wesentlichen Aspekte sind in diese 2. Auflage aufgenommen worden.

Darüber hinaus hat sich die Welt in den letzten fünf Jahren erheblich verändert. Die Themen digitale Transformation und Start-up-Unternehmen sind heute nicht mehr wegzudenken. Hat es Start-ups eigentlich schon immer gegeben und fast jedes Unternehmen hat einmal klein angefangen, so ist es uns dennoch ein Anliegen, in dieser zweiten Auflage intensiver auf die Bewertung von Start-up-Unternehmen als ein Teil von KMU einzugehen.

Die digitale Transformation verändert die Geschäftsmodelle vieler Unternehmen. Betroffen sind hiervon auch KMU. Häufig entstehen sie als Start-ups im Rahmen neuer

Geschäftsideen. Diese Start-ups entwickeln sich weiter, werden beispielsweise an der Börse platziert oder von Konzernen erworben. In diesem Zusammenhang sind Bewertungen erforderlich. Da KMU vielfach auf ein begrenztes Geschäftsmodell fokussiert sind, unterliegen sie aber auch dem Risiko, dass ihr Geschäftsmodell im Rahmen der digitalen Transformation untergeht. Auch diese Themen werden in dieser Neuauflage aufgegriffen.

Letztlich können wir aus unserer internationalen Erfahrung mitgeben, dass die Bewertung von KMU beispielsweise in den USA vielfach pragmatischer erfolgt, als wir dies in Deutschland basierend auf unseren hohen Standards durchführen.

Nichtsdestoweniger sehen wir dieses Buch nach wie vor als Grundlagenwerk zur Bewertung von KMU und verweisen diesbezüglich auf unser Vorwort zur ersten Auflage.

Weiterhin freuen wir uns über Ergänzungen, Anregungen und Verbesserungsvorschläge zu unserem Buch.

Susann Ihlau
Hendrik Duscha

Vorwort zur 1. Auflage

Die Bewertung von kleinen und mittelgroßen Unternehmen (KMU) hat eine wesentliche Bedeutung bei der Preisfindung im Zusammenhang mit dem Kauf und Verkauf von Unternehmen oder der Unternehmensnachfolge, aber auch vor dem Hintergrund der Erbschaftsteuer, der Abfindung eines ausscheidenden Gesellschafters, der Bemessung von Ausgleichszahlungen oder als Grundlage für Finanzierungszwecke. In unserer langjährigen Bewertungspraxis hat sich gezeigt, dass obwohl meist den großen Transaktionen viel Bedeutung beigemessen wird, die Vielzahl der Bewertungsfälle mittelgroße Unternehmen betrifft. Diese Unternehmen sind sehr häufig durch den Eigentümer geprägt und weisen eine Vielzahl individueller Besonderheiten auf, die es im Rahmen der Bewertung zu berücksichtigen gilt. Die Bewertung von KMU ist interessant, da vielfältig und individuell.

Die Idee zu diesem Buch wurde aus dem Wunsch geboren, ein Buch von Praktikern für Praktiker zu schreiben. Dabei möchte das vorliegende Buch das breite Spektrum der Bewertungsanlässe abdecken – von Bewertungen im Transaktionsumfeld, über steuerliche oder Finanzierungszwecke bis hin zu dominierten gesellschaftsrechtlichen Anlässen. Zielsetzung dieses Buches ist insbesondere die Vielfältigkeit der Themenstellungen bei der Bewertung von KMU darzustellen. Der Leser soll sensibilisiert werden, welche wesentlichen wertbestimmenden Faktoren das Unternehmen ausmachen und wie diese abhängig vom Anlass in der Bewertung zu berücksichtigen sind. Ziel des Buches ist einen Überblick über die Vielzahl der Bewertungsanlässe für KMU zu geben und anlassbezogene Lösungen für die Berücksichtigung von KMU Spezifika in der Bewertung zu finden.

Als wesentliches Ergebnis gibt die tabellarische Zusammenfassung zu diesem Buch einen Überblick, wie die einzelnen spezifischen Merkmale von KMU je nach Bewertungsanlass und Wertkonzept in den zu kapitalisierenden Ergebnissen oder im Kapitalisierungszinssatz berücksichtigt werden können.

Das Buch wendet sich in erster Linie an Unternehmer, die die Bewertung von KMU verstehen möchten, einschließlich der Beurteilung ihnen vorgelegter Bewertungen oder Wertgutachten. Aber auch Bewertern, Wirtschaftsprüfern, Steuerberatern, Beratern als auch Mitarbeitern von M&A-Abteilungen großer Unternehmen soll es praktische Hinweise zur Bewertung von KMU geben.

Die Autoren haben weitreichende praktische Erfahrungen in der Bewertung von KMU, die in dieses Buch einfließen. Der Wunsch war weniger den wissenschaftlichen Ansprüchen zu genügen als vielmehr praxisrelevante Themen aufzugreifen und vor dem Hintergrund der aktuellen wissenschaftlichen Diskussion praktikable Lösungen aufzuzeigen.

Ohne die wertvolle Unterstützung vieler würde das Buch in dieser Form nicht vorliegen. Ganz besonderer Dank gilt Herrn WP/StB Andreas Dörschell für seine inhaltlichen Anregungen zu diesem Buch und den kritischen Anmerkungen zu den Texten sowie Herrn Prof. Dr. Dr. h.c. Wolfgang Ballwieser für das Korrekturlesen und seine wertvollen Anmerkungen und Verbesserungen aus wissenschaftlicher Sicht. Für die Unterstützung bei den vielfältigen Recherchen und insbesondere bei der Bearbeitung der steuerlichen Themen bedanken wir uns sehr herzlich bei Frau StB Marta Rydlichowski. Für das Korrekturlesen des Manuskripts danken wir Jochen Brinkmann, Alexandra Feld und René Köllen.

Wir freuen uns über Ergänzungen, Anregungen und Verbesserungsvorschläge zu unserem Buch.

Susann Ihlau
Hendrik Duscha
Steffen Gödecke

Inhaltsverzeichnis

Abkürzungsverzeichnis

Abb.	Abbildung
Abs.	Absatz
Abschn.	Abschnitt
AG	Aktiengesellschaft (Rechtsform)/Die Aktiengesellschaft (Zeitschrift)
AICPA	American Institute of Certified Public Accountants
AktG	Aktiengesetz
Allianz	Allianz SE, München
AO	Abgabenordnung
APT	Arbitrage Pricing Theory
APV	Adjusted Present Value
AStG	Außensteuergesetz
Aufl	Auflage
AV	Anlagevermögen
AWH	Arbeitsgemeinschaft der Wert ermittelnden Betriebsberater im Handwerk
Bd.	Band
BDU	Bundesverband Deutscher Unternehmensberater BDU e. V.
BewG	Bewertungsgesetz
BFuP	Betriebliche Forschung und Praxis (Zeitschrift)
BGB	Bürgerliches Gesetzbuch
BGBl.	Bundesgesetzblatt
BGH	Bundesgerichtshof
BMF	Bundesministerium der Finanzen
bspw.	beispielsweise
BStBl.	Bundessteuerblatt
BVerfG	Bundesverfassungsgericht
bzw.	beziehungsweise
CAC	Cotation Assistée en Continu (französischer Aktienindex)
Cap	Capitalization
CAPM	Capital Asset Pricing Model

CDAX	Composite DAX
CF	Cash Flow
COSO	Committee on Sponsoring Organizations of the Treadway Commission
c.p.	ceteris paribus
CPA	Certified Public Accountant
DAX	Deutscher Aktienindex
DCF	Discounted Cash Flow
d. h.	das heißt
DIHK	Deutscher Industrie und Handelskammertag e. V.
DStR	Deutsches Steuerrecht (Zeitschrift)
durchschn.	durchschnittlich
DVFA	Deutsche Vereinigung für Finanzanalyse und Asset Management
EBT	Earnings Before Taxes
EBIT	Earnings Before Interest and Taxes
EBITDA	Earnings Before Interest, Taxes, Depreciation and Amortization
EIU	Economist Intelligence Unit
EK	Eigenkapital
ErbStG	Erbschaftsteuer- und Schenkungsteuergesetz
ErbStR	Erbschaftsteuerrichtlinien
ErbStRG	Erbschaftsteuerreformgesetz
ESt	Einkommensteuer
EStG	Einkommensteuergesetz
EStR	Einkommensteuer-Richtlinien
ESUG	Gesetz zur weiteren Erleichterung der Sanierung von Unternehmen
et al.	und andere
etc.	et cetera
EU	Europäische Union
EUR	Euro
EV	Enterprise Value
e. V.	eingetragener Verein
EVA	Economic Value Added
EVCA	European Private Equity and Venture Capital Association
exkl.	exklusive
EZB	Europäische Zentralbank
f.	folgende
FAUB	Fachausschuss für Unternehmensbewertung und Betriebswirtschaft des IDW
FAZ	Frankfurter Allgemeine Zeitung
FCF	Free Cash Flow
ff.	fortfolgende
FK	Fremdkapital

FM Bayern	Bayerisches Staatsministerium der Finanzen
FN	Fachnachrichten
Ford.	Forderungen
FTE	Flow-to-Equity
FTSE	Financial Times Stock Exchange Index
FZ	Fremdkapitalzinssatz
GewSt	Gewerbesteuer
GewStG	Gewerbesteuergesetz
GewStR	Gewerbesteuer-Richtlinien
ggf.	gegebenenfalls
ggü.	gegenüber
Gl.	Gleichung
GmbH	Gesellschaft mit beschränkter Haftung
GoP	Grundsätze ordnungsmäßiger Planung
GuV	Gewinn- und Verlustrechnung
HFA	Hauptfachausschuss
HGB	Handelsgesetzbuch
Hrsg	Herausgeber
HS	Halbsatz
IAB	Institut für Arbeitsmarkt- und Berufsforschung
IACVA	International Association of Consultants, Valuators, and Analysts
IAS	International Accounting Standards
IASB	International Accounting Standards Board
i. d. F.	in der Fassung
i. d. R	in der Regel
IDW	Institut der Wirtschaftsprüfer in Deutschland e. V.
IfM	Institut für Mittelstandsforschung
IFRS	International Financial Reporting Standards
IMF	International Monetary Fund
inkl.	inklusive
IVSC	International Valuation Standard Council
IHK	Industrie- und Handelskammer
InsO	Insolvenzordnung
IPO	Initial Public Offering
i. S. d.	im Sinne des
IT	Informationstechnik
i. V. m	in Verbindung mit
IVSB	International Valuation Standards Board
IWR	Internationales Wirtschaftsforum Regenerative Energien
Kap.	Kapitel
KCFV	Kurs-Cash Flow-Verhältnis
KG	Kommanditgesellschaft

KGV	Kurs-Gewinn-Verhältnis
KI	Kreditinstitute
KMU	Kleine und mittelgroße Unternehmen
KSt	Körperschaftsteuer
KStG	Körperschaftsteuergesetz
KStH	Körperschaftsteuer-Hinweise
LG	Landgericht
lit.	Litera
LuL	Lieferungen und Leistungen
MBI	Management Buy-in
MBO	Management Buy-out
MCAPM	Modified Capital Asset Pricing Model
Mio.	Millionen
Mrd.	Milliarden
MSCI World	Morgan Stanley Capital International World Index, Aktienindex
m. w. N.	mit weiteren Nachweisen
n/a	not applicable
NAV	Net Asset Value
NBV	Nicht betriebsnotwendiges Vermögen
n. F.	neue Fassung
NJW	Neue Juristische Wochenzeitschrift
NOPLAT	Net Operating Profit Less Adjusted Taxes
Nr.	Nummer
NRW	Nordrhein-Westfalen
NWC	Net Working Capital
NZG	Neue Zeitschrift für Gesellschaftsrecht
oHG	Offene Handelsgesellschaft
o. Jg.	ohne Jahrgang
OLG	Oberlandesgericht
o. O.	ohne Ort
PEST-Analyse	Political, Economic, Social and Technological-Analyse
PPA	Purchase Price Allocation
Prof.	Professor
PS	Prüfungsstandard
PublG	Publizitätsgesetz
rev.	Revised
RM	Rohertragsmarge
Rn.	Randnummer
ROCE	Return on capital employed
ROI	Return on Investment
RS	Rechnungslegungsstandard
S.	Seite/n
s.	siehe

Siemens	Siemens AG, München
sog.	sogenannte/r
SolZ	Solidaritätszuschlag
sonst.	sonstiger
S&P	Standard & Poor's
Sp.	Spalte/n
StuB	Steuern und Bilanzen (Zeitschrift)
s. u.	siehe unten
SWOT-Analyse	Strengths, Weaknesses, Opportunities and Threats-Analyse
TCF	Total Cash Flow
TEGoVA	The European Group of Valuers' Associations
TEUR	tausend Euro
Tz.	Textziffer
u. a.	unter anderem
u. E.	unseres Erachtens
UG	Unternehmergesellschaft (haftungsbeschränkt)
UmwG	Umwandlungsgesetz
US	United States
USD	US-Dollar
US-GAAP	United States Generally Accepted Accounting Principles
UStRG	Unternehmensteuerreformgesetz
UW	Umsatzwachstum
VC	Venture Capital
Verb.	Verbindlichkeiten
VG	Vermögensgegenstände
vGA	verdeckte Gewinnausschüttung
vgl.	vergleiche
WACC	Weighted Average Cost of Capital
WISU	Das Wirtschaftsstudium (Zeitschrift)
WPg	Die Wirtschaftsprüfung (Zeitschrift)
WPK	Wirtschaftsprüferkammer Körperschaft des öffentlichen Rechts
WpÜG	Wertpapiererwerbs- und Übernahmegesetz
z. B.	zum Beispiel
ZBB	Zeitschrift für Bankrecht und Bankwirtschaft
ZHR	Zeitschrift für das gesamte Handelsrecht und Wirtschaftsrecht
ZIP	Zeitschrift für Wirtschaftsrecht
z. T.	zum Teil
zzgl.	zuzüglich

Symbolverzeichnis

a	Gewichtungsparameter, der unterschiedliche Werte > 0 annehmen kann
cov	Kovarianz
E	Erwartungswert
EBIT	Ergebnis vor Zinsen und Steuern
EK	Marktwert des Eigenkapitals
EW	Ertragswert
exp	Exponentialfunktion
FCF	Free Cash Flows
FK	Marktwert des Fremdkapitals
FÜ	Finanzieller Überschuss
$FÜ^{vFin}$	Finanzieller Überschuss vor Abzug von Finanzierungskosten
$FÜ^{nFin}$	Finanzieller Überschuss nach Abzug von Finanzierungskosten
g	Wachstumsrate
GK	Marktwert des Gesamtkapitals
GK_{UV}	Unternehmensgesamtwert (eigenfinanziert)
H	Gewerbesteuerhebesatz
m	Gewerbesteuermesszahl
MRP^{nSt}	Marktrisikoprämie nach persönlichen Ertragsteuern
p	Insolvenzwahrscheinlichkeit
q	Ausschüttungsquote
r	Kapitalisierungszinssatz
r_{EK}	Eigenkapitalkosten
r_f	Risikoloser Zinssatz (Basiszinssatz)
r_{FK}	Fremdkapitalkosten
r_i	Renditeerwartung des Investors in das Unternehmen i
r_M	Rendite des Marktportfolios
r^{nSt}	Kapitalkosten nach persönlichen Steuern
r_u	Eigenkapitalkosten des unverschuldeten Unternehmens
r_v	Eigenkapitalkosten des verschuldeten Unternehmens
r^{vSt}	Kapitalkosten vor persönlichen Steuern

s	Unternehmensteuersatz
s_a	Abgeltungsteuersatz inkl. SolZ
s_{GewSt}	Gewerbesteuersatz
s_k	Effektive Veräußerungsgewinnsteuer inkl. SolZ
s_{KapG}	Steuersatz Kapitalgesellschaft
s_{KSt}	Körperschaftsteuersatz
$s_{\beta k}$	Standardfehler von bk
s_{pers}	Persönlicher Ertragsteuersatz
SolZ	Solidaritätszuschlag
SW	Substanzwert
T	Anzahl der Jahre des Detailplanungszeitraums
t	Periodenindex
t_{emp}	Empirischer t-Wert
TS	Tax Shield
UW	Unternehmenswert
UW_0	Unternehmenswert zum Zeitpunkt 0
var	Varianz
WACC	Gewogener Kapitalkostensatz der Eigen- und Fremdkapitalgeber
ZDQ	Zinsdeckungsquote
ZÜ	Zahlungsüberschüsse ohne Berücksichtigung des Insolvenzrisikos
β	Betafaktor
β^{FK}	Debt Betafaktor
β_h	Wahrer (unbekannter) Regressionskoeffizient
β_i	Betafaktor des Unternehmens i
β_i^{total}	Total Beta
β_k	Zu schätzender Regressionskoeffizient mit $k = 0, \ldots, K$
β_u	Betafaktor des unverschuldeten Unternehmens
β_v	Betafaktor des verschuldeten Unternehmens
ρ	Korrelationskoeffizient
π^U	Unternehmensspezifische nachhaltige Inflationsrate
σ	Standardabweichung der Kursrenditen
σ_M^2	Varianz der Marktrendite

Einführung

1

Die Bewertung von kleinen und mittelgroßen Unternehmen (KMU) hat nach wie vor eine ganz wesentliche Bedeutung. Einerseits wechselt eine Vielzahl von KMU gerade im Zusammenhang mit der Nachfolgethematik den Eigentümer. Für rund 39 % der KMU werden in den nächsten fünf Jahren in Deutschland Nachfolger gesucht (Handelsblatt 2017). Die Nachfolgeregelung kann mit einem Verkauf des Unternehmens, aber auch mit dem Ein- und Austritt von Gesellschaftern verbunden sein. Sowohl in freien Verkaufsverhandlungen als auch in dominierten Ausgleichs- und Abfindungsfällen stellt sich die Frage nach dem Wert des Unternehmens oder des Gesellschafteranteils. Darüber hinaus gewinnen Bewertungen für Finanzierungs- oder Steuerzwecke an Bedeutung. Bei den in diesen Zusammenhängen zu bewertenden Unternehmen handelt es sich ganz überwiegend um KMU. Nach Definition des IfM sind 99,6 % der Unternehmen in Deutschland KMU (IfM 2015). Obwohl es sich bei KMU in der Regel um kleine Unternehmen handelt, heißt dies nicht, dass die Komplexität der bewertungsrelevanten Themen geringer ist als bei großen, börsennotierten Unternehmen.

KMU weisen in der Regel eine Vielzahl besonderer Merkmale auf, welche sie von großen Unternehmen unterscheidet und die es im Rahmen der Bewertung zu berücksichtigen gilt. Dazu zählen insbesondere ein fokussiertes, wenig diversifiziertes Geschäftsmodell, der wesentliche Einfluss der Eigner bzw. der Familie, eingeschränkte Finanzierungsmöglichkeiten sowie einfache Strukturen bezüglich des Rechnungswesens, interner Kontrollen und der Planungsrechnung.

Folgt daraus, dass KMU anders zu bewerten sind als große Unternehmen? Die Frage kann mit ja und nein beantwortet werden. Wie das Buch zeigt, sind die Grundsätze und Methoden, nach denen KMU bewertet werden, die gleichen. Allerdings weisen KMU einen ganz wesentlichen Unterschied zu Großkonzernen auf: Sie sind in der Regel maßgeblich durch den Unternehmer bzw. die geschäftsführenden Gesellschafter geprägt. Hieraus ergeben sich je nach Bewertungsanlass, d. h. in Abhängigkeit davon,

S. Ihlau und H. Duscha, *Besonderheiten bei der Bewertung von KMU*,
https://doi.org/10.1007/978-3-658-18675-3_1

ob beispielsweise für Kaufverhandlungen ein subjektiver Entscheidungswert aus Sicht des potenziellen Käufers ermittelt oder ob ein objektivierter Abfindungswert für einen ausgeschlossenen Gesellschafter bestimmt werden soll, unterschiedliche Ansätze, die Besonderheiten von KMU in der Bewertung zu berücksichtigen. Zielsetzung dieses Buches ist, die Vielfältigkeit der Themenstellungen bei der Bewertung von KMU darzustellen. Je nach Bewertungsanlass soll der Leser sensibilisiert werden, welche wesentlichen wertbestimmenden Faktoren das Unternehmen ausmachen und wie diese je nach Anlass in der Bewertung zu berücksichtigen sind.

Daher gibt das Buch zunächst einen Überblick über die Grundlagen der Bewertung. In der Unternehmensbewertung unerfahrene Leser werden schrittweise an die wesentlichen Zusammenhänge der Unternehmensbewertung herangeführt, um somit ein Grundverständnis für die daran anschließende Diskussion der Besonderheiten bei der Bewertung von KMU zu erlangen. Bei der Bewertung von KMU werden neben den marktpreisorientierten Bewertungsverfahren insbesondere Gesamtbewertungsverfahren angewandt. Diese zeichnen sich dadurch aus, dass künftig erwartete finanzielle Überschüsse mit einem adäquaten Kapitalisierungszinssatz diskontiert werden. Das Buch behandelt daher zunächst den Einfluss und die Besonderheiten, die sich insbesondere aus dem Personenbezug von KMU auf die künftige Ertragskraft des Unternehmens ergeben. Daran anschließend wird die mögliche Berücksichtigung von besonderen Risiken von KMU im Kapitalisierungszinssatz diskutiert. Zusammenfassend gibt die tabellarische Zusammenfassung zu diesem Buch einen Überblick, wie die einzelnen spezifischen Merkmale von KMU je nach Bewertungsanlass und Wertkonzept in den zu kapitalisierenden Ergebnissen oder im Kapitalisierungszinssatz berücksichtigt werden können.

Insgesamt soll dieses Buch einerseits einen Gesamtüberblick über die für KMU anzuwendenden Bewertungsverfahren und den aktuellen Stand der Diskussion in der Literatur geben. Darüber hinaus haben die Autoren weitreichende praktische Erfahrungen in der Bewertung von KMU, die in dieses Buch einfließen. Insoweit soll dieses Buch nicht als Buch mit wissenschaftlichem Anspruch verstanden werden. Es geht vielmehr darum, praxisrelevante Themen aufzugreifen und vor dem Hintergrund der aktuellen wissenschaftlichen Diskussion praktikable Lösungen aufzuzeigen.

Literatur

Handelsblatt. 2017. Führungswechsel im Mittelstand nehmen zu. Artikel vom 27. Apr 2017. http://www.handelsblatt.com/my/unternehmen/mittelstand/commerzbank-studie-fuehrungswechsel-im-mittelstand-nehmen-zu/19728358.html. Zugegriffen: 19. Sept. 2017.

Institut für Mittelstandsforschung (IfM). 2015. Kennzahlen der KMU nach Definition des IfM Bonn. https://www.ifm-bonn.org/statistiken/mittelstand-im-ueberblick/#accordion=0&tab=1. Zugegriffen: 19. Sept. 2017.

2 Spezifische Merkmale und Besonderheiten von KMU

Trotz ihrer wesentlichen Bedeutung in der Praxis der Unternehmensbewertung wurden KMU in der betriebswirtschaftlichen Theorie lange Zeit als Forschungsschwerpunkt vernachlässigt, da ihnen keine Besonderheiten im Vergleich zu Großunternehmen beigemessen wurden (Julien 1993, S. 157). Die Finanzierungstheorie, die die Grundlage für die modernen Methoden der Unternehmensbewertung bildet, basiert bspw. auf der neoklassischen Kapitalmarkttheorie, die ausschließlich am Kapitalmarkt aktive Unternehmens(-anteile) zum Fokus hat. Die Unternehmenswerte, die auf dieser Grundlage für KMU ermittelt werden, entsprechen jedoch häufig nicht den in der Praxis gezahlten Preisen. Das Auseinanderfallen kann mit spezifischen Merkmalen und Besonderheiten von KMU begründet werden, die einen bedeutenden Einfluss auf die Investitionsentscheidung haben. Diese Diskrepanz zwischen beobachteten Transaktionspreisen und Bewertungsergebnissen auf Grundlage kapitalwertorientierter Bewertungsverfahren hat zu einer intensiven Diskussion in Literatur und Wissenschaft darüber geführt, inwieweit und mit welchen Parametern eine Kongruenz herbeigeführt werden kann. Im Folgenden werden daher zunächst die besonderen Merkmale von KMU dargestellt und die möglichen Einflussfaktoren auf den Unternehmenswert untersucht.

2.1 Definition von KMU

Aufgrund ihrer Heterogenität existiert keine allgemeingültige Definition von KMU. In Literatur und Praxis wird eine Klassifizierung anhand von quantitativen und qualitativen Merkmalen vorgenommen. Die Anwendung quantitativer Merkmale als Kriterien zur Abgrenzung von KMU zu Großunternehmen besitzt den Vorteil einer eindeutigen Zuordnung, ist jedoch für Zwecke der Unternehmensbewertung wenig hilfreich. Daher können quantitative Merkmale lediglich eine Orientierung geben. Qualitative Merkmale

S. Ihlau und H. Duscha, *Besonderheiten bei der Bewertung von KMU*,
https://doi.org/10.1007/978-3-658-18675-3_2

hingegen erlauben weder eine eindeutige Zuordnung noch lassen sie sich genau operationalisieren, sie bieten jedoch Anhaltspunkte für bewertungsrelevante Merkmale, die Anpassungen im Bewertungskalkül erforderlich machen (IDW 2014, Tz. 2). Die Klassifizierung sollte demnach zweistufig erfolgen. Daher werden zunächst die quantitativen und danach die qualitativen Abgrenzungskriterien diskutiert.

2.1.1 Quantitative Merkmale

In der Praxis und in gesetzlichen Vorschriften existieren unterschiedliche Definitionen von KMU. Häufig wird dabei die Klassifizierung anhand von Umsatz- und Beschäftigtenzahlen vorgenommen. Die Abgrenzungsmerkmale sind vielschichtig. Abb. 2.1 gibt einen Überblick über die gängigen gesetzlichen und von verschiedenen Institutionen verwendeten Definitionen.

Institution bzw. Gesetz	Definition KMU
§ 267 Abs. 2 HGB	Grenze für mittelgroße Kapitalgesellschaften: Bilanzsumme < EUR 20,0 Mio. pro Jahr; Umsatz < EUR 40,0 Mio. pro Jahr; Arbeitnehmer im Jahresdurchschnitt < 250 (zwei Kriterien dürfen an zwei aufeinander folgenden Bilanzstichtagen nicht überschritten werden, damit die Schwelle zur mittelgroßen Kapitalgesellschaft nicht erreicht wird)
Mittelstandsprogramme der Kreditanstalt für Wiederaufbau	Grenze für mittlere Unternehmen: Mitarbeiterzahl < 250 und Jahresumsatz < EUR 50 Mio. oder Bilanzsumme < EUR 43 Mio.[a]
EU-Kommission	Grenze für mittelgroße Unternehmen: < 250 Beschäftigte, Jahresumsatz < EUR 50 Mio. oder Bilanzsumme < EUR 43 Mio.[b]
Institut für Mittelstandsforschung, Bonn	< 500 Beschäftigte und Umsatz < EUR 50 Mio.[c]
Europäisches Kompetenzzentrum für angewandte Mittelstandsforschung (EKAM)	< ca. 3.000 Mitarbeiter und < ca. EUR 600 Mio. Jahresumsatz[d]
Beratungsförderung des Bundes	Es gilt die empfohlene Definition der EU-Kommission.[e]

Abb. 2.1 Überblick über gängige Definitionen von KMU anhand quantitativer Merkmale **a** KfW 2017, **b** EU-Kommission 2013, **c** IfM 2017, **d** EKAM 2017, **e** Bundesamt für Wirtschaft und Ausfuhrkontrolle 2017. (in Anlehnung an Behringer 2012, S. 34)

Die Abbildung lässt den Schluss darauf zu, dass quantitative Merkmale allenfalls einen ersten Hinweis auf das Vorliegen eines KMU geben können.

2.1.2 Qualitative Merkmale

Im Folgenden werden einige qualitative Aspekte von KMU untersucht, die die Unterschiede von KMU im Vergleich zu Großunternehmen widerspiegeln. Die Abgrenzung anhand von Rechtsform oder Eigentümerstruktur stellt kein sinnvolles Kriterium dar. Bewertungsrelevant und wertbeeinflussend können hingegen die im Folgenden dargestellten qualitativen Merkmale sein (Abb. 2.2).

KMU weisen häufig einen geringen Diversifizierungsgrad sowohl hinsichtlich ihres Produkt- und Dienstleistungsangebots als auch ihrer Finanzierungsstruktur auf. Die geringe Produkt- und Dienstleistungsdiversifizierung führt nicht selten zu einer Abhängigkeit von Kunden und Lieferanten sowie einem hohen Einfluss von Nachfrageänderungen und Wettbewerbern auf die Unternehmensentwicklung. KMU unterliegen damit regelmäßig einem hohen operativen Geschäftsrisiko. Risikoerhöhend wirkt sich zudem die zunehmende digitale Transformation mit einem grundlegenden Wandel von Geschäftsmodellen aus. Start-up-Unternehmen verwenden disruptive Technologien, um vormals kostenpflichtige Geschäftsmodelle durch weitaus günstigere oder gar kostenfreie, wie z. B. Spotify, zu ersetzen und verändern somit – jeweils kurzfristig und nur schwer planbar – ausgereifte Wertschöpfungsketten (Ihlau und Barth 2016, S. 1068 f.) Im Ergebnis

Abb. 2.2 Qualitative Merkmale von KMU (in Anlehnung an Ihlau und Duscha 2012, S. 490)

haben die neuen Geschäftsmodelle den Charakter von Start-up-Unternehmen, die durch eine hohe Prognoseunsicherheit bei der künftigen finanziellen Entwicklung geprägt sind und aufgrund des innovativen Charakters Vergangenheitsanalysen nicht oder nur teilweise zulassen (Mackenstedt et al. 2018, S. 827). Andererseits stellt die Fokussierung der KMU auf Nischenmärkte/-produkte nicht selten ihren Wettbewerbsvorteil und damit den wesentlichen Erfolgsfaktor dar (sog. Hidden Champions) (Simon 2012, S. 11 ff.). Ebendiese Fokussierung kann insbesondere vor dem Hintergrund der digitalen Transformation einen wesentlichen Vorteil für KMU darstellen, wenn in Märkten agiert wird, die für die großen Internetkonzerne zu klein sind (FAZ 2017). Allerdings kann die digitale Transformation auch zur Folge haben, dass Geschäftsmodelle fokussierter Unternehmen überholt werden und auf diese Weise ein KMU aus dem Markt ausscheidet.

Ein weiteres spezifisches Merkmal von KMU ist die oft fehlende Trennung von Management- und Eigentümerfunktion. Der unternehmerischen Fähigkeit des Eigentümers kommt eine erhebliche Bedeutung zu, so dass das Geschäftsmodell und der (künftige) Erfolg der KMU häufig stark von der Person des Eigentümers abhängen. Dies kann auch anhand von empirischen Untersuchungen zu den Ursachen von Insolvenzen von KMU belegt werden (für eine Übersicht Lück 2000, S. 1474 f.). Demnach sind Insolvenzen überwiegend die Folge von Management- und Führungsfehlern. Der Personenbezug der KMU drückt sich in vielen Fällen auch in einer mangelnden Abgrenzung von betrieblicher und privater Sphäre aus, wenn wesentliche Betriebsgrundlagen, wie z. B. Grundstücke, Gebäude, Patente oder Lizenzen, im Privatvermögen des Eigentümers gehalten werden (IDW 2014, Tz. 13).

Die Finanzierung von KMU ist oftmals geprägt durch im Vergleich zu großen oder börsennotierten Unternehmen eingeschränkte Kapitalbeschaffungsmöglichkeiten (IDW 2008, Tz. 158). In der Regel haben die Eigentümer den Großteil ihres Vermögens im Unternehmen gebunden, so dass das Unternehmen für sie die wesentliche Existenzgrundlage darstellt. Die fehlende Diversifikation des Vermögens führt in diesem Fall dazu, dass der Eigentümer einem höheren Risiko ausgesetzt ist als ein Unternehmer, der sein Vermögen über verschiedene Anlagen breiter gestreut hat. Primäre Quellen für die Eigenkapitalbeschaffung sind die eigenen Mittel des Unternehmers oder andere informelle Kapitalquellen, wie z. B. Bekannte, Verwandte oder Geschäftspartner. Ein Zugang zum Kapitalmarkt steht KMU häufig bereits wegen ihrer Rechtsform nur eingeschränkt offen.[1] Ein Börsengang wäre bei einem Rechtsformwechsel theoretisch zwar möglich, ist jedoch sowohl mit erheblichen Kosten (Schulz 2009, S. 101 ff.) als auch mit oft nicht gewünschter Publizität verbunden. Bei der Fremdkapitalbeschaffung zahlen KMU zumeist einen höheren Zinssatz als Großunternehmen (Wossidlo 1982, S. 447). Hintergrund ist die im Vergleich zu Großunternehmen schwächere Verhandlungsposition von KMU gegenüber Kreditinstituten und ein höheres Insolvenzrisiko (Wossidlo 1982, S. 447). Rund 95 %

[1]Rund 74 % der KMU werden in der Rechtsform der Einzelunternehmung oder Personengesellschaft betrieben (IfM 2015a).

der Unternehmensinsolvenzen im Jahr 2016 entfielen auf Unternehmen mit weniger als 20 Beschäftigten. Die Anzahl der Unternehmensinsolvenzen hat sich im Jahr 2016 im Vergleich zum Vorjahr um rd. 6,4 % verringert (Creditreform 2016, S. 8). Ursächlich hierfür war auch die verbesserte Finanzierungssituation der KMU. Durch verbesserte wirtschaftliche Rahmenbedingungen, die Gewinnthesaurierungen erlaubten, die Auswirkungen der Niedrigzinspolitik und den Basel-Regulierungen konnten KMU ihre Eigenkapitalquoten deutlich steigern und das Niveau von Großunternehmen erreichen (IfM 2015). Dies belegen auch die Untersuchungen von BVR und DZ BANK AG, nach denen die Eigenkapitalquote des Mittelstands nach langjährigem Aufwärtstrend im Jahr 2015 bei 27,1 % lag, was einem Anstieg gegenüber dem Vorjahr von 2,1 Prozentpunkten entspricht (BVR und DZ BANK AG 2017, S. 23). Als bestimmendes Motiv wird dabei das Vorsichtsprinzip gesehen. Mittels gezielter Thesaurierungspolitik versucht der Mittelstand, die Abhängigkeit von Banken und sonstigen Fremdkapitalgebern zu reduzieren (IfM 2015, Fleischer 2013, S. 12). Die Feststellung von Eigenkapitalquoten verliert jedoch vor dem Hintergrund verschiedener Definitionen durch die schwierige Abgrenzung zum Fremdkapital an Eindeutigkeit (Kruschwitz 1989, S. 231). Außerdem wird die Eigenkapitalquote regelmäßig auf Basis von Buchwerten ermittelt. Der Buchwert des Eigenkapitals beinhaltet im Gegensatz zum Marktwert des Eigenkapitals, der Ergebnis der Unternehmenswertermittlung ist, jedoch nicht die selbst geschaffenen immateriellen Vermögensgegenstände, wie Markennamen, Patente, Kundenbeziehungen etc. und erscheint insoweit unvollständig. Gerade diese Vermögenswerte erlangen aber zunehmend an Bedeutung (Wulf und Udun 2018, S. 173).

KMU unterliegen aufgrund ihrer Größe, Rechtsform und dem fehlenden Kapitalmarktbezug in der Regel nur geringen handelsrechtlichen Publizitäts- und Prüfungspflichten. Der handelsrechtliche Jahresabschluss wird häufig unter der Maßgabe steuerlicher Vorschriften erstellt und reflektiert damit nur bedingt die betriebswirtschaftliche Ertragslage des Unternehmens (Küting und Weber 2015, S. 226). Eine umfassende interne Kostenrechnung ist nur selten vorhanden. Die Überwachung der Kosten erfolgt eher retrospektiv auf Basis historischer Daten als auf Basis von Plankosten. Ein Planungswesen ist meist nicht oder nur unzureichend implementiert (Zieger und Schütte-Biastoch 2008, S. 592). Viele administrative Funktionen werden bei KMU in Personalunion erledigt. Teil- und Gesamtpläne fehlen oder sind nur rudimentär und nicht umfassend schriftlich dokumentiert (Zieger und Schütte-Biastoch 2008, S. 592). Informationen über die geplante Unternehmensentwicklung der KMU sind daher gegebenenfalls nur eingeschränkt verfügbar.

Darüber hinaus können auch junge, wachstumsstarke Unternehmen zu den KMU gezählt werden. Wachstumsunternehmen oder auch Start-up-Unternehmen zeichnen sich durch eine hohe Produkt- und Leistungsinnovation sowie hohe Investitionen in Human- und Sachkapital aus (IDW 2008, Tz. 146). Aufgrund erheblicher Vorleistungen im Entwicklungs-, Produktions- und Absatzbereich ist häufig ein wachsender Kapitalbedarf und Einsatz von Risikokapital notwendig (IDW 2008, Tz. 146). Weiterhin unterliegen junge, wachstumsstarke Unternehmen aufgrund von noch unvollständig ausgereiften Markt- und Organisationsstrukturen oft dynamischen Veränderungen der Unternehmensorganisation mit progressiv steigenden Umsätzen (IDW 2008, Tz. 146). Wachstumsunternehmen zeichnen sich auch dadurch aus, dass sie häufig Wegbegleiter für neue, teilweise auch disruptive Technologien und Geschäftsmodelle sind. Sie sind beispielsweise Innovationsführer bei neuen Produkten und Dienstleistungen. Beispiele hierfür sind Uber, Delivery Hero, Airbnb, Paypal, foodora, home24 etc. Hierbei handelt es sich häufig – wie auch in den vorgenannten Beispielen – um skalierbare Geschäftsmodelle, die zunächst aufgebaut werden müssen, dann aber an wesentlicher Größe und damit auch Wert gewinnen, da sie vielfach erweiterbar, d. h. skalierbar sind. Häufig geht mit dieser Entwicklung auch ein schnelles Wachstum einher. Start-up-Unternehmen sind meist stark durch ihre Gründer geprägt und weisen eine sehr flache Hierarchie und eine erheblich unkompliziertere Unternehmenskultur als etablierte Konzerne auf. Daraus kann sich bei der Übernahme von Start-ups durch Konzerne ein erheblicher kultureller Wandel des Start-ups vollziehen – bis hin zur Aufgabe von dessen Identität.

Die qualitativen Merkmale von KMU spiegeln sich auch in der Rechtsformwahl wider. Der Großteil von KMU wird in personenbezogenen Rechtsformen, wie Einzelunternehmen und Personenhandelsgesellschaften (oHG und KG), geführt, während Großunternehmen überwiegend die Kapitalgesellschaft (GmbH und AG) als Rechtsform wählen (IfM 2012a, S. 64 f.). Abb. 2.3 stellt die grundlegenden rechtsformspezifischen Unterschiede zwischen der Personenhandels- und der Kapitalgesellschaft dar, die auch im Zusammenhang mit der Unternehmensbewertung von Bedeutung sein können.

Wesentliche strukturelle Unterschiede zwischen den beiden Rechtsformen bestehen insbesondere im Hinblick auf die Regelungen zur Trennung von Unternehmensführung und Gesellschafterstellung sowie der Haftung der Gesellschafter. Während bei der Personenhandelsgesellschaft nur diejenigen Gesellschafter zur Vertretung der Gesellschaft befugt sind, die auch der persönlichen Haftung unterliegen (Prinzip der Selbstorganschaft), ist die Vertretung von Kapitalgesellschaften nicht notwendigerweise an die Gesellschafterstellung gebunden (Hesselmann et al. 2016, § 2, Rz. 2.6 und 2.7). Auch ein fremder Dritter kann als Geschäftsführer bzw. Vorstand organschaftlicher Vertreter der Kapitalgesellschaft sein (Prinzip der Drittorganschaft) (Römermann 2014, Teil A, § 1, Tz. 26). Darüber hinaus ist bei Personenhandelsgesellschaften die persönliche Haftung mindestens eines Gesellschafters ein wesentliches Strukturelement (Hesselmann et al. 2016, § 2, Rz. 2.3). Bei Kapitalgesellschaften ist die Haftung dagegen auf das Gesellschaftsvermögen beschränkt (Trennungsprinzip) (Baumbach und Hueck 2017, § 13, Tz. 5). Nur in sehr eingeschränkten Fällen haften die Gesellschafter einer Kapitalgesellschaft unmittelbar mit ihrem Privatvermögen.[2] Daher unterliegen Kapitalgesellschaften auch strengeren Regelungen zur Kapitalaufbringung und -erhaltung sowie Rechnungslegungs- und Publizitätsvorschriften (Hesselmann et al. 2016, § 2, Rz. 2.13). Darüber hinaus bestehen bei Kapitalgesellschaften zusätzliche Informationspflichten, bspw. bei Eintritt der Überschuldung der Gesellschaft (Breithaupt und Ottersbach 2010, Teil 1 A, § 1, Tz. 12).

[2]Zum Haftungsdurchgriff vgl. z. B. Baumbach und Hueck 2017, § 13, Tz. 6.

	Personenhandelsgesellschaften	Kapitalgesellschaften
Kapital und Kapitalaufbringung	Keine gesetzl. Vorschriften bzgl. Mindestkapital, Regelung der als Primärpflicht festgesetzten Leistungen im Gesellschaftsvertrag, Bar- oder Sacheinlagen, auch Erbringung von Diensten oder Nutzungsüberlassung als Leistung möglich, jedoch nicht einlagefähig mit haftungsbefreiender Wirkung (bei Kommanditisten)	vorgeschriebenes Mindestkapital (GmbH: TEUR 25; UG: EUR 1; AG: TEUR 50) Bar- oder Sacheinlagen möglich (außer bei UG: § 5a Abs. 2 S. 2 GmbHG), bei Sacheinlagen gelten spezielle Vorschriften
Haftung	Grundsätzlich ist die Haftung des Gesellschafters unbeschränkt, unmittelbar, primär, akzessorisch, persönlich und gesamtschuldnerisch (Ausnahme: Der Kommanditist einer KG haftet den Gläubigern der Gesellschaft bis zur Höhe seiner Einlage unmittelbar; die Haftung ist ausgeschlossen, soweit die Einlage geleistet ist (§§ 171 Abs. 1, 172 HGB))	Haftung ist beschränkt auf die Kapitaleinlage (§ 13 Abs. 2 GmbHG, § 1 Abs. 1 S. 2 AktG), wenn Gesellschaft in das Handelsregister eingetragen ist (bei GmbH ggf. Vereinbarung einer Nachschusspflicht in der Satzung §§ 26 bis 28 GmbHG)
Kapitalerhaltung	Falls keine gesellschaftsrechtlichen Vereinbarungen vorliegen, Entnahmen in Höhe von 4% des Kapitalanteils sowie Anspruch auf Auszahlung des im Jahresabschluss festgestellten Gewinns (§ 122 HGB), wenn keine Einschränkung durch Treupflicht (Ausnahme: Der Kommanditist einer KG hat nur Anspruch auf Auszahlung des ihm zukommenden Gewinns (§ 169 Abs. 1 HGB))	Ausschüttungen bedürfen grundsätzlich eines Gewinnverwendungsbeschlusses durch die Gesellschafterversammlung (§ 29 GmbHG) bzw. Hauptversammlung (§ 58 AktG) (ansonsten liegt eine verdeckte Gewinnausschüttung vor)
Gewinn- und Verlustverteilung	Falls keine gesellschaftsrechtlichen Vereinbarungen vorliegen, vorab jeweils 4% Verzinsung des Kapitalanteils, danach Aufteilung des verbleibenden Gewinns nach Köpfen (§ 121 HGB) (bei KG: Aufteilung des verbleibenden Gewinn nach einem den Umständen nach angemessenen Verhältnis (§ 168 Abs. 2 HGB))	Ergebnisverwendung nach dem Verhältnis der Anteile am Gesellschaftsvermögen, wobei ein anderer Maßstab in der Satzung festgesetzt werden kann (§ 29 Abs. 3 GmbHG, § 60 AktG)
Gesellschafterwechsel und Nachfolge	Kündigung und Tod führen zum Ausscheiden des Gesellschafters, die Gesellschaft wird mit den restlichen Gesellschaftern fortgeführt (§ 131 HGB), beim Tod eines Kommanditisten treten die Erben ein (§ 177 HGB) Abweichende Vereinbarungen im Gesellschaftsvertrag sind möglich (einfache, qualifizierte Nachfolgeklausel) Eintritt von Neugesellschaftern setzt grundsätzlich Zustimmung sämtlicher Gesellschafter voraus, abweichende Vereinbarungen im Gesellschaftsvertrag möglich	Grundsätzlich freie Übertragbarkeit von Geschäftsanteilen bzw. Aktien, Abtretung der Anteile kann in der Satzung an weitere Voraussetzungen geknüpft werden (Vinkulierungs- und Vorkaufsrechtsbestimmungen) (§ 15 Abs. 5 GmbHG, § 68 Abs. 2 AktG), Vinkulierung nur bei Namensaktien zulässig, nicht bei Inhaberaktien Anteilsübertragung bedarf bei der GmbH der notariellen Form (§ 15 Abs. 3 GmbHG)
Geschäftsführung und Vertretung	Selbstorganschaft jeder Gesellschafter, der der persönlichen Haftung unterliegt, ist allein oder gemeinschaftlich zur Geschäftsführung und Vertetung der Gesellschaft befugt	Fremdorganschaft Stellung als organschaftlicher Vertreter nicht notwendigerweise an die Gesellschafterstellung gebunden, aber im Rahmen eines Anstellungsverhältnisses möglich
Rechnungslegungs- und Publizitätspflicht	Rechnungslegungspflicht nach §§ 238 ff. HGB, bei GmbH & Co. KG auch gem. § 264a i.V.m. §§ 264 ff. HGB (siehe KapG) grundsätzlich keine Publizitätspflicht, außer bei Überschreitung der Größenkriterien im PublG (§ 9 Abs. 1 PublG), bei GmbH & Co. KG Publizitätspflicht gem. § 264a i.V.m. 325 HGB	Rechnungslegungspflicht nach §§ 238 ff. i.V.m. 264 ff. HGB, größenabhängige Erleichterungen z.B. für kleine KapG: Befreiung von der Pflicht zur Aufstellung eines Lageberichts (§§ 264 Abs. 1 S. 4 i.V.m. 267 Abs. 1 HGB) Publizitätspflicht (§ 325 HGB), Erleichterung bzgl. Offenlegung für kleine KapG (§ 326 HGB)
Prüfungspflicht	grundsätzlich keine Prüfungspflicht, außer bei Überschreitung der Größenkriterien im PublG (§ 6 Abs. 1 PublG i.V.m. § 316 HGB) bei GmbH & Co. KG Prüfungspflicht gem. § 264a i.V.m. 316 HGB	Prüfungspflicht für mittelgroße und große KapG (§ 316 Abs. 1 HGB)
Besteuerung - auf Unternehmensebene - auf Gesellschafterebene	- GewSt (Freibetrag von EUR 24.500) - ESt und Anrechnung der GewSt	- GewSt (kein Freibetrag) und KSt - Abgeltungsteuer, keine Anrechnung der GewSt
Insolvenzeröffnungsgründe	Zahlungsunfähigkeit, drohende Zahlungsunfähigkeit, bei GmbH & Co. KG auch Überschuldung	Zahlungsunfähigkeit, drohende Zahlungsunfähigkeit, Überschuldung

Abb. 2.3 Unterschiede zwischen Personenhandels- und Kapitalgesellschaften (in Anlehnung an Hesselmann et al. 2016, § 2, Rz. 2.3 ff. und Breithaupt und Ottersbach 2010, Teil 1 A, § 1, Tz. 1 ff., Römermann 2014, Teil A, § 1)

Die Vorteile der Personenhandelsgesellschaft werden überwiegend in der gesellschaftsvertraglichen Gestaltungsfreiheit, der flexiblen Verteilung von Unternehmensführungskompetenzen sowie Entnahmemöglichkeiten ohne Gewinnerwirtschaftung gesehen (Sudhoff 2005, § 2, Tz. 55). In der Praxis wird häufig die GmbH & Co. KG als Rechtsform gewählt, da sie die gesellschaftsrechtlichen Vorzüge beider Rechtsformen kombiniert (Sudhoff 2005, § 2, Tz. 55).

2.2 Bedeutung von KMU

Insgesamt existieren in Deutschland laut aktueller Schätzung des IfM im Jahr 2014 ca. 3,6 Mio. Unternehmen. Davon sind rund 99,6 % nach der Definition des IfM kleine und mittelgroße Unternehmen (IfM 2014). KMU erwirtschafteten im Jahr 2014 einen Umsatz von mehr als EUR 2,2 Billionen, was einem Anteil von 35,3 % aller im Unternehmensregister enthaltenen Unternehmen entspricht (IfM 2014). KMU spielen insbesondere auch als Arbeitgeber in Deutschland eine bedeutende Rolle. Zum Ende des Jahres 2014 waren laut Angaben des IfM 58,5 % aller sozialversicherungspflichtigen Beschäftigten bei KMU angestellt. Auch die aktuell veröffentlichten Zahlen belegen die Bedeutung der KMU für den Arbeitsmarkt. So gab es in Deutschland im vierten Quartal 2015 am ersten Arbeitsmarkt über 1.000.000 offene Stellen. 90,9 % der Stellenangebote kamen von Betrieben mit weniger als 500 Mitarbeitern (IAB 2017). Auch wenn KMU und Familienunternehmen insbesondere hinsichtlich der Größe grundsätzlich nicht identisch sein müssen, weisen viele Familienunternehmen aufgrund des Personenbezugs Gemeinsamkeiten mit den KMU bestimmenden Wesensmerkmalen auf. Das IfM klassifiziert bspw. Unternehmen als Familienunternehmen, wenn bis zu zwei natürliche Personen oder ihre Familienangehörigen mindestens 50 % der Anteile eines Unternehmens halten und diese natürlichen Personen der Geschäftsführung angehören (IfM 2017b). Entsprechend der vom IfM im November 2012 veröffentlichten Studie „Die größten Familienunternehmen in Deutschland Daten, Fakten, Potenziale" verfügen gerade die größten Familienunternehmen über hohe Ausbildungsquoten von durchschnittlich 6,9 %, die deutlich über den Ausbildungsquoten der DAX-Unternehmen liegen (IfM 2012, S. 5). Familienunternehmen grenzen sich insbesondere durch einen regionalen Bezug sowie gesellschaftliches und persönliches Engagement von international tätigen Konzernen ab (PWC 2012).

In Abb. 2.4 sind die Anteile der KMU im Verhältnis zu den gesamten Unternehmen in Deutschland für wesentliche Kennzahlen zusammen gefasst.

KMU sind auch unter Innovationsgesichtspunkten von großer Bedeutung. Laut Ergebnissen einer Befragung der IHK-Organisation versuchen mittelständische Unternehmen (Unternehmen bis 250 Mitarbeiter) durch Innovationen, ihre Wettbewerbsfähigkeit zu steigern, obwohl größere Unternehmen weiterhin Innovationstreiber bleiben (DIHK 2017, S. 5). Junge Industriezweige werden überwiegend von kleinen Unternehmen dominiert, welche sich im Laufe der Zeit dank ihrer Innovationen zu Hidden

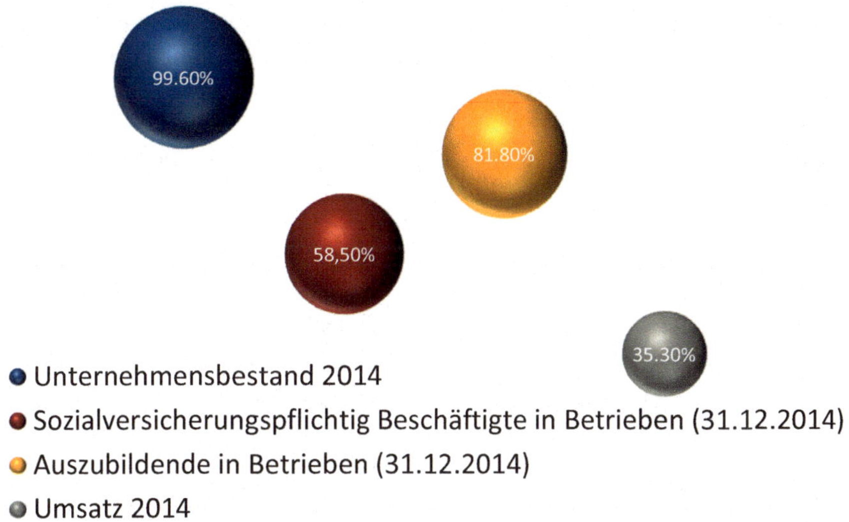

Abb. 2.4 KMU-Anteil für wesentliche Kennzahlen (IfM 2014)

Champions[3] in den jeweiligen Branchen bzw. zu Großunternehmen entwickeln. Gerade in manchen Regionen Deutschlands gibt es Industriezweige, die ausschließlich von mittelständischen Unternehmen geprägt sind (Simon 2012, S. 58 f.). So sind im Schwarzwald bspw. kleine und mittelgroße Unternehmen der feinmechanischen Medizintechnik angesiedelt, die aus der Uhrenfertigung hervorgegangen sind (Simon 2012, S. 58). Im Raum Göttingen ist eine Konzentration von Unternehmen der Messtechnik festzustellen, die auf die Forschungskompetenz der Göttinger Universität in diesem Bereich zurückzuführen ist (Simon 2012, S. 58 f.). Das Bundesland NRW ist Heimat der meisten großen Familienunternehmen in Deutschland, von denen viele der Öffentlichkeit kaum bekannt sind, aber internationalen Erfolg haben. Sie konzentrieren sich auf eng abgegrenzte Teilmärkte und bieten in ihrer jeweiligen Nische hoch spezialisierte, maßgeschneiderte Produkte und Dienstleistungen an. Jeder vierte deutsche Weltmarktführer stammt aus NRW (NRW.INVEST 2017).

Eine wichtige Rolle spielt auch die konjunkturstabilisierende Wirkung von KMU. Diese resultiert aus der Konzentration auf Nischenmärkte, der Stabilität der Kundenbeziehungen und dem flexiblen Produktionsapparat (Haas und Neumair 2006, S. 674). Außerdem tragen KMU durch ihr vielfältiges Güterangebot zu einer ausgeglichenen Wirtschaftsstruktur wesentlich bei.

[3] Beispiele für Hidden Champions nennt Simon 2012, S. 88 ff.

Weitere aktuell in der globalen Wirtschaft zu beobachtende Entwicklungen begünstigen das Entstehen von KMU: Aktuelle Managementtrends wie die Konzentration auf das Kerngeschäft ziehen eher die Gründung kleinerer oder mittelgroßer Unternehmen nach sich. Dieser Trend wird durch die Globalisierung gefördert, da sich die Großunternehmen zunehmend auf ausgewählte Segmente beschränken. Durch Carve-Outs und Outsourcing bislang selbst durchgeführter Prozesse wächst die Nachfrage nach der Kompetenz der KMU. Auch stehen den Vorteilen des Verbundeffektes aus Economies of Scales von Großunternehmen häufig hohe Organisationskosten entgegen, die eine Ausnutzung von Größenvorteilen zumindest fraglich erscheinen lassen (Behringer 2012, S. 52). KMU hingegen zeichnen sich sehr häufig durch Flexibilität aus, die es ihnen ermöglicht, sich schnell an wandelnde Rahmenbedingungen anzupassen. Die dargestellten Entwicklungstrends zeigen, dass KMU dazu beitragen, den Wettbewerb zu erhöhen und Konzentrationsprozesse zu verhindern. Neben der Globalisierung stellt die digitale Transformation einen weiteren globalen Megatrend dar, der, anders als in der Vergangenheit, nicht mehr nur einzelne Branchen, Unternehmen oder Prozessschritte betrifft, sondern branchenübergreifend die gesamte Wertschöpfungskette umfasst. Derzeit ist vielfach zu beobachten, dass neue Geschäftsmodelle von Start-up-Unternehmen entwickelt werden und die Start-up-Unternehmen nach einiger Zeit von Konzernen bzw. größeren, etablierten Unternehmen übernommen werden. Dabei ermöglicht bzw. erzwingt die aufkommende digitale Transformation grundsätzlich neue Geschäftsmodelle, wie bspw. autonome Fortbewegung oder 3D-Druck. Somit sind die Folgen der digitalen Transformation auf das jeweilige Geschäftsmodell und Geschäftsrisiko (s. Abschn. 4.3.4.1) teilweise erheblich (Ihlau und Barth 2016, S. 1068). In diesem Zusammenhang sind insbesondere KMU gut aufgestellt, da sie oftmals Nischenmärkte bearbeiten (FAZ 2017).

Die aufgezeigten positiven Entwicklungstrends für KMU dürfen jedoch nicht darüber hinwegtäuschen, dass der Mittelstand aktuell vor einem Nachfolgeproblem steht. Entsprechend den Erhebungen des IfM steht für rund 135.000 Familienunternehmen zwischen 2014 und 2018 insbesondere aufgrund des Generationenwechsels die Regelung der Nachfolge an (IfM 2013). Dies entspricht rund 27.000 Übergaben pro Jahr. Gelingt die Übergabe nicht oder verschleppt sie sich, sind laut IfM die Arbeitsplätze von rund 400.000 Beschäftigten pro Jahr bedroht. Die meisten Unternehmensübertragungen sind im Prognosezeitraum in den Bundesländern NRW, Bayern und Baden-Württemberg zu erwarten. Auf Westdeutschland entfallen insgesamt 84,0 % und auf Ostdeutschland (einschließlich Berlin) 16,0 % der anstehenden Übergaben. Entsprechend einer Studie des IfM strebt der Großteil der Eigentümer (54,0 %) eine familieninterne Lösung an, bei der das Unternehmen an die eigenen Kinder bzw. an andere Familienmitglieder übergeben wird. 29,0 % der Übertragungen sollen an externe Führungskräfte, andere Unternehmen oder andere externe Interessenten erfolgen (unternehmensexterne Lösungen). Etwa 17,0 % der KMU sollen an Mitarbeiter des Unternehmens übertragen werden (unternehmensintern) (IfM 2013). Diese Entwicklung wird auch in den kommenden Jahren Bestand haben. Eine repräsentative Erhebung des Marktforschungsinstituts Kantar TNS zeigt, dass für rund 39 % der KMU in den nächsten fünf Jahren in Deutschland Nachfolger gesucht werden (Handelsblatt 2017). Entsprechend einer vom IfM im Frühjahr 2016 veröffentlichten Studie „Die größten Familienunternehmen in Deutschland“ steht in mehr als vier von zehn großen Familienunternehmen in Deutschland in den kommenden zehn Jahren eine Unternehmensübergabe an (IfM 2016). Da die Unternehmensnachfolge üblicherweise sowohl für den Übergeber als auch für den Nachfolger ein einmaliges Ereignis darstellt, besteht regelmäßig ein hoher Beratungsbedarf. Neben Fragen zur steuerlichen Optimierung, der Gestaltung der Übergabe und der Absicherung rechtlicher Aspekte ist für beide Parteien insbesondere die Ermittlung des Unternehmenswerts von wesentlicher Bedeutung (IfM 2012b, S. 10).

Literatur

Baumbach, A., und A. Hueck. 2017. *GmbHG*, 21. Aufl. München: Beck.

Behringer, S. 2012. *Unternehmensbewertung der Mittel- und Kleinbetriebe*, 5., neu bearbeitete u. erweiterte Aufl. Berlin: Schmidt.

Breithaupt, J., und J. Ottersbach. 2010. *Kompendium Gesellschaftsrecht*. München: Beck.

Bundesamt für Wirtschaft und Ausfuhrkontrolle. 2017. http://www.bafa.de/DE/Wirtschafts_Mittelstandsfoerderung/Beratung_Finanzierung/Unternehmensberatung/unternehmensberatung_node.html. Zugegriffen: 19. Sept. 2017.

BVR und DZ BANK AG. 2017. Mittelstand im Mittelpunkt. Ausgabe Frühjahr 2017. https://www.dzbank.de/content/dam/dzbank_de/de/home/produkte_services/Firmenkunden/PDF-Dokumente/Mittelstandsstudie/Mittelstand%20im%20Mittelpunkt%20Fr%C3%BChjahr%202017.pdf. Zugegriffen: 25. Sept. 2017.

Creditreform. 2016. Insolvenzen in Deutschland. Neuss 2016. https://www.creditreform.de/fileadmin/user_upload/crefo/download_de/news_termine/wirtschaftsforschung/insolvenzen-deutschland/Analyse_Insolvenzen_in_Deutschland_Jahr_2016.pdf. Zugegriffen: 19. Sept. 2017.

DIHK. 2017. DIHK-Innovationsreport 2017. https://www.dihk.de/themenfelder/innovation-und-umwelt/innovation/innovations-forschungspolitik/umfragen-und-prognosen/innoreport-2017. Zugegriffen: 25. Sept. 2017.

EKAM. 2017. Europäisches Kompetenzzentrum für Angewandte Mittelstandsforschung (EKAM) – Mittelstandsbegriff. https://www.uni-bamberg.de/ekam/mittelstandsbegriff/. Zugegriffen: 19. Sept. 2017.

EU-Kommission. 2013. Empfehlung der EU-Kommission vom 6. Mai 2013 betreffend die Definition der Kleinstunternehmen sowie der kleinen und mittleren Unternehmen (2003/361/EG). http://eur-lex.europa.eu/legal-content/DE/TXT/PDF/?uri=CELEX:32003H0361&from=DE. Zugegriffen: 19. Sept. 2017.

FAZ (Frankfurter Allgemeine Zeitung). 2017. Die größte Gefahr liegt im Verzetteln. 25. September 2017. 233, S. 16.

Fleischer, K. 2013. Aktuelle Entwicklung in der Mittelstandsfinanzierung. In Präsentation zum 4. Treffen der Kapitalmarktpartner am Mittelstandsmarkt der Börse Düsseldorf.

Haas, H.-D., und S.-M. Neumair. 2006. *Internationale Wirtschaft: Rahmenbedingungen, Akteure, räumliche Prozesse*. München: Oldenbourg Wissenschaftsverlag.

Handelsblatt. 2017. Führungswechsel im Mittelstand nehmen zu. Artikel vom 27. Apr 2017. http://www.handelsblatt.com/my/unternehmen/mittelstand/commerzbank-studie-fuehrungswechsel-im-mittelstand-nehmen-zu/19728358.html. Zugegriffen: 19. Sept. 2017.

Hesselmann, M., B. Tillmann, und T. Mueller-Thuns. 2016. *Handbuch GmbH & Co. KG*, 21. neu bearbeitete Aufl. Köln: Schmidt.

IAB. 2017. Institut für Arbeitsmarkt- und Berufsforschung: IAB-Stellenerhebung. Datenstand vom 8. Aug 2017. http://www.iab.de/de/befragungen/stellenangebot.aspx. Zugegriffen: 11. Okt. 2017.

IDW. 2008. IDW Standard: Grundsätze zur Durchführung von Unternehmensbewertungen (IDW S. 1 i. d. F. 2008). *WPg* 3 (2008): 68 ff.; FN-IDW 7 (2008): 271 ff. (Stand: 2. April 2008).

IDW. 2014. Besonderheiten bei der Ermittlung eines objektivierten Unternehmenswerts kleiner und mittelgroßer Unternehmen (IDW Praxishinweis 1/2014). *WPg* 2 (2014): 28 ff.; FN-IDW 4 (2014): 282 ff. (Stand: 5. Februar 2014).

Ihlau, S., und K.-H. Barth. 2016. Grundlegender Wandel von Geschäftsmodellen durch die digitale Transformation – Auswirkungen auf die Unternehmensbewertung. *Betriebs-Berater* 71 (18): 1068–1072.

Ihlau, S., und H. Duscha. 2012. Hinweise zur Anwendung von IDW S. 1 bei der Bewertung von KMU. *WPg* 65 (9): 489–499.

Institut für Mittelstandsforschung (IfM). 2012. Die größten Familienunternehmen in Deutschland – Daten, Fakten, Potenziale. Ergebnisse der Herbstbefragung 2012. http://www.ifm-bonn.org//uploads/tx_ifmstudies/BDI-Familienunternehmen-Herbst-2012.pdf. Zugegriffen: 19. September 2017.

Institut für Mittelstandsforschung. (IfM). 2012a. Unternehmensgrößenstatistik – Unternehmen, Umsatz und sozialversicherungspflichtig Beschäftigte 2004 bis 2009 in Deutschland, Ergebnisse des Unternehmensregisters. http://www.ifm-bonn.org//uploads/tx_ifmstudies/Daten-und-Fakten-2_2012.pdf. Zugegriffen: 19. September 2017.

Institut für Mittelstandsforschung (IfM). 2012b. Unternehmensnachfolgen in Deutschland – Aktuelle Trends. http://www.ifm-bonn.org//uploads/tx_ifmstudies/IfM-Materialien-216_2012.pdf. Zugegriffen: 11. Okt 2017.

Institut für Mittelstandsforschung (IfM). 2013. Unternehmensnachfolgen in Deutschland 2014 bis 2018. https://www.ifm-bonn.org//uploads/tx_ifmstudies/Daten-und-Fakten-11.pdf. Zugegriffen: 25. Sep 2017.

Institut für Mittelstandsforschung (IfM). 2014. Der Mittelstand im Überblick. https://www.ifm-bonn.org/fileadmin/data/redaktion/ueber_uns/ifm-flyer/RZ_IfM_Flyer_WEB.pdf. Zugegriffen: 25. Sep 2017.

Institut für Mittelstandsforschung (IfM). 2015. Finanzierungsstrukturen und -strategien kleiner und mittlerer Unternehmen: Eine Bestandsaufnahme. https://www.ifm-bonn.org/uploads/tx_ifmstudies/IfM-Materialien-242_2015.pdf. Zugegriffen: 25. Sep 2017.

Institut für Mittelstandsforschung (IfM). 2015a. Rechtsformstruktur der Unternehmen. https://www.ifm-bonn.org/fileadmin/data/redaktion/statistik/mittelstand_im_einzelnen/dokumente/Unt_2015_D_RF.pdf. Zugegriffen: 25. Sep 2017.

Institut für Mittelstandsforschung (IfM). 2016. Die größten Familienunternehmen in Deutschland. https://www.ifm-bonn.org//uploads/tx_ifmstudies/BDI-Familienunternehmen-Fruehjahr-2016.pdf. Zugegriffen: 25. Sep 2017.

Institut für Mittelstandsforschung (IfM). 2017a. KMU-Definition des IfM Bonn. https://www.ifm-bonn.org/definitionen/kmu-definition-des-ifm-bonn/. Zugegriffen: 19. Sept. 2017.

Institut für Mittelstandsforschung (IfM). 2017b. Familienunternehmen-Definition des IfM Bonn. https://www.ifm-bonn.org/definitionen/familienunternehmen-definition/. Zugegriffen: 19. Sept. 2017.

Julien, P.-A. 1993. Small businesses as a research subject: Some reflections on knowledge of small business and its effects on economic theory. *Small Business Economics* 5 (2): 157–166.

KfW. 2017. https://www.kfw.de/Download-Center/F%C3%B6rderprogramme-(Inlandsf%C3%B6rderung)/PDF-Dokumente/6000000196-KMU-Definition.pdf. Zugegriffen: 19. Sept. 2017.

Kruschwitz, L. 1989. Probleme der Ermittlung und Beurteilung von Eigenkapitalquoten. In *Elemente erfolgreicher Unternehmenspolitik in mittelständischen Unternehmen: Unternehmenskultur, Kundennähe, Quasi-Eigenkapital*, Hrsg. S. Albers und H. Herrmann, 207–234. Stuttgart: Schäffer-Poeschel.

Küting, K., und C.-P. Weber. 2015. *Die Bilanzanalyse*, 11., überarbeitete Aufl. Stuttgart: Schaeffer-Poeschel.

Lück, W. 2000. Managementrisiken im Risikomanagementsystem. *Der Betrieb* 55 (30): 1473–1477.

Mackenstedt, A., A. Menze, und F. Werner. 2018. Auswirkungen der Digitalisierung auf die Unternehmensbewertung. *WPg* 71 (13): 826–832.

NRW.INVEST. 2017. Heimat der Weltmarktführer. https://www.nrwinvest.com/de/nrw-ueberblick/standort-nrw/weltmarktfuehrer/. Zugegriffen: 11. Okt. 2017.

PWC. 2012. Die Zukunft von Familienunternehmen – Der Kern der Wirtschaft. http://www.pwc.de/de/mittelstand/assets/studie_family_business_v3.pdf. Zugegriffen: 25. Sept. 2017.

Römermann, V. 2014. *Münchener Anwaltshandbuch GmbH-Recht*, 3. überarbeitete u. erweiterte Aufl. München: Beck.

Schulz, R. 2009. *Größenabhängige Risikoanpassungen in der Unternehmensbewertung*. Düsseldorf: IDW.

Simon, H. 2012. *Hidden Champions – Aufbruch nach Globalia*. Frankfurt a. M.: Campus.

Sudhoff, H. 2005. *GmbH & Co. KG*, 6. Überarbeitete Aufl. München: Beck.

Wossidlo, P.R. 1982. Probleme und Instrumente der finanziellen Führung in mittleren Unternehmungen. *BFuP* 34:442–456.

Wulf, I., und Ö. Udun. 2018. Bedeutung immaterieller Vermögenswerte in IFRS-Abschlüssen und Konsequenzen für die Weiterentwicklung der Rechnungslegung. *KoR* 18 (4): 173–184.

Zieger, M., und S. Schütte-Biastoch. 2008. Gelöste und ungelöste Fragen bei der Bewertung von kleinen und mittleren Unternehmen (KMU). *Finanz Betrieb* 10 (9): 590–601.

3 Grundlagen der Unternehmensbewertung

„Bewerten heißt vergleichen" (Moxter 1983, S. 123). Diesem einfach erscheinenden Grundprinzip folgt die Unternehmensbewertung. Im Grundsatz handelt es sich bei der Unternehmensbewertung demnach um eine vergleichende Tätigkeit. Aus beobachtbaren Preisen oder Renditen für vergleichbare Vermögenswerte wird auf den gesuchten Wert des Bewertungsobjektes geschlossen. Die zum Vergleich verwendeten Preise und Renditen sind am Kapitalmarkt beobachtbar (Jonas 2008, S. 117).

Die Aussagekraft und Güte der so ermittelten Unternehmenswerte steht und fällt mit der Vergleichbarkeit der herangezogenen Preise und Renditen. Der Grad der Vergleichbarkeit und damit die Belastbarkeit der Ergebnisse der verschiedenen Bewertungsverfahren ist Gegenstand einer fortwährenden Diskussion in Theorie und Praxis und betrifft in besonderem Maße das Segment der KMU; denn KMU sind gerade aufgrund ihrer spezifischen Merkmale nur beschränkt mit den herangezogenen Vergleichsunternehmen vergleichbar.

Jede Unternehmensbewertung basiert je nach Bewertungsverfahren in unterschiedlicher Intensität auf einem Vergleich. Bei den in der Praxis am häufigsten anzutreffenden Bewertungsverfahren handelt es sich in der Regel entweder um ein kapitalwertorientiertes Verfahren (s. Abschn. 3.5.1) oder ein marktpreisorientiertes Verfahren (s. Abschn. 3.5.2). Kapitalwertorientierte Verfahren zeichnen sich vor allem dadurch aus, dass der Unternehmenswert anhand zukünftiger finanzieller Überschüsse ermittelt wird, die mithilfe eines Kapitalisierungszinssatzes auf den Bewertungsstichtag diskontiert werden. Bei den marktpreisorientierten Verfahren wird das Verhältnis zwischen einem Marktpreis und einer Unternehmenskennzahl von einem Vergleichsunternehmen für Zwecke der Bewertung auf das Bewertungsobjekt übertragen.

Bei den kapitalwertorientierten Bewertungsverfahren sind die geplanten finanziellen Überschüsse, die das Unternehmen in der Zukunft erwirtschaften kann, Grundlage der Bewertung. Die eigentliche Bewertung des Unternehmens erfolgt anhand der Diskontierung

S. Ihlau und H. Duscha, *Besonderheiten bei der Bewertung von KMU*,
https://doi.org/10.1007/978-3-658-18675-3_3

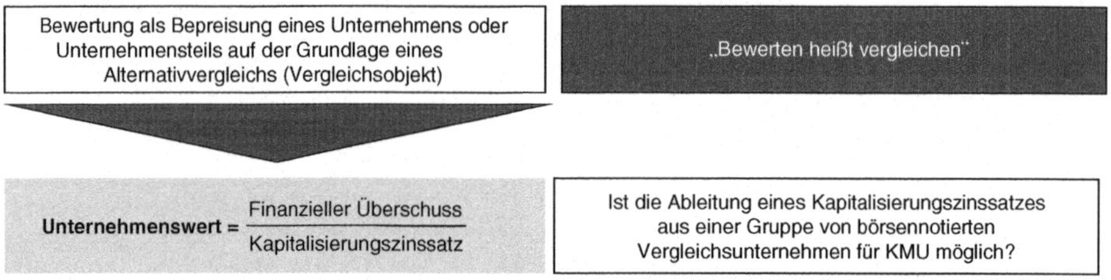

Abb. 3.1 Bewertung als vergleichende Tätigkeit bei kapitalwertorientierten Verfahren

dieser Cash Flows mit einem Kapitalisierungszinssatz auf den Bewertungsstichtag. Hierbei wird der vergleichende Aspekt der Bewertung deutlich. Der Kapitalisierungszinssatz stellt den Maßstab dar, an dem die zukünftigen finanziellen Überschüsse gemessen werden. Die Höhe des Kapitalisierungszinssatzes spiegelt die Rendite einer adäquaten Alternativanlage wider, die hinsichtlich Fristigkeit, Risiko und Besteuerung mit dem erwarteten Zahlungsstrom aus dem Unternehmen vergleichbar ist (IDW 2008a, Tz. 114, zu sämtlichen in der Theorie diskutierten Äquivalenzprinzipien s. Abschn. 3.6.5).

Die Rendite der adäquaten Alternativanlage wird in der Bewertungspraxis überwiegend anhand von großen, börsennotierten Vergleichsunternehmen ermittelt (s. Abb. 3.1).

Bei den marktpreisorientierten Verfahren wird dem Vergleichsmaßstab eine noch größere Bedeutung beigemessen. Hier erfolgt die Bewertung über die Relation fiktiver Preise zu Schlüsselkennzahlen vergleichbarer Unternehmen, sog. Multiplikatoren, die anschließend zur Wertfindung auf das Bewertungsobjekt übertragen werden (Löhnert und Böckmann 2015, S. 787).

Gerade bei KMU stellt sich jedoch die Frage, inwieweit die bei großen börsennotierten Unternehmen beobachteten Renditen und Preise unreflektiert als Vergleichsmaßstab herangezogen werden können. Die Schwierigkeiten, die aus diesem Vorgehen resultieren, werden insbesondere in Abschn. 4.4 dargestellt.

3.1 Wert und Preis von Unternehmen und Unternehmensanteilen

Der Wert und der Preis eines Unternehmens können in gleicher Höhe liegen, in der Regel weichen sie jedoch voneinander ab. Preise bilden sich an Märkten durch Angebot und Nachfrage, d. h. Preise sind Ergebnis einer Verhandlungssituation zwischen Verkäufer und Käufer (IDW 2008a, Tz. 13). Der Wert eines Unternehmens ist dagegen abhängig von dem subjektiven Nutzen, den das Unternehmen dem Eigentümer stiftet. Hierbei ist die Subjektivität des Nutzens von entscheidender Bedeutung, d. h. die Einschätzung bzw. Wertschätzung bestimmter Vorteile aus dem Halten der Unternehmensanteile wird von Person zu Person unterschiedlich sein. Der Wert ergibt sich damit aus einer Subjekt-Objekt-Beziehung (Peemöller 2015, S. 3). Die Vorteile bzw. der Nutzen des

Unternehmenseigentums kann sich auf eine Vielzahl von Bereichen erstrecken. An primärer Stelle steht dabei in der Regel das finanzielle oder wirtschaftliche Leistungsvermögen des Unternehmens, d. h. das Potenzial, Gewinne bzw. ausschüttbare finanzielle Überschüsse zu erwirtschaften. Das wirtschaftliche Leistungsvermögen beruht auf der Arbeitskraft und dem Kapital des Eigentümers. Häufig stellt bei sehr kleinen KMU das Unternehmen den Arbeitsplatz des Unternehmers dar (Jonas 2011, S. 302). Insbesondere bei eigentümergeführten KMU kann der Besitz eines Unternehmens auch mit weiteren nicht-monetären Vorteilen verbunden sein, die für den jeweiligen Eigentümer einen wesentlichen Nutzen darstellen. Beispiele hierfür sind technische, soziale oder ökologische Aspekte (Abb. 3.2).

Das subjektive Nutzenempfinden aus dem Eigentum an dem Unternehmen ist darüber hinaus von den individuellen Schwerpunkten im Hinblick auf die genannten Nutzenkategorien abhängig. Das technische Leistungsvermögen eines Unternehmens ist z. B. für einen technikbegeisterten Ingenieur und Forscher gegebenenfalls von größerer Bedeutung als für einen Eigentümer mit kaufmännischer Ausbildung ohne tieferes Verständnis der naturwissenschaftlichen Zusammenhänge.

Abb. 3.2 Potenzielle Nutzenkategorien des Eigentümers eines Unternehmens

Wesentlich ist darüber hinaus die Stellung als Unternehmer. Unternehmertum bringt weitere nicht quantifizierbare Werte und Nutzen mit sich, wie persönliche Unabhängigkeit, Freude und Selbstverwirklichung in der Arbeit, Prestige und sozialen Status aus der Stellung als Unternehmer (Balz und Bordemann 2007, S. 737, Müller 2005, S. 4). Der Unternehmer kann sich in seinem Unternehmen selbst verwirklichen. Er hat die Macht und prägt maßgeblich die Unternehmenskultur und -strategie (Behringer 2012, S. 40). Neben dem Nutzen spielt für den subjektiven Wert des Unternehmens auch die individuelle Risikobereitschaft eine wesentliche Rolle. Unternehmertum ist zwangsläufig mit Unwägbarkeiten und Risiken verbunden. Diese lassen sich ebenfalls in die oben genannten Nutzenkategorien einordnen. So stellen bspw. wirtschaftliche Rückschläge, Fehlentwicklungen, die Notwendigkeit von Mitarbeiterentlassungen sowie ungewollte Umweltverschmutzungen durch Unfälle, etc. bedeutende Geschäftsrisiken dar. Relevant für den subjektiven Wert eines Unternehmens sind somit die individuellen Ziele, die mit dem Unternehmenseigentum verfolgt werden, sowie die damit verbundenen Risiken. Der Wert eines Unternehmens ist daher abhängig vom jeweiligen konkreten Investor (Peemöller 2015, S. 6 f.). Im Zusammenhang mit dem Wunsch, einen intersubjektiv für alle Investoren gleichen Wert eines Unternehmens zu bestimmen, ist das im Abschn. 3.3 dargestellte, vom IDW entwickelte Konzept des objektivierten Unternehmenswertes entstanden.

Im Gegensatz zur individuellen subjektiven Wertbestimmung ist der Preis eines Unternehmens Ergebnis eines Verhandlungsprozesses im Rahmen einer Transaktion zwischen zwei Parteien. Eine Einigung kommt in der Regel nur dann zustande, wenn der Transaktionspreis oberhalb der Wertvorstellung (Grenzpreis) des Verkäufers und unterhalb der Wertvorstellung des Käufers liegt. Die jeweiligen Grenzpreise der Verhandlungsparteien markieren den Einigungsbereich, innerhalb dessen sich ein möglicher Einigungspreis bewegen kann (Matschke und Brösel 2013, S. 135 f.). Die Festlegung des endgültigen Kaufpreises ist abhängig vom individuellen Verhandlungsgeschick der jeweiligen Parteien. Der Zusammenhang ist in Abb. 3.3 grafisch dargestellt.

Die Wertvorstellungen des Verkäufers basieren in der Regel auf dem bestehenden Unternehmenskonzept. Sie können allenfalls durch das Verkaufsmotiv und einen ggf. bestehenden Verkaufsdruck beeinflusst sein. Synergieeffekte fließen nur insoweit in seine Wertvorstellungen ein, als sie auch ohne die Transaktion realisierbar sind und durch die Transaktion entfallen (IDW 2008a, Tz. 51). So können mögliche positive Synergien daraus resultieren, dass durch die Transaktion bspw. Sozialplankosten nicht getragen werden müssen und mögliche Image schädigende Entlassungen nicht bekannt gegeben werden müssen. Nachteile, die der Verkäufer durch die Transaktion erleidet, wie z. B. Steuern auf einen Veräußerungsgewinn, werden dagegen seine Kaufpreisforderung erhöhen.

Die individuellen Wertvorstellungen des Käufers können insbesondere stark durch Synergieeffekte sowie die individuellen Zukunftserwartungen und Zielvorstellungen geprägt sein. So wird der Käufer bereits eine eventuell geplante Bereinigung oder Aufgabe von Geschäftsbereichen, die Erschließung neuer strategischer Geschäftsfelder und mögliche Erweiterungsinvestitionen mit in seine Wertvorstellung einbeziehen (IDW 2008a, Tz. 49).

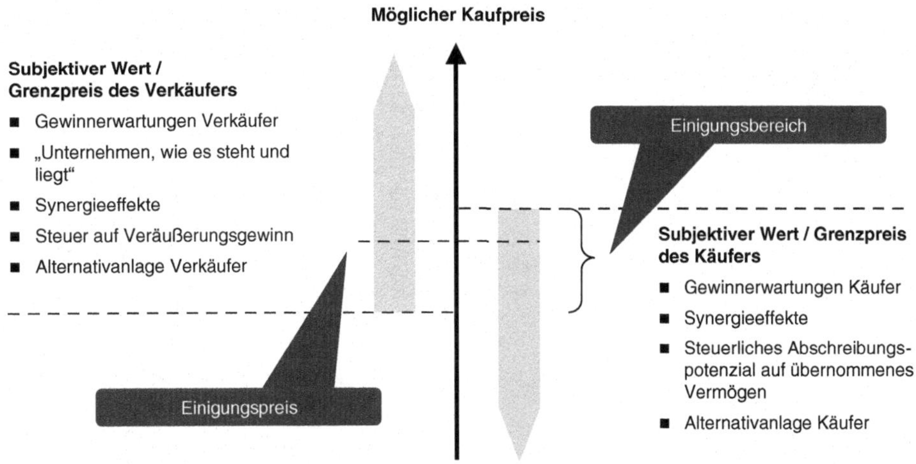

Abb. 3.3 Einigungspreis bei unterschiedlichen Wertvorstellungen von Käufer und Verkäufer (in Anlehnung an Beumer und Duscha 2015, S. 1428)

Wenn der Käufer über günstigere Finanzierungskonditionen verfügt, wird er ggf. Altkredite ablösen und durch neue zinsgünstigere Kredite ersetzen (IDW 2008a, Tz. 53). Sowohl Verkäufer als auch Käufer werden bei der Ermittlung ihrer Grenzpreise jeweils die für sie beste Alternativanlage als Vergleichsmaßstab zugrunde legen.

Während der Unternehmenswert den Gesamtwert des Unternehmens für alle Unternehmenseigner darstellt, entspricht der Wert eines Unternehmensanteils dem jeweiligen Anteil eines Unternehmenseigners am Unternehmen (IDW 2008a, Tz. 13). Der Wert für einen Unternehmensanteil kann direkt oder indirekt ermittelt werden (IDW 2008a, Tz. 13). Bei der direkten Anteilsbewertung wird der Anteilswert direkt aus den Zahlungsströmen zwischen dem Unternehmen und dem einzelnen Anteilseigner abgeleitet (IDW 2008a, Tz. 13). Bei der indirekten Anteilsbewertung wird der Wert des Unternehmensanteils als quotaler Anteil am Gesamtwert des Unternehmens abgeleitet (IDW 2008a, Tz. 13). Die Entscheidung, ob die Anteilsbewertung nach der direkten oder indirekten Methode erfolgen sollte, ist abhängig vom Einzelfall und wird maßgeblich durch den Bewertungsanlass und dem daraus resultierenden Bewertungszweck bestimmt (IDW 2018, Kap. A, Tz. 59). Bei der Ermittlung von Abfindungsansprüchen ausscheidender Gesellschafter sollte aufgrund des gesellschaftsrechtlichen Grundsatzes der Gleichbehandlung eine Ermittlung des Anteilswerts nach der indirekten Methode erfolgen (Großfeld 2016, S. 334, kritisch hierzu Matschke 2013, S. 40 f.). Auch die Ermittlung von familien- und erbrechtlichen Ausgleichsansprüchen folgt im Ergebnis der indirekten Methode, indem zunächst ein objektivierter Unternehmenswert im Sinne des IDW S 1 i. d. F. 2008 ermittelt wird, der dann unter Berücksichtigung der Besonderheiten des jeweiligen Rechtsverhältnisses auf den Ausgleichs- bzw. Auseinandersetzungsanspruch übergeleitet wird (IDW 2016a, Tz. 9) (s. auch Abschn. 3.2.1.2).

Bewertungsanlässe		
Transaktionsbezogen		Nicht transaktionsbezogen
Nicht dominiert	Dominiert	
z. B. ▪ Kauf/Verkauf ▪ Fairness Opinion ▪ MBO/MBI ▪ Eintritt eines Gesellschafters in eine Personengesellschaft ▪ Börsengang	z. B. ▪ Ausscheiden eines Gesellschafters (tatsächliche Transaktion) ▪ Familien-/erbrechtliche Auseinandersetzungen (fiktive Transaktion) ▪ Aktien- und umwandlungsrechtliche Bewertungsanlässe	z. B. ▪ Steuerliche Anlässe ▪ Ermittlung von Bilanzansätzen ▪ Sanierung ▪ Finanzierung – Zuführung von Eigen-/Fremdkapital – Kreditwürdigkeitsprüfung

Abb. 3.4 Systematisierung der Bewertungsanlässe (in Anlehnung an Schütte-Biastoch 2011, S. 11)

3.2 Bewertungsanlässe

Unternehmensbewertungen werden aus verschiedenen Anlässen mit unterschiedlichsten Zwecken durchgeführt. Grundsätzlich ist danach zu unterscheiden, ob eine Änderung der Eigentumsverhältnisse erfolgt oder nicht (Matschke und Brösel 2013, S. 87 ff.). Eine Systematisierung der Bewertungsanlässe kann nach transaktionsbezogenen und nicht transaktionsbezogenen Bewertungsanlässen vorgenommen werden (Matschke und Brösel 2013, S. 87 ff.)[1]. Abb. 3.4 stellt die Systematisierung der Bewertungsanlässe in einer Übersicht dar.

3.2.1 Transaktionsbezogene Bewertungsanlässe

Transaktionsbezogene Bewertungsanlässe lassen sich in nicht dominierte und dominierte Bewertungsanlässe untergliedern (Matschke und Brösel 2013, S. 93 ff.). In den folgenden Kapiteln wird auf diese Bewertungsanlässe sowie die bei KMU oftmals vorliegenden Besonderheiten beispielhaft eingegangen. Dabei werden insbesondere Bewertungsanlässe im Zusammenhang mit möglichen Nachfolgeregelungen bei KMU und im Rahmen des Familien- und Erbrechts behandelt.

[1]Abgesehen von der unterschiedlichen Begrifflichkeit entspricht dies der in der Literatur üblichen Systematisierung.

3.2.1.1 Nicht dominierte Bewertungsanlässe

Nicht dominierte Bewertungsanlässe sind dadurch gekennzeichnet, dass die beteiligten Parteien frei über die Durchführung der Transaktion und die damit verbundene Veränderung der Eigentumsrechte entscheiden können.

Der **Kauf oder Verkauf** von Unternehmen oder Unternehmensanteilen fällt unter diese Kategorie von Bewertungsanlässen. Die am Kauf oder Verkauf beteiligten Parteien sollten im Vorfeld der Transaktion ihre jeweiligen Grenzpreise kennen, um eine wirtschaftlich rationale Entscheidung bei den Preisverhandlungen treffen zu können. Die Ergebnisse der Unternehmensbewertung können dazu dienen, Wertvorstellungen zu konkretisieren und die Verhandlungsposition der jeweiligen Partei zu untermauern. Denn erst durch die Unternehmensbewertung wird der Werteinfluss einzelner Werttreiber und Bewertungsparameter transparent. Die Unternehmensbewertung dient somit als Argumentationshilfe, um einer Verhandlungspartei einen möglichst großen Anteil am Einigungsbereich zu sichern (Matschke 1976, S. 517 ff.).

Bei Transaktionen mit KMU spielen in der Praxis individuelle Gestaltungen eine wesentliche Rolle. Gerade bei personenbezogenen Unternehmen gibt es im Zusammenhang mit Nachfolgeregelungen Übergangsphasen, die bspw. mit Earn-Out-Klauseln zu belegen sind. Earn-Out-Klauseln werden in der Regel vereinbart, um Unsicherheiten für den Käufer hinsichtlich der zukünftigen Ergebnisentwicklung zu reduzieren und Informationsasymmetrien zwischen Käufer und Verkäufer abzubauen (Ihlau und Gödecke 2010, S. 687). Gerade der Käufer besitzt selbst nach einer umfangreichen Due Diligence-Prüfung häufig noch einen Informationsnachteil gegenüber dem Verkäufer. Zur Verminderung des daraus resultierenden Restrisikos wird mittels Earn-Out-Klauseln ein Kaufpreisbestandteil variabel gestaltet, indem dieser an die Entwicklung des Unternehmens nach Durchführung der Transaktion geknüpft wird.[2] Der Kaufpreis setzt sich dabei aus einem fixen Kaufpreis (Basiskaufpreis) sowie einem variablen Kaufpreisbestandteil zusammen. Während der Basiskaufpreis regelmäßig mit dem Übergangszeitpunkt (sog. Closing) fällig wird, wird der variable Bestandteil erst beim Eintritt der im Vertrag festgelegten Bedingungen fällig. Diese Möglichkeiten der Vertragsgestaltung sind häufig Voraussetzung dafür, dass die Transaktion überhaupt zustande kommt. In Situationen, in denen der potenzielle Erwerber unsicher ist, inwieweit die in der Vergangenheit vorhandene Ertragskraft unabhängig vom Altunternehmer und somit auf den Erwerber übertragbar ist, bestehen häufig zwischen Käufer und Verkäufer unterschiedliche Erwartungen hinsichtlich der künftigen Entwicklung des Unternehmens. Earn-Out-Klauseln sind des Weiteren zu empfehlen, wenn das Unternehmen von neuen Produkten oder neuen Technologien abhängt und nicht ersichtlich ist, ob der Markt diese Produkte bzw. Technologien annehmen wird (Hilgard 2010, S. 2913). Auch können Earn-Out-Klauseln bei Unsicherheiten aufgrund von schwebenden Patententscheidungen oder

[2]Zu den Gestaltungsformen von Earn-Out-Klauseln vgl. Ihlau und Gödecke 2010, S. 688 f., Cain et al. 2011, S. 155 ff., Tallau 2009, S. 8 ff.

ungeklärten rechtlichen Rahmenbedingungen helfen, einen Vertragsabschluss zu erzielen (Hilgard 2010, S. 2913). Bei der Definition und der Bewertung von Earn-Out-Klauseln können die Unsicherheiten hinsichtlich der künftigen Entwicklung in Szenarien der Planungsrechnung (s. Abschn. 4.3.4.4) abgebildet werden.

Mit der Vereinbarung von Earn-Out-Klauseln gewinnt der Käufer an Sicherheit, wenn dieser nur einen Kaufpreis für künftige Überschüsse zahlen muss, die sich tatsächlich erzielen lassen. Die zusätzliche Sicherheit des Käufers wird letztlich durch die Übernahme eines Teils des Unternehmensrisikos durch den Verkäufer auch nach dem Verkaufsstichtag erreicht (Behringer 2012, S. 186). Aus der Vereinbarung von Earn-Out-Klauseln resultiert auch ein Finanzierungseffekt, denn der variable Kaufpreisbestandteil ist erst nach Eintritt der Erfolgsindikatoren zu entrichten, sodass dieser Teil des Kaufpreises vom Käufer aus dem laufenden Gewinn des Zielunternehmens erwirtschaftet werden kann (Ihlau und Gödecke 2010, S. 688).

Neben den Vorteilen sind jedoch auch die Nachteile im Zusammenhang mit Earn-Out-Klauseln zu beachten. Zunächst steht die Höhe des endgültigen Kaufpreises erst nach Ablauf des Earn-Out-Zeitraums fest. Für den Verkäufer bedeutet dies, dass er zunächst beim Closing eine geringere Kaufpreiszahlung erhält und mögliche weitere Kaufpreiszahlungen während oder nach Abschluss der Earn-Out-Periode ungewiss sind. Des Weiteren kann aus den Earn-Out-Klauseln Streitpotenzial resultieren, wenn die Parteien versuchen, durch strategisches Verhalten die Höhe des variablen Kaufpreisbestandteiles zu beeinflussen (Goldschmidt 2012, S. 98). Weiterhin wird der Verkäufer innerhalb des Earn-Out-Zeitraums in gewissen Umfang Einfluss auf das Unternehmen ausüben oder zumindest Kontrollrechte innehaben (Bruski 2005, S. 27). Wird das Unternehmen von einem strategischen Investor übernommen, ist zu berücksichtigen, dass innerhalb des Earn-Out-Zeitraums eine betriebswirtschaftliche Integration des Zielunternehmens in das Käuferunternehmen oder eine Verschmelzung meist nicht möglich ist, da anderenfalls die Berechnungsgrundlage des Earn-Outs entfällt (Werner 2012, S. 1663). Darüber hinaus sind Earn-Out-Klauseln nicht zu empfehlen, wenn der Aufwand, der aus der Vereinbarung von Earn-Out-Klauseln resultiert, nicht in einem angemessenen Verhältnis zum Kaufpreis steht (Goldschmidt 2012, S. 99).

Insgesamt bleibt festzuhalten, dass aufgrund der eigenständigen Führung des KMU durch die Eigentümer und die daraus resultierende starke Abhängigkeit von diesem bei einem Verkauf regelmäßig die weitere Entwicklung des Unternehmens mit erhöhten Unsicherheiten verbunden ist. Gerade auch bei der Nachfolgeproblematik können Earn-Out-Klauseln nützlich sein, um einen Abschluss des Unternehmenskaufs zu erreichen und dienen damit der Erhaltung von KMU (Behringer 2012, S. 188). Besondere Bedeutung kommt in diesem Zusammenhang jedoch der Ausgestaltung der Earn-Out-Klausel zu. Sie muss einerseits geeignet sein, die richtigen Anreize zu schaffen, andererseits auch operabel, d. h. unstreitig abrechenbar sein. Daher ist es wichtig, die Kernwerttreiber der künftigen Geschäftsentwicklung sowie die Möglichkeiten der Beeinflussung durch Käufer und Verkäufer zu identifizieren und sich darüber im Rahmen einer geeigneten Earn-Out-Klausel zu verständigen.

Auch Earn-Out-Klauseln müssen bewertet werden (Ihlau und Gödecke 2010, S. 689 ff.).[3] Sofern ein Einigungspreis im Verhandlungswege nicht erzielt wird, können die jeweiligen Parteien auch einen externen Gutachter mit der Preisfindung beauftragen (Sieben 1993, S. 4321 f.).

Umgekehrt können sich die jeweiligen Parteien auch schon auf einen Transaktionspreis geeinigt haben. Handelt es sich dabei um eine bedeutende Unternehmenstransaktion, die mit wesentlichen Risiken verbunden ist, kann die Erstellung einer sog. **Fairness Opinion** relevant werden. Fairness Opinions stellen eine fachliche Stellungnahme eines unabhängigen, sachverständigen Dritten, z. B. Wirtschaftsprüfer, zur finanziellen Angemessenheit des Transaktionspreises dar (IDW 2011, Tz. 4). Sie dienen den zuständigen Unternehmensorganen zur Absicherung ihrer unternehmerischen Entscheidungen und der Erfüllung ihrer gesetzlichen Sorgfaltspflichten (sog. Business Judgement Rule gem. § 93 Abs. 1 S. 2 AktG) (Grün et al. 2010, S. 647). Die Gesetzesbegründung verweist darauf, dass der Haftungstatbestand des § 93 AktG nicht auf die Aktiengesellschaft beschränkt ist, sondern sich auch ohne positiv-rechtliche Regelung in allen Formen unternehmerischer Betätigung findet (Deutscher Bundestag 2005, S. 12).

Die Beurteilung der finanziellen Angemessenheit des Transaktionspreises erfolgt auf Basis der Bewertung des Transaktionsobjekts anhand der üblichen Methoden der Unternehmensbewertung (IDW 2011, Tz. 26).

Dabei erfolgt der Verkauf von KMU in der Praxis nicht nur gegen Zahlung eines festen Kaufpreises, sondern gegen Renten oder wiederkehrende Leistungen. Während diese Variante für den Käufer einen Finanzierungsvorteil bietet, muss der Verkäufer auf einen sofortigen Zufluss finanzieller Mittel verzichten. Vielfach wird diese Gestaltungsform auch im Rahmen der vorweggenommenen Erbfolge gewählt, wenn der Eigentümer sein Unternehmen als Ganzes zu Lebzeiten auf die Nachkommen übertragen möchte. Eine Bewertung des Unternehmens ist hierbei insbesondere zur Bestimmung der Gegenleistung notwendig, auch da sich je nach Höhe der Gegenleistung unterschiedliche steuerliche Folgen ergeben können.

Für KMU werden Unternehmensbewertungen häufig im Zusammenhang mit der Lösung eines Nachfolgeproblems relevant. Hier bietet sich dem Unternehmer die Wahl zwischen einer familienexternen und einer familieninternen Unternehmensnachfolge. In Abb. 3.5 werden mögliche Formen einer familienexternen Unternehmensnachfolge mit ihren Vor- und Nachteilen aufgezeigt.

In der Praxis bietet sich zur Unternehmensnachfolge in vielen Fällen der Verkauf bzw. eine Beteiligung von strategischen Investoren oder Finanzinvestoren, wie z. B. Private Equity-Unternehmen, an. Für den Verkäufer bringt diese Alternative den Vorteil, dass zumeist ein höherer Kaufpreis erzielt werden kann und neue Finanzierungsquellen für Investitionen erschlossen werden. Hiermit kann jedoch auch eine strategische Neuausrichtung des Unternehmens verbunden sein, die die Aufgabe von Geschäftsbereichen

[3]Weitere Hinweise zu Earn-Out-Klauseln sind in Abschn. 4.3.1 enthalten.

Strategische Investoren	+ Ggf. höherer Kaufpreis – Mögliche Standortschließung oder -degradierung, Mitarbeiterentlassung – Offenlegung von Informationen bei Vertragsverhandlungen kann beim Abbruch der Verhandlungen zum Nachteil werden
Finanzinvestoren	+ Notwendige finanzielle Stärke für anstehende Investitionen + Mögliche Verbesserung der Geschäftsprozesse – Ggf. keine dauerhafte Lösung wegen möglichem Weiterverkauf
MBO	+ Neuer Eigentümer kennt das Unternehmen, Führungsstil ändert sich nicht – Möglicherweise Betriebsblindheit (wenige Innovationen) – Ggf. Schwierigkeit der Finanzierung
Eintritt eines Gesellschafters	+ Finanzielle Stärkung des Unternehmens + Bei geschäftsführendem Gesellschafter Steigerung der Kompetenz des Unternehmers – Verwässerung der Ansprüche der Altgesellschafter – Mitspracherechte
Börsengang	+ Erhöhung der Fungibilität der Anteile + Stärkung des Unternehmens mit Eigenkapital – Langwieriger Prozess; Öffentlichkeit; Mitspracherechte – Hohe Kosten
Stiftung	+ Keine Zersplitterung des Unternehmens + Stiftungsvermögen bleibt an Stifterwillen gebunden – Stifter hat nach Stiftungsgründung keinen Zugriff auf das Stiftungsvermögen – Finanzierung

Abb. 3.5 Formen der familienexternen Unternehmensnachfolge

oder Standorten mit entsprechenden Restrukturierungsmaßnahmen zur Folge hat. Die Unternehmensnachfolge vollzieht sich in diesen Fällen sehr häufig in einer Übergangsphase, bei der der geschäftsführende Gesellschafter schrittweise aus dem Unternehmen ausscheidet und den neuen Eigentümern zunehmend mehr Rechte überträgt. In diesem Zusammenhang stellt die Bewertung des KMU einen sehr komplexen Vorgang dar.

Daneben stellt der **Management Buy-out (MBO)** für den Unternehmer eine häufig gewählte Gestaltungsform zur Lösung des Nachfolgeproblems dar. Auch bei einem MBO werden sich beide Parteien vor Durchführung der Transaktion im Rahmen ihrer Grenzpreisermittlung einer Unternehmensbewertung bedienen. Während beim Kauf oder Verkauf im Regelfall der Käufer über eine schlechtere Informationsbasis als der Verkäufer verfügt, dürften beim MBO die Informationen symmetrisch verteilt sein, da der neue Eigentümer das Unternehmen bereits kennt. Bei einem **Management Buy-in (MBI)**, bei dem das Unternehmen an eine unternehmensexterne Führungskraft verkauft wird, wird dieser Informationsvorsprung des Managements nicht gegeben sein (Göthel 2012, S. 727). Anderseits kann eine neue Geschäftsführung möglicherweise eine höhere Innovationsdynamik im Unternehmen auslösen.

Eine weitere Möglichkeit besteht darin, einen Nachfolger als Gesellschafter in das Unternehmen mit aufzunehmen. Beim **Eintritt eines weiteren Gesellschafters in eine Personengesellschaft** liegt ebenfalls ein nicht dominierter Bewertungsanlass vor, da beide Parteien – sowohl der Neugesellschafter als auch die Altgesellschafter – je nach

Ergebnis der Kaufpreisverhandlung frei entscheiden können, ob sie der Transaktion zustimmen oder nicht. Die Bewertung des Unternehmens ist erforderlich, um den durch die Aufnahme des Neugesellschafters entstehenden Vermögensnachteil bei den Altgesellschaftern zu bestimmen. Durch den Eintritt des Neugesellschafters verwässert sich der Anspruch der Altgesellschafter auf Gewinne und spätere Liquidationserlöse. In Abhängigkeit von der Vertragsgestaltung sind dann Verschiebungen möglich, die der Neugesellschafter durch die Leistung einer angemessenen Einlage ausgleichen muss (Behringer 2012, S. 66).

Darüber hinaus kann die Nachfolgeregelung auch über einen **Börsengang** erfolgen. Ein Börsengang hat den Vorteil, dass die Anteile am Unternehmen handelbar werden. Dem stehen die Kosten des Börsengangs u. a. für die Erstellung des Börsenprospekts, die anwaltliche Beratung sowie das Emissionsmarketing gegenüber (s. auch Abschn. 3.2.2.) (Götz und Hartmann 2012, S. 205 ff.). Im Nachgang entstehen weitere Kosten durch die quartalsweise Erstellung und Veröffentlichung von Finanzinformationen. Im Zuge eines Börsengangs wird der Emissionspreis vom Emittenten in der Regel auf der Grundlage einer Unternehmensbewertung ermittelt. Bei der Emission von Aktien junger, wachstumsstarker Unternehmen ergeben sich zusätzliche Anforderungen, da eine Unternehmensbewertung das Ausmaß der teilweise hohen Chancen und Risiken adäquat abbilden muss. Darüber hinaus besteht beim Börsengang ein Zielkonflikt zwischen emittierendem Unternehmen und den Konsortialbanken: Während das emittierende Unternehmen die Aktien zu einem eher hohen Emissionspreis anbieten möchte, bevorzugen Banken eher niedrigere Emissionspreise, um eine vollständige Platzierung der Aktien zu erreichen.[4] Die Nachfrage der Anleger entscheidet über die Angemessenheit der ermittelten Emissionspreise der angebotenen Aktien.

Die Übertragung des Unternehmens auf eine **Stiftung** dient insbesondere dem Erhalt des Unternehmens und dem Schutz vor Auseinandersetzungen im Gesellschafterkreis. Während bei einem Verkauf der Fortbestand des Unternehmens in der derzeitigen Form nicht mehr gewährleistet ist, kann der Unternehmer durch die Übertragung seines Unternehmens auf eine Stiftung sicherstellen, dass das Unternehmen im Sinne des Unternehmers (Stifterwille) fortgeführt wird und sein Lebenswerk erhalten bleibt. Dabei kann er es gemeinnützigen, mildtätigen oder kirchlichen Zwecken und/oder allein dem Wohl seiner Familie widmen. Der Vorteil der gemeinnützigen Stiftung besteht in einer weitgehenden Steuerfreiheit. Dies setzt jedoch voraus, dass höchstens ein Drittel des Einkommens der Stiftung zur Versorgung des Stifters und seiner nächsten Angehörigen verwendet wird (§ 58 Nr. 5 AO). Bei der Familienstiftung dient das Stiftungsvermögen dagegen hauptsächlich der finanziellen Unterstützung der Familie. Im Gegensatz zur gemeinnützigen Stiftung sind die Erträge aus der Familienstiftung auch gewerbe- und körperschaftsteuerpflichtig. Außerdem löst die Übertragung des Vermögens auf die Stiftung Erbschaft- bzw. Schenkungsteuer aus. Darüber hinaus unterliegt das Vermögen der

[4]Zum sog. „Underpricing" vgl. Serfling et al. 1999, S. 294 ff.

Vorweg-genommene Erbfolge / Schenkung	▪ Übertragung von Vermögensgegenständen auf die voraussichtlichen Erben oder zu Beschenkenden zu Lebzeiten ▪ Wenn das Unternehmen nur an einen Erben übertragen werden soll und mehrere Erben vorhanden sind, ist es erforderlich, dass die weichenden Erben einen Pflichtteilsverzicht erklären und vom Übergeber entsprechend eine Gegenleistung (Erbausgleich) erhalten.
Verfügung von Todes wegen	▪ Mit einem Testament oder Erbvertrag kann festgelegt werden, welchen Erbanteil die jeweiligen Erben erhalten. ▪ Erbrechtliche Pflichteilrechte – Einfache vs. qualifizierte Nachfolgeklausel – Aus einer qualifizierten Nachfolgeklausel kann der nicht-qualifizierte Miterbe einen Ausgleichsanspruch gegen den qualifizierten Erben erwirken.

Abb. 3.6 Formen der familieninternen Unternehmensnachfolge

Stiftung der sog. Erbersatzsteuer, bei der in Zeitabständen von jeweils 30 Jahren ein Vermögensübergang der Stiftung auf eine aus zwei Kindern bestehende Generation fingiert wird (§ 1 Abs. 1 Nr. 4 ErbStG).

In der Praxis recht häufig verbreitet ist das Doppelstiftungs-Modell, bei der eine Familienstiftung mit einer gemeinnützigen Stiftung über eine Holding verbunden wird. Ziel dieser Stiftungsform ist es, die Unternehmenserträge, die nicht zur Versorgung des Stifters und seiner Familie notwendig sind, dem Gemeinwohl zur Verfügung zu stellen. So können zumindest teilweise die Steuervorteile der gemeinnützigen Stiftung genutzt werden. Gleichzeitig kann der Einfluss der Familie auf die Geschäftspolitik der Stiftung erhalten bleiben.

Neben der familienexternen Unternehmensnachfolge kann auch die familieninterne Unternehmensnachfolge für den Unternehmer von Bedeutung sein. Abb. 3.6 stellt die verschiedenen Formen der familieninternen Unternehmensnachfolge dar.

Auch die verschiedenen Formen der familieninternen Unternehmensnachfolge sind mit Bewertungsanlässen verbunden. Bei der **vorweggenommenen Erbfolge/Schenkung** sowie der Verfügung von Todes wegen müssen Ausgleichsansprüche ermittelt werden. Die Bestimmung von erbrechtlichen Ausgleichsansprüchen stellt allerdings einen dominierten Bewertungsanlass dar (s. Abschn. 3.2.1.2).

3.2.1.2 Dominierte Bewertungsanlässe

Dominierte Bewertungsanlässe zeichnen sich dadurch aus, dass eine Partei einen Eigentumswechsel auch gegen den Willen der anderen durchsetzen kann (Matschke und Brösel 2013, S. 93 ff.).

Ein für KMU bedeutender Bewertungsanlass stellt das **Ausscheiden eines Gesellschafters aus einer Personengesellschaft** dar. Das Ausscheiden eines Gesellschafters kann insbesondere auf folgende Sachverhalte zurückzuführen sein (Drukarczyk und Schüler 2016, S. 6):

- Kündigung des Gesellschafters,
- Ausschluss eines „lästigen" Gesellschafters durch die anderen Gesellschafter,
- Eröffnung des Insolvenzverfahrens über das Vermögen eines Gesellschafters,
- Kündigung durch Gesellschaftergläubiger nach § 135 HGB oder
- Tod eines Gesellschafters.

Da das Ausscheiden des Gesellschafters durch die alleinige Veranlassung einer Partei bewirkt werden kann, handelt es sich hierbei in der Regel um einen dominierten Bewertungsanlass. Der ausscheidende Gesellschafter hat gem. § 738 Abs. 1 S. 2 BGB einen Anspruch auf eine Entschädigung in Höhe des Betrags, den er bei Auflösung der Gesellschaft erhalten hätte. Die Regelung gilt über die §§ 105 Abs. 3 und 161 Abs. 2 HGB auch für die Rechtsform der offenen Handelsgesellschaft und der Kommanditgesellschaft. Obwohl der Wortlaut des Gesetzes auf die Ermittlung eines Zerschlagungswertes hindeutet, gehen die herrschende Meinung und die Rechtsprechung von einer Abfindung zum Verkehrswert bei Fortführung des Unternehmens aus (Großfeld 2016, S. 13 m. w. N.). Hierbei ist der Abfindungsanspruch nicht isoliert, sondern als Teil am Unternehmens-Gesamtwert (sog. indirekte Methode, s. auch Abschn. 3.1) zu ermitteln (Schmidt 2016, Bd. 2, § 131, Rn. 141, kritisch hierzu Matschke 2013, S. 40 f.). Demnach ist für die Abfindung nicht der Verkehrswert des Anteils relevant, sondern der Anteil am (Verkehrs-) Wert des fortgeführten Unternehmens der Gesellschaft (Schäfer 2017, Bd. 6, § 738, Rn. 33). Maßgeblich für die Ermittlung des Verkehrswerts ist das Ertragswertverfahren (s. Abschn. 3.5.1.1), das von der Rechtsprechung allgemein anerkannt wird (OLG Frankfurt am Main 2012, OLG Stuttgart 2011a, OLG Stuttgart 2011b, BVerfG 2010, OLG Frankfurt am Main 2010, OLG Stuttgart 2009, OLG Düsseldorf 2009). Der Zerschlagungs- bzw. Liquidationswert (s. Abschn. 3.5.3.2) bildet die Wertuntergrenze für die Abfindung (HansOLG Hamburg 2000, OLG Stuttgart 2008, IDW 2008a, Tz. 140). Bei börsennotierten Gesellschaften wird der Liquidationswert durch einen höheren Börsenwert verdrängt (LG Dortmund 2007, BVerfG 1999). Die gesetzliche Regelung stellt jedoch dispositives Recht dar, das durch abweichende Regelungen im Gesellschaftsvertrag abbedungen werden kann (BGH 2001, Schäfer 2017, Bd. 6, § 738, Rn. 12 f.).

Im Rahmen der Vertragsfreiheit können Abfindungsklauseln vereinbart werden, die das anzuwendende Bewertungsverfahren, Zahlungsmodalitäten und weitere bewertungsrelevante Aspekte (Kapitalisierungszinssatz, relevante Überschussgröße etc.) regeln (Behringer 2012, S. 94). Auch eine Abfindung zum Buchwert ist möglich und grundsätzlich auch ökonomisch sinnvoll, um den Bestand des Unternehmens nicht zu gefährden (Piehler und Schulte 2014, Bd. 2, § 38, Rn. 48).[5] Die Vereinbarung einer Buchwertklausel besitzt den Vorteil, dass keine zeitaufwendige Wertermittlung im Rahmen eines

[5]Allerdings sollte für den Spezialfall der Ertragsschwäche, in dem der Buchwert zu einer Gefährdung des Bestands des Unternehmens führen würde, eine Abfindung zum niedrigen Ertragswert vereinbart werden, vgl. Sieben und Sanfleber 1989, S. 327.

zu erstellenden Bewertungsgutachtens erforderlich ist (Piltz 1994b, S. 1021). Grundsätzlich bieten Abfindungsklauseln gerade für KMU die Möglichkeit, durch geschickte Formulierung übergeordnete Ziele des Unternehmens (z. B. Bestandsschutz) zu berücksichtigen. Darüber hinaus können über die Vereinbarung verhältnismäßig geringer oder hoher Abfindungen für die Gesellschafter Anreize zum Verbleib oder Ausscheiden im Unternehmen geschaffen werden (Sieben und Sanfleber 1989, S. 322 f.). Wird die Abfindungsklausel von allen Beteiligten akzeptiert und ist diese unangreifbar, kann sie darüber hinaus zur Vermeidung von zukünftigen Rechtsstreitigkeiten führen (Piltz 1994b, S. 1021).

Die Grenze der zulässigen Abfindungsklauseln wird durch den Sittenwidrigkeitsmaßstab des § 138 BGB, die unzulässige Kündigungsbeschränkung gem. § 723 Abs. 3 BGB sowie die Angemessenheitskontrolle des § 242 BGB gesetzt (Piehler und Schulte 2014, Bd. 2, § 38, Rn. 23 ff.). So darf eine Abfindung z. B. weder komplett ausgeschlossen werden noch aufgrund ihrer wirtschaftlichen Nachteiligkeit dazu führen, dass der Gesellschafter auf die Kündigung verzichtet (BGH 1991, 1994a). Die Buchwertklausel wird in der Rechtsprechung als unzulässig angesehen, wenn Buchwert und wirklicher Anteilswert zum Zeitpunkt einer möglichen Kündigung des Gesellschafters in einem so erheblichen Missverhältnis stehen, dass die Entscheidungsfreiheit des Gesellschafters zur Kündigung unvertretbar eingeengt wird (BGH 1995, 1993a). Entscheidend ist dann, ob die Vertragsparteien bei Voraussicht dieser Entwicklung an der Abfindung zum Buchwert festgehalten oder eine höhere Abfindung vereinbart hätten. In letzterem Fall ist dann nach Auffassung der Rechtsprechung die bestehende Vertragslücke im Wege der ergänzenden Vertragsauslegung unter Berücksichtigung des Willens der Vertragsparteien und der persönlichen Verhältnisse des Ausgeschiedenen durch eine Anpassung der Abfindung auf einen zwischen dem Buchwert und dem wirklichen Anteilswert liegenden Wert zu schließen (BGH 1995, 1993a).

Wann ein erhebliches Missverhältnis vorliegt, lässt sich jedoch nicht allgemein sagen. In den von der Rechtsprechung entschiedenen Fällen entsprach der Klauselwert in der Regel nur einem Bruchteil des tatsächlichen Anteilswertes (BGH 1993b (35 % des Verkehrswertes), 1994b (tatsächlicher Wert das Sechsfache des vereinbarten Wertes), 1994c (vereinbarter Wert 1/3 bis 1/2 des Verkehrswertes)). In der Literatur wird teilweise eine 50 %-Grenze vorgeschlagen (Mecklenbrauck 2000, S. 2005 m. w. N.). Der BGH lehnt die Bestimmung einer quotenmäßigen Grenze ab (Piehler und Schulte 2014, Bd. 1, § 76, Rn. 30). Vielmehr soll die Unangemessenheit der Klausel aus dem Zusammenwirken aller für die Bestimmung relevanten Faktoren ermittelt werden (BGH 1993c).

Zur Vermeidung der Unwägbarkeiten einer gerichtlichen Auseinandersetzung, die mit der Buchwertklausel verbunden sind, empfiehlt sich die Vereinbarung einer Ertragswertklausel, mit der beiden Vertragsparteien die Möglichkeit gegeben wird, die Erstellung eines Schiedsgutachtens zur Ermittlung des Verkehrswerts des Unternehmens zu verlangen (Piehler und Schulte 2014, Bd. 2, § 38, Rn. 54). Um weiterhin einen Bestandschutz zu gewährleisten, kann von den Beteiligten ein prozentualer Abschlag auf den tatsächlichen Wert vereinbart werden (Breithaupt und Ottersbach 2010, Teil 2D, § 2, Rn. 160).

Die Unwirksamkeit der Abfindungsklausel kann auch aus der Art der Abfindungszahlung resultieren. Ratenzahlungen, die grundsätzlich zur Schonung der Liquidität dienen sollen, können unzulässig sein, wenn die Zahlung über einen vergleichsweise langen Zeitraum gestreckt wird und die Abfindung folglich entwertet wird. Dies gilt etwa bspw. bei einem Zahlungszeitraum von mehr als 10 Jahren (OLG Dresden 2000, OLG Karlsruhe 2006).

Weitere für KMU bedeutende Bewertungsanlässe resultieren aus **familien- oder erbrechtlichen Auseinandersetzungen,** in denen Ausgleichsansprüche ermittelt werden. Dies sind z. B. Ausgleichsansprüche im Rahmen der Beendigung der Zugewinngemeinschaft (§ 1376 BGB) oder im Erbfall z. B. bei der Bemessung des Pflichtteils (§§ 2303, 2311 BGB) sowie der Erbauseinandersetzung und -teilung. Auch Ausgleichsansprüche der aufgrund einer qualifizierten Nachfolgeklausel ausgeschlossenen Erben fallen darunter. Mithilfe der qualifizierten Nachfolgeklausel wird ein Erbe allein zum gesellschaftsrechtlichen Nachfolger des Erblassers bestimmt, um eine Zersplitterung der Kapitalanteile zu vermeiden. Die übrigen Erben erhalten dann Ausgleichsansprüche in Höhe des ihre Erbquote übersteigenden Wertes des Gesellschaftsanteils des Erblassers (Baumann 1996, S. 115 ff.). Eine Möglichkeit zur Umgehung dieses Problems stellt die vorweggenommene Erbfolge dar, bei der der Gesellschafter zu Lebzeiten sein Unternehmen oder seinen Unternehmensanteil an die Nachkommen übergibt. Da der Unternehmer die Lösung des Nachfolgeproblems zu Lebzeiten noch selbst in der Hand hat, handelt es sich um eine nicht dominierte Situation. Spätestens mit dem Tod des Unternehmers wird daraus eine dominierte Konfliktsituation, bei der Ausgleichs- und Pflichtteilsansprüche der Nachkommen entstehen.

Die Ermittlung von familien- und erbrechtlichen Ausgleichsansprüchen erfolgt in zwei Schritten: Im ersten Schritt ist ein objektivierter Unternehmenswert im Sinne des IDW S 1 i. d. F. 2008 zu ermitteln. Dieser Unternehmenswert wird in einem zweiten Bewertungsschritt unter Berücksichtigung der Besonderheiten des jeweiligen Rechtsverhältnisses auf den Ausgleichs- bzw. Auseinandersetzungsanspruch übergeleitet (IDW 2016a, Tz. 9). Dabei sind die Besonderheiten, die aus den zivilrechtlichen Bestimmungen des jeweiligen Rechtsverhältnisses resultieren, zu beachten. Im Familienrecht sind Parteivereinbarungen zur Ermittlung des Zugewinnausgleichs (Eheverträge i. S. d. § 1408 BGB) relevant (IDW 2016a, Tz. 5). Ebenso sind im Erbrecht Festlegungen des Erblassers einschließlich der Vorgabe eines bestimmten Bewertungsverfahrens zulässig und zu berücksichtigen (IDW 2016a, Tz. 6). Einen maßgeblichen Einfluss auf die Höhe des konkreten Ausgleichs- bzw. Auseinandersetzungsanspruchs haben zudem Ertragsteuereffekte und gesellschaftsvertragliche Verfügungsbeschränkungen (Ihlau und Kohl 2017, S. 399 ff.).

Bei Beendigung der Zugewinngemeinschaft wird der Zugewinn aus der Differenz zwischen dem Anfangsvermögen zum Zeitpunkt der Eheschließung und dem Endvermögen zum Zeitpunkt des Scheidungsantrages ermittelt. Für den Fall, dass ein Unternehmen für den gesamten Zeitraum der Ehe Teil der Gütergemeinschaft ist, muss eine Unternehmensbewertung sowohl zum Zeitpunkt der Eheschließung als auch zum Zeitpunkt der Scheidung erfolgen (IDW 2016a, Tz. 19). Der Bewerter steht bei einer nachträglichen Bewertung vor der Herausforderung, dass er nur den Informationsstand in die Bewertung einfließen lassen darf, den er zum jeweiligen Bewertungsstichtag gehabt hätte (IDW 2016a, Tz. 20). Dieser Bewertungsgrundsatz ist Ausfluss des strengen Stichtagsprinzips[6] und wurde durch die Rechtsprechung in Form der sog. Wurzeltheorie entwickelt (s. Abschn. 3.6.3). Darüber hinaus hat die Bewertung des Unternehmens zu den jeweiligen Stichtagen nach denselben Grundsätzen zu erfolgen, sofern keine abweichenden vertraglichen Regelungen getroffen wurden (IDW 2016a, Tz. 22).

Bei inhabergeführten Unternehmen, freiberuflichen Aktivitäten oder Familienunternehmen kann die Ertragskraft in besonderem Maße von den bisherigen Eigentümern abhängig sein. Soweit wertbestimmende Faktoren für die Erzielung der finanziellen Überschüsse aus den Kenntnissen oder Fähigkeiten bisheriger Inhaber resultieren, ist die in der Vergangenheit vorhandene Ertragskraft nur partiell oder zeitlich begrenzt übertragbar (IDW 2016a, Tz. 29). In diesem Fall sind Annahmen zum Abschmelzen des künftigen Ertragspotenzials zu treffen. Auch nach der Rechtsprechung des BGH ist bei der Unternehmensbewertung im Familien- und Erbrecht darauf zu achten, dass nur die übertragbaren Bestandteile bewertet werden (BGH 2011b).

Gemeinsam ist den Bewertungsanlässen im Rahmen des Familien- und Erbrechts, dass weder der Anspruchsberechtigte Eigentum erwirbt noch der Verpflichtete Eigentum aufgibt. Während im Falle des Ausscheidens eines Gesellschafters den verbleibenden Gesellschaftern der Unternehmensanteil des ausscheidenden Gesellschafters zuwächst und sich die Eigentumsverhältnisse ändern, findet bei der Ermittlung von Ausgleichsansprüchen infolge von familien- und erbrechtlichen Auseinandersetzungen kein Eigentumswechsel statt. Nach der Rechtsprechung des BGH zur Ermittlung des Ausgleichsanspruchs in Fällen des Zugewinnausgleichs ist jedoch unabhängig von den tatsächlichen Gegebenheiten eine fiktive Veräußerung des Unternehmens an einen Dritten zum jeweiligen Stichtag zu unterstellen (BGH 2011a, BGH 2011b). Eine vergleichbare Rechtsprechung hat sich auch für die Ermittlung von Pflichtteilsansprüchen entwickelt (OLG Hamm 2014, OLG München 2012). Für Erbauseinandersetzungen liegt eine diesbezügliche Rechtsprechung bislang nicht vor.

Weitere dominierte Bewertungsanlässe resultieren aus den aktienrechtlichen Regelungen, wie z. B. zum Abschluss von Unternehmensverträgen (§§ 304, 305 AktG) bzw. zur Eingliederung (§ 320b Abs. 1 S. 3 AktG) oder zum Squeeze-Out (§ 327a Abs. 1 S. 1 AktG sowie § 39a Abs. 1 S. 1 WpÜG). Außerdem sieht das Umwandlungsgesetz die Ermittlung von Barabfindungen sowie von Umtauschverhältnissen im Zusammenhang mit dem Verschmelzungs- und Spaltungsbericht (§§ 29 Abs. 1, 125 S. 1 UmwG) vor. Diese Bewertungsanlässe dürften für KMU jedoch nur in Ausnahmefällen relevant werden.

[6] Vgl. auch Abschn. 3.6.3.

3.2.2 Nicht transaktionsbezogene Bewertungsanlässe

Das deutsche Steuerrecht enthält eine Vielzahl von Anlässen für die Bewertung von Unternehmen oder Unternehmensanteilen, die auch für KMU von Bedeutung sind.[7] Seit der grundlegenden Reform des Erbschaftsteuer- und Bewertungsrechts im Jahr 2008 (ErbStRG 2008) sind nicht börsennotierte Unternehmen oder Unternehmensanteile im Erbfall oder bei Schenkungen für steuerliche Zwecke gem. § 11 Abs. 2 S. 1 BewG grundsätzlich mit dem gemeinen Wert anzusetzen. Der gemeine Wert, der gleichbedeutend mit dem Verkehrswert oder Marktwert ist, wird bei nicht börsennotierten Unternehmen in der Regel durch eine Unternehmensbewertung bestimmt (Beumer und Duscha 2015, S. 1414 ff.). Gleiches gilt auch, wenn der gemeine Wert von Unternehmen oder Unternehmensanteilen für ertragsteuerliche Zwecke ermittelt werden muss, wie z. B. im Falle von konzerninternen Umstrukturierungen mit Anteilsveräußerungen oder Entnahme- und Einlagetatbeständen (BMF 2011). Neben dem gemeinen Wert existieren noch weitere steuerliche Bewertungsmaßstäbe, wie der Fremdvergleichspreis und der Teilwert. Der Fremdvergleichspreis findet vorrangig bei grenzüberschreitenden Sachverhalten Anwendung, wenn z. B. Beteiligungen, immaterielle Wirtschaftsgüter oder betriebliche Funktionen an eine nahestehende Person im Ausland übertragen werden. Der Gesetzgeber hat mit der Unternehmensteuerreform 2008 (UStRG 2008) die Regelungen zur Besteuerung von grenzüberschreitenden Funktionsverlagerungen (§ 1 Abs. 3 S. 9 ff. AStG) verschärft. Demnach muss der Fremdvergleichspreis bzw. eine dem Fremdvergleich standhaltende Ausgleichszahlung für die übertragene Funktion bzw. das Transferpaket nach den Grundsätzen der Unternehmensbewertung bestimmt werden (Beumer und Duscha 2015, S. 1426 f.). Die Bestimmung des Teilwerts auf Basis einer Unternehmensbewertung wird vor allem bei einer voraussichtlich dauernden Wertminderung einer Beteiligung für ertragsteuerliche Zwecke relevant (Beumer und Duscha 2015, S. 1423).

Weitere Bewertungsanlässe können sich im Rahmen der **Ermittlung von Bilanzansätzen** ergeben. Beteiligungsbuchwerte müssen im Rahmen der Erstellung des handelsrechtlichen Jahresabschlusses zum jeweiligen Bilanzstichtag auf ihre Werthaltigkeit hin überprüft werden (§ 253 Abs. 3 S. 3 und 4 HGB). Zur Überprüfung der Werthaltigkeit des Beteiligungsansatzes ist regelmäßig eine Bewertung des als Beteiligung bilanzierten Unternehmens erforderlich (IDW 2012c, Tz. 3 ff., Dörschell et al. 2006, S. 1060 ff.).

Bei der Bilanzierung von Unternehmenserwerben nach IFRS werden im Rahmen der Kaufpreisallokation (Purchase Price Allocation oder kurz PPA) die erworbenen Vermögenswerte und Schulden mit ihren beizulegenden Zeitwerten (Fair Value) angesetzt.[8] Neben den bereits bilanzierten Vermögenswerten und Schulden werden auch bislang

[7]Für eine Übersicht über steuerliche Bewertungsanlässe vgl. Beumer und Duscha 2015, S. 1440.

[8]Vgl. grundlegend zu Bewertungen im Rahmen von Unternehmenserwerben nach IFRS 3 Kunowski 2015, S. 897 ff. Zu Abweichungen bei der Behandlung von Unternehmenserwerben nach IFRS im Vergleich zu HGB vgl. Förschle und Deubert 2012, § 301, Tz. 400 ff.

nicht bilanzierte immaterielle Vermögenswerte und Eventualschulden identifiziert und angesetzt. Die Bewertung immaterieller Vermögenswerte basiert regelmäßig auf ertragsorientierten Bewertungsmethoden und ist damit stark an die Arbeitsschritte bei der Unternehmensbewertung angelehnt (Kunowski 2015, S. 904, Dörschell et al. 2010, S. 978 ff.). Die Ergebnisse der Bewertungen im Rahmen der Kaufpreisallokation werden häufig durch eine Gesamtbewertung des erworbenen Unternehmens plausibilisiert (Kunowski 2015, S. 899). Im Anschluss an die Kaufpreisallokation werden Folgebewertungen für Zwecke der Werthaltigkeitsprüfung des als Residualgröße angesetzten Geschäfts- oder Firmenwerts sowie der immateriellen Vermögenswerte notwendig (Kunowski 2015, S. 899).

Auch im Rahmen von **Unternehmenssanierungen** können Unternehmensbewertungen relevant werden. Als Sanierungsinstrument wird in der Praxis häufig ein sog. Debt-Equity-Swap eingesetzt.[9] Bei einem Debt-Equity-Swap werden Forderungen gegen das notleidende Unternehmen in Eigenkapital umgewandelt, sodass die bisherigen Gläubiger der Forderungen in eine Gesellschafterstellung einrücken (Oelke et al. 2010, S. 299). Gesellschaftsrechtlich vollzieht sich der Debt-Equity-Swap in der Regel über eine einfache Kapitalherabsetzung[10] mit anschließender Kapitalerhöhung unter Bezugsrechtsausschluss der Altgesellschafter, bei der die Forderung des Gläubigers als Sacheinlage[11] in das Gesellschaftsvermögen eingebracht wird (Oelke et al. 2010, S. 299). Eine Bewertung ist erforderlich, da es sich bei der Umwandlung um eine Sachkapitalerhöhung[12] handelt und damit eine Werthaltigkeitsdokumentation erbracht werden muss (Nickert 2013, S. 180). Erfolgt die Umwandlung von Gläubigerforderungen in Eigenkapital im Rahmen eines Insolvenzplanverfahrens,[13] muss beachtet werden, dass dem Gläubiger im Insolvenzplan kein höherer Wert zugesprochen wird als ihm zivilrechtlich zusteht.[14]

Darüber hinaus können auch Unternehmensbewertungen im Zusammenhang mit **Eigen- und Fremdkapitalzuführungen** erforderlich sein. Insbesondere junge und mittelständische Unternehmen ohne Zugang zum Kapitalmarkt sind darauf angewiesen, externe Finanzierungsquellen zu erschließen. Neben eigenkapitalstärkenden Maßnahmen wie der Zuführung von Sacheinlagen oder das Eingehen offener Beteiligungen durch Finanzinvestoren, wie z. B. Private Equity- oder Venture Capital-Unternehmen, stellen

---

[9]Alternativ zum Debt-Equity-Swap wird in der Literatur auch der Debt-Mezzanine-Swap als Gestaltungsmaßnahme diskutiert, um gesellschafts- und steuerrechtliche Probleme des Debt-Equity-Swap zu umgehen, vgl. Oelke et al. 2010, S. 299 ff.

[10]§ 58a GmbHG, §§ 229 ff. AktG.

[11]§§ 5 Abs. 4, 56 GmbHG, §§ 27, 183 ff. AktG.

[12]§§ 55, 56 GmbHG, §§ 182 ff. AktG.

[13]Dieser Fall wurde durch das Gesetz zur weiteren Erleichterung der Sanierung von Unternehmen (ESUG) explizit ins Insolvenzrecht aufgenommen, vgl. § 225a Abs. 2 InsO.

[14]§ 245 Abs. 2 Nr. 1 InsO.

insbesondere Mezzanine-Finanzierungsinstrumente[15] eine interessante Finanzierungsquelle für KMU dar. Ein Vorteil von mezzaninen Finanzierungen ist der Eigenkapitalcharakter, der durch die Nachrangigkeit in Bezug auf die übrigen Gläubiger erreicht wird, sodass sich die Bilanzstruktur sowie die Bonität und das Rating des KMU verbessern (Streit et al. 2004, S. 1119 f.). Auch bleiben die Eigentumsverhältnisse im Unternehmen bestehen, da im Gegenzug regelmäßig keine Gesellschaftsrechte durch das KMU gewährt werden. Allerdings wird das höhere Risiko des Kapitalgebers in der Regel durch eine höhere Verzinsung im Vergleich zur klassischen Kreditfinanzierung vergütet (Streit et al. 2004, S. 1119 f.). Je nach Umfang und Ausgestaltung des Finanzierungsinstruments verlangen die Kapitalgeber zudem teilweise die Durchführung einer Due Diligence-Prüfung und die (indikative) Bewertung der Zielgesellschaft. Auch im Rahmen der Kreditwürdigkeitsprüfung kann die Prüfung der Werthaltigkeit von Beteiligungsbuchwerten zu einer Bewertung des als Beteiligung bilanzierten Unternehmens führen. Eine Finanzierungsalternative zum klassischen Bankenkredit bietet die Platzierung von sog. Mittelstandsanleihen in eigens dafür vorgesehenen Handelssegmenten an den deutschen Börsen in Frankfurt, Stuttgart, Düsseldorf, München und Hamburg/Hannover. Vor dem Hintergrund einer restriktiveren Kreditvergabe durch Banken als Folge der durch die Finanzkrise verschärften regulatorischen Anforderungen (Basel III) (Deutsche Bundesbank 2011, Waschbusch et al. 2012, S. 191 ff.) werden die Vorteile von Mittelstandsanleihen insbesondere in einer Diversifizierung der Kapitalstruktur, geringere Stellung von Sicherheiten und der Steigerung des Bekanntheitsgrads bei den Kapitalgebern gesehen (Götz und Hartmann 2012, S. 212 f.). Neben der Erfüllung der Börsenzulassungsvoraussetzungen ist die Emission von Mittelstandsanleihen allerdings auch mit höheren Anforderungen bei der Finanzkommunikation verbunden (Meier-Burkert 2011). Hinzu kommen insbesondere Kosten für Platzierung, Rating, Prospekterstellung, Emissionsmarketing, Börsengebühren sowie Honorare für Kapitalmarktpartner, Wirtschaftsprüfer und Rechtsanwälte (Götz und Hartmann 2012, S. 205 ff.). Entscheidend für eine erfolgreiche Platzierung von Anleihen ist neben einem günstigen Marktumfeld vor allem eine gute Credit Story, ein aussagefähiger und belastbarer Business Plan sowie eine geschickte Vermarktung. Die Relevanz von Unternehmensanleihen auf den Finanzmärkten ist in der jüngeren Vergangenheit jedoch gesunken. Während im Jahr 2013 noch 46 Unternehmen Anleihen im Gesamtwert von über 2 Mrd. EUR begeben haben, übertraf in den folgenden drei Jahren das Neuemissionsvolumen nie die 1-Milliarden-Grenze. Im Jahr 2017 konnten nur 13 der 23 Mittelstandsanleihen voll platziert werden. Zahlreiche Insolvenzen von Unternehmen, wie Air Berlin, Rickmers und Alno, haben das Vertrauen der Investoren in das Segment beeinträchtigt (Finance Magazin 2018).

[15]Typische Ausgestaltungsformen von Mezzanine-Finanzierungen sind z. B. Nachrangdarlehen, stille Beteiligungen (typisch oder atypisch), Genussrechte und Wandel-/Optionsanleihen. Streit et al. 2004, S. 1111 ff.

3.3 Bewertungszweck und Wertkategorien

Der Bewertungsanlass (s. Abschn. 3.2), der Bewertungszweck und die Funktion, in der der Bewerter tätig wird, stehen in einem engen Zusammenhang und beeinflussen die der Bewertung zugrunde liegenden Annahmen und damit die Höhe des Unternehmenswertes. Abb. 3.7 veranschaulicht diesen Zusammenhang, wobei auf die im IDW Standard: „Grundsätze zur Durchführung von Unternehmensbewertungen" (IDW S 1 i. d. F. 2008) geltenden Funktionen und Wertkonzepte Bezug genommen wird (IDW 2008a, Tz. 12).

Der **Bewertungszweck** resultiert vorwiegend aus dem Bewertungsanlass bzw. den Zielen und Vorgaben, die mit der Bewertung verknüpft sind. In der Theorie und Praxis ist allgemein anerkannt, dass der richtige Unternehmenswert abhängig vom Bewertungszweck ist (Ballwieser 2016, S. 1, IDW 2008a, Tz. 17). Im Vorfeld jeder Unternehmensbewertung sollte demnach festgelegt werden, welchem Zweck die Unternehmensbewertung dient. Dies ist Ausfluss des Zweckadäquanzprinzips (Moxter 1983, S. 5 f.), das sich nach einer bis in die achtziger Jahre geführten Diskussion über verschiedene Werttheorien durchgesetzt hat.

Nach Auffassung der Vertreter der bis in die sechziger Jahre verfolgten **objektiven Werttheorie** existiert nur ein Wert des Unternehmens für jedermann, der losgelöst von den individuellen Handlungsmöglichkeiten und Interessen des potenziellen Investors ermittelt wird (Mellerowicz 1952, S. 11 ff.). Der Unternehmenswert ergibt sich demnach allein aus dem Erfolgspotenzial, das dem Unternehmen innewohnt und von einem „normalen" Investor realisiert werden kann (Bretzke 1976, S. 546). Die in diesem Wertkonzept scheinbar innewohnende Objektivität wird jedoch aufgrund der mangelnden Überprüfbarkeit des „normalen" Investors und der damit verbundenen Subjektivität kritisiert (Bretzke 1976, S. 548). Außerdem vernachlässigt diese Werttheorie die aus Käufer- oder Verkäufersicht relevanten wertbildenden Faktoren, aus denen sich in der Praxis Kaufpreisverhandlungen ergeben. Bei einem objektiven Wert, der für alle

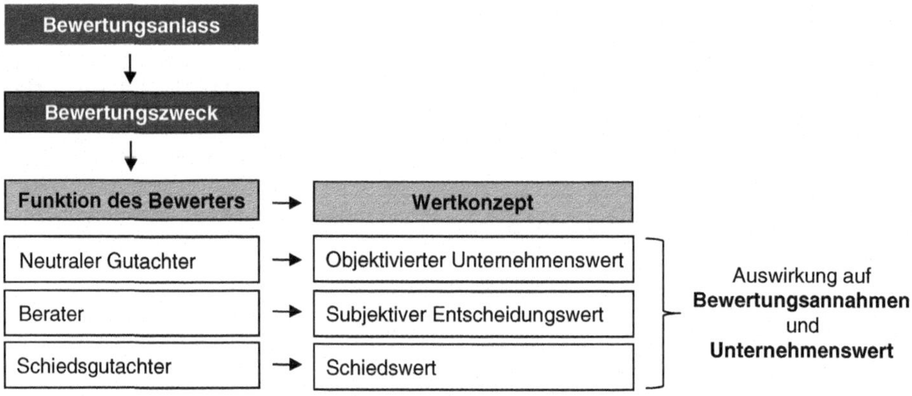

Abb. 3.7 Zusammenhang von Bewertungsanlass, -zweck und Funktion des Bewerters

Investoren gleich ist, gäbe es keinen Einigungsbereich, sodass Kaufpreisverhandlungen nicht notwendig wären (Peemöller 2015, S. 4 f.).

Die aus der Kritik an der objektiven Werttheorie entstandene **subjektive Werttheorie** versucht diesen inneren Widerspruch zu lösen und verbindet den Wert des Unternehmens mit der individuellen Wertschätzung des jeweiligen Investors. Danach ist die Höhe des Unternehmenswertes letztlich abhängig vom konkreten Investor und den Absichten und Möglichkeiten, die er mit dem Bewertungsobjekt realisieren möchte. Der Wert eines Gutes leitet sich folglich aus dem subjektiven Gebrauchswert und damit den individuellen Vorlieben, Bedürfnissen und Zielen des Investors ab (Peemöller 2015, S. 6 f.).

Die in den siebziger Jahren aufgekommene **funktionale Werttheorie** versucht die Lücke zwischen objektiver und subjektiver Werttheorie zu schließen, indem die Bewertung stets in Abhängigkeit des Bewertungsanlasses und eines bestimmten Bewertungszweckes durchgeführt und damit die Funktion der Unternehmensbewertung in den Vordergrund gerückt wird (Sieben und Schildbach 1979, S. 455). Sie geht insbesondere auf die „Kölner Schule", d. h. vorwiegend auf die Arbeiten von Sieben und Matschke zurück.[16] Entsprechend der funktionalen Werttheorie ist der Bewertungszweck und die daraus folgende Festlegung der Funktion des Bewerters eine Grundvoraussetzung für die Durchführung einer Wertermittlung, die dokumentiert sein muss, um dem Empfänger deutlich zu machen, unter welchen Voraussetzungen und begleitenden Annahmen die Bewertung durchgeführt wurde (Sieben und Schildbach 1979, S. 455, Peemöller 2015, S. 34). Denn unterschiedliche Funktionen, d. h. Bewertungszwecke, führen zu verschiedenen Bewertungsverfahren und zu unterschiedlich hohen Unternehmenswerten (Sieben und Schildbach 1979, S. 455).

Dabei werden insbesondere die folgenden Hauptfunktionen unterschieden (Coenenberg und Sieben 1976, S. 4062–4079):

- *Beratungsfunktion* bei der Ermittlung von subjektiven Entscheidungswerten
- *Vermittlungsfunktion* für die Bestimmung eines fairen Einigungspreises zwischen zwei Parteien
- *Argumentationsfunktion* zur Erreichung bestimmter Ziele in einer Verhandlungssituation oder vor Gericht

Neben den genannten Hauptfunktionen kann die Unternehmensbewertung auch Nebenfunktionen, wie der Informations-, Steuerbemessungs- und Vertragsgestaltungsfunktion, dienen (Sieben 1983, S. 539 ff.).

Die funktionale Werttheorie bildet die Grundlage für die Maßgeblichkeit des Bewertungszwecks in der Unternehmensbewertung. Soll eine Bewertung aus Anlass eines Verkaufs durchgeführt werden, so könnte der Bewertungszweck bspw. in der Vorbereitung

[16] Zur Kölner Funktionenlehre vgl. z. B. Sieben 1976, S. 491 ff., Coenenberg und Sieben 1976, S. 4062 ff., Sieben und Schildbach 1979, S. 455 ff., Matschke 1971, S. 508 ff.

der Entscheidung des Verkäufers liegen (Ballwieser 2016, S. 1). Die Unternehmensbewertung zielt dann auf die Ermittlung des Grenzpreises des Verkäufers ab, um die Grenze seiner Konzessionsbereitschaft, d. h. seine Preisuntergrenze, für anstehende Kaufpreishandlungen zu bestimmen (Sieben 1976, S. 496 ff.). Bei gleichem Bewertungsanlass könnte der Bewertungszweck aber auch bspw. in der Unterstützung von Argumentationen in Verhandlungssituationen oder der Vermittlung zwischen zwei Konfliktparteien dienen (Ballwieser 2016, S. 1). In Abhängigkeit vom Bewertungszweck sind auch unterschiedliche Anforderungen an die bewertungsrelevanten Sachverhalte und den Grad der Nachprüfbarkeit zu stellen (Ballwieser 2016, S. 1 f.).

Aufbauend auf der funktionalen Werttheorie hat auch die Bewertungspraxis eigene Funktionen definiert, die teilweise von den oben erläuterten Haupt- und Nebenfunktionen abweichen. Das IDW unterscheidet hinsichtlich der Funktionen, in der ein Wirtschaftsprüfer als Bewerter tätig werden kann, die Funktion als neutraler Gutachter, als Berater und als Schiedsgutachter (IDW 2008a, Tz. 12). Die Argumentationsfunktion wird im IDW S 1 nicht als eigenständige Funktion anerkannt (IDW 2008a, Tz. 12). Dagegen gehört im Gegensatz zur funktionalen Werttheorie die Funktion als neutraler Gutachter als typische Aufgabe des Wirtschaftsprüfers zu den vom IDW definierten Funktionen der Unternehmensbewertungen. Der Wirtschaftsprüfer soll als neutraler Sachverständiger im Falle eines Kaufs oder Verkaufs durch die Ermittlung eines objektivierten Unternehmenswerts den Verhandlungspartnern verlässliche Informationen über die Ertragskraft des Unternehmens geben (IDW 2018, Kap. A, Tz. 32). Der objektivierte Wert berücksichtigt dabei keine subjektiven Einschätzungen einzelner Parteien, sondern erfolgt aus der Sicht eines typisierten Investors und soll somit eine neutrale Ausgangsgrundlage für Verhandlungen bieten (Siepe et al. 2000, S. 946 ff.).

Aus der Funktion des Bewerters folgt ein bestimmtes **Wertkonzept.** Der neutrale Gutachter ermittelt einen objektivierten Unternehmenswert, der Berater unterstützt bei der Ermittlung eines subjektiven Entscheidungswertes, und der Schiedsgutachter übt durch die Ermittlung eines Schiedswertes eine Vermittlungsfunktion aus (IDW 2008a, Tz. 12).

Der **objektivierte Unternehmenswert** kann auch als typisierter Unternehmenswert beschrieben werden (Ballwieser 2016, S. 4). Der objektivierte Unternehmenswert ist ein intersubjektiv nachprüfbarer Zukunftserfolgswert aus Sicht der Anteilseigner, der sich bei Fortführung des Unternehmens in unverändertem Konzept und mit allen realistischen Zukunftserwartungen im Rahmen seiner Marktchancen und -risiken, finanziellen Möglichkeiten sowie sonstigen Einflussfaktoren nach den Grundsätzen betriebswirtschaftlicher Unternehmensbewertung unter einer anlassbezogenen Typisierung der steuerlichen Verhältnisse der Anteilseigner bestimmen lässt (IDW 2018, Kap. A, Tz. 33, IDW 2008a. Tz. 29). Subjektive Wertschätzungen einzelner Parteien werden nicht berücksichtigt, das Unternehmen wird bewertet „so wie es steht und liegt“ (Peemöller 2015, S. 11). Die in diesem Wertkonzept zum Ausdruck gebrachte Objektivität des neutralen Gutachters ist strikt von dem in der älteren Lehre diskutierten objektiven Wert zu unterscheiden (IDW 2018, Kap. A, Tz. 32 f.).

Bei dem **subjektiven Entscheidungswert** erfolgt die Bewertung aus Sicht eines bestimmten Investors. Dabei werden individuelle Vorstellungen, Erwartungen sowie

Zielsetzungen des Investors mit in die Bewertung einbezogen (IDW 2008a, Tz. 48 ff.). Auch die individuelle Besteuerung des Investors wird ggf. berücksichtigt (IDW 2008a, Tz. 58). Bei einer Unternehmenstransaktion kann mithilfe des subjektiven Entscheidungswertes aus Käufer- oder Verkäufersicht jeweils ein Grenzpreis ermittelt werden, der die individuellen Vorstellungen der Parteien im Hinblick auf Synergieeffekte und geplante strategische Maßnahmen abbildet. Während für den Käufer die Preisobergrenze entscheidend ist, bis zu der es sich lohnt, die Investition zu tätigen, möchte der Verkäufer dagegen abschätzen, ab welchem Kaufpreis der Verkauf wirtschaftlich vorteilhafter ist als das weitere Halten der Unternehmensanteile (IDW 2008a, Tz. 12).

Die Ermittlung eines **Schiedswertes** wird in der Regel dann relevant, wenn zwischen konfligierenden Parteien vermittelt werden soll. Bei der Vermittlung geht es im Wesentlichen darum, ausgehend von den subjektiven Werteinschätzungen der Konfliktparteien die bewertungsrelevanten Sachverhalte wie Synergieeffekte, Alternativrenditen, Steuerbelastungen, Risikoeinstellungen der jeweiligen Parteien auf ihre Angemessenheit hin zu überprüfen und einen Vermittlungsvorschlag in Form eines fairen Einigungspreises zu unterbreiten (IDW 2018, Kap. A, Tz. 42). Dabei ist die Nachprüfbarkeit der Bewertung von zentraler Bedeutung (Ballwieser 2016, S. 1). Als fairer Einigungspreis wird in der Praxis aus Praktikabilitäts- und Gerechtigkeitsgründen häufig die Mitte des Einigungsbereichs gewählt. In der Theorie werden jedoch auch noch andere Methoden zur Aufteilung des Einigungsbereichs diskutiert (Matschke 1971, S. 518 ff.). In der Literatur wird jedoch auch diskutiert, inwieweit der Schiedswert dem objektivierten Unternehmenswert entspricht. Insbesondere beim Ausschluss von Gesellschaftern als Hauptanwendungsfall für die Ermittlung von Schiedswerten ist die Zielsetzung, einen möglichst objektiven Wert zu ermitteln, der unabhängig von den individuellen Interessen der Parteien ist. Für die Berücksichtigung subjektiver Wertfaktoren ist in diesem Fall kein Raum (Kohl und Schröder 2016, S. 1376 ff.).

Neben den vom IDW vorgegebenen Hauptfunktionen finden in der Bewertungspraxis auch die durch die funktionale Werttheorie definierten Nebenfunktionen, wie der Informations-, Steuerbemessungs- und Vertragsgestaltungsfunktion, Anwendung. Im Rahmen der **Informationsfunktion** werden die Bilanzansätze von Geschäfts- oder Firmenwert oder Beteiligungen auf ihre Werthaltigkeit überprüft. Ziel ist hierbei die Information des Bilanzadressaten über die Ertragskraft des Unternehmens, wobei die Wertermittlung wesentlich durch die bilanzrechtlichen Vorgaben geprägt ist. So werden beim Goodwill Impairment-Test im Rahmen der IFRS-Konzernrechnungslegung eigene Wertkonzepte wie der beizulegende Zeitwert abzgl. Veräußerungskosten (sog. fair value less costs of disposal) und der Nutzungswert (sog. value in use) unterschieden (IAS 36.6). Während im ersten Fall eine marktorientierte Sichtweise für die Wertermittlung eingenommen wird, erfolgt die Ermittlung des Nutzungswerts aus Sicht des bilanzierenden Unternehmens, sodass auch echte Synergieeffekte, die zwischen den einzelnen zahlungsmittelgenerierenden Einheiten anfallen, zu berücksichtigen sind (IDW 2016b, Tz. 5). Zahlungsmittelzu- oder -abflüsse aus Restrukturierungen und Erweiterungsinvestitionen sind bei diesem Wertkonzept dagegen außer Betracht zu lassen (IAS 36.44). Unabhängig vom Wertkonzept sind die Kapitalkosten nicht spezifisch für das bilanzierende Unternehmen, sondern marktbezogen zu ermitteln

(IAS 36.56). Erfolgt die Bewertung für handelsrechtliche Zwecke zur Überprüfung der Werthaltigkeit eines Beteiligungsansatzes im Jahresabschluss, ist die Wertermittlung grundsätzlich unter Beachtung des Gläubigerschutzprinzips vorzunehmen (IDW 2012c, Tz. 6). Die Bewertung der Beteiligung erfolgt dann aus Sicht des bilanzierenden Unternehmens und entspricht weitgehend dem Wertkonzept des subjektiven Entscheidungswerts (IDW 2012c, Tz. 5). Allerdings werden Synergieeffekte, die ggf. bei dem Mutterunternehmen oder bei Schwesterunternehmen des bilanzierenden Unternehmens anfallen, für Zwecke des Gläubigerschutzes nicht in die Bewertung mit einbezogen, da sie nicht zum Schuldendeckungspotenzial der bilanzierenden Gesellschaft beitragen (IDW 2012c, Tz. 6). Ist dagegen eine Veräußerung der Beteiligung durch das bilanzierende Unternehmen beabsichtigt, erfolgt die Bewertung aus der Sicht eines potenziellen Erwerbers, sodass Synergieeffekte, die allein durch die bilanzierende Gesellschaft realisierbar sind, nicht mehr in der Bewertung berücksichtigt werden dürfen (IDW 2012c, Tz. 11). Die Wertermittlung orientiert sich damit an dem Wertkonzept des objektivierten Unternehmenswerts (IDW 2012c, Tz. 11).

Auch im Rahmen der **Steuerbemessungsfunktion** werden den im deutschen Steuerrecht enthaltenen Wertmaßstäben, wie gemeiner Wert, Teilwert und Fremdvergleichspreis Wertkonzepte zugeordnet (Beumer und Duscha 2015, S. 1411 ff.). Während der gemeine Wert grundsätzlich als objektivierter Wert ermittelt wird, ist die Wertkonzeption von Teilwert und Fremdvergleichspreis durch eine subjektbezogene Betrachtungsweise geprägt, sodass hier eher die Ermittlung subjektiver Entscheidungswerte in Betracht kommt (Beumer und Duscha 2015, S. 1439).

Ein bedeutender Anwendungsfall der **Vertragsgestaltungsfunktion** stellt die Ermittlung des Abfindungswerts ausscheidender Gesellschafter dar. Da die gesetzlichen Regelungen zur Abfindung dispositives Recht darstellen und insoweit die Regelungen des Gesellschaftsvertrags maßgeblich zur Bemessung des Abfindungswerts sind, kann der Abfindungswert unterschiedliche Ausprägungen annehmen. Die gesellschaftsvertraglichen Regelungen können Vorgaben hinsichtlich der Abfindung zu bestimmten Werten (z. B. Buchwert, Ertragswert), Verfahren (z. B. Stuttgarter Verfahren) oder sonstigen Zielen (z. B. Sicherung der Liquidität und/oder des Bestands des Unternehmens) enthalten (Peemöller 2015, S. 13). Eine Zuordnung zu einem bestimmten Wertkonzept ist daher einzelfallabhängig vorzunehmen.

3.4 Grundsätze ordnungsmäßiger Unternehmensbewertung

Die Durchführung von Unternehmensbewertungen ist in Deutschland grundsätzlich nicht gesetzlich kodifiziert. Die Ausnahme hiervon bildet lediglich das Bewertungsgesetz (BewG), das vorrangig für erbschaft- und schenkungsteuerliche Bewertungsanlässe zur Anwendung kommt. Die bewertungsrechtlichen Regelungen sind jedoch auch für ertragsteuerliche Bewertungsanlässe maßgeblich (BMF 2011). Weitere Bewertungsanlässe finden sich zwar im Aktien- und Umwandlungsgesetz. Darunter fallen z. B. der Abschluss von Ergebnisabführungs- oder Beherrschungsverträgen, der Squeeze-Out von Minderheitsaktionären oder Verschmelzungen und Spaltungen. Die eigentliche Durchführung der Unternehmensbewertung und die dabei zugrunde liegende Methodik sind jedoch nicht gesetzlich geregelt. Stattdessen kommen vorwiegend berufsständische Normen und Richtlinien zur Anwendung (Dirscherl und Salcher 2007, S. 17). Eine Auswahl an entsprechenden Standards und Richtlinien ist in Abb. 3.8 aufgeführt.

Abkürzung	Titel	Herausgeber
IDW S 1 i.d.F. 2008	Grundsätze zur Durchführung von Unternehmensbewertungen	IDW
IDW S 5	Grundsätze zur Bewertung immaterieller Vermögenswerte	IDW
IDW S 8	Grundsätze für die Erstellung von Fairness Opinions	IDW
IDW S 10	Grundsätze zur Bewertung von Immobilien	IDW
IDW S 13	Besonderheiten bei der Unternehmensbewertung zur Bestimmung von Ansprüchen im Familien- und Erbrecht	IDW
IDW RS HFA 10	Anwendung der Grundsätze des IDW S 1 bei der Bewertung von Beteiligungen und sonstigen Unternehmensanteilen für die Zwecke eines handelsrechtlichen Jahresabschlusses	IDW
IDW RS HFA 40	Einzelfragen zu Wertminderungen von Vermögenswerten nach IAS 36	IDW
IDW RS HFA 47	Einzelfragen zur Ermittlung des Fair Value nach IFRS 13	IDW
IDW Praxishinweis 1/2014	Besonderheiten bei der Ermittlung eines objektivierten Unternehmenswerts kleiner und mittelgroßer Unternehmen	IDW
IDW Praxishinweis 2/2017	Beurteilung einer Unternehmensplanung bei Bewertung, Restrukturierungen, Due Diligence und Fairness Opinion	IDW
F & A zu IDW S 1 i.d.F. 2008	Fragen und Antworten: Zur praktischen Anwendung der Grundsätze zur Durchführung von Unternehmensbewertungen nach IDW S 1 i.d.F. 2008	IDW
IFRS 3	Unternehmenszusammenschlüsse	IASB
IFRS 13	Bemessung des beizulegenden Zeitwerts	IASB
IAS 36	Wertminderung von Vermögenswerten	IASB
-	International Valuation Standards	IVSB
-	IACVA Professional Standards	IACVA
-	Best-Practice-Empfehlungen Unternehmensbewertung	DVFA
-	Valuation of a Business, Business Ownership Interest, Security, or Intangible Asset	AICPA
-	European Valuation Standards	TEGoVA
-	International Private Equity and Venture Capital Valuation Guidelines	EVCA
	Verordnung zur Anwendung des Fremdvergleichsgrundsatzes nach § 1 Abs. 1 des Außensteuergesetzes in Fällen grenzüberschreitender Funktionsverlagerungen (Funktionsverlagerungsverordnung - FVerlV)	BGBl.[a]
-	Grundsätze für die Prüfung der Einkunftsabgrenzung zwischen nahestehenden Personen in Fällen von grenzüberschreitenden Funktionsverlagerungen (Verwaltungsgrundsätze Funktionsverlagerung)	BMF[b]
-	Bewertung von Unternehmen und Anteilen an Kapitalgesellschaften; Anwendung der bewertungsrechtlichen Regelungen für ertragsteuerliche Zwecke	BMF[c]
-	Schreiben betr. Umsetzung der Reform des Erbschaftsteuer- und Bewertungsrechts; Bewertung des Unternehmensvermögens	FM Bayern[d]

Abb. 3.8 Auswahl an Standards und Richtlinien im Bereich Bewertung. **a** FVerlV 2008; **b** BMF 2010; **c** BMF 2011; **d** FM Bayern 2009

Der Ursprung der Grundsätze ordnungsmäßiger Unternehmensbewertung liegt in den 70er Jahren (Moxter 1976, S. 1 ff.). In den 80er und 90er Jahren kam insbesondere der Gedanke des Zukunftserfolgswertes auf, der sich im Lauf der Zeit als der herrschende Wertansatz in Theorie und Praxis durchgesetzt hat. Insbesondere im Bereich der Funktion und der Anforderungen an allgemeine Bewertungsgrundsätze bestanden jedoch teilweise sehr unterschiedliche Vorstellungen (Peemöller 2015, S. 33).

Im IDW Standard: „Grundsätze zur Durchführung von Unternehmensbewertungen" (IDW S 1 i. d. F. 2008a) wurden für Wirtschaftsprüfer in Deutschland die folgenden sieben allgemeinen Bewertungsgrundsätze formuliert (IDW 2008a, Tz. 17 ff.):

1. Maßgeblichkeit des Bewertungszwecks (s. Abschn. 3.3)
2. Bewertung der wirtschaftlichen Unternehmenseinheit (s. Abschn. 3.6.1)
3. Stichtagsprinzip (s. Abschn. 3.6.3)
4. Bewertung des betriebsnotwendigen Vermögens (s. Abschn. 3.5.1)
5. Bewertung des nicht betriebsnotwendigen Vermögens. (s. Abschn. 3.6.2)
6. Unbeachtlichkeit des (bilanziellen) Vorsichtsprinzips
7. Nachvollziehbarkeit der Bewertungsansätze.

3.5 Bewertungsverfahren und deren Eignung zur Bewertung von KMU

Die gängigen Bewertungsverfahren können in die übergeordneten Kategorien Gesamtbewertungs-, Einzelbewertungs- und Mischverfahren eingeordnet werden. Eine Übersicht ist in Abb. 3.9 dargestellt.

Die **Gesamtbewertungsverfahren** zeichnen sich dadurch aus, dass das gesamte Unternehmen als Einheit betrachtet und bewertet wird. Ausschlaggebend ist folglich nicht der Wert der einzelnen Bestandteile, sondern wertbestimmend ist die Höhe der finanziellen Überschüsse, die durch das Zusammenwirken der einzelnen Teile erzielt werden können (Ballwieser 2016, S. 8 f.). Bei den **Einzelbewertungsverfahren** spielt hingegen nicht das Zusammenwirken der einzelnen Vermögensgegenstände eine Rolle, sondern der individuelle Wert der einzelnen Teile (Ballwieser 2016, S. 10). Diese Verfahren sind somit an die Rechnungslegung des Unternehmens angelehnt. Ausgangspunkt sind die einzelnen in der Bilanz ausgewiesenen Vermögensgegenstände und Schulden. Darüber hinaus können zusätzlich nicht bilanzierte immaterielle Vermögenswerte wertrelevant sein. Auch sind die bilanziellen Wertansätze lediglich eine Ausgangsgröße für die je nach Wertkonzept zu bestimmenden Einzelwerte. Bei den **Mischverfahren** handelt es sich um eine Mischung aus Einzel- und Gesamtbewertungsverfahren. Sie bauen in der Regel auf dem Substanzwert auf und ergänzen ihn um Elemente aus den kapitalwertorientierten bzw. ertragswertbezogenen Verfahren. Zu den Mischverfahren zählt insbesondere der Net Asset Value (NAV), der in der Praxis als Methode zur Bewertung von vermögensverwaltenden Gesellschaften Anwendung

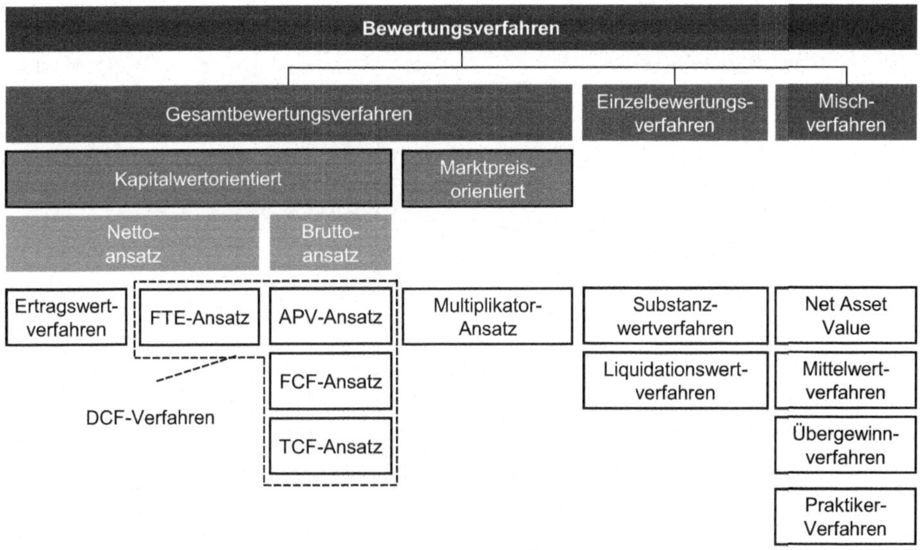

Abb. 3.9 Die Bewertungsverfahren im Überblick (Die Bewertungsverfahren werden in der Literatur unterschiedlich systematisiert. Teilweise werden die marktpreisorientierten Verfahren (sog. Überschlagsrechnungen oder Vergleichsverfahren) auch als vierte Verfahrensgruppe unterschieden, vgl. für einen Überblick Ballwieser 2016, S. 8, Mandl und Rabl 1997, S. 28 ff.)

findet (Creutzmann 2013, S. 64). Zu den Übergewinnverfahren zählt das bis einschließlich zum Jahr 2009 erbschaft- und schenkungsteuerlich relevante und häufig in Gesellschaftsverträgen zu findende Stuttgarter Verfahren (Ballwieser 2016, S. 10). Bei dem speziell für die Bewertung von personenbezogenen Unternehmen angewandten Praktiker-Verfahren wird der Substanzwert mit dem Multiplikator-Ansatz kombiniert (Schütte-Biastoch 2011, S. 26 f.).

Die Funktionsweise der kapitalwertorientierten Verfahren wird in Abschn. 3.5.1 dargestellt. Die Bewertung anhand von Multiplikatoren als marktpreisorientiertes Verfahren wird in Abschn. 3.5.2 behandelt. Die Einzelbewertungsverfahren mit den Konzepten des Substanzwertes sowie des Liquidationswertes werden in Abschn. 3.5.3 näher erläutert. Auf die Mischverfahren wird im Abschn. 3.5.4.2 näher eingegangen.

3.5.1 Kapitalwertorientierte Verfahren

Bei der Anwendung eines kapitalwertorientierten Bewertungsverfahrens wird der Wert des Unternehmens aus der Fähigkeit, in der Zukunft finanzielle Überschüsse zu erwirtschaften, abgeleitet. Die finanziellen Überschüsse werden mit einem risikoadäquaten Zinssatz auf den Bewertungsstichtag abgezinst. Die Summe der Barwerte der finanziellen Überschüsse entspricht dem Unternehmenswert. Abb. 3.10 veranschaulicht die grundsätzliche Funktionsweise der kapitalwertorientierten Bewertung.

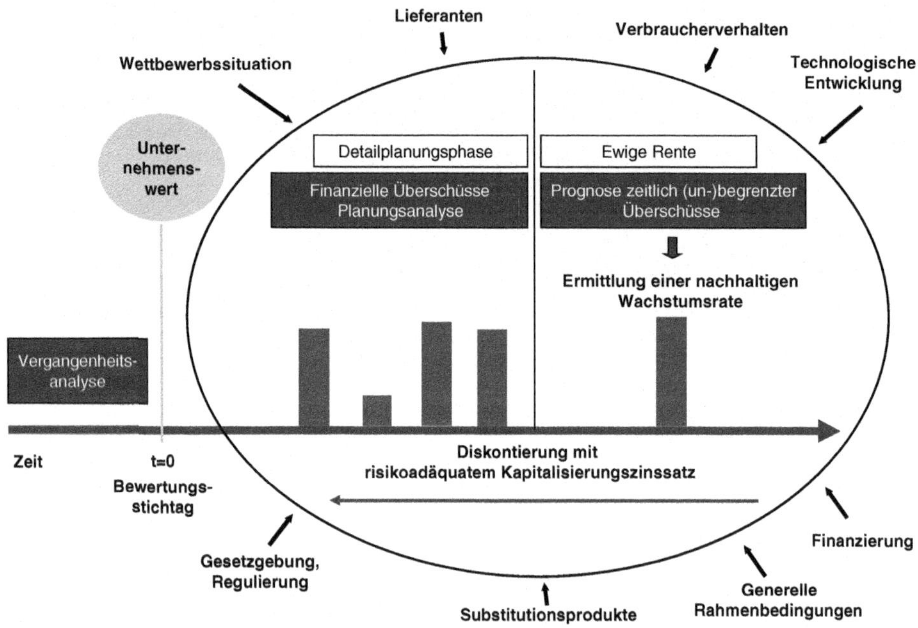

Abb. 3.10 Die kapitalwertorientierte Bewertung im Überblick

Investitionstheoretisch stellt der so ermittelte Unternehmenswert den Betrag dar, den ein Investor in die risikoadäquate Alternativanlage investieren müsste, um den Zahlungsstrom des Unternehmens zu generieren (Bruttokapitalwert) (Ballwieser 2016, S. 8 f.). Wesentlich für die Bewertung sind hierbei die zukünftig erzielbaren finanziellen Überschüsse des Unternehmens (Zahlungsstromorientierung) (IDW 2008a, Tz. 24, IDW 2014, Tz. 19, IDW 2017a, Tz. 13). Damit diese finanziellen Überschüsse einen Wert für den Anteilseigner generieren, ist zwingend erforderlich, dass sie auch in den Verfügungsbereich des Anteilseigners gelangen (Zuflussprinzip) (Moxter 1983, S. 79). Die entsprechenden Zahlungen können sich aus Gewinnausschüttungen, Entnahmen und Verkaufserlösen für die gehaltenen Unternehmensanteile zusammensetzen (Ballwieser 2015, S. 511). Die Entnahmefähigkeit bzw. Ausschüttungsfähigkeit der Gewinne ist folglich elementar für die Ermittlung des Unternehmenswertes. Hier sind die Tilgung von Fremdkapital, notwendige Investitionen, handelsrechtliche und gesellschaftsvertragliche Gewinnverwendungsbeschränkungen und Verlustvorträge zu berücksichtigen, welche die Ausschüttungsfähigkeit der geplanten Gewinne einschränken können (IDW 2018, Kap. A, Tz. 316).

Um auch unter Berücksichtigung der Unternehmensteuern die Zahlungsströme bzw. die Ausschüttungen an den Eigentümer sachgerecht ermitteln zu können, ist eine Planungsrechnung notwendig, die sich aus Plan-Bilanzen, Plan-Gewinn- und Verlustrechnungen sowie Finanzplanungen zusammensetzt (sog. „integrierte Planungsrechnung") (IDW 2008a, Tz. 27, IDW 2014, Tz. 19). Auf den Aufbau und die wesentlichen Bestandteile einer integrierten Planungsrechnung wird in Abschn. 4.3.4.2 näher eingegangen. Aus der integrierten Planungsrechnung lassen sich die finanziellen Überschüsse herleiten, die bei Anwendung der kapitalwertorientierten Bewertungsverfahren auf den Bewertungsstichtag diskontiert werden. Eine Übersicht über die gängigen kapitalwertorientierten Bewertungsverfahren ist in Abb. 3.11 dargestellt.

Alle kapitalwertorientierten Verfahren basieren auf dem gleichen investitionstheoretischen Kalkül (IDW 2008a, Tz. 27), wonach die zukünftigen finanziellen Überschüsse mit einem Kapitalisierungszinssatz abgezinst werden, der dem Zeitwert des Geldes sowie dem Risiko einer adäquaten Alternativanlage entspricht.

Das grundsätzliche Vorgehen kann dabei vereinfachend anhand der folgenden Formel (in Anlehnung an IDW 2018, Kap. A, Tz. 256) veranschaulicht werden:

$$UW = \sum_{t=1}^{T} \frac{F\ddot{U}_t}{(1+r)^t} + \frac{F\ddot{U}_{T+1}}{r-g} \times \frac{1}{(1+r)^T} \tag{3.1}$$

mit:

UW = Unternehmenswert
FÜ = Finanzieller Überschuss
r = Kapitalisierungszinssatz
g = Wachstumsrate
t = Periodenindex
T = Anzahl der Jahre des Detailplanungszeitraums

Alle Bewertungsmethoden lassen sich den Kategorien Nettoansatz (equity approach) und Bruttoansatz (entity approach) zuordnen (IDW 2008a, Tz. 99). Die wesentlichen Unterschiede der verschiedenen Bewertungsverfahren sind in Abb. 3.12 dargestellt.

Während beim Nettoansatz der Marktwert des Eigenkapitals direkt ermittelt wird, erfolgt dies beim Bruttoansatz in zwei Schritten. Dabei wird zunächst der Wert des Gesamtkapitals (Eigenkapital und Fremdkapital) ermittelt und danach durch Abzug der Nettofinanzschulden der Marktwert des Eigenkapitals bestimmt.

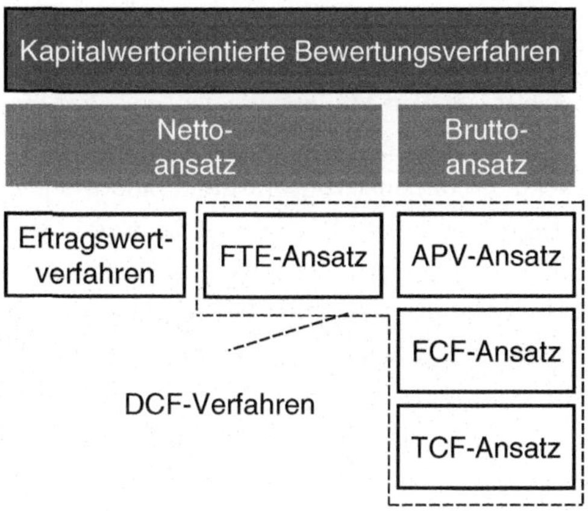

Abb. 3.11 Die kapitalwertorientierten Bewertungsverfahren (in Anlehnung an Baetge et al. 2015, S. 360)

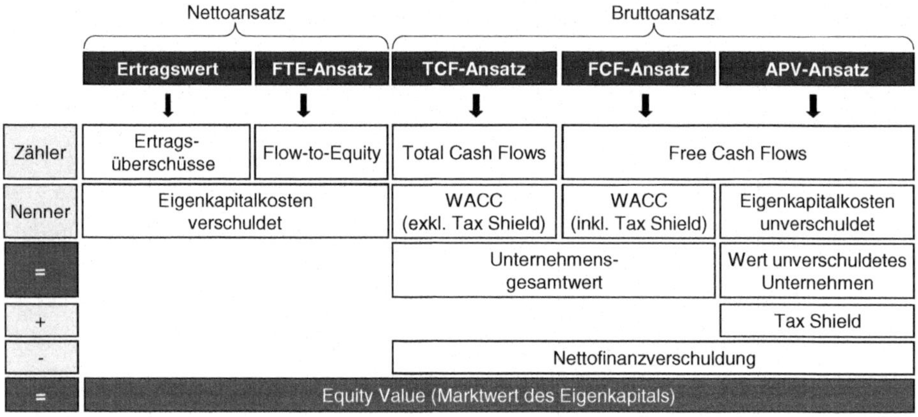

Abb. 3.12 Die Bewertungsverfahren und ihre Unterschiede

Bei den **Nettoansätzen** Ertragswertverfahren sowie Flow-to-Equity-Verfahren (FTE-Ansatz) werden jeweils nur die finanziellen Überschüsse bzw. Cash Flows, die den Eigenkapitalgebern zur Verfügung stehen, berücksichtigt und mit der Renditeforderung der Eigenkapitalgeber diskontiert.

Bei den **Bruttoansätzen** werden dagegen die erwarteten Cash Flows diskontiert, die sämtlichen Kapitalgebern des Unternehmens zustehen (IDW 2008a, Tz. 124). Aufgrund der steuerlichen Abzugsfähigkeit von Fremdfinanzierungskosten wird die Höhe der Cash Flows durch die Finanzierung des Bewertungsobjekts beeinflusst, da die Unternehmensteuerbelastung bei Fremdfinanzierung aufgrund der steuerlichen Abziehbarkeit von Fremdkapitalkosten geringer ist als bei vollständiger Eigenfinanzierung. Aus der Fremdfinanzierung resultiert daher ein Steuervorteil, der auch als Tax Shield bezeichnet wird (Ballwieser 2016, S. 138). Abhängig von der Art der Berücksichtigung des Tax Shield werden die drei Bruttoansätze (TCF-, FCF- und APV-Ansatz) unterschieden. Bei dem Total Cash Flow-Verfahren (TCF-Ansatz) wird bereits bei der Ermittlung der Cash Flows der Steuervorteil aus der Fremdfinanzierung berücksichtigt, sodass beim Kapitalisierungssatz diesbezüglich keine Korrektur erfolgen muss. Bei dem Free Cash Flow-Verfahren (FCF-Ansatz) werden Cash Flows abgezinst, die sich nach Berücksichtigung von Steuern ergeben, die bei einer fiktiven vollständigen Eigenfinanzierung anfallen würden. Ist das Unternehmen jedoch teilweise fremdfinanziert, muss der aus der Fremdfinanzierung resultierende Steuerersparniseffekt im Nenner korrigiert werden (Ballwieser 2016, S. 138). Im Adjusted Present Value-Verfahren (APV-Ansatz) ermittelt sich der Wert des Gesamtkapitals aus zwei Komponenten: Die erste Komponente stellt den Wert des operativen Geschäfts bei einer reinen fiktiven Eigenfinanzierung dar. Dieser resultiert aus der Diskontierung der Free Cash Flows mit der Renditeforderung der Eigenkapitalgeber bei reiner Eigenfinanzierung. Die zweite Komponente bildet den Wert des Tax Shield ab. Der APV-Ansatz bietet den Vorteil, dass er den Steuervorteil aus der Fremdfinanzierung transparent als eigenen Wertbestandteil ausweist.

In Abb. 3.13 werden die Unterschiede bei der Ableitung der finanziellen Überschüsse in den jeweiligen Bewertungsverfahren vereinfachend gegenübergestellt.

Auf die Unterschiede der Bewertungsverfahren bei der Ermittlung des Kapitalisierungszinssatzes wird in Abschn. 3.6.5 näher eingegangen.

Die unterschiedliche Vorgehensweise beim Netto- und Bruttoansatz lässt sich vereinfachend anhand der Formeln des Ertragswertverfahrens und des FCF-Ansatzes erläutern. Die Ermittlung des Unternehmenswertes (ohne nicht betriebsnotwendiges Vermögen) erfolgt beim Ertragswertverfahren anhand der den Eigenkapitalgebern zufließenden finanziellen Überschüsse (nach Finanzierungskosten und Unternehmensteuern), die mit den Eigenkapitalkosten diskontiert werden:

$$UW = \sum_{t=1}^{T} \frac{F\ddot{U}_t^{nFin}}{(1+r_{EK})^t} + \frac{F\ddot{U}_{T+1}^{nFin}}{r_{EK} - g} \times \frac{1}{(1+r_{EK})^T} \tag{3.2}$$

mit:

UW = Unternehmenswert (Marktwert des Eigenkapitals)
$F\ddot{U}^{nFin}$ = Finanzieller Überschuss nach Abzug von Finanzierungskosten
r_{EK} = Kapitalkostensatz der Eigenkapitalgeber
g = Wachstumsrate
t = Periodenindex
T = Anzahl der Jahre des Detailplanungszeitraums

Beim FCF-Ansatz werden dagegen die finanziellen Überschüsse an alle Kapitalgeber (d. h. inklusive der Fremdkapitalgeber) nach fiktiven Unternehmensteuern auf den

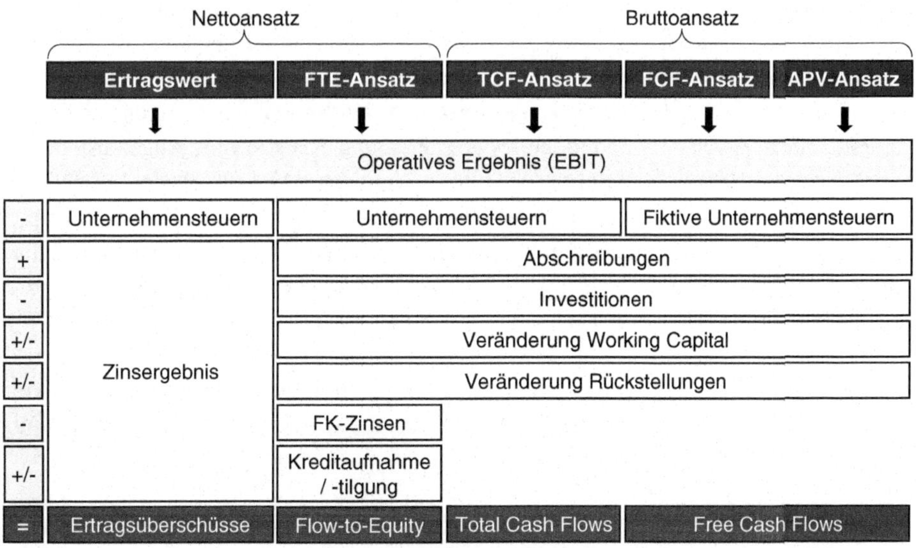

Abb. 3.13 Ermittlung der finanziellen Überschüsse in den verschiedenen Bewertungsverfahren

Bewertungsstichtag diskontiert. Um den Unternehmenswert (Marktwert des Eigenkapitals) zu ermitteln, muss im Anschluss der Marktwert des Fremdkapitals abgezogen werden.

$$UW = \sum_{t=1}^{T} \frac{F\ddot{U}_t^{vFin}}{(1+WACC)^t} + \frac{F\ddot{U}_{T+1}^{vFin}}{WACC - g} \times \frac{1}{(1+WACC)^T} - FK \tag{3.3}$$

mit:

$F\ddot{U}^{vFin}$	=	Finanzieller Überschuss vor Abzug von Finanzierungskosten
WACC	=	Gewogener Kapitalkostensatz der Eigen- und Fremdkapitalgeber[17]
FK	=	Marktwert des Fremdkapitals

Der Zusammenhang zwischen der Verteilung des investierten Kapitals und der Aufteilung der finanziellen Überschüsse an Eigen- und Fremdkapitalgeber bei der Bewertung ist in Abb. 3.14 vereinfacht dargestellt.

Die in der Zukunft erwarteten finanziellen Überschüsse des Bewertungsobjektes werden aus dem Zusammenwirken der Nettovermögenswerte (net assets) erwirtschaftet, mit denen zunächst die Ansprüche der Fremdkapitalgeber bedient werden. Der verbleibende Teil steht den Eigenkapitalgebern zu.

Um die finanziellen Überschüsse des Unternehmens zu ermitteln, erfolgt eine Einteilung der Zahlungen in einen Finanz- und einen operativen Bereich (Perridon et al. 2017, S. 244; Hachmeister 2000, S. 59). Der Finanzbereich bildet alle Zahlungsströme zwischen dem Unternehmen und den Kapitalgebern (Eigen- und Fremdkapitalgebern) ab (Baetge et al. 2015, S. 368 f.). Im operativen Bereich werden sämtliche Zahlungsströme abgebildet, die nicht im Finanzbereich berücksichtigt werden. Dazu zählen insbesondere Zahlungen im Zusammenhang mit der Vermarktung der betrieblichen Leistungen auf dem Absatzmarkt sowie der Besorgung der Produktionsmittel auf dem Beschaffungsmarkt (Baetge et al. 2015, S. 369).

Die einzelnen Zahlungsströme an die verschiedenen Kapitalgeber (Eigen- und Fremdkapital) haben jeweils ihr individuelles Rendite- und Risikoprofil. Abgezinst mit den jeweiligen individuellen risikoäquivalenten Kapitalisierungszinssätzen ergeben die einzelnen Zahlungsströme den Wert des Eigenkapitals (equity value), des Fremdkapitals (debt value) oder des Gesamtkapitals (entity value). Anhand der mit dem Eigenkapitalkostensatz abgezinsten Cash Flows der Eigenkapitalgeber kann der Marktwert des Eigenkapitals ermittelt werden. Der mit den Fremdkapitalkosten abgezinste Cash Flow an die Fremdkapitalgeber ergibt den Wert des Fremdkapitals. Durch Diskontierung der gesamten Cash Flows der Unternehmung mit den durchschnittlichen gewogenen Kapitalkosten von Eigen- und Fremdkapitalgebern (WACC), wird der Wert des Gesamtkapitals

[17] Der WACC variiert grundsätzlich periodenspezifisch bei sich ändernden Eigen- und Fremdkapitalrelationen. In dieser Formel und an weiteren Stellen wurde vereinfachend ein konstanter WACC angenommen.

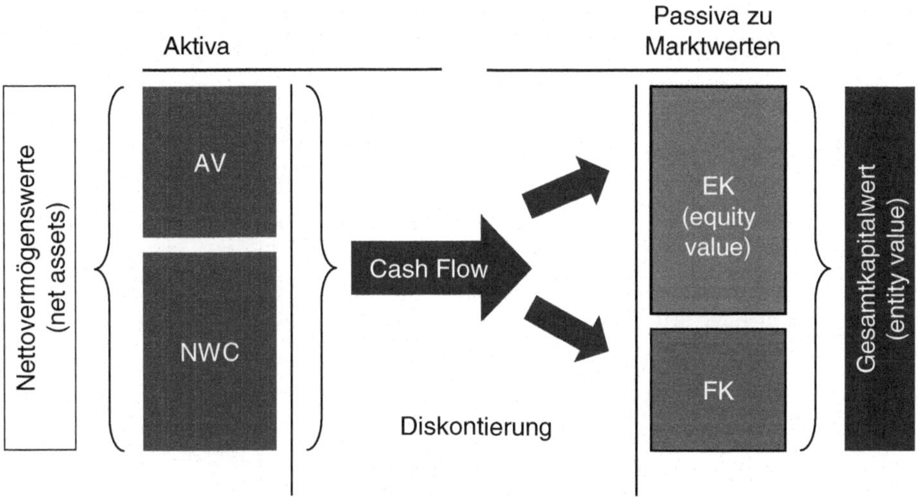

Abb. 3.14 Zusammensetzung des Gesamtkapitalwertes und Wertermittlung aufgrund verschiedener Zahlungsströme

ermittelt. Die Ermittlung der Kapitalkosten und des Kapitalisierungszinssatzes sind in Abschn. 3.6.5 dargestellt.

Trotz unterschiedlicher Methodik bei der Ermittlung der finanziellen Überschüsse und des Kapitalisierungszinssatzes basieren alle Verfahren auf dem Kapitalwertkalkül und lassen sich bei Anwendung identischer Annahmen ineinander überführen (Ballwieser 2016, S. 198 f.).

Aufgrund der Vielzahl der Verfahren und der damit einhergehenden Komplexität wird an dieser Stelle von einer detaillierten Darstellung der einzelnen kapitalwertorientierten Bewertungsverfahren abgesehen. In den folgenden Abschnitten wird stattdessen auf die methodischen Einzelheiten bei der Anwendung des Ertragswertverfahrens (s. Abschn. 3.5.1.1) und des FCF-Ansatzes als das in der Praxis am häufigsten angewandte DCF-Verfahren (s. Abschn. 3.5.1.2) eingegangen. Mittels dieser Verfahren wird das betriebsnotwendige Vermögen bewertet.

Das ggf. vorhandene nicht betriebsnotwendige Vermögen ist gesondert zu bewerten und zum Wert des betriebsnotwendigen Vermögens hinzuzurechnen (IDW 2008a, Tz. 60). Die Summe aus betriebsnotwendigem und nicht betriebsnotwendigem Vermögen ergibt dann den Unternehmenswert. Zur Berücksichtigung des nicht betriebsnotwendigen Vermögens s. im Einzelnen Abschn. 3.6.2.

3.5.1.1 Ertragswertverfahren

In der Literatur wird das Ertragswertverfahren häufig fälschlicherweise mit der Methode der Wirtschaftsprüfer zur Ermittlung von objektivierten Unternehmenswerten gleichgesetzt. Die Ermittlung eines objektivierten Unternehmenswertes im Sinne des IDW S 1 ist jedoch nur eine Variante des Ertragswertverfahrens, daneben existiert eine Vielzahl von weiteren Ausprägungen (Ballwieser 2016, S. 11), die sich im Hinblick auf die Ermittlung der finanziellen Überschüsse und des Kapitalisierungszinssatzes unterscheiden. Im Folgenden wird aufgrund der weiten Verbreitung und Verwendung jedoch schwerpunktmäßig auf das Ertragswertverfahren gemäß IDW S 1 eingegangen.

Das Ertragswertverfahren ermittelt den Unternehmenswert durch Kapitalisierung der den Unternehmenseignern künftig zufließenden finanziellen Überschüssen, die in der Regel aus einer Ertragsüberschussrechnung abgeleitet werden. Methodisch können die finanziellen Überschüsse der Unternehmenseigner auch auf Grundlage einer Einnahmenüberschussrechnung ermittelt werden (IDW 2018, Kap. A, Tz. 315). In diesem Fall ist jedoch die Ausschüttungsfähigkeit der Einnahmenüberschüsse durch eine Nebenrechnung sicherzustellen (IDW 2018, Kap. A, Tz. 316). Daher bietet sich der Ansatz einer betrieblichen Plan-Gewinn- und Verlustrechnung zur Abschätzung der zukünftigen ausschüttungsfähigen und damit bewertungsrelevanten finanziellen Überschüsse an (Peemöller und Kunowski 2015, S. 331 f.). Nach § 275 Abs. 1 HGB liegt der Gewinn- und Verlustrechnung das Gesamt- oder Umsatzkostenverfahren zugrunde. Nach beiden Verfahren der Gewinnermittlung ergeben sich identische Jahresergebnisse und damit Unternehmenswerte, allein Ermittlung und Darstellung variieren bei den beiden Verfahren (Ballwieser 2016, S. 24, Schmidt und Peun 2016, § 275, Tz. 29). Darüber hinaus kann der Ertragsüberschuss auch nach international anerkannten Rechnungslegungsgrundsätzen (IFRS, US-GAAP) ermittelt werden (IDW 2008a, Tz. 102). Dabei ist der Unternehmenswert grundsätzlich unabhängig von den gewählten Rechnungslegungsstandards. Es besteht jedoch die Möglichkeit, dass unterschiedliche Rechnungslegungsgrundsätze Einfluss auf Finanzkennzahlen haben, sodass sich ggf. das Rating des Unternehmens oder das Geschäftsverhalten von Kunden oder Lieferanten ändert. In diesen Fällen könnte die Anwendung anderer Rechnungslegungsstandards zu einer Veränderung der Zahlungsströme und damit zu einer Wertdifferenz führen (Henselmann 2005, S. 249 f.).

Hierbei ist zu beachten, dass der nach handelsrechtlichen Vorschriften erstellte Jahresabschluss weiterhin die Ausschüttungsbemessungsgrundlage darstellt. Darüber hinaus können ergänzende Rechnungen zur Ermittlung der steuerlichen Bemessungsgrundlagen erforderlich werden, wenn die für die Planungsrechnung verwendeten Rechnungslegungsgrundsätze von den Vorschriften für die steuerliche Gewinnermittlung abweichen (IDW 2008a, Tz. 27).

Wertbestimmend sind diejenigen finanziellen Überschüsse des Unternehmens, die als Nettoeinnahmen in den Verfügungsbereich der Eigentümer gelangen (IDW 2008a, Tz. 25). Die Nettoeinnahmen umfassen vorwiegend die Zahlungen des Unternehmens an die Anteilseigner, d. h. die Gewinnausschüttungen in Form von Dividenden bei Kapitalgesellschaften oder Privatentnahmen (i. d. R. der Gewinnanteil) bei Personengesellschaften (Peemöller und Kunowski 2015, S. 287 f.). Darüber hinaus fallen hierunter auch Kapitalrückzahlungen (z. B. aus einer Kapitalherabsetzung) sowie sonstige finanzielle Vorteile, die durch das Gesellschafterverhältnis veranlasst sind (z. B. verdeckte Gewinnausschüttungen) (Peemöller und Kunowski 2015, S. 287 f.). Mindernd zu berücksichtigen sind hingegen Zahlungen der Eigentümer an das Unternehmen, z. B. durch Kapitalerhöhungen oder Gesellschafterzuschüsse bei Kapitalgesellschaften oder Einlagen bei Personengesellschaften (Peemöller und Kunowski 2015, S. 287 f.).

In Abb. 3.15 wird die Ableitung der finanziellen Überschüsse aus einer Ertragsüberschussrechnung beispielhaft in Anlehnung an das Gesamtkostenverfahren dargestellt.

Zur Ableitung der finanziellen Überschüsse ist eine detaillierte Finanzbedarfsrechnung notwendig, um die Ausschüttungsfähigkeit der Ergebnisse sicherzustellen und den zusätzlichen Finanzbedarf abzuleiten. Im prognostizierten Zinsergebnis schlagen sich die Finanzierung des Unternehmens und die zukünftigen Veränderungen der Finanzierung nieder (IDW 2008a, Tz. 109 ff.). Eine wesentliche Voraussetzung für die sachgerechte Anwendung des Ertragswertverfahrens ist daher eine integrierte Planungsrechnung, bestehend aus Plan-GuV, Plan-Bilanz und Finanzbedarfsrechnung. Zu den einzelnen Interdependenzen zwischen den Teilplänen der integrierten Planungsrechnung und den Auswirkungen auf die Finanzplanung s. insbesondere Abschn. 4.3.4.2.

Aus dem Jahresergebnis nach Steuern ist unter Beachtung der Ausschüttbarkeit (z. B. durch rechtliche oder gesellschaftsvertragliche Restriktionen) und der geplanten Ausschüttungspolitik der Nettozufluss an den Anteilseigner zu ermitteln. Die Zusammenhänge sind dabei in Abb. 3.16 dargestellt.

Der zur Ausschüttung an die Anteilseigner bestimmte Teil des ausschüttungsfähigen Ergebnisses wird mit einem risikoadäquaten Kapitalisierungszinssatz diskontiert. Wird das ausschüttungsfähige Ergebnis nicht in voller Höhe ausgeschüttet, ist für die thesaurierten Mittel eine Verwendungsannahme zu treffen. Thesaurierte Mittel können vom Unternehmen grundsätzlich zur Finanzierung von Investitionen, einschließlich der (kurzfristigen) Anlage am Kapitalmarkt, oder zur Tilgung von Fremdkapital verwendet werden (IDW 2018, Kap. A, Tz. 274). Hierbei ist sicherzustellen, dass die aus der Thesaurierung erwarteten Folgewirkungen, wie z. B. die Steigerung des Geschäftsvolumens,

Abb. 3.15 Ableitung der finanziellen Überschüsse im Ertragswertverfahren

	Umsatzerlöse
+/-	Bestandsveränderungen, aktivierte Eigenleistungen
=	Gesamtleistung
-	Materialaufwand
-	Personalaufwand
-	Abschreibungen
+/-	Sonstige betriebliche Erträge bzw. Aufwendungen
=	EBIT
+/-	Zinsergebnis
-	Unternehmensteuern
=	Jahresergebnis
-/+	Einbehaltungen aufgrund von gesetzlichen oder gesellschaftsvertraglichen Regelungen bzw. Auflösung von Rücklagen
=	Ausschüttungsfähiges Ergebnis

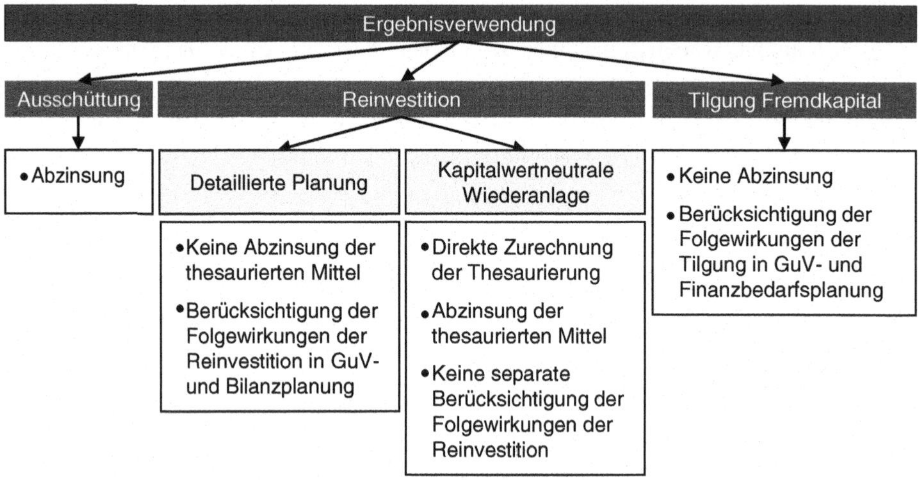

Abb. 3.16 Berücksichtigung verschiedener Verwendungsannahmen im Bewertungskalkül

Kosteneinsparungen, etc. in einer integrierten Planungsrechnung konsistent und vollständig berücksichtigt werden und die thesaurierten Mittel nicht gleichzeitig bewertungstechnisch wie Ausschüttungen behandelt werden. Ansonsten würden die thesaurierten Mittel doppelt in die zu kapitalisierenden finanziellen Überschüsse einfließen (Peemöller und Kunowski 2015, S. 298).

Wenn die Unternehmensplanung, d. h. insbesondere die Investitionsplanung, keine Verwendung thesaurierter Mittel vorsieht und sich die Thesaurierung in der Erhöhung der liquiden Mittel widerspiegelt, kann für die Thesaurierung auch eine kapitalwertneutrale Wiederanlage angenommen werden (Wagner et al. 2006, S. 1011, IDW 2018, Kap. A, Tz. 278). Für die thesaurierten Mittel wird dabei eine Verzinsung mit der kapitalwertneutralen Wiederanlagerendite unterstellt (Wagner et al. 2006, S. 1011), d. h. die thesaurierten Mittel verdienen annahmegemäß die geforderten Kapitalkosten vor persönlichen Steuern (Wagner et al. 2004, S. 895). Hier liegt die Annahme zugrunde, dass alternative Investitionen, die sich zu den internen Kapitalkosten verzinsen, grundsätzlich möglich sind. Durch die kapitalwertneutrale Wiederanlage wird sog. thesaurierungsbedingtes Wachstum erzielt, das den Anteilseignern in Form von Wertzuwachs (fiktiv) in voller Höhe zugerechnet wird (Wagner et al. 2006, S. 1011 f.). Hierbei wird die Annahme getroffen, dass die Wiederanlage der thesaurierten Mittel zu wachsenden zukünftigen Ergebnissen führt. Die wachsenden zukünftigen Ergebnisse führen dabei wie inflations- oder mengen-/strukturbedingtes Wachstum zu einer Steigerung des Unternehmenswerts (IDW 2018, Kap. A, Tz. 441 ff.). Folgewirkungen der Thesaurierung, wie bspw. Umsatzsteigerungen aus einer Ausweitung der Kapazität oder Kosteneinsparungen durch Produktivitätssteigerungen im Zuge einer technologischen Erneuerung, sind bei der kapitalwertneutralen Wiederanlage nicht zu berücksichtigen, da das thesaurierungsbedingte Wachstum sonst doppelt erfasst wird. Im nachhaltigen Ergebnis lässt sich das aus der Thesaurierung resultierende operative Wachstum im Zähler (fiktive Zurechnung) oder alternativ im Nenner in Form eines höheren Wachstumsabschlages abbilden (Wagner et al. 2006, S. 1011 f.). Einen Überblick über den Diskussionsstand hierzu findet sich z. B. bei Pawelzik 2010, S. 964 ff.

Beide Verfahren führen zum gleichen Ergebnis (s. Abschn. 3.6.5.5).

Bei den verschiedenen Annahmen im Hinblick auf die Verwendung des ausschüttungsfähigen Ergebnisses ist darauf zu achten, dass die steuerlichen Folgewirkungen sachgerecht berücksichtigt werden. Denn grundsätzlich wird der Wert des Unternehmens durch die Höhe der finanziellen Überschüsse bestimmt, die dem Anteilseigner zukünftig nach Steuern zur Verfügung stehen (IDW 2008a, Tz. 28). Damit sind auch Steuern bewertungsrelevant, da nur die finanziellen Überschüsse nach Steuern dem Anteilseigner zur Verfügung stehen (IDW 2018, Kap. A, Tz. 289). Hinsichtlich der Einbeziehung von persönlichen Ertragsteuern kann in Abhängigkeit vom Bewertungsanlass, dem Wertkonzept und der Rechtsform des Bewertungsobjekts ggf. auch eine Vorsteuerbetrachtung vorgenommen werden (s. Abschn. 3.6.5.4). So wird bei der Ermittlung eines objektivierten Unternehmenswerts einer Kapitalgesellschaft auf die Berücksichtigung persönlicher Ertragsteuern der Anteilseigner verzichtet (mittelbare Typisierung), wenn die Bewertung aus Anlass einer unternehmerischen Initiative erfolgt und die Bewertung als objektivierte Informationsgrundlage (z. B. für Kaufpreisverhandlungen, Fairness Opinions, Kreditwürdigkeitsprüfungen) dient (IDW 2008a, Tz. 30). Bei gesellschaftsrechtlichen oder vertraglichen Anlässen ist der objektivierte Wert einer Kapitalgesellschaft dagegen unter Berücksichtigung persönlicher Ertragsteuern zu ermitteln (unmittelbare Typisierung) (IDW 2008a, Tz. 31).

Seit der Unternehmensteuerreform 2008 unterliegt die Ausschüttung einer Kapitalgesellschaft an eine natürliche Person als Anteilseigner der Abgeltungsteuer, sodass eine Thesaurierung grundsätzlich steuerlich vorteilhafter ist als eine Vollausschüttung. Daher hat das IDW für die Ermittlung eines objektivierten Werts die früher geltende Vollausschüttungsannahme aufgegeben und durch die individuell vom Unternehmen geplante Ausschüttungspolitik für die Detailplanungsphase ersetzt (Wagner et al. 2006, S. 1008, IDW 2008a, Tz. 36). Für die sich daran anschließende zweite Phase wird angenommen, dass die Ausschüttungspolitik äquivalent zum Ausschüttungsverhalten der Alternativanlage ist (IDW 2008a, Tz. 37).

Für die objektivierte Bewertung von Personengesellschaften und Einzelunternehmen sind – unabhängig vom Bewertungsanlass – neben den Unternehmensteuern stets auch die Steuern auf Eigentümerebene einzubeziehen (IDW 2008a, Tz. 47). In der Praxis wird häufig ein allgemein anerkannter typisierter Ertragsteuersatz des Unternehmenseigners in Höhe von 35 % angesetzt (IDW 2018, Kap. A, Tz. 294), der um die Gewerbesteueranrechnung zu kürzen ist (s. Abschn. 3.6.5.4). Im Hinblick auf die individuelle Ausschüttungspolitik in der Detailplanungsphase ist bei Personengesellschaften zusätzlich die Thesaurierungsbegünstigung gem. § 34a EStG zu beachten. Dabei werden thesaurierte Gewinne zunächst mit einem Steuersatz von 28,25 % (zzgl. SolZ) belastet. Bei einer späteren Entnahme werden die thesaurierten Gewinne dann mit einem Steuersatz von 25 % (zzgl. SolZ) nachversteuert. Es lässt sich zeigen, dass nur bei einem hohen individuellen Einkommensteuersatz des Mitunternehmers ein steuerlicher Anreiz zur Vollthesaurierung besteht (s. Abschn. 4.3.5.2). Bei einem typisierten Einkommensteuersatz in Höhe von 35 % ist die Vollentnahme in der Regel steuerlich günstiger (Dörschell et al. 2008, S. 449).

Wenn thesaurierte Mittel in der Planungsrechnung für Investitionen in Kapazitätserweiterungen oder Kosteneinsparungsmaßnahmen verwendet werden, unterliegen die Ertragsüberschüsse daraus ebenfalls den Ertragsteuern auf Ebene des Unternehmens. Bei einer Ausschüttung bzw. Entnahme in den Folgeperioden werden die Ertragsüberschüsse dann wie oben erläutert zudem auf der Ebene des Anteilseigners besteuert.

Wird von einer kapitalwertneutralen Wiederanlage der thesaurierten Mittel ausgegangen, wird zur Vereinfachung des Bewertungskalküls eine fiktive unmittelbare Zurechnung des thesaurierungsbedingten Wachstums an die Anteilseigner angenommen (Wertbeitrag aus Thesaurierung) (Wagner et al. 2006, S. 1011 f.). Da das thesaurierungsbedingte Wachstum annahmegemäß Wertsteigerungen nach sich zieht, ist dieses nach der Unternehmensteuerreform 2008 um die steuerlichen Wirkungen der Veräußerungsgewinnbesteuerung zu vermindern (IDW 2018, Kap. A, Tz. 454 f.). Bei einer natürlichen Person als Anteilseigner einer Kapitalgesellschaft unterliegen die Wertzuwächse aufgrund der thesaurierten Mittel damit der Abgeltungsteuer (s. auch Abschn. 4.3.5.1). Allerdings geschieht dies erst zum Zeitpunkt der Veräußerung. In der Praxis wird daher in der Regel von einer effektiven Veräußerungsgewinnbesteuerung ausgegangen, welche den Effekt aus der Haltedauer der Anlage, der Kurswachstumsrate und dem damit einhergehenden Abzinsungseffekt berücksichtigt (Wiese 2007, S. 370 f.). Auf Basis dieser Überlegungen wird unter Berücksichtigung langer durchschnittlicher Haltedauern ein typisierter Veräußerungsgewinnsteuersatz in Höhe der Hälfte des Abgeltungsteuersatzes, also 12,5 % (zzgl. SolZ), als sachgerecht erachtet (Wagner et al. 2008, S. 736).

Analog zur Behandlung des Wertbeitrags aus Thesaurierung bei Kapitalgesellschaften kann auch bei Personengesellschaften ein typisierter effektiver Nachversteuerungssatz auf nicht entnommene Gewinne angewandt werden. Auf Basis von Untersuchungen zur Haltedauer und dem Bruttogewinnwachstum wird ein typisierter effektiver Nachversteuerungssatz in Höhe der Hälfte des nominalen Nachversteuerungssatzes, also 12,5 % (zzgl. SolZ), als sachgerecht erachtet (Popp und Kunowski 2015, S. 1326 f.).

3.5.1.2 DCF-Verfahren

Die DCF-Verfahren sind vorwiegend in der internationalen Praxis vertreten und auch in Deutschland vor allem bei Banken und im Bereich von Unternehmenstransaktionen häufiger anzutreffen als das Ertragswertverfahren. Unter Berücksichtigung identischer Annahmen führen die DCF-Verfahren und das Ertragswertverfahren jedoch zum identischen Ergebnis, da sie auf demselben investitionstheoretischen Kalkül beruhen (Ballwieser 2016, S. 198 f., IDW 2008a, Tz. 101). Bei sämtlichen kapitalwertorientierten Verfahren werden die zukünftig erwarteten Überschüsse mit einem entsprechenden risikoäquivalenten Kapitalisierungszinssatz diskontiert. Unterschiede bestehen lediglich in der Ermittlung der zu diskontierenden Überschüsse und der Höhe der entsprechenden Kapitalisierungszinssätze.

Bei dem **Flow-to-Equity-Verfahren (FTE-Ansatz)** – einem sog. Nettoverfahren – liegen die zu kapitalisierenden Überschüsse und die Kapitalisierungszinssätze in gleicher Höhe wie beim Ertragswertverfahren. Voraussetzung hierfür ist, dass bei beiden Verfahren dieselben Daten zugrunde gelegt werden und die risikoangepassten Opportunitätskosten identisch erfasst werden (Ballwieser 2015, S. 514). Der FTE-Ansatz basiert als einzige Variante der DCF-Verfahren auf der Nettokapitalisierung, d. h. der Marktwert des Eigenkapitals wird unmittelbar ermittelt, indem die in den künftigen Perioden erwarteten Cash Flows an die Eigentümer mit deren risikoäquivalenter Renditeforderung diskontiert werden (IDW 2008a, Tz. 138; Baetge et al. 2015, S. 366). Dabei wird in der Regel auf die indirekte Ermittlung der Cash Flows zurückgegriffen, bei der der Cash Flow ausgehend vom Jahresergebnis abgeleitet wird (Baetge et al. 2015, S. 375 f.). Die Ermittlung des Flow-to-Equity ist in Abb. 3.17 beispielhaft dargestellt.

Der **Free Cash Flow-Ansatz (FCF-Ansatz)** ist ein Bruttoverfahren und zugleich das in der Praxis am häufigsten angewandte DCF-Verfahren. Daher konzentrieren sich die nachfolgenden Erläuterungen auf dieses Verfahren. Beim FCF-Ansatz werden die Free Cash Flows mit den gewogenen Kapitalkosten des Unternehmens diskontiert. Die Free Cash Flows entsprechen den Einzahlungsüberschüssen aus dem operativen Bereich des zu bewertenden Unternehmens unter der Annahme vollständiger Eigenfinanzierung (Baetge et al. 2015, S. 373). Die Ermittlung der Free Cash Flows ist in Abb. 3.18 beispielhaft dargestellt.

Das NOPLAT (Net Operating Profit Less Adjusted Taxes) (Ballwieser 2016, S. 138) ermittelt sich aus dem Ergebnis vor Zinsen und Steuern abzüglich der Unternehmensteuern ohne Berücksichtigung der tatsächlichen steuerlichen Bemessungsgrundlage. Die fiktiven Unternehmensteuern berechnen sich damit durch Anwendung des Unternehmensteuersatzes auf das EBIT. Der Vorteil aus der steuerlichen Abzugsfähigkeit der Finanzierungskosten (Tax Shield) ist in den gewogenen Kapitalkosten (WACC) enthalten. Bei den finanziellen Überschüssen wird eine vollständige Eigenfinanzierung unterstellt. Werden die Free Cash Flows mit dem WACC diskontiert, erhält man den Gesamtkapitalwert des Unternehmens. Hiervon ist der Marktwert des Fremdkapitals zum Bewertungsstichtag abzuziehen, um den Marktwert des Eigenkapitals (Unternehmenswert) zu ermitteln. Der Gesamtkapitalwert setzt sich wie folgt zusammen (IDW 2018, Kap. A, Tz. 139 f.).

$$GK = \sum_{t=1}^{T} \frac{FCF_t}{(1 + WACC)^t} + \frac{FCF_{T+1}}{WACC - g} \times \frac{1}{(1 + WACC)^T} \tag{3.4}$$

mit:

GK	=	Gesamtkapitalwert
FCF	=	Free Cash Flows
WACC	=	gewogene Kapitalkosten
g	=	Wachstumsrate
t	=	Periodenindex
T	=	Anzahl der Jahre des Detailplanungszeitraums

Abb. 3.17 Ableitung des Flow-to-Equity

Abb. 3.18 Ableitung der Free Cash Flows

Der **Total Cash Flow-Ansatz (TCF-Ansatz)** entspricht überwiegend dem FCF-Ansatz und ist ebenfalls ein Bruttoverfahren, bei dem die Cash Flows des operativen Bereichs vor Finanzierungseinflüssen ermittelt werden. Der Unterschied zum FCF-Ansatz besteht allein in der Berücksichtigung der steuerlichen Abzugsfähigkeit der Zinsen. Während beim FCF-Ansatz das EBIT die Bemessungsgrundlage für die Unternehmensteuern darstellt, d. h. die finanzierungsbedingte Verringerung der Unternehmensteuer bei den finanziellen Überschüssen unberücksichtigt bleibt, werden beim TCF-Ansatz die tatsächlichen Unternehmensteuern auf Basis der steuerlichen Bemessungsgrundlage in Abzug gebracht (Baetge et al. 2015, S. 364). Die steuerliche Vorteilhaftigkeit der Finanzierung (Tax Shield) wird beim TCF-Ansatz somit in den finanziellen Überschüssen erfasst. Beim FCF-Ansatz wird das Tax Shield hingegen im Kapitalisierungszinssatz berücksichtigt.

Der Grundgedanke des **Adjusted Present Value-Verfahrens (APV-Ansatz)** besteht vor allem darin, die einzelnen Bestandteile des Unternehmenswertes separat zu ermitteln. Der Wertbeitrag des operativen eigenfinanzierten Geschäfts, die Finanzierung und der Steuervorteil aus der Finanzierung werden getrennt berücksichtigt (Ballwieser 2016, S. 139). Der Unternehmenswert wird dabei ebenfalls ausgehend von den Free Cash Flows ermittelt. Diese werden jedoch nicht mit den gewogenen Kapitalkosten (WACC) diskontiert, sondern mit den Eigenkapitalkosten eines fiktiv unverschuldeten Unternehmens. Daraus resultiert zunächst der Unternehmensgesamtwert eines vollständig eigenfinanzierten Unternehmens. Um von dieser Ausgangsbasis zum Marktwert des Eigenkapitals zu gelangen, wird zusätzlich der Wertbeitrag aus der steuerlichen Abzugsfähigkeit der Finanzierung hinzugerechnet und der Marktwert der Verschuldung abgezogen (Blum 2008, S. 457).

$$EK = GK_{UV} + TS - FK \tag{3.5}$$

mit:

EK	=	Marktwert des Eigenkapital (Unternehmenswert)
GK_{UV}	=	Unternehmensgesamtwert (eigenfinanziert)
TS	=	Tax Shield
FK	=	Marktwert des Fremdkapitals

Voraussetzung dafür, dass die mittels des APV-Ansatzes ermittelten Unternehmenswerte mit denen der anderen DCF-Verfahren übereinstimmen, sind insbesondere einheitliche Annahmen im Hinblick auf die Fremdfinanzierung und die Übernahme des operativen Risikos durch die Fremdkapitalgeber (s. hierzu Abschn. 3.6.5.3). Die Vorteile des APV-Ansatzes werden insbesondere in einer geringeren Fehleranfälligkeit und einer höheren Transparenz gegenüber den übrigen DCF-Verfahren gesehen, da die einzelnen Bestandteile – Wert des operativen Geschäfts, Finanzierung und Steuervorteil aus der Finanzierung – separat betrachtet werden (Enzinger und Kofler 2010, S. 191 ff.). Dies kann insbesondere als Argumentationshilfe bspw. in Vertragsverhandlungen dienen.

3.5.2 Marktpreisorientierte Verfahren

Im Rahmen der marktpreisorientierten Verfahren wird der Unternehmenswert mithilfe von Vergleichspreisen anderer Unternehmen bestimmt. In der Literatur wird dabei im Hinblick auf die Herleitung der Vergleichspreise zwischen den folgenden drei Ansätzen unterschieden (Ballwieser 2016, S. 11, Berner und Rojahn 2003, S. 156):

- Aktienkurse oder gehandelte Beteiligungen vergleichbarer Unternehmen (comparable company approach),
- Transaktionspreise für vergleichbare Unternehmen (recent transaction approach),
- Bewertungen von Börsengängen vergleichbarer Unternehmen (initial public offering approach).

Aufgrund der geringen Bedeutung von Börsengängen zur Ermittlung von Vergleichspreisen wird im Folgenden ausschließlich auf die ersten beiden Verfahren eingegangen. Diese marktpreisorientierten Verfahren basieren auf der Bildung von Relationen zwischen Marktpreisen bzw. Transaktionspreisen und einer Bezugsgröße bzw. Kennzahl der Vergleichsunternehmen (sog. Multiplikatoren oder Multiples) (Ballwieser 2016, S. 218), die regelmäßig zunächst durch Mittelwertbildung verdichtet und dann auf das Bewertungsobjekt übertragen werden (Multiplikatorverfahren) (Löhnert und Böckmann 2015, S. 787). Grundvoraussetzung hierfür ist das Vorliegen eines Marktpreises bzw. Transaktionspreises, der zu einem aussagekräftigen Werttreiber in Relation gesetzt wird. In der Regel werden dabei Ertrags-, Ergebnis- oder Cash Flow-Größen (Umsatz, EBITDA, EBIT, etc.) herangezogen. In bestimmten Branchen können jedoch auch operative Merkmale wie Anzahl der Abonnenten bei Zeitungen, Anzahl der Kunden (user) bei Telekommunikationsunternehmen oder Verkaufsfläche in Quadratmetern im Einzelhandel angewandt werden. Die Bildung von Multiplikatoren basiert auf der Annahme, dass das für die herangezogenen Vergleichsunternehmen beobachtbare Verhältnis auf das Bewertungsobjekt übertragbar ist.

Bei Anwendung von Börsenkursen vergleichbarer Unternehmen spricht man von sog. Trading Multiples, aus Kaufpreisen von Unternehmenstransaktionen abgeleitete Multiplikatoren werden als Transaction Multiples bezeichnet (Barthel 2007, S. 667). Das grundsätzliche Vorgehen bei der Bewertung mithilfe von Multiplikatoren ist in Abb. 3.19 dargestellt.

Der Wert des Bewertungsobjekts ergibt sich aus der Multiplikation der anhand von Vergleichsunternehmen ermittelten Multiplikatoren mit dem entsprechenden Werttreiber des Bewertungsobjekts. Die Frage der Vergleichbarkeit ist bei Anwendung des Multiplikatorverfahrens von grundlegender Bedeutung (IDW 2018, Kap. G, Tz. 9). Dem Verfahren liegt die Annahme der Übertragbarkeit marktbezogener Vergleichsdaten auf das Bewertungsobjekt zugrunde. Gerade bei KMU sind jedoch die herangezogenen Vergleichsunternehmen, deren Marktpreise und Unternehmensdaten als Datenbasis für die Multiplikatorbewertung dienen, nur begrenzt vergleichbar (s. Abschn. 4.4.1.2). Marktpreisorientierte Verfahren erwecken zunächst den Eindruck, ohne ein aufwendiges

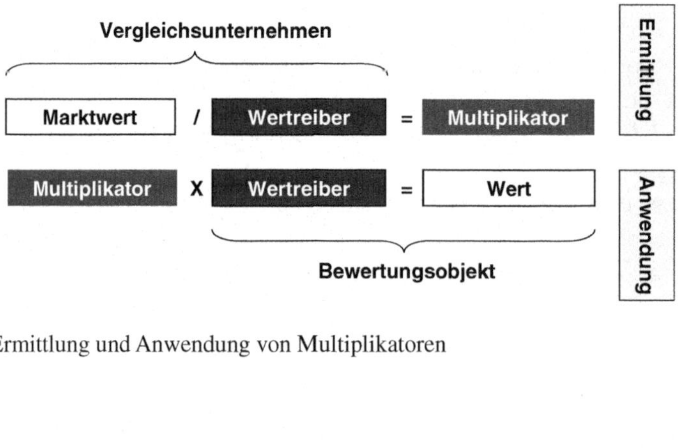

Abb. 3.19 Ermittlung und Anwendung von Multiplikatoren

Bewertungskalkül schnell und einfach zu einem Bewertungsergebnis zu gelangen. Werden marktpreisorientierte Verfahren jedoch zutreffend angewandt, stellen sich auch diese Bewertungsmethoden als komplex heraus (Coenenberg und Schultze 2002, S. 700). Den marktpreisorientierten Verfahren liegt die Annahme zugrunde, dass vergleichbare Vermögenswerte ähnliche Preise aufweisen müssen („Law of one price") (Coenenberg und Schultze 2002, S. 697). Marktpreise sind häufig ein guter Indikator dafür, wie Ertragserwartungen bzw. die Erwartungen im Hinblick auf wesentliche Parameter wie Rendite, Wachstum und Risiko von den Marktteilnehmern bzw. Analysten bewertet werden. Sie können somit wertvolle Information für mögliche Unternehmenstransaktionen oder Börsengänge (Löhnert und Böckmann 2015, S. 791) liefern. Um Fehlentscheidungen im Rahmen von Transaktionen vorzubeugen, sollten Marktpreise jedoch nicht unreflektiert in Wertüberlegungen einbezogen werden. Auch im Zusammenhang mit der Erstellung von Fairness Opinions haben marktpreisorientierte Verfahren eine Bedeutung. Sie kommen hier gleichwertig zu den kapitalwertorientierten Verfahren zur Anwendung (IDW 2011, Tz. 26). Weitere Anwendungsgebiete von marktpreisorientierten Verfahren sind in Abb. 3.20 dargestellt.

Bei der Ermittlung der Multiplikatoren können sowohl Daten aus abgeschlossenen Geschäftsjahren (sog. Trailing Multiples) als auch Schätzungen bzw. Markterwartungen für die kommenden Jahre (sog. Forward Multiples) herangezogen werden. Die Abb. 3.21 zeigt eine Übersicht über die verschiedenen Varianten bei der Anwendung von Multiplikatoren.

Einerseits sollten sich Marktpreise auf Grundlage der Markterwartungen über die kommende Entwicklung bilden. Andererseits ist in der Praxis vielfach zu beobachten, dass aus vergangenen Transaktionen abgeleitete Multiplikatoren auf vergangene und erwartete Bezugsgrößen angewandt werden. Multiplikatoren auf Basis erwarteter Bezugsgrößen haben in der Regel jedoch eine höhere Aussagekraft. Durch Untersuchungen

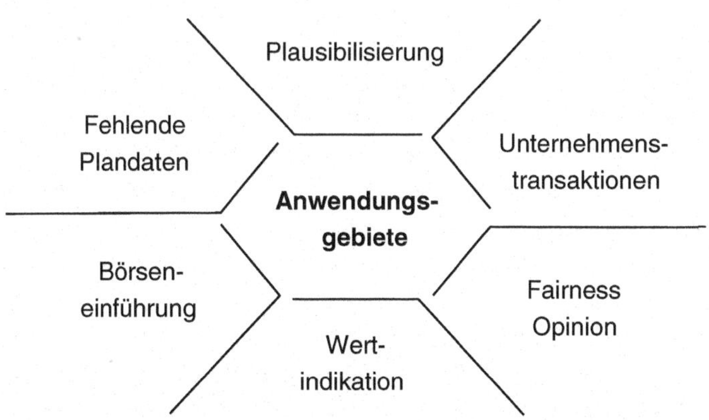

Abb. 3.20 Anwendungsgebiete von marktpreisorientierten Bewertungsverfahren (Löhnert und Böckmann 2015, S. 790 ff.)

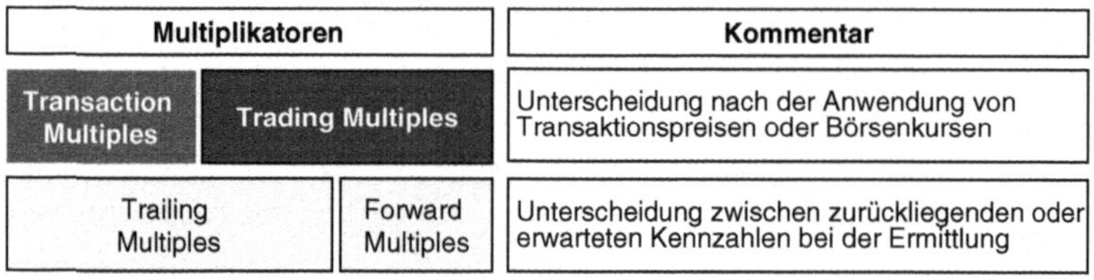

Abb. 3.21 Kategorisierung von Multiplikatoren

wurde in diesem Zusammenhang gezeigt, dass Bewertungen, die auf prognostizierten Größen basieren, deutlich genauere Ergebnisse erzielen als solche, bei denen vergangenheitsorientierte Daten herangezogen wurden (Liu et al. 2007, S. 11, Löhnert und Böckmann 2015, S. 798). Insofern sind Forward Multiples vorzugswürdig, soweit valide Daten über Markterwartungen für die Vergleichsunternehmen vorliegen (Löhnert und Böckmann 2015, S. 798). Bei Forward Multiples ist man jedoch auf Analystenschätzungen angewiesen, die teilweise nur in unzureichender Form, bspw. nicht für alle Vergleichsunternehmen oder nicht für den gesamten Planungszeitraum, verfügbar sind.

Trading Multiples weisen gegenüber Transaction Multiples Vorteile auf, die insbesondere in dem einheitlichen Zeitpunkt der Ermittlung, der geringeren Verzerrung aufgrund subjektiver Wertvorstellungen sowie der einfacheren Informationsbeschaffung liegen. Transaction Multiples sind hingegen ggf. weniger anfällig für die allgemeine Börsenstimmung, lassen sich auch für nicht börsennotierte Unternehmen ermitteln und enthalten ggf. die Wertrelation für einen kontrollierenden Anteil inklusive eines sog. Kontrollaufschlages (Coenenberg und Schultze 2002, S. 699 f.). Nachteilig ist hingegen, dass in den herangezogenen Kaufpreisen oftmals auch subjektive und einzelfallbezogene Vorstellungen im Hinblick auf erzielbare Synergieeffekte enthalten sind, die sich für gewöhnlich nicht auf das Bewertungsobjekt übertragen lassen. Informationen zur Bereinigung dieser Synergieeffekte liegen ebenfalls in den seltensten Fällen vor. Darüber hinaus nimmt die Aussagekraft der Transaction Multiples ab, je länger die entsprechenden Transaktionen zurückliegen. Gerade für KMU liegen häufig nur wenige Daten über Transaktionen vor, weil diese in der Regel nicht veröffentlicht werden. Kontrollprämien und Synergieeffekte können dazu führen, dass auf Basis von Transaction Multiples ermittelte Unternehmenswerte den tendenziell höchsten Wert liefern (Kranebitter 2007, S. 114). Die notwendige Analyse vergleichbarer Transaktionen setzt daher Branchenkenntnisse und Informationen über die Hintergründe der Transaktion voraus, um ggf. Bereinigungen im Hinblick auf die Kontrollprämie oder Synergieeffekte vornehmen zu können.

Grundsätzlich ist bei Multiplikatoren auch darauf zu achten, dass die Finanzierung konsistent abgebildet wird. Zu diesem Zweck wird zwischen Entity Multiples und Equity Multiples unterschieden. Entity Multiples werden aus dem Marktwert des investierten Kapitals, d. h. Eigenkapital sowie verzinslichen Verbindlichkeiten, und einem Werttreiber vor Abzug von Finanzierungskosten gebildet. Hierbei ist sowohl im Zähler als auch im

Nenner auf eine konsistente Abbildung von Verpflichtungen mit Finanzierungscharakter zu achten, wie z. B. Leasing-, Factoring- oder Pensionsverpflichtungen (Löhnert und Böckmann 2015, S. 794). Bei Equity Multiples handelt es sich um die Wertrelation zwischen dem Marktwert des Eigenkapitals und einem Werttreiber nach Finanzierung. Eine beispielhafte Gegenüberstellung von Entity Multiples und Equity Multiples ist in Abb. 3.22 dargestellt.

Darüber hinaus ist zu beachten, dass bei Anwendung von Umsatzmultiplikatoren vergleichbare Ergebnismargen von Bewertungsobjekt und Referenzunternehmen vorausgesetzt werden müssen. Daher werden in der Praxis bevorzugt EBITDA- und EBIT-Multiplikatoren angewandt (Kranebitter 2007, S. 116).

Vor- und Nachteile von Umsatz-, EBITDA-, EBIT- und Jahresüberschuss-Multiplikatoren sind in Abb. 3.23 dargestellt.

Auch bei Multiplikatorverfahren müssen Vergleichsunternehmen identifiziert werden, die hinsichtlich Unternehmenstätigkeit, Profitabilität, Risikoprofil, Größe, Wachstumsaussichten, Besteuerung, Marktumfeld sowie Bilanzierung mit dem zu bewertenden Unternehmen vergleichbar sind (Löhnert und Böckmann 2015, S. 797 ff.).

Dies ist insbesondere bei KMU schwierig, da diese sich häufig durch Fokussierung auf spezielle Nischen, mangelnde Corporate Governance und übertragbare Ertragskraft sowie starke Personenbezogenheit auszeichnen. Bestehen Unterschiede z. B. im Hinblick auf Leasing von wesentlichen Anlagegegenständen, Factoring, Finanzierungen sowie einmalige und außerordentliche Effekte, sind diese zu bereinigen. Grundsätzlich sollten die Unternehmen hinsichtlich ihrer wertbestimmenden Charakteristika, d. h. insbesondere im Hinblick auf Rendite, Risiko und Wachstum, vergleichbar sein (Kranebitter 2007, S. 117). Probleme bei der Ermittlung von Multiplikatoren resultieren ggf. aus negativen Überschussgrößen der Vergleichsunternehmen. In der Praxis werden diese in der Regel für Zwecke der Durchschnittsbildung eliminiert. Für die Durchschnittsbildung dominiert in der Praxis das arithmetische Mittel, denkbar sind jedoch auch der Median oder das harmonische Mittel (Schwetzler 2003, S. 90).

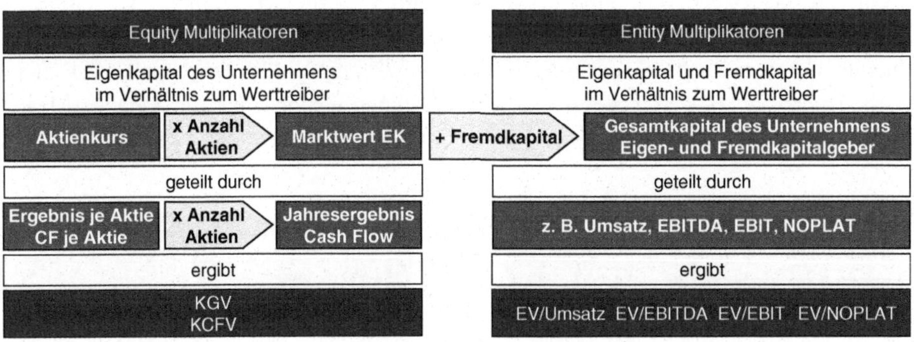

Abb. 3.22 Entity Multiples und Equity Multiples im Vergleich

Bezugs-größe	Berechnung	Vor-/Nachteile (+/-)
Umsatz	▪ Alternativ auch Gesamtleistung, wenn nach Gesamtkostenverfahren bilanziert wird	+ Auch dann anwendbar, wenn Gewinn unbekannt ist + Auch bei unprofitablen Unternehmen anwendbar – Berücksichtigt nicht unterschiedliche Margen bei Referenzunternehmen und zu bewertendem Unternehmen
EBITDA	▪ Bereinigter Gewinn vor Zinsen, Abschreibungen und Ertragsteuern ▪ Substanzsteuern sind als operativer Aufwand zu berücksichtigen ▪ Beteiligungserträge sind i.d.R. als nicht operative Posten herauszurechnen	+ Nicht durch unterschiedliche Abschreibungsmethoden beeinflusst – Berücksichtigt nicht unterschiedliche Kapitalintensität und somit Reinvestitionserfordernisse bei Referenzunternehmen und zu bewertendem Unternehmen
EBIT	▪ Bereinigter Gewinn vor Zinsen und Ertragsteuern ▪ Firmenwert-Abschreibungen sollten zurückgerechnet werden ▪ Substanzsteuern sind als operativer Aufwand zu berücksichtigen ▪ Beteiligungserträge sind i.d.R. als nicht operative Posten herauszurechnen	+ Berücksichtigt unterschiedliche Kapitalintensität – Verfälschung durch unterschiedliche Abschreibungsverfahren
Jahres-überschuss	▪ Bereinigter Jahresüberschuss	+ Steht zur Ausschüttung zur Verfügung – Beeinflussung durch zahlreiche bilanzpolitische Maßnahmen – Beeinflussung durch Verschuldungsgrad

Abb. 3.23 Vor- und Nachteile verschiedener Multiplikatoren (Löhnert und Böckmann 2015, S. 795 f.)

Grundsätzlich ist darauf hinzuweisen, dass in der Regel kein Unternehmen mit einem anderen vollständig vergleichbar ist. Das Ergebnis der Multiplikatorbewertung kann deshalb im Regelfall nur eine Wertindikation darstellen. Darüber hinaus sind die Multiplikatoren auch stark durch das aktuelle Marktgeschehen geprägt und unterliegen dadurch teilweise starken Schwankungen.

Bei sog. **Branchen-Multiplikatoren** werden für eine Vielzahl von Unternehmen einer gemeinsamen Branche Multiplikatoren ermittelt und zu einem Wert aggregiert. Diese Multiplikatoren bieten ebenfalls praktische Hilfe für die Erstellung einer indikativen Wertermittlung. Branchen-Multiplikatoren werden regelmäßig veröffentlicht, bspw. im Internet auf der Plattform der finexpert GmbH,[18] dem Internetangebot von Professor Damodaran,[19] im BewertungsPraktiker oder im Finance Magazin.[20] Im Finance Magazin

[18] http://www.finexpert.info.

[19] http://pages.stern.nyu.edu/~adamodar/.

[20] http://www.finance-magazin.de/research/multiples.

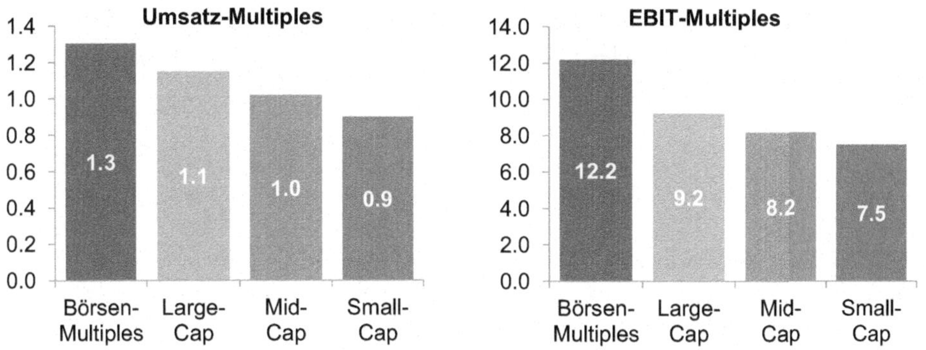

Abb. 3.24 Vergleich von durchschnittlichen Multiples verschiedener Branchen unter Berücksichtigung von Größenunterschieden (eigene Darstellung auf Basis einer Durchschnittsbetrachtung im Zeitraum 2013 bis 2018. Die zugrunde liegenden Informationen entstammen dem Finance Magazin)

werden Börsen-Multiples auch sog. Experten-Multiples für ausgewählte Branchen gegenübergestellt.[21] Bei diesen Experten-Multiples handelt es sich um Markteinschätzungen von Experten aus einer Reihe von M&A-Beratungshäusern, bei denen auch zwischen Large-Cap-, Mid-Cap- und Small-Cap-Unternehmen unterschieden wird.[22] Anhand dieser Daten kann auf deutliche Weise veranschaulicht werden, in welcher Form Unternehmen der gleichen Branche aufgrund von Größenunterschieden in der Praxis unterschiedlich bepreist werden. Im September 2017 liegt der Experten-EBIT-Multiple für Small-Cap-Unternehmen im Maschinen- und Anlagenbau bspw. in einer Bandbreite von 6,9 bis 8,8, während der Börsen-EBIT-Multiple 15,2 beträgt (Finance Magazin 2017). Das entspricht einem Wertabschlag in Höhe von 42 bis 55 %. In Abb. 3.24 werden die Unterschiede zwischen den Multiples in den verschiedenen Größenklassen anhand des Durchschnittes über alle Branchen dargestellt.

Die Auswertung der Multiples des Finance Magazins zeigt, dass die Experten-Multiples für kleine Unternehmen wesentlich unter den Börsen-Multiples liegen. Vereinfachend kann festgehalten werden, dass die vom Finance Magazin erhobenen Experten-Multiples der Small- und Mid-Cap-Unternehmen im Durchschnitt rd. 30–45 % unter den Börsen-Multiples liegen. Dies soll lediglich als Indiz dafür dienen, dass beobachtete Transaktionspreise kleiner

[21] Ein Rückgriff auf die zugrunde liegenden Daten für die Ermittlung der Multiplikatoren ist nicht möglich. Erhoben und aktualisiert werden die Experten-Multiples vier Mal jährlich, jeweils zum Ende eines Quartals.

[22] Small-Cap: Unternehmensumsatz unter EUR 50 Mio.; Mid-Cap: EUR 50–250 Mio.; Large-Cap: über EUR 250 Mio.

Unternehmen unter denen großer Unternehmen liegen. Die Unterschiede zwischen den Small-Cap- und den Börsen-Multiples können mit den Besonderheiten und Risiken von mittelständischen Unternehmen begründet werden.

3.5.3 Einzelbewertungsverfahren

Bei den Einzelbewertungsverfahren wird der Unternehmenswert durch eine isolierte Bewertung der einzelnen Vermögenswerte und Schulden ermittelt. Die unterschiedlichen Ausprägungen dieser Verfahren ergeben sich aus den verschiedenen Wertmaßstäben, die bei der Bewertung der einzelnen Vermögenswerte und Schulden angewendet werden.

3.5.3.1 Substanzwert

Der Substanzwert stellt den Betrag dar, der aufzuwenden wäre, wenn das Unternehmen mit allen im Unternehmen vorhandenen materiellen und immateriellen Werten (und Schulden) nachgebaut würde. Der Substanzwert wird daher auch als Rekonstruktions- oder Wiederbeschaffungswert bezeichnet (Sieben und Maltry 2015, S. 761). Er umfasst in der Regel nur die einzeln bewertbaren Vermögensgegenstände des betriebsnotwendigen Vermögens mit der Folge, dass lediglich ein Teilrekonstruktionswert ermittelt wird. Mit der Addition der Einzelwerte verstößt der Substanzwert jedoch gegen den Grundsatz der Bewertungseinheit, da das Ertragspotenzial aus dem Zusammenwirken der Einzelwerte und dem unternehmerischen Handeln nicht erfasst wird. Wesentliche, nicht selbstständig verkehrsfähige und einzeln bewertbare immaterielle Werte, wie Humankapital, Know-how, Kompetenz des Managements etc., die sich in der Praxis bei tatsächlich für Unternehmen gezahlten Kaufpreisen im Geschäfts- oder Firmenwert widerspiegeln, sind im Substanzwert im Sinne eines Teilrekonstruktionswerts nicht enthalten (Behringer 2012, S. 111). Der vermeintlich größte Vorteil des Substanzwerts – nämlich die Umgehung des Prognoseproblems – stellt gleichzeitig seinen größten Schwachpunkt dar: Er ist nicht zukunftsbezogen und vernachlässigt die individuellen Möglichkeiten des Unternehmers, mit dem Unternehmen zukünftig finanzielle Überschüsse zu erzielen (IDW 2018, Kap. A, Tz. 163 f.).

Die oben erwähnten Nachteile führen dazu, dass der Substanzwert für die Ermittlung von Unternehmenswerten grundsätzlich als ungeeignet erachtet wird (IDW 2008a, Tz. 6). Dem Substanzwert werden allenfalls Hilfsfunktionen zugerechnet. So bildet die Substanz z. B. die Grundlage für die Ermittlung von Daten für die Ertrags- bzw. Einnahmenüberschussrechnung, wie z. B. zukünftige Abschreibungen oder Reinvestitionen (IDW 2018, Kap. A, Tz. 167). Darüber hinaus ist der Substanzwert auch teilweise in Gesellschaftsverträgen als Wertmaßstab für die Bemessung der Abfindung von Gesellschaftern enthalten (Ballwieser 2016, S. 204).

Von Bedeutung ist der Substanzwert als Wertuntergrenze bei der Bewertung von Unternehmen bzw. Unternehmensanteilen für erbschaft- und schenkungsteuerliche Zwecke gem. § 11 Abs. 2 Satz 3 BewG. Danach ist der Substanzwert als Summe der gemeinen Werte aller zum Betriebsvermögen gehörenden Wirtschaftsgüter abzüglich der zum Betriebsvermögen gehörenden Schulden und sonstigen Abzüge definiert. Zum Betriebsvermögen gehören auch selbstgeschaffene oder entgeltlich erworbene immaterielle Wirtschaftsgüter, deren isolierte Bewertung in der Regel mit sehr viel Aufwand verbunden ist (Creutzmann 2008, S. 2791). Der Geschäfts- oder Firmenwert oder der Praxiswert ist nicht anzusetzen. Dabei kommt es nicht darauf an, ob der Geschäfts- oder Firmenwert oder der Praxiswert selbst geschaffen sind oder entgeltlich erworben wurden.

Der Bewertungsmaßstab des gemeinen Werts in § 9 Abs. 2 BewG führt zu einer absatzmarktorientierten Bewertung der Wirtschaftsgüter mit Einzelveräußerungspreisen ohne Liquidationsannahme. Im Gegensatz zur betriebswirtschaftlichen Theorie wird der Substanzwert daher für erbschaft- und schenkungsteuerliche Zwecke nicht als Rekonstruktions- oder Wiederbeschaffungswert, sondern als Summe von Einzelveräußerungspreisen ohne Liquidationsannahme ermittelt. Zur generellen Berücksichtigung der Substanz bei der Bewertung von KMU vgl. auch Abschn. 4.2.

3.5.3.2 Liquidationswert

Während beim Substanzwert der Unternehmensnachbau bzw. die Unternehmensfortführung unterstellt wird, liegt dem Liquidationswert die Annahme einer Zerschlagung des Unternehmens zugrunde, bei der alle bestehenden Vermögensgegenstände veräußert und die Schulden zurückgezahlt werden (Sieben und Maltry 2015, S. 761, IDW 2008a, Tz. 141). Im Gegensatz zum beschaffungsmarktorientierten Substanzwert werden die Vermögensgegenstände daher nicht zu Wiederbeschaffungskosten, sondern zu Einzelveräußerungspreisen bewertet (Sieben und Maltry 2015, S. 761). Von dem so ermittelten Wert des Vermögens sind dann die Schulden in Abzug zu bringen. Dabei sind auch Passivposten zu berücksichtigen, die erst durch die Liquidation entstehen, wie z. B. Sozialplanverpflichtungen, Abfindungen, Abbruch- und Rekultivierungskosten etc. (Sieben und Maltry 2015, S. 761). Außerdem ist der Liquidationsüberschuss um ggf. anfallende Liquidationskosten und Ertragsteuern zu kürzen. Neben Unternehmensteuern können auch persönliche Ertragsteuern abzuziehen sein, da der Liquidationserlös grundsätzlich den Gesellschaftern zusteht (IDW 2018, Kap. A, Tz. 161).[23]

Die Höhe des Liquidationswerts hängt darüber hinaus von der Zerschlagungsgeschwindigkeit und Zerschlagungsintensität, d. h. vom Grad der Bündelung der Vermögensgegenstände, ab (IDW 2018, Kap. A, Tz. 158). So können bei einer Veräußerung über mehrere Jahre häufig höhere Veräußerungserlöse als bei einer sofortigen Liquidation erzielt werden. Auch kann der Liquidationserlös für selbstständige, allein lebensfähige Teile des Unternehmens größer sein (technische, personelle oder organisatorische Einheiten,

[23]Vgl. grundlegend zur Ermittlung des Liquidationswerts Ihlau und Duscha 2015, S. 814 ff.

wie z. B. Vertrieb, Einkauf, Konstruktion, IT etc.) als die Summe der Einzelveräußerungspreise der darin enthaltenen Vermögensgegenstände (IDW 2018, Kap. A, Tz. 158). Die Ermittlung des Liquidationswerts sollte auf Basis des im jeweiligen Einzelfall günstigsten Verwertungs- und Liquidationskonzepts erfolgen (IDW 2018, Kap. A, Tz. 158, Ihlau und Duscha 2015, S. 815). Dies ist insbesondere bei der Verwertung werthaltiger Grundstücke und Gebäude von Bedeutung. Sofern die Liquidation mehrere Jahre in Anspruch nehmen wird, sind die nach einem Jahr zufließenden finanziellen Überschüsse entsprechend zu diskontieren (Ballwieser 2016, S. 203). Dementsprechend weist der Liquidationswert auch Merkmale eines Ertragswerts auf (Sieben und Maltry 2015, S. 761).

Der Liquidationswert ist für die Unternehmensbewertung von besonderer Bedeutung, da er die Wertuntergrenze für den Unternehmenswert darstellt, sofern der Liquidation nicht rechtliche oder tatsächliche Gegebenheiten entgegenstehen (IDW 2008a, Tz. 5). Liegt der Liquidationswert über dem Fortführungswert, wird ein nach dem ökonomischen Prinzip handelnder Entscheidungsträger das Unternehmen liquidieren (Behringer 2012, S. 114 f.).

In der Rechtsprechung ist der Liquidationswert dagegen nicht einheitlich als Wertuntergrenze allgemein anerkannt. Die Rechtsprechung differenziert beim Ansatz des Ertragswerts oder des Liquidationswerts nach dem Bewertungsanlass und der unternehmerischen Entscheidung für eine Fortführung oder Liquidation (Ihlau und Duscha 2015, S. 810 ff). Während der Liquidationswert als Wertuntergrenze für einige Sachverhalte wie die Kapitalaufbringung sowie aus dem Familien- und Erbrecht weitgehend einheitlich bejaht bzw. verneint wird, ist die Beurteilung für aktien- und umwandlungsrechtliche Abfindungsfälle weit weniger einheitlich und folgt einer spezifischen Betrachtung des Einzelfalls.[24]

Darüber hinaus findet der Liquidationswert unstreitig bei der Bewertung des nicht betriebsnotwendigen Vermögens Anwendung (s. auch Abschn. 3.6.2).

3.5.4 Vereinfachende Bewertungsverfahren

Unter die vereinfachenden Bewertungsverfahren werden an dieser Stelle das im Bewertungsgesetz verankerte vereinfachte Ertragswertverfahren sowie die in der überkommenen betriebswirtschaftlichen Theorie und Praxis diskutierten Mischverfahren gefasst. Während das vereinfachte Ertragswertverfahren vom Grundgedanken her den kapitalwertorientierten Verfahren ähnelt, stellen die Mischverfahren auf den Substanzwert als Einzelbewertungsverfahren ab, der um Elemente der Gesamtbewertung ergänzt wird.

[24]Für eine Systematisierung der Voraussetzungen für die Anwendung des Liquidationswerts in der Rechtsprechung vgl. Ihlau und Duscha 2015, S. 810 ff.

3.5.4.1 Vereinfachtes Ertragswertverfahren

Das vereinfachte Ertragswertverfahren wird in der Regel für erbschaft- und schenkungsteuerliche Zwecke angewendet und ist in §§ 199 ff. BewG geregelt. Es soll die Möglichkeit bieten, ohne hohen Ermittlungsaufwand oder Kosten für einen Gutachter einen objektivierten Unternehmens- bzw. Anteilswert zu ermitteln (Bericht des Finanzausschusses 2008, S. 22). Mithilfe des vereinfachten Ertragswertverfahrens können sowohl nicht börsennotierte Kapitalgesellschaften als auch Einzelunternehmen und Personengesellschaften bewertet werden.

Grundsätzlich ist darauf zu achten, dass der Substanzwert gem. § 11 Abs. 2 Satz 3 BewG (s. Abschn. 3.5.3.1) bei der steuerlichen Bewertung nicht unterschritten werden darf.

Bei offensichtlich unzutreffenden Ergebnissen darf das vereinfachte Ertragswertverfahren gemäß § 199 Abs. 1 BewG nicht angewendet werden.

Im Rahmen des vereinfachten Ertragswertverfahrens setzt sich der Wert des Unternehmens gem. § 200 BewG aus dem Ertragswert und den gemeinen Werten des nicht betriebsnotwendigen Vermögens, der Beteiligungen und den Wirtschaftsgütern, die innerhalb von zwei Jahren vor dem Bewertungsstichtag eingelegt wurden, zusammen. Für eine Definition des gemeinen Werts gemäß § 9 Abs. 2 BewG wird auf Abschn. 3.2.2 verwiesen. Die Vorgehensweise zur Ermittlung des gemeinen Werts des Unternehmens nach dem vereinfachten Ertragswertverfahren wird in Abb. 3.25 dargestellt.

Die Grundlage für die Ermittlung des Ertragswertes bildet der zukünftig nachhaltig zu erzielende Jahresertrag. Für die Ermittlung dieses Jahresertrags bietet der in der Vergangenheit tatsächlich erzielte Durchschnittsertrag eine Beurteilungsgrundlage (§ 201 Abs. 1 BewG). Als Orientierungshilfe dienen regelmäßig die Betriebsergebnisse der

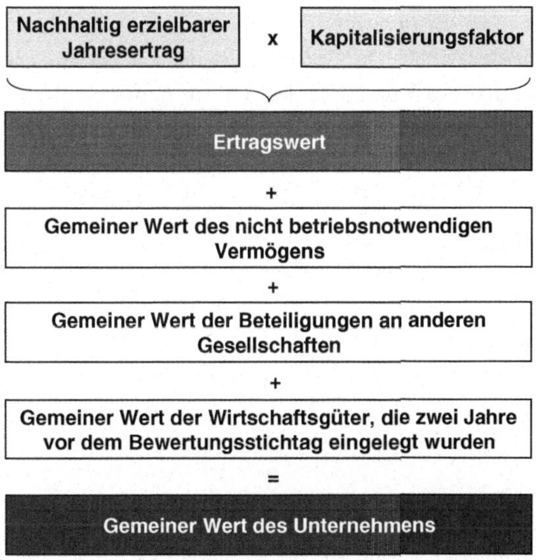

Abb. 3.25 Ermittlung des gemeinen Werts nach dem vereinfachten Ertragswertverfahren

letzten drei abgelaufenen Wirtschaftsjahre vor dem Bewertungsstichtag (Bericht des Finanzausschusses 2008, S. 23).

Ist das am Bewertungsstichtag noch nicht abgelaufene Wirtschaftsjahr für die Herleitung des künftig zu erzielenden Jahresertrages von Bedeutung, so ist es anstelle des drittletzten abgelaufenen Wirtschaftsjahres einzubeziehen. Auch in diesem Fall erfolgt die Berücksichtigung eines vollen Betriebsergebnisses und keine zeitanteilige Berücksichtigung (RB 201 Abs. 3 ErbStR). Der ungewichtete Durchschnitt der drei ermittelten Betriebsergebnisse ergibt gem. § 201 Abs. 2 S. 3 und 4 BewG den nachhaltig erzielbaren Jahresertrag, der mit dem Kapitalisierungsfaktor multipliziert wird.

Ein verkürzter Betrachtungszeitraum kann gem. § 201 Abs. 3 S. 1 BewG zugrunde gelegt werden, wenn der Charakter des Unternehmens nach dem Gesamtbild der Verhältnisse sich nachhaltig in dem Dreijahreszeitraum verändert hat oder eine Neugründung erfolgt ist. Ist das Bewertungsobjekt durch Umwandlung, Einbringung von Betrieben oder Teilbetrieben oder durch Umstrukturierungen entstanden, ist gem. § 201 Abs. 3 S. 2 BewG bei der Ermittlung des Durchschnittsertrags von den früheren Betriebsergebnissen des Gewerbebetriebs oder der Gesellschaft auszugehen. Soweit sich die Änderung der Rechtsform auf den Jahresertrag auswirkt, sind die früheren Betriebsergebnisse entsprechend zu korrigieren.

Die Ausgangsgröße zur Ermittlung des Betriebsergebnisses ist der Gewinn gemäß § 4 EStG. Ergebnisse aus Sonderbilanzen und Ergänzungsbilanzen bleiben in diesem Zusammenhang außer Betracht. Zur Eliminierung von außerordentlichen und nicht wiederkehrenden Einflüssen ist der Gewinn gemäß § 202 Abs. 1 BewG zu korrigieren. Eine Übersicht der entsprechenden Korrekturen ist in Abb. 3.26 dargestellt.

Zur Abgeltung der Ertragsteuer wird bei einem positiven Betriebsergebnis vor Ertragsteuern ein pauschaler Abzug von 30 % berücksichtigt, während die tatsächliche Steuer eliminiert wird.

Der Ertragswert des Unternehmens resultiert aus der Multiplikation des ermittelten Jahresertrages mit dem Kapitalisierungsfaktor. Im Zuge der Erbschaftsteuerreform 2016 wurde der Kapitalisierungsfaktor gemäß § 203 Abs. 1 BewG für Bewertungsstichtage ab dem 1. Januar 2016 auf einheitlich 13,75 festgelegt. Bislang wurde der Kapitalisierungsfaktor als Kehrwert eines Kapitalisierungszinssatzes ermittelt. Der Kapitalisierungszinssatz hat sich aus einem variablen Basiszinssatz und einem Zuschlag zusammengesetzt. Das Bundesministerium der Finanzen hat den maßgebenden Basiszinssatz jeweils zu Beginn des Jahres über ein BMF-Schreiben im Bundessteuerblatt veröffentlicht. Mit BMF-Schreiben vom 4. Januar 2016 hat das BMF zuletzt einen Basiszinssatz von 1,10 % vorgegeben (BMF 2016). Historische Basiszinssätze können auch den auf der Homepage des Bundesministeriums der Finanzen verfügbaren BMF-Schreiben entnommen werden.[25] Der Zuschlag war normiert und belief sich auf 4,5 %. Er berücksichtigte pauschal neben

[25]http://www.bundesfinanzministerium.de.

	Gewinn i.S.d. § 4 Abs.1 S.1 EStG	
+	Investitionsabzugsbeträge, Sonderabschreibungen oder erhöhte Absetzungen, Bewertungsabschläge, Zuführungen zu steuerfreien Rücklagen sowie Teilwertabschreibungen. Es sind nur die normalen Absetzungen für Abnutzung zu berücksichtigen. Diese sind nach den Anschaffungs- oder Herstellungskosten bei gleichmäßiger Verteilung über die gesamte betriebsgewöhnliche Nutzungsdauer zu bemessen. Die normalen Absetzungen für Abnutzung sind auch dann anzusetzen, wenn für die Absetzungen in der Steuerbilanz vom Restwert auszugehen ist, der nach Inanspruchnahme der Sonderabschreibungen oder erhöhten Absetzungen verblieben ist.	Hinzurechnungen
+	Absetzungen auf den Geschäfts- oder Firmenwert oder auf firmenwertähnliche Wirtschaftsgüter	
+	Einmalige Veräußerungsverluste sowie außerordentliche Aufwendungen	
+	Im Gewinn nicht enthaltene Investitionszulagen, soweit in Zukunft mit weiteren zulagebegünstigten Investitionen in gleichem Umfang gerechnet werden kann	
+	Ertragsteueraufwand (Körperschaftsteuer, Zuschlagsteuern und Gewerbesteuer)	
+	Aufwendungen, die im Zusammenhang mit nicht betriebsnotwendigen Vermögen und innerhalb von zwei Jahren vor dem Bewertungsstichtag eingelegten Wirtschaftsgütern stehen (§ 200 Abs. 2 und 4 BewG), und übernommene Verluste aus Beteiligungen i.S.d. § 200 Abs. 2 bis 4 BewG	
-	Gewinnerhöhende Auflösungsbeträge steuerfreier Rücklagen sowie Gewinne aus der Anwendung des § 6 Abs. 1 Nr. 1 S. 4 und Nr. 2 S. 3 EStG	Kürzungen
-	Einmalige Veräußerungsgewinne sowie außerordentliche Erträge	
-	Im Gewinn enthaltene Investitionszulagen, soweit in Zukunft nicht mit weiteren zulagebegünstigten Investitionen in gleichem Umfang gerechnet werden kann	
-	Angemessener Unternehmerlohn, soweit in der bisherigen Ergebnisrechnung kein solcher berücksichtigt worden ist. Die Höhe des Unternehmerlohns wird nach der Vergütung bestimmt, die eine nicht beteiligte Geschäftsführung erhalten würde. Neben dem Unternehmerlohn kann auch fiktiver Lohnaufwand für bislang unentgeltlich tätige Familienangehörige des Eigentümers berücksichtigt werden	
-	Erträge aus der Erstattung von Ertragsteuern (Körperschaftsteuer, Zuschlagsteuern und Gewerbesteuer)	
-	Erträge, die im Zusammenhang mit Vermögen i.S.d. § 200 Abs. 2 bis 4 BewG stehen (nicht betriebsnotwendiges Vermögen, Beteiligungen, Wirtschaftsgüter, die innerhalb von zwei Jahren vor dem Bewertungsstichtag eingelegt wurden)	
+/-	Sonstige wirtschaftlich nicht begründete Vermögensminderungen oder -erhöhungen mit Einfluss auf den zukünftig nachhaltig zu erzielenden Jahresertrag und mit gesellschaftsrechtlichem Bezug, soweit sie nicht bei den Hinzurechnungen oder Kürzungen berücksichtigt wurden	
=	**Betriebsergebnis vor Ertragsteuern**	
-	Pauschale Ertragsteuer in Höhe von 30%	
=	**Betriebsergebnis**	

Abb. 3.26 Ermittlung des Betriebsergebnisses

dem Unternehmensrisiko auch weitere Korrekturposten, wie Fungibilitätszuschlag, Wachstumsabschlag oder inhaberabhängige Faktoren (Bericht des Finanzausschusses 2008, S. 24). Zusammen mit dem standardisierten Zuschlag von 4,5 % ergab sich für das Jahr 2016 ein Kapitalisierungszinssatz von 5,60 % und damit ein Kapitalisierungsfaktor von 17,8571. Vor dem Hintergrund des anhaltenden Niedrigzinsniveaus hat der Gesetzgeber eine Anwendung des einheitlichen Kapitalisierungsfaktors rückwirkend für das gesamte Kalenderjahr 2016 beschlossen. Insgesamt führt der niedrigere Kapitalisierungsfaktor zu einem Rückgang der steuerlichen Unternehmenswerte nach dem vereinfachten Ertragswertverfahren für das Jahr 2016 um rd. 23 % (Zwirner und Vodermeier 2016, S. 2983). Wie lange der Kapitalisierungsfaktor von 13,75 in der Zukunft bestehen bleibt, ist offen. Das BMF ist gemäß § 203 Abs. 2 BewG ermächtigt, durch Rechtsverordnung mit Zustimmung des Bundesrates den Kapitalisierungsfaktor an die Entwicklung der Zinsstrukturdaten anzupassen.

Wie bereits oben angeführt, werden neben dem Ertragswert zusätzlich das nicht betriebsnotwendige Vermögen, Beteiligungen sowie Wirtschaftsgüter, die innerhalb von zwei Jahren eingelegt wurden, separat mit dem gemeinen Wert angesetzt (§ 200 BewG).

Zum nicht betriebsnotwendigen Vermögen im Sinne des Bewertungsgesetzes zählen Wirtschaftsgüter, die sich ohne Beeinträchtigung der eigentlichen Unternehmenstätigkeit aus dem Unternehmen herauslösen lassen, ohne dass die operative Geschäftstätigkeit eingeschränkt wird (RB 200 Abs. 2 ErbStR). Darunter fallen bspw. Mietwohngrundstücke bei Produktionsunternehmen (Bericht des Finanzausschusses 2008, S. 22), Kunstgegenstände, Liquiditätsüberschüsse sowie Beteiligungen zur Geldanlage, die mit der eigentlichen Unternehmenstätigkeit nichts zu tun haben (Rössler und Troll 2014, § 200 Rn. 3). Grundbesitz, Betriebsvermögen und Anteile an Kapitalgesellschaften sind mit dem nach § 151 Abs. 1 BewG festgestellten Wert anzusetzen (Rössler und Troll 2014, § 200 Rn. 4). Für Grundbesitz ermittelt sich der festzustellende Wert gemäß § 182 BewG abhängig von der Grundstücksart mit dem Vergleichs-, Ertrags- oder dem Sachwertverfahren, wenn kein niedrigerer Wert nach § 198 BewG durch ein Gutachten nachgewiesen werden kann. Beteiligungen an börsennotierten Unternehmen werden nach § 11 Abs. 1 BewG mit dem niedrigsten am Stichtag für sie im regulierten Markt notierten Kurs bewertet. Beteiligungen an nicht notierten Unternehmen können analog zur Bewertung des Unternehmens mithilfe des vereinfachten Ertragswertverfahrens bewertet werden, soweit keine Bewertung mithilfe von Verkäufen unter fremden Dritten möglich ist.

Wirtschaftsgüter, die innerhalb von zwei Jahren eingelegt wurden, sind grundsätzlich separat mit dem gemeinen Wert anzusetzen. Damit empfiehlt es sich, Vermögenswerte mit hohen Verkehrswerten und niedrigen laufenden Erträgen rechtzeitig in die Gesellschaften einzubringen, um gegebenenfalls diesbezüglich im vereinfachten Ertragswertverfahren zu profitieren (Ruiz de Vargas und Zollner 2010, S. 11).

Nach § 200 Abs. 2 und 3 BewG sind gehaltene Beteiligungen jeweils mit ihrem gemeinen Wert neben dem (vereinfachten) Ertragswert anzusetzen. Ist ein Konzern zu bewerten, sind im Rahmen des vereinfachten Ertragswertverfahrens die Gesellschaften grundsätzlich separat zu bewerten (Creutzmann 2008, S. 2789). Folglich ergibt sich der gemeine Wert des Konzerns, indem die gemeinen Werte der einzelnen Gesellschaften von der untersten Ebene bis hin zu der höchsten Ebene aufsummiert werden. In diesem Fall ist die Bewertung nach dem vereinfachten Ertragswertverfahren sehr zeitaufwendig und mit hohen Kosten verbunden (Creutzmann 2008, S. 2789). Des Weiteren wird auch die wirtschaftliche Einheit „Konzern" außer Acht gelassen (Behringer 2012, S. 151). Sind bspw. in einem Konzern Gesellschaften vorhanden, die Verluste erwirtschaften, so werden diese im Rahmen einer betriebswirtschaftlichen Bewertung mit den Gewinnen anderer Gesellschaften saldiert (Behringer 2012, S. 151). Bei der erbschaft- und schenkungsteuerlichen Bewertung sind verlustbringende Unternehmen jedoch mit dem Substanzwert als Mindestansatz zu bewerten.

Vor allem in Zeiten von Finanz- und Wirtschaftskrisen werden die Nachteile des vereinfachten Ertragswertverfahrens erkennbar. So können die zukünftig erzielbaren Jahreserträge wesentlich von den in der Vergangenheit erzielten Gewinnen abweichen, sodass diese nicht repräsentativ für die Zukunft sind (Kohl 2009, S. 558). Darüber hinaus vernachlässigt das vereinfachte Ertragswertverfahren durch Ansatz des in der Vergangenheit tatsächlich erzielten Durchschnittsertrags, dass lediglich die auf den Erwerber tatsächlich übertragbare Ertragskraft in das Bewertungskalkül einfließen darf. Dies wird insbesondere dann bewertungsrelevant, wenn die bisherige Unternehmensleitung künftig nicht mehr zur Verfügung steht (s. Abschn. 4.3.1). In diesem Fall führt das vereinfachte Ertragswertverfahren zu wirtschaftlich nicht sachgerechten Bewertungen, sodass die Ermittlung eines objektivierten Unternehmenswertes gemäß IDW S 1 vorzugswürdig ist (Franken et al. 2018, S. 38).

Die Normierung des Kapitalisierungsfaktors vernachlässigt die Berücksichtigung des individuellen Risikos des Unternehmens. Das Risiko eines Unternehmens setzt sich insbesondere aus dem operativen Risiko und dem Finanzierungsrisiko zusammen. Durch die Normierung des Kapitalisierungsfaktors auf 13,75 werden sowohl das operative Geschäftsrisiko als auch die unterschiedlichen Verschuldungsgrade der Unternehmen nicht adäquat berücksichtigt. Risikoreiche Unternehmen werden folglich überbewertet und bei risikoarmen Unternehmen führt diese Vorgehensweise tendenziell zu einer Unterbewertung.

Darüber hinaus kann der Kapitalisierungszinssatz bzw. -faktor durch den Basiszinssatz bereits innerhalb eines Jahres wesentlich variieren, sodass eine Anpassung des Kapitalisierungsfaktors notwendig wird. Derzeit bleibt abzuwarten, auf welche Art und Weise das BMF von der Möglichkeit einer Anpassung des Kapitalisierungsfaktors „an die Entwicklung der Zinsstrukturdaten“ (§ 203 Abs. 2 BewG) Gebrauch macht.

Durch den Ansatz eines einheitlichen Ertragsteueraufwandes von 30 % werden des Weiteren vorhandene Verlustvorträge und steuerliches Abschreibungsvolumen außer Ansatz gelassen (Kohl 2009, S. 558). Darüber hinaus werden die unterschiedlichen Gewerbesteuerhebesätze nicht berücksichtigt.

Insgesamt bleibt festzuhalten, dass das starre System des vereinfachten Ertragswertverfahrens bei Unternehmen mit einem hohen operativen Risiko zu systematisch überhöhten Unternehmenswerten führt. Die Überbewertung wird noch verstärkt, wenn das Unternehmen in der Vergangenheit höhere Ergebnisse erwirtschaftet hat als bspw. aufgrund des geänderten wirtschaftlichen Umfeldes künftig erwartet werden können. In diesen Fällen kann die Anwendung des vereinfachten Ertragswertverfahrens zu offensichtlich unzutreffenden Ergebnissen führen (Kohl und König 2012, S. 610).

3.5.4.2 Mischverfahren

Die Mischverfahren stellen eine Kombination aus Einzel- und Gesamtbewertungsverfahren dar. In der Regel wird dabei der Substanzwert in der Ausprägung des Teilreproduktionswerts um Elemente des Ertragswerts ergänzt (Ballwieser 2016, S. 206). Der Unternehmenswert ermittelt sich entsprechend der folgenden Grundgleichung (Moxter 1983, S. 58):

$$UW = SW + a\,(EW - SW) \tag{3.6}$$

mit:

UW = Unternehmenswert
SW = Substanzwert
a = Gewichtungsparameter, der unterschiedliche Werte >0 annehmen kann
EW = Ertragswert

Die Differenz zwischen dem Ertragswert und dem Substanzwert stellt den (originären) Geschäfts- oder Firmenwert dar (Ballwieser 2016, S. 206). Bei dem **Mittelwertverfahren** wird der Gewichtungsparameter a mit 0,5 angenommen, sodass der Unternehmenswert nach diesem Verfahren letztendlich als arithmetisches Mittel von Substanz- und Ertragswert ermittelt wird (Ballwieser 2016, S. 206). Je nach Höhe des Gewichtungsparameters kann der (originäre) Geschäfts- oder Firmenwert aber auch stärker oder schwächer in den Unternehmenswert einfließen. Die Festlegung der Höhe des Gewichtungsparameters ist insoweit willkürlich.

Unter die Mischverfahren kann auch das **Net Asset Value-Verfahren** subsumiert werden. Das Net Asset Value-Verfahren erweitert das Einzelbewertungsverfahren um Elemente der Gesamtbewertung. Hierdurch kann den spezifischen Gegebenheiten von vermögensverwaltenden Gesellschaften Rechnung getragen werden. Wesentliches Merkmal von vermögensverwaltenden Gesellschaften ist, dass sie sowohl regelmäßig wiederkehrende (z. B. Zins-, Dividenden- und Mieterträge) als auch einmalige Erträge (z. B. Veräußerungsgewinne bzw. -verluste) aus Kapitalanlagen, wie z. B. Immobilien, Wertpapieren oder Beteiligungen, erzielen (Creutzmann 2013, S. 64). Beim Net Asset Value erfolgt die Bewertung der einzelnen Kapitalanlagen der vermögensverwaltenden Gesellschaft mit den Wiederbeschaffungswerten bzw. Marktwerten. Die Marktwerte der Kapitalanlagen werden wiederum als Barwert der damit verbundenen zukünftigen Einnahmen und Ausgaben ermittelt. Demnach ist der Net Asset Value der vermögensverwaltenden Gesellschaft die Summe der einzelnen Marktwerte der Kapitalanlagen abzüglich des Marktwerts der Verbindlichkeiten und Verwaltungskosten (Creutzmann 2013, S. 66 f.).

Beim **Übergewinnverfahren** wird der Substanzwert um eine bestimmte Anzahl von sog. Übergewinnen erhöht. Der Übergewinn stellt den Überschuss des Ertrags über die Normalverzinsung des Substanzwerts dar (Ballwieser 2016, S. 206 f.). Auch das bis einschließlich des Jahres 2009 für erbschaft- und schenkungsteuerliche Zwecke geltende Stuttgarter Verfahren (R 96 ff. ErbStR 2003) zählt zu den Übergewinnverfahren, definiert den Übergewinn allerdings als Normalverzinsung des Ertrags über die Verzinsung des gemeinen Werts (Ballwieser 2016, S. 207). Der Übergewinn wird hierbei durch pauschalierte Vorgaben der Finanzverwaltung zur Höhe der Normalverzinsung (9 %) und der zu berücksichtigenden Anzahl der Übergewinne (Zeitraum von 5 Jahren) modifiziert (R 100 Abs. 1 S. 7 f. ErbStR 2003).

Bei dem für die Bewertung von KMU bedeutenden **Praktiker-Verfahren** wird der Substanzwert hingegen mit dem Multiplikator-Verfahren kombiniert. Das Praktiker-Verfahren findet regelmäßig bei der Bewertung von personenbezogenen Unternehmen und freiberuflichen Praxen Anwendung.[26] Diese Unternehmen zeichnen sich dadurch aus, dass der wesentliche Teil des Unternehmenswerts aus einem durch das Vertrauensverhältnis des Praxisinhabers gewachsenen Mandanten- oder Kundenstamm, dem sog. Praxiswert, resultiert (BStBK 2016, Abschn. 4.2.1). Dieser Praxiswert wird beim Praktiker-Verfahren durch die Anwendung eines Multiplikators auf einen um nicht wiederkehrende Bestandteile bereinigten Umsatz oder Gewinn ermittelt (BStBK 2016, Abschn. 4.2.1, KBV 2008). Die Vorgehensweise entspricht in diesem Fall den marktpreisorientierten Verfahren. Allerdings wird im Gegensatz zu den marktpreisorientierten Verfahren nicht direkt der Unternehmenswert, sondern nur der Praxiswert bestimmt. Der Unternehmenswert ergibt sich beim Praktiker-Verfahren als Summe aus Praxiswert und Substanzwert. Nur wenn neben dem verkehrsfähigen Kundenstamm kein wesentliches sonstiges Vermögen in Form von selbst geschaffenem Geschäftswert und keine sonstigen Schulden vorhanden sind, führt die Anwendung des Multiplikators näherungsweise zum Unternehmenswert. Daher eignen sich diese Multplikator-Verfahren nach Ansicht des Berufsstands der Wirtschaftsprüfer allenfalls zur Plausibilisierung und können eine objektivierte Bewertung nach dem Ertragswert- oder DCF-Verfahren nicht ersetzen (IDW 2014, Tz. 58 ff.). Alternativ wird in der Praxis auch häufig direkt die Anwendung des Ertragswertverfahrens für eine fundierte Bewertung von freiberuflichen Praxen empfohlen (Behringer 2008, S. 146, Knief 2009, S. 869, BStBK 2016, Abschn. 4.2.1.). Auch für die Bewertung von Handwerksbetrieben wird in der Praxis das Ertragswertverfahren als maßgebliches Bewertungsverfahren angesehen, das an die Verhältnisse handwerklicher Unternehmen anzupassen ist.[27] Diese Tendenz erscheint auch sachgerecht, da der Substanzwert die Basis des Praktiker-Verfahrens und der Mischverfahren bildet, der um einzelne Goodwill-Komponenten erweitert wird. Die Schwächen des Substanzwerts (s. Abschn. 3.5.3.1) können hierdurch grundsätzlich nicht beseitigt werden (Ballwieser 2016, S. 207).

3.6 Bewertungsprozess

Grundlegende Voraussetzungen für die Durchführung einer Bewertung sind die Abgrenzung des Bewertungsobjekts (einschließlich der Identifizierung des nicht betriebsnotwendigen Vermögens), die Festlegung des Bewertungsstichtages, das Vorhandensein einer Planungsrechnung für das Bewertungsobjekt unter Berücksichtigung des Kenntnisstands zum Bewertungsstichtag, die Qualität und der Umfang der zur Verfügung stehenden Information sowie die Vergangenheitsanalyse und Planungsplausibilisierung. Erst wenn diese Elemente konsistent aufeinander abgestimmt sind, können die

[26] Zur Bewertung einer Steuerberater-Praxis vgl. BStBK 2016, Abschn. II. 4.2.1.

[27] So wird z. B. aufgrund fehlender Planungsmodelle im Handwerk vereinfachend die Vergangenheit trendgewichtet fortgeschrieben, vgl. AWH 2016, S. 9 ff.

zukünftigen finanziellen Überschüsse sachgerecht aus der Planungsrechnung abgeleitet und anschließend mit einem risikoadäquaten Kapitalisierungszinssatz diskontiert werden. Im Folgenden wird auf die einzelnen Faktoren näher eingegangen.

3.6.1 Abgrenzung des Bewertungsobjekts

Die Abgrenzung des Bewertungsobjekts ist eine wesentliche Grundvoraussetzung der Bewertung, die in Einzelfällen nicht unproblematisch ist. Bei jeder Unternehmung handelt es sich um das Zusammenwirken einer Vielzahl von materiellen und immateriellen Vermögenswerten. Dieses Zusammenwirken dient der Erzielung von regelmäßigen Ertragsüberschüssen, die im Rahmen der Bewertung durch verschiedene Methoden (s. Abschn. 3.5.1) auf den Bewertungsstichtag abgezinst werden, um den Unternehmenswert zu ermitteln. Es handelt sich folglich nicht um eine Bewertung der einzelnen Vermögensgegenstände und Schulden *(Einzelbewertung)*, sondern um eine *Gesamtbewertung*, d. h. die einzelnen Bestandteile des Bewertungsobjekts werden als Einheit betrachtet und gemeinsam bewertet (IDW 2008a, Tz. 18). In der Regel ist davon auszugehen, dass bei erfolgreichem unternehmerischen Handeln aufgrund von Synergieeffekten, positiven Verbundeffekten, Größenvorteilen und anderen Kombinationsvorteilen die Gesamtbewertung zu einem höheren Ergebnis führt als die Bewertung der einzelnen Teile (Matschke und Brösel 2013, S. 4 f.).

Im einfachsten Fall handelt es sich beim Bewertungsobjekt um eine rechtlich und wirtschaftlich selbstständige Einheit. Die Komplexität nimmt zu, wenn nur ein bestimmter Teil einer rechtlichen Einheit bewertet werden soll. Dann müssen ggf. für den betreffenden Unternehmensteil (z. B. Teilbetrieb) für die Vergangenheit und die Planungsrechnung Pro-Forma Abschlüsse (integrierte GuV-, Bilanz- und Cash Flow-Rechnungen) erstellt werden. Dabei ist es mitunter schwierig, das Ertragspotenzial des Teilbetriebs vom restlichen Unternehmen sachgerecht abzugrenzen. Ähnliche Probleme ergeben sich auch im Zusammenhang mit zwar rechtlich selbstständigen, aber wirtschaftlich in einen Konzern eingebundenen Einheiten. Die Aufgabenverteilung innerhalb des Konzerns, insbesondere im Hinblick auf konzernübergreifende Holdingfunktionen (Finanzierung und Verwaltung) und interne Verrechnungspreise bei der Leistungserbringung, erschweren die Abgrenzung der zurechenbaren Ertragspotenziale.

Eine weitere Herausforderung bei der Abgrenzung des Bewertungsobjekts besteht in der Identifikation und der Berücksichtigung von nicht betriebsnotwendigem Vermögen (NBV). Das NBV kann frei veräußert werden, ohne dass davon die eigentliche Unternehmensaufgabe berührt wird (IDW 2008a, Tz. 59). Die entsprechenden Vermögensgegenstände und Schulden werden daher in der Regel unter Annahme eines Verkaufs einzeln bewertet. Ggf. geplante Erträge aus dem NBV werden bereinigt, um eine doppelte Berücksichtigung im Rahmen der Bewertung zu vermeiden (s. Abschn. 3.6.2).

Die Abgrenzung des Bewertungsobjekts ist insbesondere im Fall von KMU mit besonderen Schwierigkeiten verbunden. Problematisch sind oftmals vor allem der starke Personenbezug eines geschäftsführenden Eigentümers sowie die mangelnde Trennung von privater und betrieblicher Sphäre (s. Abschn. 4.1).

3.6.2 Nicht betriebsnotwendiges Vermögen

In vielen Unternehmen liegen Vermögenswerte vor, die als NBV klassifiziert werden können. Die Bandbreite an möglichem NBV ist dabei sehr groß. Hierunter können z. B. Grundstücke, Immobilien, Maschinen, Kunstsammlungen, Beteiligungen oder Finanzanlagen fallen, die nicht dem eigentlichen Unternehmenszweck dienen. Auch überschüssige Liquidität kann NBV darstellen.

Entsprechend dem Grundgedanken der Gesamtbewertung sind die gesamten finanziellen Überschüsse relevant, die aus dem Zusammenwirken aller materiellen und immateriellen Vermögenswerte und Schulden des Bewertungsobjekts erzielt werden können (s. Abschn. 3.5) (Ballwieser 2016, S. 8 f.). Der Barwert dieser finanziellen Überschüsse liegt grundsätzlich über der Summe der Einzelwerte der eingesetzten Vermögenswerte und Schulden. Das NBV zeichnet sich hingegen dadurch aus, dass es veräußert werden kann, ohne dass davon die eigentliche Unternehmensaufgabe berührt wird (IDW 2008a, Tz. 59). Es steht sozusagen außerhalb der funktionalen Wirkungszusammenhänge des Unternehmens (funktionale Abgrenzung). Darüber hinaus liegt der finanzielle Beitrag des nicht betriebsnotwendigen Vermögens zumeist deutlich niedriger im Vergleich zu den restlichen Unternehmensteilen. In der Regel kann davon ausgegangen werden, dass der Liquidationswert des NBV über dem Barwert der finanziellen Überschüsse aus diesem Vermögen liegt (wertbezogene Abgrenzung).[28] Eine Darstellung der beschriebenen Zusammenhänge zeigt Abb. 3.27.

Um eine doppelte Berücksichtigung im Unternehmenswert zu vermeiden, sind in der Unternehmensplanung enthaltene Erträge und Aufwendungen aus dem NBV zu bereinigen. Die Bewertung des NBV erfolgt anhand des Liquidationswertes. Die Verkaufserlöse des NBV nach Abzug der zugehörigen Verbindlichkeiten sind unter Berücksichtigung des zeitlichen Anfalls auf den Bewertungsstichtag abzuzinsen. Soweit Kosten der Liquidation anfallen, sind diese zusätzlich zu berücksichtigen. Außerdem sind die steuerlichen Wirkungen des Verkaufs beim Unternehmen und ggf. beim Eigentümer zu berücksichtigen. Für den Fall, dass das NBV als Kreditsicherheit dient, sind möglicherweise Anpassungen bei der Planung der Finanzierung und der Fremdkapitalkosten vorzunehmen (IDW 2008a, Tz. 63).

---

[28]Zur funktionalen und wertbezogenen Abgrenzung vgl. Weiss 1993, S. 631 und S. 641 ff.

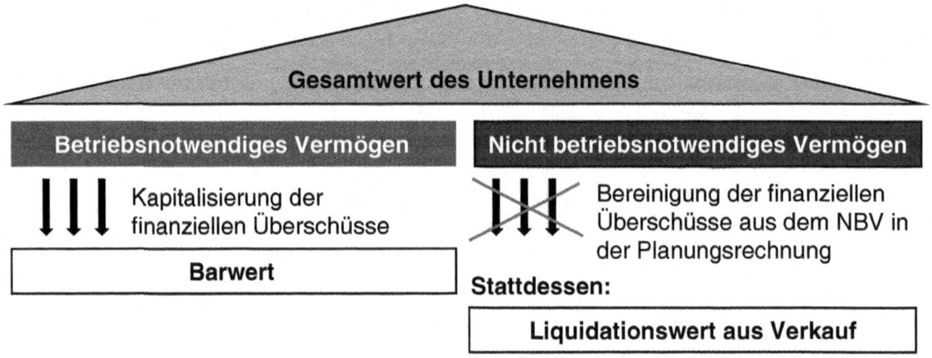

Abb. 3.27 Zusammensetzung des Unternehmenswertes

3.6.3 Stichtagsprinzip

Unternehmenswerte sind zeitpunktbezogen auf den Bewertungsstichtag zu ermitteln (IDW 2008a, Tz. 22), d. h. die für die Zukunft geplanten Ertragsüberschüsse des Bewertungsobjekts werden auf den Bewertungsstichtag diskontiert. Das Unternehmen und der Kenntnisstand über das Unternehmen sowie das unternehmerische Umfeld befinden sich in einem ständigen Wandel. Die Festlegung des Bewertungsstichtages ist dementsprechend von großer Bedeutung, da die Bewertung einen bestimmten Kenntnisstand über den Zustand des Unternehmens und das unternehmerische Umfeld zu diesem Stichtag widerspiegelt. Häufig erfolgen Bewertungen auch für vergangene Zeitpunkte, wie bspw. einen in der Vergangenheit liegenden Todeszeitpunkt, die Eheschließung oder einen Vertragsabschluss. In diesen Fällen ist jeweils auf den zum damaligen Zeitpunkt bestehenden Kenntnisstand abzustellen. Dies umfasst die bestehenden Markterwartungen, Verhältnisse zu Wettbewerbern, Lieferanten, Kunden und weiteren Stakeholdern, die Erwartungen über die kommende Unternehmensentwicklung vor dem Hintergrund der Markt- und Branchenentwicklung, die zu tätigenden Investitionen, deren Finanzierung und die Abbildung der erwarteten Erträge aus den Investitionen. Darüber hinaus hat die Wahl des Bewertungsstichtages Auswirkungen auf eine Vielzahl von wesentlichen Bestimmungsfaktoren für die Bewertung. Zum einen erfolgt bei einem kapitalwertorientierten Bewertungsverfahren (s. Abschn. 3.5.1) durch den Stichtag eine Abgrenzung der zukünftigen finanziellen Überschüsse des Bewertungsobjektes, die in die Ermittlung des Unternehmenswertes einfließen. Übertragen auf den Transaktionsfall bedeutet dies, dass danach unterschieden wird, welche Überschüsse den ehemaligen und welche Überschüsse den zukünftigen Anteilseignern zustehen (IDW 2018, Kap. A, Tz. 74). Darüber hinaus erfolgt die Ermittlung des Kapitalisierungszinssatzes anhand der angemessenen Alternativrendite unter Berücksichtigung der bestehenden Informationen zum Bewertungsstichtag (s. Abschn. 3.6.5). Eine Übersicht der Zusammenhänge ist in Abb. 3.28 grafisch dargestellt.

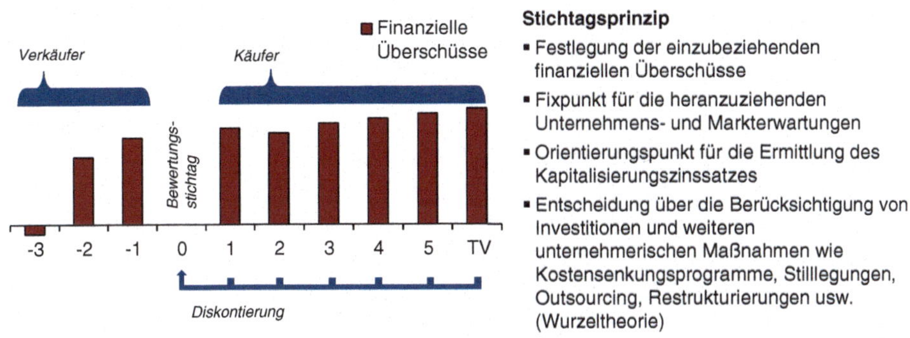

Abb. 3.28 Einfluss des Stichtagsprinzips auf die Bewertung

Der Bewertungsstichtag entscheidet also nicht nur über die zeitliche Abgrenzung der zu berücksichtigenden finanziellen Überschüsse, sondern auch über den der Bewertung zugrunde liegenden Kenntnisstand über das Unternehmen und die Märkte, in denen es agiert. Dies wird jedoch nicht nur in den kapitalwertorientierten Bewertungsverfahren relevant. Auch bei der Anwendung von Multiplikatoren ist dies von Bedeutung. Hier bestimmt bspw. der Bewertungsstichtag den Beobachtungszeitpunkt für die Ermittlung der Forward Multiples und den Kenntnisstand für die Ermittlung der erwarteten Kennzahlen (z. B. EBITDA oder EBIT) des Bewertungsobjekts (s. Abschn. 3.5.2).

Unproblematisch erscheint die Stichtagsbetrachtung in den Fällen, in denen der Bewertungsstichtag und die Durchführung der Bewertung nahe beieinander liegen. Liegt der Bewertungsstichtag in der Zukunft, muss der Bewerter den zum Zeitpunkt seiner Bewertung aktuellen Kenntnisstand zugrunde legen.

Deutlich schwieriger wird es jedoch, wenn der Bewertungsstichtag bspw. mehrere Jahre in der Vergangenheit liegt. Ähnlich wie beim bilanzrechtlichen Prinzip der Wertaufhellung besteht hier grundsätzlich die Möglichkeit, Erkenntnisse aus der tatsächlichen Entwicklung des Bewertungsobjekts in die Bewertung mit einfließen zu lassen. Entsprechend der von der Rechtsprechung entwickelten Wurzeltheorie (BGH 1973) dürfen spätere Entwicklungen jedoch nur dann bei der Bewertung berücksichtigt werden, wenn deren Verursachung („Wurzeln“) in die Zeit vor dem Bewertungsstichtag fällt und diese im Zeitpunkt der Bewertung „mit genügend hoher Wahrscheinlichkeit“ (BGH 1978) vorauszusehen waren. Als Beispiel lässt sich die positive Unternehmensentwicklung aufgrund einer durchgeführten Restrukturierung und Produktoffensive anführen. Die Kenntnisse über die tatsächliche positive Unternehmensentwicklung sind gemäß der Wurzeltheorie nur dann in der Bewertung zu berücksichtigen, wenn die Pläne über die betreffenden Maßnahmen zum Bewertungsstichtag nachweislich erkennbar waren. Es bleibt ein Abgrenzungsproblem zwischen der tatsächlichen Unternehmensentwicklung und dem Erkenntnisstand, der zum Bewertungsstichtag vorhanden war. Die wirtschaftliche Entwicklung eines Unternehmens ist immer Ergebnis einer Vielzahl von Faktoren und Entscheidungen. Daher ist es schwierig, trennscharf zu entscheiden, in welcher Form die tatsächliche Entwicklung zum Bewertungsstichtag schon angelegt bzw. vorhersehbar war (Piltz 1994a, S. 115).

Probleme bei der Anwendung der Wurzeltheorie bestehen insbesondere darin, dass

- aussagefähige Dokumente aufgrund der großen zeitlichen Distanz nicht mehr vorliegen,
- Auskunftspersonen möglicherweise nicht mehr im Unternehmen tätig oder befangen sind und erforderliche Dokumente zurückhalten,
- der Zugriff auf diese Unterlagen rechtlich nicht möglich ist.

Gerade im Hinblick auf lange zurückliegende Bewertungsstichtage stellt sich zudem die Frage, ob in der Zwischenzeit geänderte Bewertungsstandards und -methoden rückwirkend angewandt werden können oder müssen. Bei derartigen Änderungen wird im Allgemeinen zwischen Methodenanpassungen und Methodenverbesserungen unterschieden. Methodenanpassungen beziehen sich auf Änderungen der normativen Rahmenbedingungen (z. B. Steuergesetzgebung). Methodenverbesserungen umfassen hingegen die Verbesserung der wissenschaftlichen Methodik bzw. neuere betriebswirtschaftliche Erkenntnisse (z. B. Anwendung des CAPM) (Bungert 2008, S. 811 ff.). In der Literatur wird allgemein davon ausgegangen, dass Methodenanpassungen rückwirkend anzuwenden sind. Allerdings ist die rückwirkende Anwendung auf diejenigen Bewertungsstichtage begrenzt, die zeitlich bereits unter die geänderten Rahmenbedingungen fallen. So sind z. B. die Neuerungen im IDW S 1 n. F. vom 18. Oktober 2005 (IDW 2005) hinsichtlich des Tax-CAPM aufgrund des Halbeinkünfteverfahrens nicht rückwirkend auf die Zeit des Anrechnungsverfahrens anzuwenden (Bungert 2008, S. 815, Dörschell und Franken 2005, S. 2257 f.). Methodische Verbesserungen sind insbesondere dann rückwirkend anzuwenden, wenn dadurch der Unternehmenswert „richtiger" oder zumindest „stärker objektiviert" ermittelt werden kann (Ruthardt und Hachmeister 2011, S. 352 f.). In der Rechtsprechung ist die Tendenz festzustellen, dass Gerichte bereit sind, wissenschaftliche Neuerungen zu akzeptieren, wenn eine methodische Verbesserung erkennbar ist (Ruthardt und Hachmeister 2011, S. 359). So spricht sich der BGH für die Anwendung einer neuen Berechnungsmethode aus, wenn sie eine größere Annäherung an den „wahren" Unternehmenswert verspricht oder sie Fehler oder Unzulänglichkeiten einer alten Berechnungsweise behebt (BGH 2015). Das Stichtagsprinzip wird von der Schätzung aufgrund einer neuen Berechnungsweise nicht verletzt, solange die neue Berechnungsweise nicht eine Reaktion auf nach dem Stichtag eingetretene und zuvor nicht angelegte wirtschaftliche oder rechtliche Veränderungen, insbesondere in steuerlicher Hinsicht ist (BGH 2015). Demnach bezieht sich das Stichtagsprinzip nur auf die Lage des Unternehmens einschließlich seines tatsächlichen und rechtlichen Umfelds, nicht aber auf Bewertungsstandards oder Berechnungsweisen (Popp 2017, S. 466).

3.6.4 Prognose der finanziellen Überschüsse

Die Planungsrechnung und die daraus folgende Ableitung der prognostizierten finanziellen Überschüsse sind das Herzstück jeder fundierten Unternehmensbewertung. Die Planungsrechnung ist Spiegelbild des geplanten Geschäftsmodells des Unternehmens mit seinen künftigen Produkt- und/oder Dienstleistungskombinationen sowie der zugrunde liegenden Strategie hinsichtlich seiner Stellung im Markt sowie im Hinblick auf seine Wettbewerber, Lieferanten, Kunden, Arbeitnehmer, Finanzierungsgeber, den Staat und die Öffentlichkeit. Die Einschätzung der Marktentwicklung sowie der ökonomischen und regulatorischen Rahmenbedingungen sind demnach ebenso Gegenstand der Planungsrechnung wie die Beurteilung des Produkt- und/oder Dienstleistungssortiments im Hinblick auf seine Wettbewerbsfähigkeit und sein Erfolgspotenzial. Die Erstellung und Beurteilung einer Planungsrechnung erfordert somit ein umfassendes Verständnis des Geschäftsmodells des Unternehmens, eine fundierte Analyse der wertbestimmenden Faktoren oder Werttreiber sowie des Markt- und Wettbewerbsumfelds, in dem es agiert (IDW 2018, Kap. A, Tz. 240).

Die Planungsrechnung sollte die wirtschaftliche Sollentwicklung des Unternehmens in quantitativer Hinsicht für einen mehrjährigen Zeitraum darstellen. In Abhängigkeit von der Größe, Struktur und Branche des Unternehmens bieten sich hierfür verschiedene Zukunftsphasen an (IDW 2008a, Tz. 76). In der Regel wird eine Detailplanungsphase von etwa drei bis fünf Jahre angenommen, in der die zukünftige Entwicklung des Unternehmens detailliert prognostiziert wird (IDW 2008a, Tz. 77).

Die Planungsrechnung sollte integriert bestehend aus GuV-, Bilanz- und Finanzplanung erfolgen (s. IDW 2014, Tz. 19 sowie Abschn. 4.3.4.2). Die wesentlichen Planungsprämissen der integrierten Planungsrechnung sollten durch Teilpläne konkretisiert werden (IDW 2017a, Tz. 13). Die Teilpläne stellen ein Instrument zur Dokumentation der Annahmen dar, auf denen die Planungsrechnung basiert. Zu den Besonderheiten bei der Prognose der finanziellen Überschüsse bei KMU s. Abschn. 4.3.

3.6.4.1 Informationsbeschaffung

Der Umfang der Informationsbeschaffung ist im Wesentlichen vom Bewertungsauftrag, Bewertungszweck sowie von den einzelfallspezifischen Besonderheiten des Bewertungsobjekts abhängig. Bei der Ermittlung eines objektivierten Unternehmenswertes nach IDW S 1 werden die Informationserfordernisse in der Regel sehr hoch sein. Der Bewerter wird hierbei in der Funktion als neutraler Gutachter tätig. Er ermittelt mit nachvollziehbarer Methodik einen von den individuellen Wertvorstellungen betroffener Parteien unabhängigen Wert des Unternehmens und nimmt umfassende Plausibilisierungen der Planungsrechnung einschließlich Markt- und Wettbewerbsanalysen vor (s. Abschn. 3.3) (IDW 2008a, Tz. 12 und Tz. 75 ff.). Die Verlässlichkeit und Aussagefähigkeit der in diesem Zusammenhang durchzuführenden Unternehmensanalyse und Plausibilisierungshandlungen werden wesentlich von der Qualität und dem Umfang der verfügbaren Informationen bestimmt (IDW 2008a, Tz. 69).

Für die Prognose der künftigen finanziellen Überschüsse sind unternehmens- und marktorientierte zukunftsbezogene Informationen notwendig (IDW 2008a, Tz. 70). Zudem werden vergangenheits- und stichtagsbezogene Daten für die Plausibilisierung der Planungsrechnung benötigt. Zur Beschaffung dieser Informationen ist auf interne Unternehmensdaten und externe Datenquellen zurückzugreifen. Zu den internen

Informationsquellen gehören insbesondere die integrierte Planungsrechnung bestehend aus GuV-, Bilanz- und Finanzplanung sowie weiteren Teilplänen (IDW 2018, Kap. B, Tz. 23). Externe Informationen betreffen vor allem marktbezogene Daten, wie z. B. zur Entwicklung einzelner Branchen oder der Gesamtwirtschaft (IDW 2018, Kap. A, Tz. 240 f.). Als Hauptquellen können hier Studien von Wirtschaftsverbänden, Industrie- und Handelskammern oder Veröffentlichungen der Deutschen Bundesbank und statistischer Ämter dienen.

Für die Anforderung von Unterlagen bei der Geschäftsführung kann der vom FAUB entwickelte standardisierte Erhebungsbogen (IDW 2003) wichtige Anhaltspunkte für die benötigten Daten und Informationen bieten. Darüber hinaus können die spezifischen Gegebenheiten des jeweiligen Bewertungsobjekts die Einholung weiterer Informationen erforderlich machen. Wichtig ist in diesem Zusammenhang insbesondere der Erkenntnisgewinn im Hinblick auf die wesentlichen Faktoren und Werttreiber auf den Unternehmenswert (Popp 2015, S. 198). Für die Besonderheiten, die sich bei KMU hinsichtlich der Informationsbeschaffung ergeben, sei auf Abschn. 4.3.2 verwiesen.

3.6.4.2 Vergangenheitsanalyse und Planungsplausibilisierung

Die Geschäftsentwicklung in der Vergangenheit hat als solche grundsätzlich keinen Einfluss auf den Unternehmenswert. Dieser basiert bei den kapitalwertorientierten Bewertungsverfahren allein auf den zukünftigen finanziellen Überschüssen des Bewertungsobjekts. Die Vergangenheitsanalyse bietet jedoch die Möglichkeit, wesentliche Einflussfaktoren auf die Geschäftsentwicklung und die Werttreiber des Geschäftsmodells zu identifizieren, die bei der Einschätzung und Plausibilisierung der zukünftigen finanziellen Überschüsse hilfreich sind.

Zu diesem Zweck ist die vergangene leistungs- und finanzwirtschaftliche Entwicklung des Unternehmens auf die erwiesene Ertragskraft vor dem Hintergrund der vergangenen Markt- und Umweltbedingungen zu analysieren. Hierzu sollten insbesondere die Zusammenhänge zwischen der bisherigen Geschäftsentwicklung des Unternehmens und externen Einflussfaktoren, wie z. B. die gesamtwirtschaftliche Entwicklung, technische Neuerungen, politische und regulatorische Rahmenbedingungen, Branchenentwicklungen sowie Wettbewerb und Marktstellung des Unternehmens, untersucht werden.

Bei Start-up-Unternehmen, wesentlichen Restrukturierungen sowie umfangreichen Unternehmenstransaktionen in der Vergangenheit und einer Neuausrichtung des Geschäftsmodells gibt eine Vergangenheitsanalyse nur in beschränktem Maße nützliche Informationen über Zusammenhänge der zukünftigen Unternehmensentwicklung. Dies gilt auch für zunehmend disruptive Geschäftsmodelle. Durch die digitale Transformation können komplett neue Produkte und Wettbewerber entstehen, die bisherige Produkte ersetzen. Somit kann die digitale Transformation dazu führen, dass in der Vergangenheit beobachtete Erfolgsmodelle starken Veränderungen unterliegen oder gänzlich verschwinden. In diesem Fall fällt mit der Vergangenheitsanalyse ein wesentliches Instrument weg, das in der Praxis regelmäßig genutzt wird, um Zukunftsprognosen belastbarer erscheinen zu lassen. Zusätzlich kann die Anwendung ganzer Bewertungsverfahren, wie z. B. das für steuerliche Zwecke angewandte vereinfachte Ertragswertverfahren, hinfällig werden, wenn die angebotenen Produkte und Dienstleistungen im Zuge digitaler Transformation wegfallen. In diesem Fall können mit den alten Produkten und Dienstleistungen keine Umsätze mehr erzielt werden. Außerdem können sich die internen Prozesse in den entsprechenden Unternehmen dermaßen verändern, dass in der Vergangenheit beobachtete Kostenstrukturen künftig keine Relevanz haben (Ihlau und Barth 2016, S. 1070).

In allen anderen Fällen sollte durch die finanzwirtschaftliche Analyse der vergangenen Geschäftsentwicklung jedoch sichergestellt werden, dass die Prognose der zukünftigen Entwicklung nicht losgelöst von der tatsächlichen Performance des Unternehmens in der Vergangenheit und den Gegebenheiten am Bewertungsstichtag erfolgt (IDW 2018, Kap. B, Tz. 29). Um die Aussagekraft der finanzwirtschaftlichen Analyse zu steigern, werden in der Regel Bereinigungen der vergangenen Ertragslage vorgenommen. Zu den wesentlichen Bereinigungen und den Besonderheiten der Vergangenheitsanalyse bei KMU s. Abschn. 4.3.3.

Die Planungsplausibilisierung dient der Einschätzung der Unsicherheit über die zukünftige Entwicklung und deren Abbildung in der Planungsrechnung. Durch geeignete Plausibilisierungshandlungen soll beurteilt werden, ob die Planungsrechnung mit dem geplanten Geschäftsmodell und der strategischen Ausrichtung des Unternehmens sowie der zukünftigen Markt- und Wettbewerbsentwicklung im Einklang steht und die Planungsannahmen nachvollziehbar, konsistent, und frei von Widersprüchen sind (IDW 2017a, Tz. 5). Zu den einzelnen Plausibilisierungshandlungen bei KMU s. Abschn. 4.3.4.

3.6.5 Kapitalisierung der finanziellen Überschüsse

Unabhängig vom zugrunde liegenden Risiko ist ein Cash Flow in einem Jahr weniger wert als ein Cash Flow in gleicher Höhe heute. Der wertmäßige Unterschied liegt in der Höhe des Zinsertrages, der durch die Anlage der Mittel in einem Jahr erzielbar ist. Die Höhe des Kapitalisierungszinssatzes spiegelt nicht nur den zeitlichen Anfall der Cash Flows wider. Der Kapitalisierungszinssatz muss auch dem zu kapitalisierenden Zahlungsstrom hinsichtlich zeitlicher Struktur, Risiko, Besteuerung und Ausschüttungspolitik äquivalent sein (Wagner et al. 2004, S. 890). Er repräsentiert die Rendite aus einer laufzeit- und risikoadäquaten Alternativanlage zur Investition in das zu bewertende Unternehmen (IDW 2008a, Tz. 114).

Dabei ist von wesentlicher Bedeutung, dass die grundlegenden Eigenschaften des Kapitalisierungszinssatzes zu der Struktur des zu diskontierenden Zahlungsstromes passen. Mit anderen Worten müssen bestimmte Äquivalenzprinzipien zwischen dem Zähler und dem Nenner des Bewertungskalküls eingehalten werden. Eine Übersicht der Äquivalenzprinzipien sowie darüber hinausgehende Erläuterungen sind in Abb. 3.29 dargestellt (Ballwieser 2016, S. 89 ff.).

Durch die **Währungsäquivalenz** kommt zum Ausdruck, dass die finanziellen Zahlungsströme des Bewertungsobjekts (Zähler) und der Alternativanlage (Nenner) in

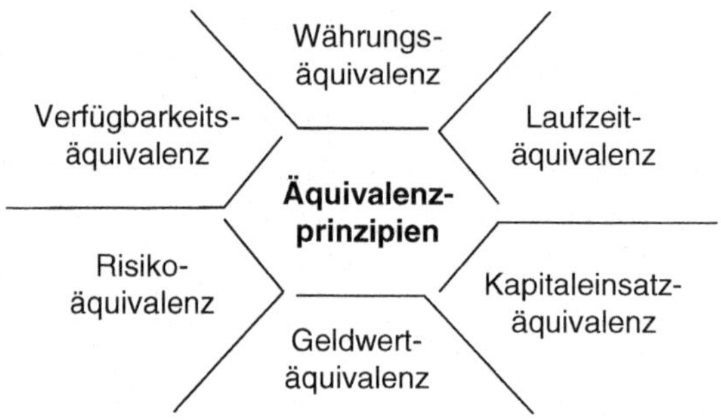

Abb. 3.29 Äquivalenzprinzipien in der Unternehmensbewertung (in Anlehnung an Ballwieser 2016, S. 89)

derselben Währung dargestellt sein sollten, um eine Vergleichbarkeit zu gewährleisten (Ballwieser 2016, S. 89).

Die **Laufzeitäquivalenz** setzt voraus, dass sich der Kapitalisierungszinssatz auf denselben Zeitraum bezieht wie der zu diskontierende finanzielle Überschuss (Ballwieser 2016, S. 90). Um dies zu gewährleisten, wird im Rahmen der Ermittlung des Basiszinssatzes anhand einer Zinsstrukturkurve ein barwertäquivalenter risikoloser Zinssatz ermittelt (s. Abschn. 3.6.5.2).

Die Handlungsalternative zum Unternehmenserwerb besteht in der Anlage am Kapitalmarkt. Nach dem Grundsatz der **Kapitaleinsatzäquivalenz** müssen daher die finanziellen Erträge aus dem Unternehmenseigentum ohne den Einsatz eigener Arbeitskraft erzielt werden können. Bei einem geschäftsführenden Gesellschafter ist deshalb z. B. sicherzustellen, dass in den finanziellen Überschüssen ein kalkulatorischer Unternehmerlohn für die Arbeitskraft enthalten ist (Ballwieser 2016, S. 97).

Die **Geldwertäquivalenz** steht im Zusammenhang zur Währungsäquivalenz und setzt voraus, dass im Zähler und Nenner des Bewertungskalküls die gleiche Kaufkraftentwicklung (Inflation) abgebildet ist (Ballwieser 2016, S. 97). Theoretisch führen Bewertungen unter der Annahme nominaler Preise (sinkende Kaufkraft bei Inflation) und realer Preise (gleichbleibende Kaufkraft) zum gleichen Ergebnis (IDW 2018, Kap. A, Tz. 448). In der Praxis spielen reale Bewertungen so gut wie keine Rolle, da Planungsrechnungen in der Regel auf Basis nominaler Preise erstellt werden.

Nur wenn der Kapitalisierungszinssatz in angemessener Form das Risiko der finanziellen Überschüsse widerspiegelt, ist die **Risikoäquivalenz** gewährleistet. Im Grundsatz bestehen hierfür zwei Methoden. Bei der Sicherheitsäquivalenzmethode werden die finanziellen Überschüsse in sichere Überschüsse umgerechnet und mit dem risikolosen Zinssatz diskontiert. In der Praxis weit verbreitet ist dagegen die Risikozuschlagsmethode, bei der die risikobehafteten finanziellen Überschüsse mit einem Kapitalisierungszinssatz inklusive eines Risikozuschlages diskontiert werden. Der angemessene Risikozuschlag wird in der Praxis häufig mithilfe des CAPM ermittelt (s. Abschn. 3.6.5.3) (Ballwieser 2016, S. 98).

In der Regel erfordert die **Verfügbarkeitsäquivalenz** eine Wertermittlung nach persönlicher Einkommensteuer (Ballwieser 2016, S. 129), es sei denn, es werden vereinfachende Annahmen, nämlich die vergleichbare Besteuerung des Bewertungsobjekts und der Alternativanlage, getroffen (Steueräquivalenz). Bei Steueräquivalenz werden für den betreffenden Anteilseigner die steuerlichen Verhältnisse der Gesamtheit der Kapitalmarktteilnehmer vorausgesetzt. Durch die reine Betrachtung von Vorsteuerrenditen wird davon ausgegangen, dass die steuerlichen Verhältnisse des Anteilseigners denen eines „durchschnittlichen" Investors am Kapitalmarkt entsprechen (Wagner et al. 2008, S. 734).

Je nachdem, ob bei der Bewertung ein Nettoverfahren oder ein Bruttoverfahren angewandt wird, kommt als Kapitalisierungszinssatz die geforderte Rendite der Eigenkapitalgeber (Eigenkapitalkosten) oder ein aus Eigen- und Fremdkapitalkosten gewogener Kapitalkostensatz (WACC) zur Anwendung. Eine Übersicht der Verfahren ist in Abschn. 3.5.1 zu finden.

Eine Übersicht der Unterschiede bei der Ermittlung des Kapitalisierungszinssatzes in den verschiedenen Bewertungsverfahren ist in Abb. 3.30 dargestellt.

Die wesentlichen Parameter zur Ermittlung des Kapitalisierungszinssatzes werden in den folgenden Kapiteln näher erläutert.

3.6.5.1 Berücksichtigung des Risikos

Unternehmerisches Handeln ist mit Risiken verbunden. Dies spiegelt sich in verschiedenen Aspekten wider. Die zukünftige Unternehmensentwicklung bleibt unabhängig von Managemententscheidungen zu einem gewissen Grad abhängig von gesamtwirtschaftlichen und branchenspezifischen Entwicklungen, politischen Entscheidungen und unvorhersehbaren Ereignissen, wie bspw. Naturkatastrophen oder Unfällen. Darüber hinaus resultieren Chancen wie Risiken aus unternehmerischem Handeln, z. B. der strategischen Ausrichtung, den Entscheidungen im Hinblick auf die

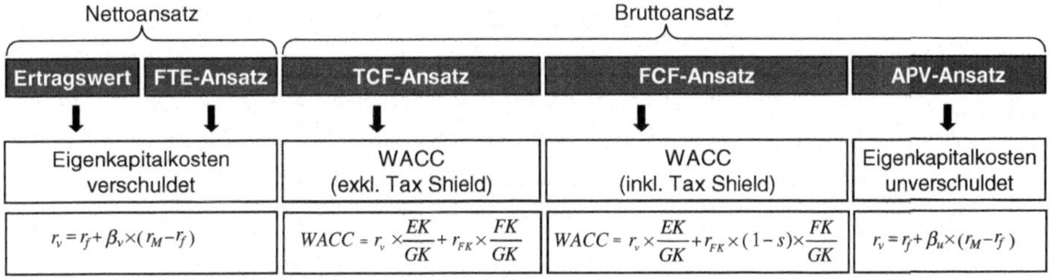

Abb. 3.30 Ermittlung des Kapitalisierungszinssatzes in den verschiedenen Bewertungsverfahren. r_v = Eigenkapitalkosten des verschuldeten Unternehmens; r_u = Eigenkapitalkosten des unverschuldeten Unternehmens; r_f = Risikoloser Zinssatz (Basiszinssatz); β_v = Betafaktor des verschuldeten Unternehmens; β_u = Betafaktor des unverschuldeten Unternehmens; r_M = Rendite des Marktportfolios; r_{FK} = Fremdkapitalkosten; EK = Marktwert des Eigenkapitals; FK = Marktwert des Fremdkapitals; GK = Marktwert des Gesamtkapitals; s = Unternehmensteuersatz

Konzentration auf ein bestimmtes Produkt- und Leistungsprogramm oder einer Großinvestition zur Kapazitätssteigerung. Für den Eigentümer des Unternehmens entsteht das Risiko durch die Möglichkeit, dass die zukünftigen Erträge aus der Unternehmensbeteiligung nicht den Erwartungen entsprechen (Drukarczyk und Schüler 2016, S. 37 f.). Die Übernahme dieses Risikos lassen sich die Eigenkapitalgeber durch eine Risikoprämie vergüten (IDW 2008a, Tz. 88). Wäre dies nicht der Fall, würden alle Investoren statt in Unternehmensanteile in risikolose Anlageformen investieren. In der Praxis wird regelmäßig die Risikozuschlagsmethode angewandt (IDW 2008a, Tz. 90). Dabei wird der risikolose Zinssatz im Kapitalisierungszinssatz um einen Zuschlag für die Übernahme des Risikos erhöht. Im Zähler des Bewertungskalküls sind dann die Erwartungswerte der finanziellen Überschüsse anzusetzen (s. Abschn. 4.3.4.3). Daneben existiert die Sicherheitsäquivalenzmethode, bei der die finanziellen Überschüsse in sog. Sicherheitsäquivalente umgerechnet und mit dem risikolosen Zinssatz diskontiert werden. Die Anwendung der Sicherheitsäquivalenzmethode setzt jedoch die Kenntnis der subjektiven Risikonutzenfunktion der Eigentümer voraus und kommt in der Praxis deshalb in der Regel nicht zur Anwendung (Ballwieser 2016, S. 82).

Für die Bemessung der von Anlegern geforderten Eigenkapitalrendite und dem darin enthaltenen Risikozuschlag wurden von der Wissenschaft mehrere Modellansätze entwickelt. Der bekannteste und in der Praxis am weitesten verbreitete Modellansatz ist das Capital Asset Pricing Model (CAPM) (Sharpe 1964, Lintner 1965, Mossin 1966). Das CAPM basiert im Wesentlichen auf den Erkenntnissen der Portfoliotheorie (Markowitz 1952, S. 77 ff.) und geht auf die Arbeiten von Sharpe (1964), Lintner (1965) und Mossin (1966) zurück. Daneben existieren weitere Erklärungsmodelle, wie bspw. die Arbitrage Pricing Theory (APT) (Ross 1976, S. 341 ff.) sowie das Dreifaktorenmodell von Fama/French (Fama und French 1992, 1993 und 1996). Darüber hinaus besteht die Möglichkeit, die Renditeforderungen der Marktteilnehmer zu schätzen, indem Marktpreise bzw. Aktienkurse mit Gewinn- oder Dividendenprognosen ins Verhältnis gesetzt werden (Daske und Wiesenbach 2005, S. 408). Bislang haben sich die Erklärungsmodelle mit Ausnahme des CAPM in der Praxis nicht durchsetzen können. Auf eine detaillierte Beschreibung sowie eine Auseinandersetzung mit den zugrunde liegenden Vor- und Nachteilen wird daher verzichtet und stattdessen der Fokus auf das CAPM gelegt.

Nach dem CAPM setzt sich der Kapitalisierungszinssatz für die Diskontierung der finanziellen Überschüsse an die Eigenkapitalgeber (=Eigenkapitalkosten) aus dem risikolosen Zinssatz, dem sog. Basiszinssatz, und dem Risikozuschlag als Produkt aus Marktrisikoprämie und Betafaktor zusammen.

$$r_{EK} = r_f + \underbrace{\beta \times \overbrace{(r_M - r_f)}^{\text{Marktrisikoprämie}}}_{\text{Risikozuschlag}} \quad (3.7)$$

mit:

r_{EK}	=	Eigenkapitalkosten
r_f	=	Risikoloser Zinssatz (Basiszinssatz)
β	=	Betafaktor
r_M	=	Rendite des Marktportfolios

Das CAPM in seiner Standardform oder die Anwendung einer der vielen Anpassungen und Abwandlungen ist heute in nahezu jeder Unternehmensbewertung anzutreffen. Das CAPM setzt eine Vielzahl von Grundannahmen voraus, die in der Realität tatsächlich nicht anzutreffen sind. Einige sind im Folgenden aufgeführt (Copeland et al. 2008, S. 206, Dörschell et al. 2012, S. 20):

- Kapitalanleger sind risikoaverse Investoren, die den erwarteten Nutzen ihres Vermögens am Ende des Planungszeitraums maximieren.
- Der Planungszeitraum umfasst eine Periode.
- Kapitalanleger haben identische Erwartungen im Hinblick auf Risiko und Rendite.
- Es besteht die Möglichkeit, zum risikolosen Zinssatz unbeschränkt Geld aufzunehmen und anzulegen.
- Die Anzahl der gehandelten Vermögenswerte ist vorgegeben. Alle Vermögenswerte sind handelbar und beliebig teilbar.
- Die Märkte sind informationseffizient, d. h. alle Informationen stehen allen Anlegern kostenlos zur Verfügung.
- Es bestehen keine Marktbeschränkungen wie z. B. durch Steuern, Transaktionskosten und Regulierungsmaßnahmen.

Das CAPM geht somit von einem vollkommenen Kapitalmarkt, rationalem Verhalten aller Marktteilnehmer, gleicher Verteilung der Informationen und derselben Grundlage für Anlageentscheidungen aus. Die Erklärungsgüte des Modells ist in der Wissenschaft nicht unumstritten. Es wurden zahlreiche empirische Studien durchgeführt, deren Resultate stark von den gewählten Beobachtungsperioden und den verwendeten Analysetechniken abhängen (Peemöller 2005, S. 224). Das Modell ist daher nicht empirisch bestätigt (Fama und French 2004, S. 25 ff.). Unter diesen Umständen muss es andere Gründe für die Anwendung und die weite Verbreitung in der Praxis geben. Denkbar ist dabei eine Vielzahl von Faktoren, die im Folgenden kurz skizziert werden:

1. Das CAPM ist vom Grundgedanken, dass das Risiko der wesentliche Einflussfaktor auf die Rendite ist, leicht zu vermitteln und intuitiv verständlich.
2. Das Modell ist leicht anzuwenden und ermöglicht einen einfachen Zugang zu der marktorientierten Bestimmung der Kapitalkosten. Es hat insoweit einen Vorteil gegenüber anderen Modellen, wie z. B. der Arbitrage Pricing Theory (APT).

3. Bei der Anwendung können historische Kapitalmarktdaten herangezogen werden (Ballwieser 2016, S. 102 f.), d. h. es vermittelt den Eindruck der Objektivität. Vor dem Aufkommen des CAPM und der Verbreitung in der Praxis spielte das gutachterliche Ermessen bei der Höhe des Risikozuschlags eine besondere Rolle (Henselmann 2015, S. 126). Die bis dahin bestehenden Konzepte zur Ermittlung der Kapitalkosten anhand von Risikofaktoren zeichneten sich teilweise durch eine gewisse Komplexität und einen Mangel an Quantifizierbarkeit aus (Henselmann 2015, S. 125 f.). Insofern füllten das CAPM und die zugrunde liegenden Finanzierungs- sowie die Kapitalmarkttheorien eine Lücke und wurden daher in der Praxis dankbar angenommen.

Das CAPM ist eigentlich ein Ex-Ante-Modell, d. h. es geht davon aus, dass Kapitalanleger ausgehend von ihren Erwartungen im Hinblick auf Risiko und Rendite Entscheidungen treffen (Ballwieser 2016, S. 103, Dörschell et al. 2012, S. 27, IDW 2018, Kap. A, Tz. 349 ff.).

In der Praxis werden Betafaktoren jedoch in der Regel anhand von historischen Kapitalmarktdaten bestimmt (s. Abschn. 3.6.5.3). Dem liegt die Annahme zugrunde, dass Betafaktoren im Zeitablauf konstant sind und historische Betafaktoren daher auf die Zukunft übertragbar sind (sog. naive Prognose) (Zimmermann 1997, S. 209). Diese Annahme lässt sich jedoch anhand von Untersuchungen nicht bestätigen. Betafaktoren unterliegen im Zeitablauf Schwankungen (Dörschell et al. 2016, S. 45 ff.). Die vereinfachte Fortschreibung eines historischen Betafaktors in die Zukunft ist somit als kritikwürdig zu betrachten, vor allem da es sich in der Regel um die Anwendung für einen unendlichen Zeitraum handelt. Das IDW empfiehlt vor diesem Hintergrund, ggf. eine Anpassung für die in der Zukunft erwarteten Änderungen der Umwelt- und Branchenspezifika vorzunehmen (IDW 2018, Kap. A, Tz. 409). In der Praxis wird dies in der Regel jedoch nur in geringem Ausmaß durchgeführt. Maßgeblich ist meist allein der ggf. gerundete durchschnittliche historische Betafaktor der herangezogenen Peer Group. Anpassungen werden in der Regel nicht vorgenommen, da die Kriterien fehlen, um diese ausreichend quantifizieren zu können (Dörschell et al. 2012, S. 192).

Zusammenfassend lässt sich das Fazit ziehen, dass die Vorteile des CAPM im Hinblick auf die Quantifizierbarkeit und die Nachprüfbarkeit der Ergebnisse, die einfache Anwendung und die scheinbar sichere theoretisch wissenschaftliche Fundierung die Nachteile deutlich überwiegen.

Bei Anwendung eines Bruttoverfahrens setzt sich der Kapitalisierungszinssatz aus den zu Marktwerten gewogenen Kapitalkosten des Eigenkapitals und Fremdkapitals zusammen. Die Eigenkapitalkosten können dabei mit dem vorangehend dargestellten CAPM ermittelt werden. Der WACC wird folgendermaßen abgeleitet.

$$WACC = r_{EK} \times \frac{EK}{GK} + r_{FK} \times (1 - s) \times \frac{FK}{GK} \tag{3.8}$$

mit:

r_{EK} = Fremdkapitalkosten
r_{FK} = Fremdkapitalkosten
EK = Marktwert des Eigenkapitals
FK = Marktwert des Fremdkapitals
GK = Marktwert des Gesamtkapitals
s = Unternehmensteuersatz

Das im Kapitalisierungszinssatz abgebildete Risiko setzt sich aus dem Investitionsrisiko und dem Finanzierungsrisiko bzw. Kapitalstrukturrisiko zusammen (Ballwieser 2012, S. 30). Beide Bestandteile des Risikos sind im sog. Betafaktor abgebildet. Die Ermittlung und die Einflussfaktoren des Betafaktors sind in Abschn. 3.6.5.3 beschrieben. Das Finanzierungsrisiko resultiert vor allem aus den vorrangigen Ansprüchen der Fremdkapitalgeber im Hinblick auf Zins und Tilgung sowie des zur Verfügung stehenden Kapitals im Insolvenzfall. Die Eigenkapitalgeber haben lediglich einen Residualanspruch auf den Zahlungsüberschuss aus der Geschäftstätigkeit des Unternehmens (Baetge et al. 2015, S. 401). Daher steigen das Risiko der Eigenkapitalgeber und die Eigenkapitalkosten mit steigendem Verschuldungsgrad. Die Überlegungen zum Einfluss des Verschuldungsgrades auf das Finanzierungsrisiko und die Kapitalkosten gehen im Wesentlichen auf Modigliani und Miller zurück (Modigliani und Miller 1958, S. 261 ff. sowie Modigliani und Miller 1963, S. 433 ff.). In Abb. 3.31 ist der Einfluss des Verschuldungsgrades auf die Eigenkapitalkosten und den WACC (vor und nach Berücksichtigung von Unternehmensteuern) beispielhaft dargestellt (Copeland et al. 2008, S. 710).

Die Eigenkapitalkosten steigen aufgrund des zunehmenden Finanzierungsrisikos linear zum Verschuldungsgrad. Die Fremdkapitalkosten wurden für Zwecke der Darstellung vereinfachend und unabhängig vom Verschuldungsgrad in Höhe von 6 %

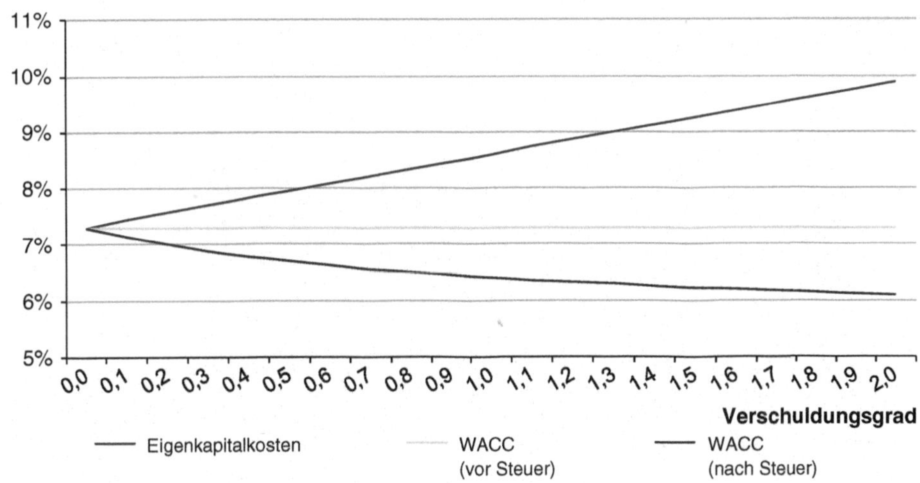

Abb. 3.31 Eigenkapitalkosten und WACC in Abhängigkeit vom Verschuldungsgrad

angesetzt. In der Regel ist davon auszugehen, dass in den Finanzierungskosten des Fremdkapitals ebenfalls ein Aufschlag für das Kreditausfallrisiko enthalten ist, wodurch auch der Fremdkapitalzinssatz mit steigendem Verschuldungsgrad ansteigt. Wird von einem Kreditausfallrisiko ausgegangen, ist in der Bewertung der sog. Debt Betafaktor anzusetzen, welcher berücksichtigt, dass ein Teil des Finanzierungsrisikos bzw. Kapitalstrukturrisikos durch die Fremdkapitalgeber übernommen wird (s. Abschn. 3.6.5.3) (Dörschell et al. 2012, S. 206).

Unter bestimmten Annahmen (z. B. keine Steuern, keine Insolvenzrisiken, Gleichverteilung der Informationen und effiziente Märkte) ergeben sich gewogene Kapitalkosten in gleicher Höhe trotz steigender Eigenkapitalkosten (s. Abb. 3.31) (Copeland et al. 2008, S. 709 f.). Werden hingegen Unternehmensteuern berücksichtigt, führt ein steigender Verschuldungsgrad zu einer höheren Abzugsfähigkeit der Finanzierungskosten von der steuerlichen Bemessungsgrundlage (Tax Shield). Durch diesen Effekt sinkt der WACC nach Berücksichtigung von Unternehmensteuern bei steigender Verschuldung (Copeland et al. 2008, S. 709 f.). Dieser Zusammenhang ist in Abb. 3.32 grafisch dargestellt.

Da die Free Cash Flows ebenfalls vom Verschuldungsgrad unabhängig sind, ist in einer Welt ohne Steuern die Höhe des Gesamtunternehmenswertes von der Kapitalstruktur unabhängig (Modigliani und Miller 1958).

Bei Betrachtung dieses Modellkonzeptes ergeben sich Anpassungen, wenn stattdessen von einer Welt mit Steuern und Insolvenzrisiken ausgegangen wird (Modigliani und Miller 1963). Diese Anpassungen sind für die Anwendung der verschiedenen Bewertungsmethoden von entscheidender Bedeutung. In einer Welt mit Steuern steigt der Gesamtkapitalwert mit steigender Fremdfinanzierung, da es durch die Abzugsfähigkeit der Fremdkapitalkosten bei der Ermittlung der steuerlichen Bemessungsgrundlage zu einer Verringerung der Steuerzahlungen (Tax Shield) kommt (Drukarczyk und Schüler 2016, S. 208). Bei Anwendung des FCF-Ansatzes äußert sich dieser Zusammenhang in einer Verringerung des WACC, da hier in den durchschnittlichen gewogenen

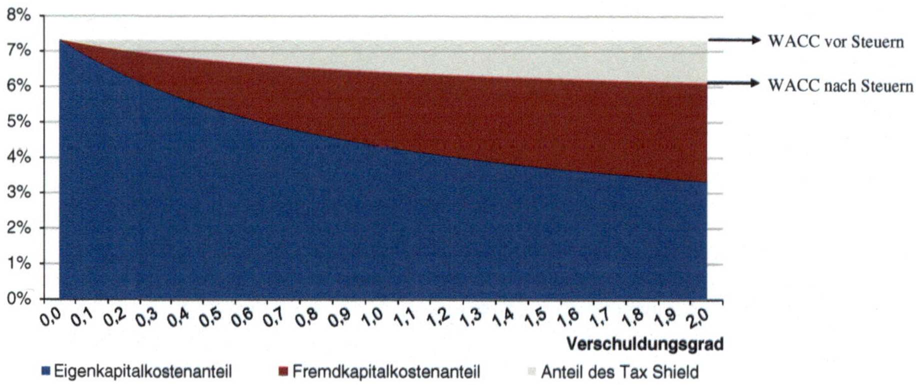

Abb. 3.32 WACC in Abhängigkeit vom Verschuldungsgrad

Kapitalkosten die Fremdkapitalkosten unter Berücksichtigung des Tax Shield einfließen (s. Gl. 3.8) (Copeland et al. 2008, S. 709 f.). Durch die Verringerung der Unternehmensteuern aufgrund der Abzugsfähigkeit der Finanzierungskosten bei der Ermittlung der steuerlichen Bemessungsgrundlage ergibt sich folglich ein Anreiz zur Erhöhung des Verschuldungsgrades. Dies wird jedoch durch die Einbeziehung von Insolvenzrisiken begrenzt. Hierdurch steigen die Fremdkapitalkosten bei höherer Finanzierungsinanspruchnahme überproportional und der Vorteil durch die geringeren Steuern wird ausgeglichen bzw. überkompensiert (Copeland et al. 2008, S. 731 ff., Brennan und Schwartz 1978, S. 104 ff.).

3.6.5.2 Ermittlung des risikolosen Basiszinssatzes

Der Basiszinssatz entspricht einer risikolosen und zum Zahlungsstrom aus dem zu bewertenden Unternehmen laufzeitäquivalenten Kapitalmarktanlage (Drukarczyk und Schüler 2016, S. 238). Der Basiszinssatz resultiert gedanklich aus einer Anlageform ohne (Ausfall-) Risiko, mit der sich ein sicherer und zur Investition in das Bewertungsobjekt laufzeitäquivalenter Zahlungsstrom generieren lässt (Drukarczyk und Schüler 2016, S. 245). Die Risikolosigkeit der Kapitalanlage bezieht sich insbesondere auf das Währungs-, Termin- und Ausfallrisiko (Ballwieser 2016, S. 90). In der Praxis lässt sich dies nur näherungsweise realisieren, da selbst Wertpapiere mit bester Bonität nicht komplett ohne Risiko sind. Es handelt sich um ein theoretisches Konzept. In der Praxis wird daher versucht, einen möglichst genauen Schätzer für die Höhe eines hypothetischen risikolosen Zinssatzes zu finden. In Theorie und Praxis werden die Renditen von Staatsanleihen mit bester Bonität als der beste Indikator für ein risikoloses Investment herangezogen, da sie im Allgemeinen als sicher bzw. nicht ausfallgefährdet angesehen werden (Ballwieser 2016, S. 90). Auch bei Staatsanleihen ist jedoch zu differenzieren. Nur bei Emittenten mit bester Bonität ist davon auszugehen, dass die entsprechenden Schuldverschreibungen das Kriterium der Risikolosigkeit annähernd erfüllen. Selbst in der jüngeren Geschichte hat es immer wieder Finanz- und Währungskrisen mit teilweisem Staatsbankrott gegeben, darunter Mexiko (1995), verschiedene Länder Asiens (1997/98), Russland (1998), Argentinien (2002) und Griechenland (ab 2010). Deutschland wird mit den höchsten Bewertungen der Ratingagenturen als sichererer Hafen betrachtet. Die Bonität von Deutschland wird von der Ratingagentur Fitch weiterhin mit der Bestnote „AAA" und einem stabilen Ausblick bewertet. Das Land profitiert insbesondere von seiner breit aufgestellten Wirtschaft mit hoher Wertschöpfung und einer kontinuierlich sinkenden Schuldenquote (Handelsblatt 2018). Auch die Kreditwürdigkeit der USA wird aufgrund der starken inländischen Wirtschaft und eines hohen Pro-Kopf-Einkommens mit dem höchsten Rating „AAA" und einem stabilen Ausblick eingeschätzt (FitchRatings 2018b). Frankreich wird dagegen leicht unterhalb des Ratings der beiden Länder mit der sehr guten Note „AA" bewertet. Ursächlich für diese Einschätzung ist im Wesentlichen die im Vergleich hohe Staatsverschuldung von Frankreich (FitchRatings 2018a). Bei der Ermittlung von risikolosen Zinssätzen mit der Hilfe von Staatsanleihen sollte folglich auf die Bonität und die Höhe der Renditen im Vergleich zu anderen Ländern geachtet werden. Sind die entsprechenden Papiere aus Sicht der Märkte mit Risiken behaftet, wird das durch Risikoaufschläge und entsprechend höhere Renditen deutlich. In Abb. 3.33 sind die durchschnittlichen Renditen von Staatsanleihen verschiedener Länder zum Monatsende Juli 2018 für verschiedene Laufzeiten dargestellt.

Die Verwendung von Renditen ist insbesondere problematisch, da sie nicht risikolos sind, sondern ein sog. Wiederanlagerisiko aufweisen (Jonas et al. 2005, S. 647). Insbesondere um das Prinzip der Laufzeitäquivalenz zu erfüllen, empfiehlt der IDW seit 2005 die Anwendung der Svensson-Methode zur Schätzung einer Zinsstrukturkurve (IDW 2018, Kap. A, Tz. 377). Dabei wird eine Zinsstrukturkurve von Zerobondrenditen (Spot Rates) auf Grundlage von Staatsanleihen geschätzt (Ballwieser 2016, S. 91). Bei Zerobonds handelt es sich um Anleihen ohne laufende Verzinsung, sodass nur eine einmalige Zahlung am Ende erfolgt. Das Wiederanlagerisiko entfällt dabei und die Laufzeitäquivalenz mit den zu kapitalisierenden Ergebnissen ist gewährleistet. Die Ermittlung des risikolosen Zinssatzes anhand von Spot Rates ist auch international gängig (Damodaran 2008, S. 7). Da die Zerobonds nur vereinzelt gehandelt werden, dient die Svensson-Methode zur Ableitung der Spot Rates aus den beobachteten Renditen von Kupon-Anleihen. Die einzelnen Spot Rates für die verschiedenen Laufzeiten werden demnach anhand der folgenden Formel ermittelt (Svensson 1995, S. 18).

$$z(T,\beta,\tau) = \beta_0 + \beta_1 \cdot \left(\frac{1-\exp\left(\frac{-T}{\tau_1}\right)}{\frac{T}{\tau_1}}\right) + \beta_2 \cdot \left(\frac{1-\exp\left(\frac{-T}{\tau_1}\right)}{\frac{T}{\tau_1}} - \exp\left(\frac{-T}{\tau_1}\right)\right) + \beta_3 \cdot \left(\frac{1-\exp\left(\frac{-T}{\tau_2}\right)}{\frac{T}{\tau_2}} - \exp\left(\frac{-T}{\tau_2}\right)\right) \quad (3.9)$$

mit:

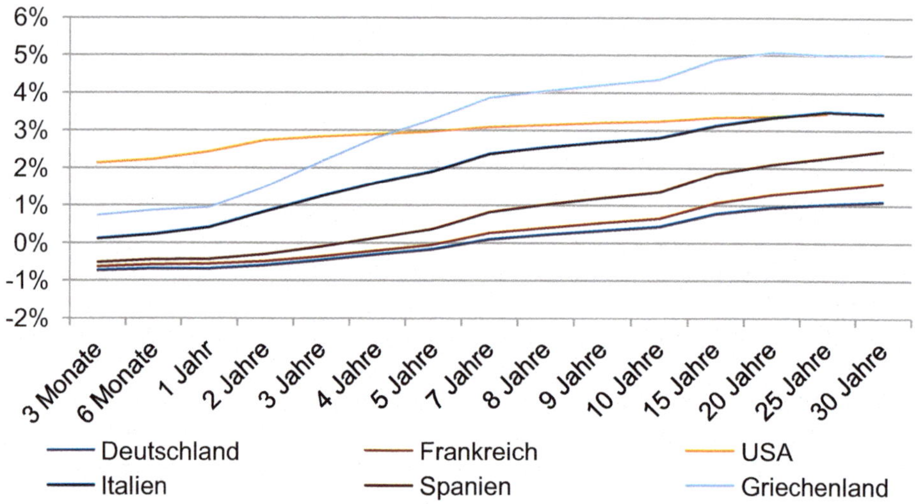

Abb. 3.33 Renditekurven von Staatsanleihen verschiedener Länder zum Monatsende Juli 2018 (eigene Darstellung; die Informationen stammen von Bloomberg LP)

$z(T, \beta, \tau) =$ Spot rate für die Laufzeit T in Jahren als Funktion der zu schätzenden Parametervektoren β_0, β_1, β_2, β_3 und τ_1, τ_2.

Mithilfe der Svensson-Methode lässt sich eine Zinsstrukturkurve, bestehend aus Spot Rates für Laufzeiten zwischen einem und 30 Jahren, schätzen. Für die Fortschreibung der Spot Rates mit Laufzeiten ab 30 Jahren existieren mehrere Methoden (Dörschell et al. 2012, S. 65 ff.). Der FAUB empfiehlt daher, aufgrund der Prognoseunsicherheiten im Regelfall die ermittelte Spot Rate mit einer Laufzeit von 30 Jahren als nachhaltigen Schätzwert anzusetzen (IDW 2008b, S. 491). Um ggf. kurzfristige Marktschwankungen zu glätten, wird empfohlen, die entsprechende Zinsstrukturkurve aus dem Durchschnitt der letzten drei Monate vor dem Bewertungsstichtag zu ermitteln. Die laufzeitabhängigen durchschnittlichen Spot Rates können im Anschluss in einen barwertäquivalenten einheitlichen Zinssatz umgerechnet werden, der in seiner Fristigkeit mit dem zu kapitalisierenden Zahlungsstrom übereinstimmt. Dieser soll nach Empfehlungen des IDW auf den nächstliegenden ¼ %-Punkt gerundet werden (IDW 2008b, S. 491). Vor dem Hintergrund des anhaltenden Niedrigzinsumfeldes wurde vom IDW bei einem Basiszinssatz von unter 1 % eine Rundung auf 1/10 %-Punkte empfohlen (IDW 2017b, Abschn. 3.2.). Die Empfehlung wurde vom FAUB des IDW am 4. Juli 2016 verabschiedet. In der Literatur werden die Durchschnittsbildung und die Rundung durchaus kritisch gesehen, da eine Korrektur von Schätzfehlern durch diese Vorgehensweise nicht belegbar ist und ein präzises Ergebnis hierdurch verfälscht wird (Ballwieser 2016, S. 94, Dörschell et al. 2012, S. 85 und S. 89).

Die für die Ermittlung der Spot Rates notwendigen Parametervektoren sind auf den Internetseiten der Deutschen Bundesbank (2017) und der Europäischen Zentralbank (2017) verfügbar. Eine Gegenüberstellung der Datenanbieter ist in Abb. 3.34 dargestellt.

Die Anwendung der beiden Datengrundlagen führt regelmäßig zu unterschiedlichen Ergebnissen, die auf die höheren Bonitätsrisiken der Anleihen anderer europäischer Staaten im Vergleich zu Schuldtiteln von Deutschland zurückzuführen sind (Wiese und Gampenrieder 2008, S. 1726).

	Deutsche Bundesbank	EZB
Datengrundlage	Alle vom Bund emittierten Anleihen	In EUR notierte Anleihen aller europäischer Staaten (mit einem AAA Rating)
	Bundesanleihen, Bundesobligationen und Bundesschatzanweisungen	Nullkuponanleihen und Anleihen mit fixer Kuponzahlung sowie endlicher Laufzeit
	Laufzeiten bis zu 30 Jahren	
Erhebung / Aktualisierung	börsentäglich	
Renditen	diskret	stetig

Abb. 3.34 Informationen der Deutschen Bundesbank und der EZB zur Anwendung der Svensson-Methode

Auf der Internetseite der Deutschen Bundesbank sind die in Abb. 3.35 aufgeführten Parametervektoren zur Ermittlung der Zinsstrukturkurve zum 31. Juli 2018 abrufbar.

Die Zinsstrukturkurve mit einer Laufzeit bis 30 Jahre basierend auf diesen Daten ist in Abb. 3.36 dargestellt.

Die Ermittlung des barwertäquivalenten einheitlichen Zinssatzes auf Grundlage dieser Daten und unter Berücksichtigung eines jährlichen Wachstums in Höhe von 1 % ergibt einen Wert von 1,15 % (gerundet auf ¼ %-Punkt: 1,25 %). Bildet man die Zinsstrukturkurve auf Basis des Durchschnittes der letzten drei Monate vor dem 31. Juli 2018 ab, ergibt sich ein barwertäquivalenter Zinssatz in Höhe von 1,19 % (gerundet auf ¼ %-Punkt: 1,25 %).

Die Entwicklung des Basiszinssatzes ist im Zeitablauf Schwankungen unterlegen. In Abb. 3.37 ist der Verlauf des Basiszinssatzes nach den Empfehlungen des IDW vor und nach Rundung auf ¼ %-Punkt jeweils zum Monatsende zwischen Januar 2005 und Juli 2018 basierend auf den Daten der Deutschen Bundesbank dargestellt.

3.6.5.3 Ermittlung des Risikozuschlags

Der Risikozuschlag wird in der Regel auf Grundlage des CAPM (Sharpe 1964, Lintner 1965, Mossin 1966) mithilfe von Kapitalmarktdaten ermittelt (Ballwieser 2016, S. 102). Die Eigenkapitalkosten des Bewertungsobjekts setzen sich danach aus einem risikolosen Zinssatz, dem sog. Basiszinssatz, und dem Risikozuschlag zusammen.

β_0	β_1	β_2	β_3	τ_1	τ_2
1,50259	-2,15777	-14,27100	12,38646	3,24725	3,45732

Abb. 3.35 Parametervektoren zur Anwendung der Svensson-Methode gemäß der Deutschen Bundesbank zum 31. Juli 2018

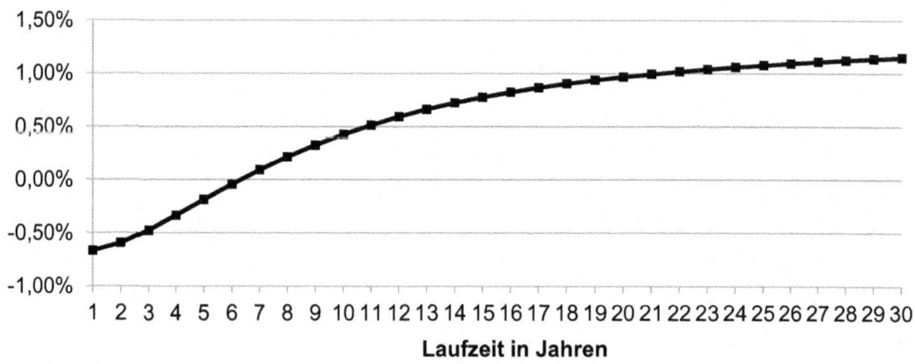

Abb. 3.36 Zinsstrukturkurve zum 31. Juli 2018

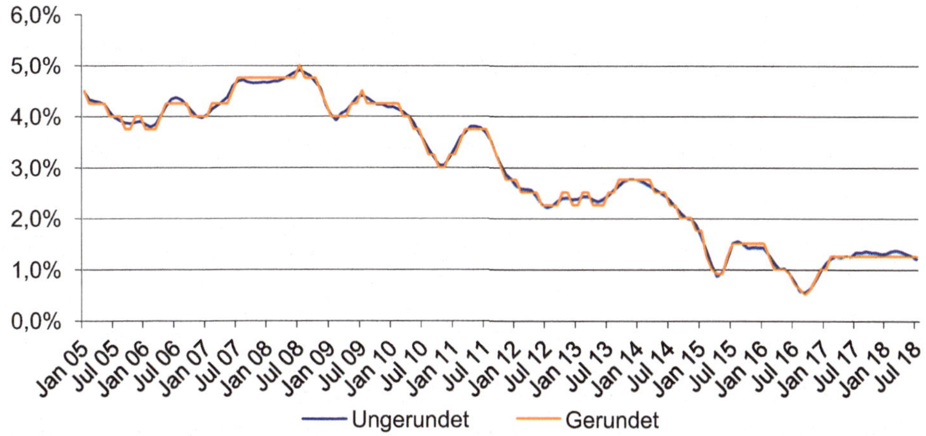

Abb. 3.37 Entwicklung des Basiszinssatzes nach den Empfehlungen des IDW zwischen Januar 2005 und Juli 2018

$$r_{EK} = r_f + \overbrace{\underbrace{\beta \times (r_M - r_f)}_{\text{Risikozuschlag}}}^{\text{Marktrisikoprämie}} \tag{3.10}$$

mit:

r_{EK} = Eigenkapitalkosten
r_f = Risikoloser Zinssatz (Basiszinssatz)
β = Betafaktor
r_M = Rendite des Marktportfolios

Der Risikozuschlag wird aus dem Produkt der Marktrisikoprämie und des Betafaktors ermittelt. Bei der Marktrisikoprämie handelt es sich um die Differenz aus der Rendite des sog. Marktportfolios und dem risikolosen Zinssatz (Dörschell et al. 2012, S. 22 f.). Theoretisch sind nach den Prämissen des CAPM alle risikobehafteten Anlageformen Bestandteil des Marktportfolios (Rebien 2007, S. 86). In der Regel wird die Rendite des Marktportfolios jedoch mithilfe eines breiten Aktienindizes geschätzt. In der Praxis werden Marktrisikoprämien herangezogen, die auf Basis historischer Renditen ermittelt werden. Je nachdem, welche Methodik dafür herangezogen wird, können die Ergebnisse jedoch dabei stark schwanken. Für den deutschen Kapitalmarkt hat Stehle im Jahr 2004 eine Studie zur Höhe der Marktrisikoprämie veröffentlicht (Stehle 2004, S. 906).

Im September 2012 kam der FAUB zu dem Ergebnis, dass bei der Prognose der Marktrisikoprämie bedingt durch die Finanzmarktkrise veränderte Einflussparameter, insbesondere eine veränderte Risikotoleranz, zu berücksichtigen sind, sodass sich im Vergleich zu den letzten Jahren derzeit höhere Marktrisikoprämien rechtfertigen lassen. Der FAUB hält es daher für sachgerecht, „sich derzeit bei der Bemessung der Marktrisikoprämien an einer Bandbreite von 5,5 % bis 7 % (vor persönlichen Steuern) bzw. 5 % bis 6 % (nach persönlichen Steuern) zu orientieren" (IDW 2012a, S. 568 f.). Der FAUB begründet die Erhöhung der Marktrisikoprämie auf der Basis eines pluralistischen Ansatzes, um eine möglichst breite Perspektive einzunehmen. Der pluralistische Ansatz beinhaltet vier methodische Ansätze: historisch gemessene Aktienrenditen, langfristige reale Aktienrenditen, ex-ante Analysen impliziter Kapitalkosten sowie das CAPM ohne risikofreie Kreditaufnahme. Sämtliche Ansätze deuten auf eine im Vergleich zu der früher üblichen Bewertungspraxis höhere Marktrisikoprämie hin (Castedello et al. 2018, S. 806–825). Zur Höhe der Marktrisikoprämie vor und nach persönlichen Steuern in Abhängigkeit von der bestehenden Steuergesetzgebung und den Voraussetzungen am Kapitalmarkt vgl. Abschn. 3.6.5.4.

Das CAPM ist ein Ex-Ante-Modell (Schütte-Biastoch 2011, S. 91), d. h. es handelt sich um ein zukunftsgerichtetes Modell, in dem sich die geforderten Kapitalkosten der Anleger aus den Erwartungen für die Zukunft bestimmen. In der Praxis werden jedoch in der Regel unterschiedliche Daten zugrunde gelegt. Der Basiszinssatz wird wie oben beschrieben aus der künftigen Zinsentwicklung geschätzt, wohingegen oftmals historische Kapitalmarktdaten Grundlage der Überlegungen für die Festlegung der Marktrisikoprämie und des Betafaktors sind (Ballwieser 2016, S. 103). Bei der Verwendung historischer Kapitalmarktdaten ist kritisch zu hinterfragen, ob die Ergebnisse mit den Erwartungen im Hinblick auf die zukünftige Entwicklung vereinbar sind und ob nicht generell Inkonsistenzen durch die gleichzeitige Verwendung historischer als auch zukunftsbezogener Kapitalmarktdaten bestehen (s. Abschn. 3.6.5.1) (Ihlau und Gödecke 2012, S. 890).

Im Betafaktor kommt das sog. systematische Risiko (Perridon et al. 2017, S. 297 f.) zum Ausdruck, welches nicht durch Diversifikation eliminiert werden kann (IDW 2018, Kap. A, Tz. 352). Das unsystematische Risiko spielt im CAPM keine Rolle, da es unter der Annahme optimaler Diversifikation der Kapitalanlagen durch den Anleger eliminiert werden kann (Copeland et al. 2008, S. 211). Ausgehend vom Grundgedanken der Portfoliotheorie und des CAPM kann der Betafaktor mittels einer linearen Regression ermittelt werden, bei der ein Zusammenhang zwischen der Rendite eines Wertpapiers und der Rendite des Marktes gezogen wird (Dörschell et al. 2012, S. 132). Der Schätzwert für den Betafaktor lässt sich auch anhand der folgenden Gleichung ableiten (Copeland et al. 2008, S. 211, Dörschell et al. 2012, S. 139).

$$\beta = \frac{\mathrm{cov}(r_i, r_M)}{\sigma_M^2} \tag{3.11}$$

mit:

$\mathrm{cov}(r_i, r_M)$	=	Kovarianz zwischen Unternehmens- und Marktrendite
σ_M^2	=	Varianz der Marktrendite

In der Unternehmensbewertungspraxis wird häufig eine Anpassung der historischen Betafaktoren vorgenommen, welche auf die Arbeit von Blume zurückzuführen ist (sog. „Adjusted Betafaktoren"). Blume entdeckte bei einer Untersuchung von Betafaktoren über den Zeitraum von 1926 bis 1968, dass diese eine Tendenz hin zum Mittelwert aller Betafaktoren in Höhe von 1,00 aufwiesen (Blume 1971, S. 1–10, 1975, S. 785–795, 1979, S. 265–267). Diese autoregressive Tendenz wird in der Praxis häufig durch folgende Formel berücksichtigt:

$$\beta_z = 1/3 + 2/3 \times \beta_h \tag{3.12}$$

mit:

β_z = Zukünftiger Betafaktor (Adjusted Betafaktor)
β_h = Historischer Betafaktor (Raw Betafaktor)

Die Anpassung der historischen Werte ist umso größer, je weiter der historische Betafaktor von 1,00 abweicht. So ergibt sich bei einem Raw Betafaktor von 1,60 ein Adjusted Betafaktor in Höhe von 1,40. Ein Raw Betafaktor von 1,20 führt zu einem Adjusted Betafaktor in Höhe von 1,13. Für die Existenz der autoregressiven Tendenz ist bislang keine überzeugende ökonomische Begründung gefunden worden (Zimmermann 1997, S. 242). Daher wird derzeit vermutet, dass es sich um ein statistisches und kein ökonomisches Phänomen handelt (Zimmermann 1997, S. 243). Die Anwendung von Adjusted Betafaktoren sollte daher nur in begründeten Ausnahmefällen erfolgen (Dörschell et al. 2012, S. 191).

Wenn das Bewertungsobjekt nicht börsennotiert ist – wovon bei KMU in der Regel auszugehen ist –, werden die Betafaktoren in der Praxis durch eine Gruppe von Vergleichsunternehmen geschätzt und auf das Bewertungsobjekt übertragen (s. Abschn. 4.4.1.2). Da im systematischen Risiko das Finanzierungsrisiko des betrachteten Unternehmens enthalten ist, muss der Betafaktor an das Finanzierungsrisiko des Bewertungsobjektes angepasst werden. Ausgehend von den Überlegungen von Modigliani und Miller (s. Abschn. 3.6.5.1) existieren dazu unterschiedliche Anpassungsformeln, mit deren Hilfe der Betafaktor um das Finanzierungsrisiko bereinigt (sog. „unlevern") und an die Finanzierung des Bewertungsobjektes angepasst (sog. „relevern") werden kann. Welche Formel im Einzelfall anzuwenden ist, hängt von der Ausprägung des Bewertungsobjektes und den Annahmen der Bewertung ab. Entscheidend ist vor allem

- ob beim jeweiligen Vergleichsunternehmen und beim Bewertungsobjekt in Abhängigkeit von der Finanzierungsstrategie von sicheren oder unsicheren Tax Shields ausgegangen werden kann und
- ob ein Teil des Finanzierungsrisikos durch die Fremdkapitalgeber übernommen wird.

Die entsprechenden Formeln zum unlevern und relevern der Betafaktoren sind in Abb. 3.38 in Abhängigkeit der entsprechenden Annahmen aufgeführt (Dörschell et al. 2012, S. 196 ff.).

Im Hinblick auf die Sicherheit der Steuervorteile aus der Fremdfinanzierung – ausgedrückt im Tax Shield – ist zu untersuchen, ob von einer festgelegten Höhe des Fremdkapitalbestands, z. B. durch Tilgungsdarlehen mit Raten- oder endfälliger Tilgung, ausgegangen werden kann **(autonome Finanzierungspolitik)** (Drukarczyk und Schüler 2016, S. 162.). Dies führt zu einer im Vorhinein festgelegten Finanzierungshöhe in den einzelnen Planperioden, und es kann mit einer sicheren Zinszahlung auf Grundlage der Fremdmittel gerechnet werden. Dementsprechend kann auch eine sichere Steuerersparnis (Tax Shield) angenommen werden (Dörschell et al. 2012, S. 198). Die Planung von Fremdkapitalquoten statt der Planung von fixen Fremdkapitalbeständen wird hingegen als **atmende oder wertorientierte Finanzierungspolitik** bezeichnet (Drukarczyk und Schüler 2016, S. 162 ff.). Dabei ist die Höhe des Fremdkapitalbestandes jeweils von der Höhe des Unternehmenswertes abhängig (Dinstuhl 2003, S. 33). Von einer festgelegten Höhe der Fremdmittel für eine bestimmte Periode kann daher nicht ausgegangen werden, sodass das aus der Finanzierung resultierende Tax Shield unsicher ist (Kruschwitz und Löffler 1999, S. 8 ff.).

In seiner Grundkonzeption geht das CAPM von der Annahme aus, dass die Möglichkeit besteht, Kapitalbeträge zum risikolosen Zinssatz aufzunehmen und anzulegen (Copeland et al. 2008, S. 206). In der Regel sind Fremdkapitalgeber im Insolvenzfall jedoch auch einem Ausfallrisiko ausgesetzt. Dieses Ausfallrisiko kommt in der Praxis durch die Höhe der Renditeforderung der Fremdkapitalgeber zum Ausdruck, die in der Regel in Abhängigkeit von der Bonität des Kreditnehmers deutlich über dem risikolosen Zinssatz liegen kann (Dörschell et al. 2012, S. 205). Insbesondere bei größeren Differenzen zwischen dem Fremdkapitalzinssatz und dem risikolosen Zinssatz sollte in Ergänzung zum Betafaktor des Eigenkapitals daher ein Betafaktor des Fremdkapitals herangezogen werden, um die anteilige Übernahme des Finanzierungsrisikos durch die Fremdkapitalgeber abzubilden (IDW 2018, Kap. A, Tz. 413). Wird von einer partiellen Übernahme des Risikos durch die Fremdkapitalgeber ausgegangen, kann dies durch den sog. Debt Betafaktor quantifiziert werden (Aders und Wagner 2004, S. 30 ff.).

$$\beta^{FK} = \frac{r_{FK} - r_f}{r_M - r_f} \tag{3.13}$$

mit:

β^{FK} = Debt Betafaktor
r_{FK} = Fremdkapitalkosten
r_M = Rendite des Marktportfolios
r_f = Risikoloser Zinssatz

Der Debt Betafaktor beschreibt somit das Verhältnis vom Aufschlag für die Übernahme des Kreditrisikos (sog „Credit Spread") zu der Marktrisikoprämie. Durch die teilweise Übernahme von Risiko durch die Fremdkapitalgeber verringert sich folglich das Restrisiko, welches von den Eigenkapitalgebern zu tragen ist (s. Fälle 2 und 4 in Abb. 3.38) (Dörschell et al. 2012, S. 206).

3.6.5.4 Berücksichtigung persönlicher Ertragsteuern

Der Wert des Unternehmens wird durch die Höhe der finanziellen Überschüsse bestimmt, die dem Anteilseigner zukünftig netto zufließen. Damit sind auch Steuern zu berücksichtigen, denn nur die finanziellen Überschüsse nach Steuern stehen dem Anteilseigner grundsätzlich zur Verfügung (IDW 2018, Kap. A, Tz. 288 f.). Die Bewertung des Unternehmens erfolgt durch Kapitalisierung der finanziellen Überschüsse auf den Bewertungsstichtag. Im Bewertungskalkül werden hierbei die finanziellen Überschüsse des Unternehmens – abgebildet im Zähler – mit der Rendite von Alternativanlagen – abgebildet im Nenner – verglichen (IDW 2018, Kap. A, Tz. 288 f.). Dieser Vergleich

		Übernahme von Risiko durch die Fremdkapitalgeber	
		Nicht vorhanden	Vorhanden
Sicherheit des Tax Shield	unsicher	**Fall 1:** **Unlevern** des Betafaktors: $\beta_u = \frac{\beta_v}{1+\frac{FK}{EK}}$ **Relevern** des Betafaktors: $\beta_v = \beta_u \times \left(1+\frac{FK}{EK}\right)$	**Fall 2:** **Unlevern** des Betafaktors: $\beta_u = \frac{\beta_v + \beta^{FK} \times \frac{FK}{EK}}{1+\frac{FK}{EK}}$ **Relevern** des Betafaktors: $\beta_v = \beta_u + (\beta_u - \beta^{FK}) \times \frac{FK}{EK}$
	sicher	**Fall 3:** **Unlevern** des Betafaktors: $\beta_u = \frac{\beta_v}{1+(1-s)\times\frac{FK}{EK}}$ **Relevern** des Betafaktors: $\beta_v = \beta_u \times \left(1+(1-s)\times\frac{FK}{EK}\right)$	**Fall 4:** **Unlevern** des Betafaktors: $\beta_u = \frac{\beta_v + \beta^{FK} \times (1-s) \times \frac{FK}{EK}}{1+(1-s)\times\frac{FK}{EK}}$ **Relevern** des Betafaktors: $\beta_v = \beta_u + (\beta_u - \beta^{FK}) \times (1-s) \times \frac{FK}{EK}$

Abb. 3.38 Formeln zur Anpassung des Finanzierungsrisikos in Abhängigkeit der Sicherheit des Tax Shield und der Übernahme von Finanzierungsrisiko durch die Fremdkapitalgeber. β_u = Betafaktor des unverschuldeten Unternehmens; β_v = Betafaktor des verschuldeten Unternehmens; β^{FK} = Debt Betafaktor; s = Unternehmensteuersatz; EK = Marktwert des Eigenkapitals; FK = Marktwert des Fremdkapitals (in Anlehnung an Dörschell et al. 2012, S. 196 ff.)

ist bei einer Nach-Steuer-Betrachtung des Zählers nur dann sachgerecht, wenn auch der Nenner um die entsprechenden Steuern des Anteilseigners gekürzt wird. Dies ist Ausfluss des Verfügbarkeits- oder Steueräquivalenzprinzips (s. Abschn. 3.6.5).

Bei der Berücksichtigung von Steuern in der Unternehmensbewertung ist zwischen Ertragsteuern auf Unternehmensebene und Ertragsteuern auf der Ebene des Anteilseigners zu unterscheiden. Entgegen der international verbreiteten Praxis, die eine Wertermittlung vor persönlichen Ertragsteuern des Anteilseigners bevorzugt, ist die Berücksichtigung der Steuerwirkungen beim Anteilseigner in Deutschland grundsätzlich unumstritten (Ballwieser et al. 2007, S. 756 ff., Wagner 1972, S. 1637 ff., Wagner und Dirrigl 1981, S. 130 ff., Ballwieser und Leuthier 1986, S. 608, IDW 2008a, Tz. 28). Dies ergibt sich zum einen aus den gesellschaftsrechtlichen und vertraglichen Bewertungsanlässen (z. B. Abfindung von Minderheitsaktionären) und der hierzu ergangenen Rechtsprechung (OLG Stuttgart 2011, OLG Frankfurt am Main 2010, OLG München 2006) sowie der hohen Anzahl von Personengesellschaften in Deutschland. Allerdings gibt es in Abhängigkeit von bestimmten Bewertungsanlässen und Wertkonzepten auch Ausnahmen, bei denen von diesem Grundsatz abgewichen wird. So werden bei Bewertungen, die für Zwecke der externen Rechnungslegung erfolgen, wie z. B. Kaufpreisallokation, Werthaltigkeitsprüfung von Beteiligungen und Geschäfts- oder Firmenwert, in Übereinstimmung mit den internationalen Rechnungslegungsgrundsätzen keine persönliche Ertragsteuern berücksichtigt, da die Bewertung aus Sicht eines bilanzierenden Unternehmens erfolgt (IDW 2016b, Tz. 33, IAS 36.55, IDW 2012c, Tz. 8)[29]. Dies gilt auch für steuerliche Bewertungsanlässe, wenn der steuerliche Wertansatz für ein bilanzierendes Unternehmen ermittelt wird (Beumer und Duscha 2015, S. 1418 f.). Darüber hinaus erlaubt IDW S 1 eine anlassbezogene Typisierung der steuerlichen Verhältnisse der Anteilseigner in Abhängigkeit von der Rechtsform des Bewertungsobjekts und dem der Bewertung zugrunde liegenden Wertkonzept (IDW 2008a, Tz. 43–47 und Tz. 58). In der internationalen Transaktionspraxis sind darüber hinaus überwiegend Berechnungen vor persönlichen Ertragsteuern üblich. Abb. 3.39 gibt einen Überblick über die Möglichkeiten der anlassbezogenen Typisierung.

Im Rahmen der Ermittlung eines objektivierten Wertes einer Kapitalgesellschaft sind bestimmte anlassbezogene Typisierungen bezüglich der steuerlichen Verhältnisse der Anteilseigner zu treffen (IDW 2008a, Tz. 29). Im Hinblick auf die Berücksichtigung der persönlichen Einkommensteuer des Anteilseigners einer Kapitalgesellschaft unterscheidet der IDW S 1 zwischen der mittelbaren Typisierung (Vorsteuerbetrachtung) und der unmittelbaren Typisierung (Nachsteuerbetrachtung) der steuerlichen Verhältnisse des Anteilseigners.

[29]Eine Ausnahme besteht in denjenigen Fällen, in denen eine Beteiligung unter Veräußerungsgesichtspunkten bewertet wird vgl. IDW 2012c, Tz. 12.

Bewertungsobjekt	Kapitalgesellschaft			Personengesellschaft	
Wertkonzept	Objektivierter Wert		Subjektiver Wert	Objektivierter Wert	Subjektiver Wert
Bewertungsanlass	Bewertungen im Rahmen von unternehmerischen Initiativen	Gesellschaftsrechtliche und vertragliche Bewertungen	Keine Unterscheidung nach Bewertungsanlässen		
Typisierung	mittelbar	unmittelbar	n/a*	Ggf. typisierter Ertragsteuersatz von 35%	
Berücksichtigung persönlicher Ertragsteuern	nein	ja	ja / nein	ja	ja

* Im Einzelfall auch Typisierung der steuerlichen Verhältnisse sachgerecht

Abb. 3.39 Anlassbezogene Typisierung der steuerlichen Verhältnisse des Anteilseigners

Bei der **mittelbaren Typisierung** wird die Annahme getroffen, dass die Nettozuflüsse aus dem Bewertungsobjekt und der Alternativinvestition in ein Aktienportfolio auf der Anteilseignerebene einer vergleichbaren persönlichen Besteuerung unterliegen, sodass auf die explizite Berücksichtigung persönlicher Ertragsteuern verzichtet wird (IDW 2008a, Tz. 30). Wie bereits angeführt, ist bei der Umsetzung darauf zu achten, dass sowohl die Ermittlung der zu kapitalisierenden finanziellen Überschüsse als auch die Ermittlung des Kapitalisierungszinssatzes vor Berücksichtigung der Einkommensteuer auf Ebene der Anteilseigner vorgenommen wird (IDW 2018, Kap. A, Tz. 314).

Die mittelbare Typisierung kommt bei der Ermittlung objektivierter Unternehmenswerte im Rahmen unternehmerischer Initiativen zur Anwendung. Damit wird die mittelbare Typisierung insbesondere bei Kaufpreisverhandlungen, Fairness Opinions, Zuführungen von Eigen- oder Fremdkapital, Sacheinlagen (einschließlich der Übertragung des ganzen Gesellschaftsvermögens), Börsengängen, Management Buy Out und Kreditwürdigkeitsprüfungen angewandt (IDW 2008a, Tz. 9 und 30). Bei diesen Bewertungsanlässen steht die kapitalmarktorientierte Informationsfunktion der Bewertung im Vordergrund. Gleichzeitig wird damit vor dem Hintergrund der international üblichen Bewertungen vor persönlichen Ertragsteuern der Internationalisierung der Kapitalmärkte Rechnung getragen (IDW 2018, Kap. A, Tz. 263).

Bei gesellschaftsrechtlichen und vertraglichen Bewertungsanlässen ist hingegen die **unmittelbare Typisierung** der persönlichen Ertragsteuern vorzunehmen. Dabei erfolgt die Bewertung aus der Perspektive einer inländisch unbeschränkt steuerpflichtigen natürlichen Person als Anteilseigner (IDW 2008a, Tz. 31). Seit der Unternehmensteuerreform 2008 kann dementsprechend bei Kapitalgesellschaften ein typisierter Steuersatz in Höhe der Abgeltungsteuer von 25 % (zzgl. SolZ) auf Ausschüttungen als angemessen und vertretbar angesehen werden. Sollte die Abgeltungsteuer nicht als sachgerechte typisierte Steuerlast angesehen werden, kann auch ein anderer Steuersatz angesetzt werden (IDW 2014, Tz. 44). Bspw. ist die abweichende Vorgehensweise bei Beteiligungen anzuwenden, die im Betriebsvermögen gehalten werden und für die das Teileinkünfteverfahren nach § 3 Nr. 40 EStG Anwendung findet (IDW 2014, Tz. 44).

Die Ermittlung eines objektivierten Unternehmenswerts eines Einzelunternehmens oder einer Personengesellschaft erfordert dagegen grundsätzlich eine Berücksichtigung der persönlichen Ertragsteuern, wenn die persönliche Ertragsteuer der Mitunternehmer teilweise oder ganz an die Stelle der in der Alternativrendite bereits berücksichtigten Unternehmensteuer tritt (IDW 2008a, Tz. 47).

Allerdings besteht auch bei Konzernstrukturen die Möglichkeit, die persönliche Ertragsteuer des Mitunternehmers zu vernachlässigen, wenn ausschließlich Kapitalgesellschaften Mitunternehmer der Personengesellschaft sind (Ihlau und Duscha 2012, S. 493). Dann kann die Personengesellschaft im Ergebnis steuerlich wie eine Kapitalgesellschaft behandelt und eine mittelbare Typisierung der steuerlichen Verhältnisse der Anteilseigner angenommen werden (s. auch Abschn. 4.3.5.3) (Ihlau und Duscha 2012, S. 493). In allen anderen Fällen sind in die Ableitung der finanziellen Überschüsse neben den Unternehmensteuern und auch die Steuern auf Eigentümerebene einzubeziehen. Im Rahmen der Unternehmensbewertung wird in diesem Fall überwiegend von einem allgemein anerkannten typisierten Ertragsteuersatz des Unternehmenseigners in Höhe von 35 % ausgegangen, der bereits die Belastung durch den SolZ und die Kirchensteuer beinhaltet, jedoch um die Gewerbesteueranrechnung zu kürzen ist (Popp 2008, S. 937 m. w. N., Popp und Kunowski 2015, S. 1327, IDW 2018, Kap. A, Tz. 294). Es besteht jedoch keine einheitliche Vorgabe im Hinblick auf die Höhe des herangezogenen Ertragsteuersatzes. So kann bei einer Bewertung mit wenigen, bekannten Anteilseignern auch von einem anderen Steuersatz ausgegangen werden, z. B. kann bei ausreichender Ertragskraft des Bewertungsobjektes der Spitzensteuersatz für gewerbliche Einkünfte angesetzt werden (IDW 2014, Tz. 43).

Der Ansatz des typisierten Ertragsteuersatzes wird auch teilweise bei der Bestimmung subjektiver Entscheidungswerte angesetzt. Beispielsweise erfolgt dies, wenn die Ermittlung des individuellen Steuersatzes zu aufwendig ist, da eine große Anzahl an Minderheitsgesellschaftern besteht (Behringer 2012, S. 139).

Sofern bei den zu diskontierenden finanziellen Überschüssen persönliche Ertragsteuern abgezogen werden, ist der Kapitalisierungszinssatz ebenfalls unter Berücksichtigung der Wirkungen der persönlichen Ertragsteuern anzusetzen (Wagner et al. 2008, S. 731 f.). In der Standardform des CAPM sind persönliche Ertragsteuern der Anteilseigner nicht berücksichtigt. Mithilfe des sog. Tax-CAPM (Brennan 1970, S. 417 ff.) lässt sich der lineare Zusammenhang zwischen Risiko und Rendite bei Typisierung der steuerlichen Verhältnisse auf ein Modell unter Berücksichtigung persönlicher Ertragsteuer überführen. Dabei können die einzelnen Renditekomponenten Zinserträge, Dividenden und Kurserträge identifiziert und die Höhe ihrer jeweiligen Besteuerung separat berücksichtigt werden. Der risikolose Basiszinssatz wird dabei um den Abgeltungsteuersatz von 25 % (zzgl. SolZ) in Höhe von rd. 26,4 % angepasst. Die Marktrisikoprämie vor Steuern wird ebenfalls um die Steuerwirkungen auf Dividenden und Kursgewinne angepasst. Der Kapitalisierungszinssatz nach persönlichen Ertragsteuern wird entsprechend folgendermaßen ermittelt.

	Bandbreite der Marktrisikoprämie[a]		Kommentar
	vor persönlicher Ertragsteuer	nach persönlicher Ertragsteuer	
Bewertungsstichtage bis 6.7.07	4,0% - 5,0%	5,0% - 6,0%	Halbeinkünfteverfahren für Dividenden, Kursgewinne steuerfrei
Bewertungsstichtage 7.7.07 bis 31.12.08	4,5% - 5,5%	4,5% - 5,5%	Abgeltungsteuer für Dividenden und Basiszinssatz, Kursgewinne steuerfrei
Bewertungsstichtage ab 1.1.2009	4,5% - 5,5%	4,0% - 5,0%	Abgeltungsteuer für Dividenden, Basiszinssatz und Veräußerungsgewinne
Hinweis des FAUB vom 10.1.12	4,5% - 5,5%	4,0% - 5,0%	Empfehlung einer Prüfung, ob im Zusammenhang mit der derzeit beobachtbaren erhöhten Unsicherheit am Kapitalmarkt und der damit zum Ausdruck kommenden gestiegenen Risikoaversion dem Ansatz der Marktrisikoprämie am oberen Rand der empfohlenen Bandbreiten Rechnung zu tragen ist.[b]
Hinweis des FAUB vom 19.9.12	5,5% - 7,0%	5,0% - 6,0%	Bei der Prognose der Marktrisikoprämie sind durch die Finanzmarktkrise veränderte Einflussparameter, insbesondere eine veränderte Risikotoleranz, zu berücksichtigen, so dass sich im Vergleich zu den letzten Jahren derzeit höhere Marktrisikoprämien rechtfertigen lassen.[c]

Abb. 3.40 Empfehlungen des FAUB zur Marktrisikoprämie in Abhängigkeit der steuerlichen Gegebenheiten und des Kapitalmarktumfeldes **a** Für die Bandbreiten der Marktrisikoprämie vor den Hinweisen des FAUB im Jahr 2012 vgl. IDW 2007, S. 4; **b** IDW 2012b, S. 122; **c** IDW 2012a S. 568 f.

$$r_{EK} = r_f \times \left(1 - s_{pers}\right) + \beta \times MRP^{nSt} \tag{3.14}$$

mit:

r_{EK} = Eigenkapitalkosten
r_f = Risikoloser Zinssatz
s_{pers} = Persönlicher Ertragsteuersatz (Abgeltungsteuersatz)
MRP^{nSt} = Marktrisikoprämie nach persönlichen Ertragsteuern (Abgeltungsteuer)

Zur Höhe der Marktrisikoprämie vor und nach persönlichen Ertragsteuern gibt der FAUB des IDW Empfehlungen für die Praxis heraus, die sich an den jeweiligen steuerlichen Gegebenheiten und den Entwicklungen am Kapitalmarkt orientieren. Die entsprechenden Bandbreiten vor und nach persönlichen Ertragsteuern sind in Abb. 3.40 dargestellt.

3.6.5.5 Phasenmethode und Wachstum

Bei allen kapitalwertorientierten Bewertungsverfahren werden die geplanten finanziellen Überschüsse in der Zukunft mit einem risikoäquivalenten Kapitalisierungszinssatz auf den Bewertungsstichtag abgezinst.

In der Regel wird davon ausgegangen, dass das Bewertungsobjekt unendlich lange fortbesteht. Aufgrund der Unsicherheiten, die die unternehmerische Tätigkeit mit sich bringt, ist eine langfristige Planungsrechnung in der Praxis jedoch mit Schwierigkeiten verbunden. Problematisch ist dabei vor allem, dass die zukünftige Unternehmensentwicklung von einer unüberschaubaren Anzahl von Faktoren abhängt, deren langfristige Entwicklung nur eingeschränkt absehbar ist. Von Bedeutung sind bspw. die Entwicklung der Volkswirtschaft als Ganzes, der Branche sowie einzelner Marktteilnehmer, wie z. B. wichtige Kunden, Wettbewerber und Lieferanten. Es bestehen Unsicherheiten im Hinblick auf Naturkatastrophen, technische Innovationen, mögliche Produktsubstitute, politische Einflussnahme, etc. Die Unsicherheit einer Planung nimmt mit zunehmendem Planungshorizont deutlich zu. Diesem Prognoseproblem wird durch die Phasenmethode begegnet. Dabei wird der unendliche Planungshorizont in zwei Phasen unterteilt (IDW 2008a, Tz. 77). Die nähere Phase (sog. „Detailplanungsphase") umfasst in der Regel einen Zeitraum von drei bis fünf Jahren, in denen die Bestandteile der integrierten Planung von Bilanz, GuV- sowie Cash Flow-Rechnung und die zugrunde liegenden Annahmen detailliert prognostiziert werden (IDW 2008a, Tz. 77). In der daran anschließenden Phase (sog. „ewige Rente") erfolgt keine detaillierte Planung, sondern die finanziellen Überschüsse werden mit einer Wachstumsrate pauschal fortgeschrieben, die das nachhaltige durchschnittliche jährliche Wachstum des Unternehmens repräsentiert. Die Umsetzung erfolgt dabei über die folgende, auf das Wachstumsmodell von Gordon/Shapiro zurückgehende Formel (sog. Rentenformel) (Gordon und Shapiro 1956, S. 105 f.).

$$UW_t = \frac{F\ddot{U}_{t+1}}{r - g} \tag{3.15}$$

mit:

UW_t = Unternehmenswert zu Beginn der ewigen Rente
$F\ddot{U}_{t+1}$ = Finanzieller Überschuss zu Beginn der ewigen Rente
r = Kapitalisierungszinssatz
g = Wachstumsrate

Der pauschalen Fortschreibung der finanziellen Überschüsse in der ewigen Rente liegt die Annahme zugrunde, dass (IDW 2018, Kap. A, Tz. 252)

- sich die Vermögens-, Finanz- und Ertragslage des Unternehmens am Ende der Detailplanungsphase in einem Gleichgewichts- oder Beharrungszustand befindet, sodass sich die finanziellen Überschüsse nicht mehr ändern bzw. mit einer konstanten Rate wachsen, oder
- sich die jährlichen finanziellen Überschüsse zwar noch verändern, jedoch eine als konstant angesetzte bzw. mit konstanter Rate wachsende Durchschnittsgröße die sich ändernden finanziellen Überschüsse angemessen repräsentiert.

Der theoretische Idealzustand, bei dem die finanziellen Überschüsse im ersten Jahr der ewigen Rente nahtlos an das Ende der Detailplanungsphase anschließen und sich auf dieser Basis entsprechend der Wachstumsrate entwickeln, wird in der Praxis im Regelfall nicht zutreffen (Saur et al. 2011, S. 1018). Aufgrund konjunktureller Zyklen eignet sich das letzte Jahr der Detailplanungsphase oft nicht zur pauschalen Fortschreibung. Befindet sich das Unternehmen zum Ende der Detailplanungsphase in einer Aufschwungphase ist der Unternehmenswert durch die Fortschreibung zu hoch. Bei einer Abschwungphase ist das Gegenteil der Fall (Meitner 2015, S. 662 f.). Theoretisch und praktisch besteht die Möglichkeit, in einer weiteren Übergangsphase die Detailplanungsphase bis zum Erreichen des eingeschwungenen Zustands zu verlängern (IDW 2008a, Tz. 77). Dabei können die finanziellen Überschüsse über wesentliche Kennzahlen grob geplant und auf ein nachhaltiges Niveau überführt werden. In der Praxis wird dieses Vorgehen von Wirtschaftsprüfern jedoch nur relativ selten angewandt (Saur et al. 2011, S. 1019). Stattdessen ist es gängige Praxis, nach der Detailplanungsphase von drei bis fünf Jahren unmittelbar zur ewigen Rente überzugehen. Für den entsprechenden Übergang wird in der Literatur empfohlen, Übergangseffekte vom Ende der Detailplanungsphase zur ewigen Rente in Nebenrechnungen abzubilden und barwertäquivalent in mit Beginn der ewigen Rente gleichförmige Überschüsse umzuformen (Saur et al. 2011, S. 1019). Alternativ ist es ggf. auch möglich, das nachhaltige Niveau in der ewigen Rente anhand eines Durchschnittswertes über die Detailplanungsphasen zu ermitteln (Peemöller und Kunowski 2015, S. 312 ff.). Im Ergebnis sollten jedoch die Höhe des finanziellen Überschusses und die zugrunde liegenden Annahmen in der ewigen Rente einer kritischen Überprüfung standhalten, d. h. im Einklang mit dem Unternehmenskonzept sowie den Rahmenbedingungen des Marktes und Wettbewerbs stehen. Zur Plausibilisierung der zugrunde liegenden Annahmen einer nachhaltigen Ergebnismarge und Wachstumsrate sollten auch Vergleichskennzahlen der Branche und vergleichbarer Unternehmen herangezogen werden (IDW 2008a, Tz. 79).

Darüber hinaus kann es unter Umständen sachgerecht sein, von einer begrenzten Lebensdauer des Unternehmens auszugehen, bspw. wenn ein traditionelles Unternehmen aufgrund einer disruptiven Technologie das bisherige Geschäftsmodell absehbar nicht dauerhaft aufrechterhalten kann. In diesem Fall entspricht der Unternehmenswert dem Barwert der künftigen finanziellen Überschüsse im Detailplanungszeitraum zzgl. des Barwerts der finanziellen Überschüsse, die aus der Liquidation des Unternehmens am Ende des Detailplanungszeitraumes resultieren (IDW 2014, Tz. 37 f.).

Das Wachstum in der Detailplanungsphase ist in der Planungsrechnung bereits explizit berücksichtigt. Dabei ist darauf zu achten, dass die Inflationserwartungen sowohl absatz- als auch beschaffungsseitig in der Planung (Nominalrechnung) enthalten sind. Alternativ ist auch eine Realrechnung denkbar. Dabei werden alle Nominalbeträge auf Beträge gleicher Kaufkraft umgerechnet. Theoretisch ist es möglich, bei beiden Vorgehensweisen zum gleichen Ergebnis zu kommen. In der Praxis hat sich jedoch insbesondere aufgrund der Schwierigkeiten bei der Ermittlung der Steuern und des Kapitalisierungszinssatzes die Nominalrechnung durchgesetzt (Ballwieser 2016, S. 97 f., Moxter 1983, S. 185 ff., Baetge et al. 2015, S. 452 f.).

In der ewigen Rente setzt sich das nachhaltige Wachstum, die sog. Gesamtwachstumsrate, aus einer inflationsinduzierten Komponente und einer thesaurierungsbedingten Komponente zusammen (Tschöpel et al. 2010, S. 349 f.). Bei der inflationsinduzierten Komponente handelt es sich um die effektive Teuerungsrate, die das Bewertungsobjekt in dem spezifischen Wettbewerbsumfeld gegenüber den Kunden langfristig durchsetzen kann. Darüber hinaus kann das Unternehmen unter der Voraussetzung von Erweiterungsinvestitionen nachhaltig weiteres Wachstum generieren. Da diese Erweiterungsinvestitionen bei gleichbleibender Finanzierung die Thesaurierung frei verfügbarer Mittel notwendig macht, wird diese Wachstumskomponente auch thesaurierungsbedingtes Wachstum genannt (s. auch Abschn. 3.5.1.1). Die Zusammensetzung der Gesamtwachstumsrate ist in Abb. 3.41 dargestellt.

In der ewigen Rente sind beide Komponenten getrennt voneinander zu analysieren und anzusetzen. Im Hinblick auf das inflationsbedingte Wachstum kann die erwartete Geldentwertungsrate als erster Anhaltspunkt dienen (IDW 2008a, Tz. 96). Dabei ist zu berücksichtigen, in welchem Umfang das Unternehmen voraussichtlich in der Lage ist, beschaffungsseitige Preissteigerungen auf die Abnehmerseite zu überwälzen (IDW 2008a, Tz. 96). Ein Ansatz der gesamtwirtschaftlichen Inflationsrate wäre nur bei vollständiger Überwälzbarkeit der Preissteigerungen sachgerecht. Bei der Höhe der inflationsinduzierten Wachstumsrate ist deswegen darauf zu achten, dass der Ansatz nicht aufgrund von Überlegungen im Hinblick auf die gesamtwirtschaftliche Inflationsrate, sondern in Bezug auf die effektive Teuerungsrate des Unternehmens, d. h. die Preissteigerungen, die sich im Machtgefüge zwischen Lieferanten und Kunden überwälzen lassen, erfolgt (Tschöpel et al. 2010, S. 349 f.). In der Literatur wird weiterhin gezeigt, dass bei Voraussetzung eines eingeschwungenen Zustands und einer konstanten Kapitalrendite die Preissteigerungsrate für das im Unternehmen gebundene Kapital für die Höhe der preisinduzierten Wachstumsrate entscheidend ist (Dörschell et al. 2012, S. 319, Saur et al. 2011, S. 1020).

Die Höhe des Wachstumsabschlages im Kapitalisierungszinssatz (s. Wachstumsmodell von Gordon/Shapiro) ist nicht nur abhängig von der Höhe der einzelnen Komponenten, sondern auch davon, wie das Wachstum im Bewertungskalkül berücksichtigt wird. Das thesaurierungsbedingte Wachstum in der ewigen Rente kann entweder über den Zähler (Höhe der finanziellen Überschüsse) oder über den Nenner (Höhe des Kapitalisierungszinssatzes) berücksichtigt werden. Bei der in der Praxis weit verbreiteten Berücksichtigung im Zähler werden die thesaurierten Überschüsse im Bewertungskalkül als fiktive Zurechnung an die Anteilseigner erfasst (s. Abschn. 3.5.1.1). Die Zurechnung der thesaurierten Mittel entspricht somit (von den steuerlichen Konsequenzen abgesehen) einer fiktiven Vollausschüttung. Die Erweiterungsinvestitionen und das damit verbundene Wachstum

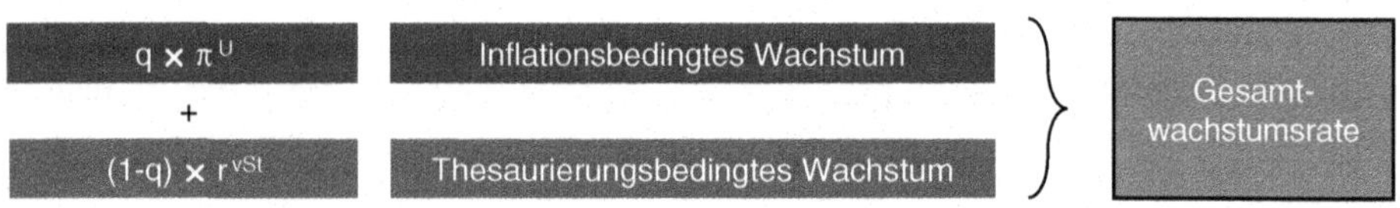

Abb. 3.41 Zusammensetzung der Gesamtwachstumsrate in der ewigen Rente. q = Ausschüttungsquote; π^U = Unternehmensspezifische nachhaltige Inflationsrate; r^{vSt} = Kapitalkosten vor persönlichen Steuern

sind somit bereits im Zähler erfasst. In diesem Fall ist der im Kapitalisierungszinssatz zu berücksichtigende Wachstumsabschlag auf das preisinduzierte Wachstum beschränkt (Saur et al. 2011, S. 1018). Werden die thesaurierten Mittel hingegen im Zähler des Bewertungskalküls nicht berücksichtigt, muss das Wachstum aus den zugrunde liegenden Erweiterungsinvestitionen durch einen höheren Wachstumsabschlag im Nenner zum Ausdruck gebracht werden (Saur et al. 2011, S. 1022).

Je nachdem welche Darstellung gewählt wird, ist der Wachstumsabschlag im Kapitalisierungszinssatz höher (inklusive Mengenkomponente) oder niedriger (exklusive Mengenkomponente). Aufgrund der in der Praxis überwiegend angewandten direkten Zurechnung der thesaurierten Mittel ist das thesaurierungsbedingte Wachstum in der Regel bereits im Zähler berücksichtigt. Der Wachstumsabschlag im Kapitalisierungszinssatz umfasst daher nur die unternehmensspezifische Teuerungsrate. Die beiden Vorgehensweisen bei der Berücksichtigung des Wachstums in der ewigen Rente sind anhand eines Beispiels in Abb. 3.42 vereinfachend dargestellt (Tschöpel et al. 2010, S. 357 i. V. m, 2010, S. 408 f., Pawelzik 2010, S. 964 ff.).

Dabei wurden die folgenden Parameter angenommen:

$FÜ_{t+1}$ = Finanzieller Überschuss zu Beginn der ewigen Rente = 89,7
q = Ausschüttungsquote = 60 %
s_a = Abgeltungsteuersatz inkl. SolZ = 26,375 %
s_k = Effektive Veräußerungsgewinnsteuer inkl. SolZ = 13,188 %
r^{vSt} = Kapitalkosten vor persönlichen Steuern = 9,97 %
r^{nSt} = Kapitalkosten nach persönlichen Steuern = 7,94 %
π^U = Unternehmensspezifische nachhaltige Inflationsrate

Das Wachstum in der ewigen Rente beschränkt sich allerdings nicht allein auf die finanziellen Überschüsse. Bei einer unternehmensspezifischen Preissteigerungsrate von 1 % und der fiktiven Zurechnung der thesaurierten Mittel (kapitalwertneutrale Wiederanlage) steigen auch sämtliche bilanziellen Vermögenswerte und Schulden jedes Jahr um 1 % (Dörschell et al. 2012, S. 322). Vorräte oder Forderungen aus Lieferungen und Leistungen bspw. werden in jeder Periode durch den Liefer- und Leistungsprozess des Unternehmens umgeschlagen und durch neue Vermögenswerte ersetzt, die inflationsbedingt im Wert steigen. Das gleiche Prinzip gilt für das Anlagevermögen, da die Ersatzinvestitionen aufgrund der Inflation über den Abschreibungen liegen (Pawelzik 2010, S. 966). Wenn die Finanzierungsstruktur sowie die Eigenkapitalkosten in der ewigen Rente konstant sein sollen, folgt daraus, dass sowohl das Eigenkapital als auch das Fremdkapital ebenfalls um die Wachstumsrate steigen müssen (Saur et al. 2011, S. 1023). Es wird unterstellt, dass sich Eigenkapitalgeber und Fremdkapitalgeber gleichermaßen an dem gestiegenen Finanzierungsbedarf beteiligen, sodass bei der Ermittlung der zu kapitalisierenden Ergebnisse in der ewigen Rente eine zur Wachstumsfinanzierung notwendige Thesaurierung in Höhe von 1 % des Eigenkapitals in Abzug zu bringen ist (sog. wachstumsbedingte Thesaurierung oder kurz Wachstumsthesaurierung) (Stellbrink 2005, S. 229; Pawelzik 2010, S. 967). Dabei wird vorausgesetzt, dass die finanziellen

Thesaurierungsbedingtes Wachstum im Nenner

$$UW_t = \frac{q \times F\ddot{U}_{t+1} \times (1 - s_a)}{r^{nSt} - ((1-q) \times r^{vSt} + q \times \pi^U) \times (1 - s_k)}$$

$$UW_t = \frac{60\% \times 89{,}7 \times (1 - 26{,}375\%)}{7{,}94\% - ((1 - 60\%) \times 9{,}97\% + 60\% \times 1\%) \times (1 - 13{,}188\%)}$$

$$UW_t = \frac{39{,}6}{7{,}94\% - 3{,}98\%} = 1.000$$

Thesaurierungsbedingtes Wachstum im Zähler

$$UW_t = \frac{q \times F\ddot{U}_{t+1} \times (1 - s_a) + (1-q) \times F\ddot{U}_{t+1} \times (1 - s_k)}{r^{nSt} - \pi^U \times (1 - s_k)}$$

$$UW_t = \frac{60\% \times 89{,}7 \times (1 - 26{,}375\%) + (1 - 60\%) \times 89{,}7 \times (1 - 13{,}188\%)}{7{,}94\% - 1\% \times (1 - 13{,}188\%)}$$

$$UW_t = \frac{70{,}7}{7{,}94\% - 0{,}87\%} = 1.000$$

Abb. 3.42 Berücksichtigung des Wachstums in der ewigen Rente (Tschöpel et al. 2010, S. 408 f.)

Überschüsse in der ewigen Rente als gewinn- und ertragsorientierte Größe abgeleitet werden. Bei einer Cash Flow-orientierten Ermittlung der finanziellen Überschüsse in der ewigen Rente ist dagegen der Abzug einer Wachstumsthesaurierung bei der Ermittlung der zu kapitalisierenden Ergebnisse nicht erforderlich.[30]

[30]Siehe Saur et al. 2011, S. 1023 ff. für eine Gegenüberstellung der Vorgehensweisen bei der Ableitung der finanziellen Überschüsse in der ewigen Rente.

Literatur

Aders, C., und M. Wagner. 2004. Kapitalkosten in der Bewertungspraxis: Zu hoch für die "New Economy" und zu niedrig für die "Old Economy". *Finanz Betrieb* 6 (1): 30–42.

AWH. 2016. Handbuch: Unternehmensbewertung im Handwerk. AWH-Standard. Version 5.0. https://www.google.de/url?sa=t&rct=j&q=&esrc=s&source=web&cd=1&ved=0ahUKEwifqdjqye3WAhVEb1AKHUI0AC0QFggnMAA&url=http%3A%2F%2Fwww.hwk-wiesbaden.de%2FviewDocument%3Fonr%3D44%26id%3D455&usg=AOvVaw0hy2pzHCRztCWLMPQZSEyE. Zugegriffen: 13. Okt. 2017.

Baetge, J., K. Niemeyer, J. Kümmel, und R. Schulz. 2015. Darstellung der Discounted Cashflow-Verfahren (DCF-Verfahren) mit Beispiel. In *Praxishandbuch der Unternehmensbewertung*, 6. Aufl, Hrsg. V. Peemöller, 353–508. Herne: NWB.

Ballwieser, W. 2012. *Unternehmensbewertung zwischen Fakten und Fiktionen*. München: Verlag der Bayerischen Akademie der Wissenschaften.

Ballwieser, W. 2015. Verbindungen von Ertragswert- und DCF-Verfahren. In *Praxishandbuch der Unternehmensbewertung*, 6. Aufl, Hrsg. V. Peemöller, 509–520. Herne: NWB.

Ballwieser, W. 2016. *Unternehmensbewertung – Prozess, Methoden und Probleme*, 5. Aufl. Stuttgart: Schäffer Poeschel.

Ballwieser, W., und R. Leuthier. 1986. Betriebswirtschaftliche Steuerberatung: Grundprinzipien, Verfahren und Probleme der Unternehmensbewertung (Teil II). *DStR* 24 (18): 604–610.

Ballwieser, W., L. Kruschwitz, und A. Löffler. 2007. Einkommensteuer und Unternehmensbewertung – Probleme mit der Steuerreform 2008. *WPg* 60 (18): 756–769.

Balz, U., und H. Bordemann. 2007. Ermittlung von Eigenkapitalkosten zur Unternehmensbewertung mittelständischer Unternehmen mithilfe des CAPM. *Finanz Betrieb* 9 (9): 737–743.

Barthel, C.W. 2007. Unternehmenswert: Auswahl der Bezugsgrößen bei Market Multiples. *Finanz Betrieb* 9 (11): 666–674.

Baumann, R. 1996. *Der Einfluss latenter Ertragsteuern auf die zivilrechtliche Bewertung von Anteilen an einer Personengesellschaft*. Baden-Baden: Nomos.

Behringer, S. 2008. Die Bewertung einer freiberuflichen Praxis mit dem Ertragswertverfahren. *StuB* 10 (4): 145–149.

Behringer, S. 2012. *Unternehmensbewertung der Mittel- und Kleinbetriebe*, 5, neu bearbeitete u. erweiterte Aufl. Berlin: Schmidt.

Bericht des Finanzausschusses. 2008. Entwurf eines Gesetzes zur Reform des Erbschaftsteuer- und Bewertungsrechts (Erbschaftsteuerreformgesetz – ErbStRG), BT-Drucks. 16/11107. 26.11.2008.

Berner, C., und J. Rojahn. 2003. Anwendungseignung von marktorientierten Multiplikatoren. *Finanz Betrieb* 5 (3): 155–161.

Beumer, J., und H. Duscha. 2015. Steuerliche Bewertungsmaßstäbe. In *Praxishandbuch der Unternehmensbewertung*, 6. Aufl, Hrsg. V. Peemöller, 1411–1443. Herne: NWB.

BGH. 1973. Entscheidung vom 17.01.1973 – IV ZR 142/70. *Der Betrieb* 1973:563–565.

BGH. 1978. Entscheidung vom 13.3.1978 – II ZR 142/46. *Der Betrieb* 1978:974–977.

BGH. 1991. Entscheidung vom 16.12.1991 – II ZR 58/91. *NJW* 1992:892.

BGH. 1993a. Entscheidung vom 24.5.1993 – II ZR 36/92. *DStR* 1993:1109.

BGH. 1993b. Entscheidung vom 20.09.1993 – II ZR 104/92. *NJW* 1993:3193–3194.

BGH. 1993c. Entscheidung vom 24.05.1993 – II ZR 36/92. *NJW* 1993:2101–2102.

BGH. 1994a. Entscheidung vom 13.06.1994 – II ZR 38/93. *NJW* 1994:2536.

BGH. 1994b. Entscheidung vom 10.02.1994 – IX ZR 109/93. *NJW* 1994:1472–1474.

BGH. 1994c. Entscheidung vom 13.06.1994 – II ZR 38/93. *NJW* 1994:2536.

BGH. 1995. Entscheidung vom 9.1.1995 – II ZR 149/94. *DStR* 1995:461.

BGH. 2001. Entscheidung vom 17.12.2001 – II ZR 348/99. *NZG* 2002:176.
BGH. 2011a. Entscheidung vom 2.2.2011 – XII ZR 185/09. *BGHZ* 188:249 ff.
BGH. 2011b. Entscheidung vom 9.2.2011 – XII ZR 40/09. *BGHZ* 188:282 ff.
BGH. 2015. Entscheidung vom 29.9.2015 – II ZB 23/14. *BGHZ* 207:114.
Blum, A. 2008. Auswirkungen der Unternehmensteuerreform 2008 auf die Bewertung von Unternehmen mittels APV-Ansatz. *WPg* 61 (10): 455–463.
Blume, M. 1971. On the assessment of risk. *Journal of Finance* 26 (1): 1–10.
Blume, M. 1975. Betas and their regression tendencies. *Journal of Finance* 30 (3): 785–795.
Blume, M. 1979. Betas and their regression tendencies: Some further evidence. *Journal of Finance* 34 (1): 265–267.
BMF. 2010. Grundsätze für die Prüfung der Einkunftsabgrenzung zwischen nahestehenden Personen in Fällen von grenzüberschreitenden Funktionsverlagerungen (Verwaltungsgrundsätze Funktionsverlagerung). Schreiben vom 13.10.2010. *BStBl I* 2010:774.
BMF. 2011. Bewertung von Unternehmen und Anteilen an Kapitalgesellschaften; Anwendung der bewertungsrechtlichen Regelungen für ertragsteuerliche Zwecke. Schreiben vom 22.9.2011. *BStBl I* 2011:859.
BMF. 2016. Bewertung nicht notierter Anteile an Kapitalgesellschaften und des Betriebsvermögens; Basiszins für das vereinfachte Ertragswertverfahren nach § 203 Absatz 2 BewG. Schreiben vom 4.1.2016. *BStBl I* 2016:5.
Breithaupt, J., und J. Ottersbach. 2010. *Kompendium Gesellschaftsrecht*. München: Beck.
Brennan, M. 1970. Taxes, market valuation and corporate financial policy. *National Tax Journal* 23 (4): 417–427.
Brennan, M.J., und E.S. Schwartz. 1978. Corporate income taxes, valuation, and the problem of optimal capital structure. *The Journal of Business* 51 (1): 103–114.
Bretzke, W.-R. 1976. Zur Problematik des Objektivitätsanspruchs in der Unternehmensbewertungslehre – Ein Nachtrag zu einem Methodenstreit. *BFuP* 28 (6): 543–553.
Bruski, J. 2005. Kaufpreisbemessung und Kaufpreisanpassung im Unternehmenskaufvertrag. *Betriebs-Berater* 60 (30): 19–30.
BStBK. 2016. Berufsrechtliches Handbuch (Stand: August 2016). https://www.bstbk.de/export/sites/standard/de/ressourcen/Dokumente/04_presse/publikationen/03_berufsrecht/68_Komplettwerk_2016.pdf. Zugegriffen: 16. Okt 2017.
Bungert, H. 2008. Rückwirkende Anwendung von Methodenänderungen bei der Unternehmens-bewertung. *WPg* 61 (17): 811–821.
BVerfG. 1999. Entscheidung vom 27.4.1999 – 1 BvR 1613/94. *AG* 1999:566.
BVerfG. 2010. Entscheidung vom 20.12.2010 – 1 BvR 2323/07. *Der Betrieb* 2011:289.
Cain, M.D., D.J. Denis, und D.K. Denis. 2011. Earnouts – A study of finanical contracting in acquisition agreements. *Journal of Accounting and Economics* 51:151–170.
Castedello, M., M. Jonas, S. Schieszl, und C. Lenckner. 2018. Die Marktrisikoprämie im Niedrigzinsumfeld – Hintergrund und Erläuterung der Empfehlung des FAUB. *WPg* 71 (13): 806–825.
Coenenberg, A.G., und W. Schultze. 2002. Das Multiplikator-Verfahren in der Unternehmens-bewertung. *Finanz Betrieb* 4 (12): 697–703.
Coenenberg, A.G., und G. Sieben. 1976. Unternehmensbewertung. In *Handwörterbuch der Betriebswirtschaft*, 4. Aufl. Bd. 3, Hrsg. E. Grochla, W. Wittmann, S. 4062–4079. Stuttgart: Poeschel.
Copeland, T., J. Weston, und K. Shastri. 2008. *Finanzierungstheorie und Unternehmenspolitik*, 4. Aufl. München: Pearson Studium.
Creutzmann, A. 2008. Unternehmensbewertung im Steuerrecht – Neuregelung des Bewertungsgesetzes ab 1.1.2009. *Der Betrieb* 63 (51/52): 2784–2791.

Creutzmann, A. 2013. Net Asset Value in Theorie und Praxis. *BewertungsPraktiker* 2 (2013): 64–69.

Damodaran, A. 2008. What is the riskfree rate? A search for the basic building block. Working paper. http://www.stern.nyu.edu/~adamodar/pdfiles/papers/riskfreerate.pdf. Zugegriffen: 23. Jan 2013.

Daske, H., und K. Wiesenbach. 2005. Praktische Probleme der zukunftsorientierten Schätzung von Eigenkapitalkosten am deutschen Kapitalmarkt. *Finanz Betrieb* 7 (6): 407–419.

Deutsche Bundesbank. 2011. Basel III – Leitfaden zu den neuen Eigenkapital- und Liquiditätsregeln für Banken. http://www.bundesbank.de/Redaktion/DE/Downloads/Veroeffentlichungen/Buch_Broschuere_Flyer/bankenaufsicht_basel3_leitfaden.pdf?__blobpublicationFile. Zugegriffen: 23. Jan 2013.

Deutsche Bundesbank. 2017. Parameter (Monats- und Tageswerte). https://www.bundesbank.de/Navigation/DE/Statistiken/Zeitreihen_Datenbanken/Makrooekonomische_Zeitreihen/its_list_node.html?listId=www_skms_it03c. Zugegriffen: 13. Okt. 2017.

Deutscher Bundestag. 2005. 15. Wahlperiode. Drucksache 15/5092 vom 14. März 2005.

Dinstuhl, V. 2003. *Konzernbezogene Unternehmensbewertung – DCF-orientierte Konzern- und Segmentbewertung unter Berücksichtigung der Besteuerung*. Wiesbaden: Dt. Univ.-Verl.

Dirscherl, G., und M. Salcher. 2007. Deutschland. In *Unternehmensbewertung für Praktiker*, Hrsg. G. Kranebitter, 17–20. Wien: Linde.

Dörschell, A., und L. Franken. 2005. Rückwirkende Anwendung des neuen IDW-Standards zur Durchführung von Unternehmensbewertungen. *Der Betrieb* 60 (42): 2257–2258.

Dörschell, A., L. Franken, und J. Schulte. 2006. Bewertung von Beteiligungen nach IDW RS HFA 10 – Darstellung und Analyse vor dem Hintergrund der Neufassung des IDW S 1 sowie des IDW RS HFA 16. *WPg* 59 (16): 1060–1069.

Dörschell, A., L. Franken, und J. Schulte. 2008. Ermittlung eines objektivierten Unternehmenswertes für Personengesellschaften nach der Unternehmensteuerreform 2008. *WPg* 61 (10): 444–454.

Dörschell, A., S. Ihlau, und P.W. von Lackum. 2010. Die Wertermittlung für kundenorientierte immaterielle Vermögenswerte – Bewertungsgrundsätze und Vorgehen am Beispiel der Residualwertmethode. *WPg* 63 (19): 978–988.

Dörschell, A., L. Franken, und J. Schulte. 2012. *Der Kapitalisierungszinssatz in der Unternehmensbewertung*, 2. überarbeitete u. erweiterte Aufl. Düsseldorf: IDW.

Dörschell, A., L. Franken, und J. Schulte. 2016. *Kapitalkosten und Multiplikatoren für die Unternehmensbewertung*, 4. Aufl. Düsseldorf: IDW.

Drukarczyk, J., und A. Schüler. 2016. *Unternehmensbewertung*, 7. vollständig überarbeitete u. erweiterte Aufl. München: Vahlen.

Enzinger, A., und P. Kofler. 2010. Das Adjusted-Present-Value-Verfahren in der Praxis. In *Unternehmensbewertung – Theoretische Grundlagen – Praktische Anwendung. Festschrift für Gerwald Mandl zum 70*, Hrsg. H. Königsmaie und K. Rabel., 185–215. Wien: Linde.

ErbStRG. 2008. Gesetz zur Reform des Erbschaftsteuer- und Bewertungsrechts vom 24.12.2008. *BGBl.* I 2008: 3018.

ErbStR. 2003. Allgemeine Verwaltungsvorschrift zur Anwendung des Erbschaftsteuer- und Schenkungsteuerrechts (Erbschaftsteuer-Richtlinien 2003 – ErbStR 2003) vom 17.03.2003.

Europäische Zentralbank. 2017. Yield curve. http://sdw.ecb.europa.eu/browse.do?node=9691126. Zugegriffen: 13. Okt. 2017.

Fama, E., und K. French. 1992. The cross-section of expected stock returns. *Journal of Finance* 47 (2): 427–465.

Fama, E., und K. French. 1993. Common risk factors in the returns on stocks and bonds. *Journal of Financial Economics* 33 (1): 3–56.

Fama, E., und K. French. 1996. Multifactor explanations of asset pricing anomalies. *Journal of Finance* 51 (1): 55–84.

Fama, E., und K. French. 2004. The capital asset pricing model: Theory and evidence. *Journal of Economic Perspectives* 18 (3): 25–46.

FAZ. 2012. Deutschlands Spitzenrating ist bedroht. http://www.faz.net/aktuell/wirtschaft/ratingagentur-senkt-den-ausblick-deutschlands-spitzenrating-ist-bedroht-11830187.html. Zugegriffen: 17. Apr. 2013.

Finance Magazin. 2017. EBIT- und Umsatzmultiplikatoren für den Unternehmenswert, September/Oktober 2017. http://www.finance-magazin.de/fileadmin/PDF/Multiples/FINANCE-Multiples-05-2017.pdf. Zugegriffen: 16. Okt. 2017.

Finance Magazin. 2018. https://www.finance-magazin.de/finanzierungen/kredite-anleihen/mittelstandsanleihe-versinkt-in-der-bedeutungslosigkeit-2008011. Zugegriffen: 20. Aug. 2018.

FitchRatings. 2018a. Fitch Affirms France at ‚AA'; Outlook Stable. https://www.fitchratings.com/site/pr/10038645. Zugegriffen: 13. Dezember 2018.

FitchRatings. 2018b. Fitch Affirms U.S. at ‚AAA'; Outlook Stable. https://www.fitchratings.com/site/pr/10025938. Zugegriffen: 13. Dezember 2018.

FM Bayern. 2009. Schreiben betr. Umsetzung der Reform des Erbschaftsteuer- und Bewertungsrechts; Bewertung des Unternehmensvermögens. Schreiben vom 30.12.2009.

Förschle, G. und M. Deubert M. 2012. Kommentierung zu § 301 HGB. In: Beck'scher Bilanz-Kommentar Handels- und Steuerbilanz, 8., völlig neubearbeitete Aufl, Hrsg. H. Ellrott, G. Förschle, B. Grottel et al. München: Beck.

Franken, L., J. Schulte, und M. Rowoldt. 2018. Bewertung von KMU und übertragbare Ertragskraft: Ein Anwendungsbeispiel. *WPg* 71 (38): 38–48.

FTD. 2012. USA verlieren „AAA"-Rating. Financial Times Deutschland. http://www.ftd.de/politik/konjunktur/:herabstufung-durch-s-p-usa-verlieren-aaa-rating/60088139.html. Zugegriffen: 6. März 2013.

FVerlV. 2008. Verordnung zur Anwendung des Fremdvergleichsgrundsatzes nach § 1 Abs. 1 des Außensteuergesetzes in Fällen grenzüberschreitender Funktionsverlagerungen (Funktionsverlagerungsverordnung – FVerlV) vom 12. August 2008. *BGBl.* I: 1680.

Goldschmidt, C.-U. 2012. *Earn-Out-Klauseln in Unternehmenskaufverträgen. Mergers & Acquisitions.* Düsseldorf: Fachverlag der Verlagsgruppe Handelsblatt.

Gordon, M., und E. Shapiro. 1956. Capital equipment analysis: The required rate of profit. *Management Science* 3 (1): 102–110.

Göthel, S.R. 2012. Erwerb von Familienunternehmen durch Familienfremde – Potenzielle Erwerber und Verfahrensablauf. *Betriebs-Berater* 67 (12): 726–728.

Götz, A., und A. Hartmann. 2012. Eigenemission von Mittelstandsanleihen – Ein empirischer Kostenvergleich mit der Konsortialfinanzierung. *CF biz* 3 (4): 204–213.

Großfeld, B. 2016. *Recht der Unternehmensbewertung*, 8. Aufl. Köln: RWS.

Grün, A., M. Salcher, J. Fecher, und T. Kupke. 2010. Fairness Opinions: Regelungsbereiche gemäß IDW ES 8. *WPg* 63 (12): 645–654.

Hachmeister, D. 2000. *Der Discounted Cash Flow als Maß der Unternehmenswertsteigerung*, 4. Aufl. Frankfurt a. M.: Lang.

Handelsblatt. 2018. Fitch bestätigt „AAA"-Spitzennote für Deutschland. https://www.handelsblatt.com/politik/konjunktur/nachrichten/ratingagentur-fitch-bestaetigt-aaa-spitzennote-fuer-deutschland/22880300.html. Zugegriffen: 13. Dezember 2018.

HansOLG Hamburg. 2000. Entscheidung vom 3.8.2000 11 W 36/95. *NZG* 2001:471.

Henselmann, K. 2005. Auswirkungen der Rechnungslegung auf die Unternehmensbewertung: HGB versus IFRS. *Unternehmensbewertung & Management* 8 (2005): 246–250.

Henselmann, K. 2015. Geschichte der Unternehmensbewertung. In *Praxishandbuch der Unternehmensbewertung*, 6. Aufl, Hrsg. V. Peemöller, 95–130. Herne: NWB.

Hilgard, M. 2010. Earn-Out-Klauseln beim Unternehmenskauf. *Betriebs-Berater* 65 (48): 2912–2919.

IDW. 2003. *Erhebungsbogen zur Unternehmensbewertung*. Düsseldorf: IDW.

IDW. 2005. IDW Standard: Grundsätze zur Durchführung von Unternehmensbewertungen (IDW S. 1), Stand: 18. Oktober 2005. *WPg* 58 (23): 1303–1321.

IDW. 2007. *Ergebnisbericht-Online über die 95. Sitzung des Fachausschusses für Unternehmensbewertung und Betriebswirtschaft (FAUB)*. Düsseldorf: IDW.

IDW. 2008a. IDW Standard: Grundsätze zur Durchführung von Unternehmensbewertungen (IDW S. 1 i. d. F. 2008), Stand: 2. April 2008. *WPg* Suppl 3/2008: 68 ff. (*FN-IDW* 7/2008:271 ff.).

IDW. 2008b. Ergänzende Hinweise des FAUB zur Bestimmung des Basiszinssatzes im Rahmen objektivierter Unternehmensbewertungen. *FN-IDW* 11 (2008): 490–491.

IDW. 2011. IDW Standard: Grundsätze für die Erstellung von Fairness Opinions (IDW S. 8), Stand: 17. Januar 2011. *WPg* Suppl 1/2011: 85 ff. (FN-IDW 3/2011:151 ff.).

IDW. 2012a. Hinweise zur Berücksichtigung der Finanzmarktkrise bei der Ermittlung des Kapitalisierungszinssatzes. *FN-IDW* 10 (2012): 568–569.

IDW. 2012b. Hinweise des Fachausschusses für Unternehmensbewertung und Betriebswirtschaft (FAUB) zu den Auswirkungen der aktuellen Kapitalmarktsituation auf die Ermittlung des Kapitalisierungszinssatzes. *FN-IDW* 2 (2012): 122.

IDW. 2012c. IDW Stellungnahme zur Rechnungslegung: Anwendung der Grundsätze des IDW S. 1 bei der Bewertung von Beteiligungen und sonstigen Unternehmensanteilen für Zwecke des handelsrechtlichen Jahresabschlusses (IDW RS HFA 10). Stand 29. November 2012. *FN-IDW* 1 (2013): 62.

IDW. 2014. Besonderheiten bei der Ermittlung eines objektivierten Unternehmenswerts kleiner und mittelgroßer Unternehmen (IDW Praxishinweis 1/2014). Stand: 5. Februar 2014 *WPg* Suppl 2/2014:28 ff. *FN-IDW* 4/2014:282 ff.

IDW. 2016a. IDW Standard: Besonderheiten bei der Unternehmensbewertung zur Bestimmung von Ansprüchen im Familien- und Erbrecht (IDW S. 13). Stand: 6. April 2016. *IDW Life* 7 (2016): 574 ff.

IDW. 2016b. IDW Stellungnahme zur Rechnungslegung: Einzelfragen zu Wertminderungen von Vermögenswerten nach IAS 36 (IDW RS HFA 40). Stand: 14. Juni 2016. *WPg* 2/2015:77 ff., *FN-IDW* 6/2015:335 ff., *IDW Life* 7/2016:550.

IDW. 2017a. Beurteilung einer Unternehmensplanung bei Bewertung, Restrukturierungen, Due Diligence und Fairness Opinion (IDW Praxishinweis 2/2017). Stand: 2. Januar 2017. *IDW Life* 3/2017:343 ff.

IDW. 2017b. Fragen und Antworten zur praktischen Anwendung des IDW Standards: Grundsätze zur Durchführung von Unternehmensbewertungen (IDW S. 1 i.d.F. 2008). Stand: 8. Februar 2017. *IDW Life* 7/2016:580 ff., *IDW Life* 8/2017:731, *IDW Life* 3/2017:351.

IDW. 2018. *WPH Edition, Bewertung und Transaktionsberatung*. Düsseldorf: IDW.

Ihlau, S., und H. Duscha. 2012. Hinweise zur Anwendung von IDW S 1 bei der Bewertung von KMU. WPg 65 (9): 489–499.

Ihlau, S., und H. Duscha. 2015. Liquidationswert. In *Praxishandbuch der Unternehmensbewertung*, 6. Aufl, Hrsg. V. Peemöller, 807–830. Herne: NWB.

Ihlau, S., und K.-H. Barth. 2016. Grundlegender Wandel von Geschäftsmodellen durch die digitale Transformation – Auswirkungen auf die Unternehmensbewertung. *Betriebs-Berater* 71 (18): 1068–1072.

Ihlau, S., und S. Gödecke. 2010. Earn-Out-Klauseln als Instrument für die erfolgreiche Umsetzung von Unternehmenstransaktionen. *Betriebs-Berater* 65 (12): 687–691.

Ihlau, S., und S. Gödecke. 2012. M&A-Transaktionen in volatilen Märkten. *Betriebs-Berater* 67 (14): 887–892.

Ihlau, S., und T. Kohl. 2017. Praxis der Unternehmensbewertung im Familien- und Erbrecht – Anwendungshilfen im neuen Standard IDW S 13. *WPg* 7:397–402.

Jonas, M. 2008. Besonderheiten der Unternehmensbewertung bei kleinen und mittleren Unternehmen. *WPg* (Sonderheft) 61:117–122.
Jonas, M. 2011. Die Bewertung mittelständischer Unternehmen – Vereinfachungen und Abweichungen. *WPg* 64 (7): 299–309.
Jonas, M., H. Wieland-Blöse, und S. Schiffarth. 2005. Basiszinssatz in der Unternehmensbewertung. *Finanz Betrieb* 7 (10): 647–653.
KBV. 2008. Hinweise zur Bewertung von Arztpraxen. *Deutsches Ärzteblatt* 105 (51–52): A2278–A2280.
Knief, P. 2009. Die „Bewertung medizinischer Praxen" nach dem 31.12.2008. *Der Betrieb* 64 (17): 866–870.
Kohl, T. 2009. Überblick zum und Würdigung des vereinfachten Ertragswertverfahrens nach dem neuen Bewertungsrecht. *Zeitschrift für Erbrecht und Vermögensnachfolge* 16 (11): 554–558.
Kohl, T., und J. König. 2012. Das vereinfachte Ertragswertverfahren im Lichte des aktuellen Kapitalmarktumfeldes. *Betriebs-Berater* 67 (10): 607–611.
Kohl, T., und S. Schröder. 2016. Besonderheiten bei der Ermittlung von Schiedswerten. *WPg* 69 (24): 1376–1382.
Kranebitter, G. 2007. *Unternehmensbewertung für Praktiker*, 2. Aufl. Wien: Linde.
Kruschwitz, L., und A. Löffler. 1999. Sichere und unsichere Steuervorteile bei der Unternehmensbewertung I, Arbeitspapier. http://www.econbiz.de/archiv/b/fub/bank/steuervorteile.pdf. Zugegriffen: 11. Jan. 2013.
Kunowski, S. 2015. Bewertungen im Rahmen von Unternehmenserwerben für Zwecke der Rechnungslegung nach IFRS 3 (Purchase Price Allocation). In *Praxishandbuch der Unternehmensbewertung*, 6. Aufl, Hrsg. V. Peemöller, 897–910. Herne: NWB.
LG Dortmund. 2007. Entscheidung vom 16.7.2007 – 18 AktE 23/03. *Der Konzern* 2008:241–243.
Lintner, J. 1965. Security prices, risk, and maximal gains from diversification. *Journal of Finance* 20 (4): 587–615.
Liu, J., D. Nissim, und J. Thomas. 2007. Is cash flow king in valuations? *Financial Analysts Journal.* http://leeds-faculty.colorado.edu/bhagat/IsCashflowKIng-FAJ.pdf. Zugegriffen: 8. Apr. 2013.
Löhnert, P., und U. Böckmann. 2015. Multiplikatorbewertung in der Unternehmensbewertung. In *Praxishandbuch der Unternehmensbewertung*, 6. Aufl, Hrsg. V. Peemöller, 785–806. Herne: NWB.
Mandl, G., und K. Rabl. 1997. *Unternehmensbewertung. Eine praxisorientierte Einführung*. Wien: Ueberreuter.
Markowitz, H. 1952. Portfolio selection. *Journal of Finance* 7 (1): 77–91.
Matschke, M.J. 1971. Der Arbitrium- oder Schiedsspruchwert der Unternehmung – Zur Vermittlerfunktion eines unparteiischen Gutachters bei der Unternehmensbewertung. *BFuP* 23 (9): 508–520.
Matschke, M.J. 1976. Der Argumentationswert der Unternehmung – Unternehmensbewertung als Instrument der Beeinflussung in der Verhandlung. *BFuP* 28 (6): 517–524.
Matschke, M.J. 2013. Referenzmodelle zur Bestimmung der angemessenen Abfindung von Minderheitskapitalgesellschaftern – Günther Sieben zum 80. Geburtstag. *BFuP* 65 (1): 14–54.
Matschke, M.J., und G. Brösel. 2013. *Unternehmensbewertung*, 4. Aufl. Heidelberg: Gabler.
Mecklenbrauck, D. 2000. Abfindungsbeschränkungen in Gesellschaftsverträgen. *Betriebs-Berater* 55 (40): 2001–2005.
Meier-Burkert, F. 2011. Corporate Bonds – Anleihemarkt mag Mittelständler. http://www.ftd.de/karriere/management/:corporate-bonds-anleihemarkt-mag-mittelstaendler/50216781.html. Zugegriffen: 24. Jan 2013.
Meitner, M. 2015. Der Terminal Value in der Unternehmensbewertung. In *Praxishandbuch der Unternehmensbewertung*, Hrsg. V. Peemöller, 647–697. Herne: NWB.
Mellerowicz, K. 1952. *Der Wert der Unternehmung als Ganzes*. Essen: W. Girardet.
Modigliani, F., und M. Miller. 1958. The cost of capital, corporation finance and the theory of investment. *The American Economic Review* 48 (3): 261–297.

Modigliani, F., und M. Miller. 1963. Corporate income taxes and the cost of capital: A correction. *The American Economic Review* 53 (3): 433–443.

Mossin, J. 1966. Equilibrium in a capital asset market. *Econometrica* 34 (4): 768–783.

Moxter, A. 1976. *Grundsätze ordnungsmäßiger Unternehmensbewertung*. Wiesbaden: Gabler.

Moxter, A. 1983. *Grundsätze ordnungsmäßiger Unternehmensbewertung*, 2. Aufl. Wiesbaden: Gabler.

Müller, E. 2005. Benefits of control, capital structure and company growth. Discussion paper no. 05–55. http://econstor.eu/bitstream/10419/24147/1/dp0555.pdf. Zugegriffen: 19. März 2013.

Nickert, C. 2013. Erfordernis einer Unternehmensbewertung in der Insolvenz? In *Festschrift für Hans Haarmeyer zum 65. Geburtstag*, Hrsg. H. Grote, M. Obermüller, und G. Pape, 175–190. Köln: Carl Heymanns.

Oelke, H., H.-T. Wöhlert, und S. Degen. 2010. Debt-Mezzanine Swap – Königsweg für die Restrukturierungsfinanzierung. *Betriebs-Berater* 65 (6): 299–303.

OLG Dresden. 2000. Entscheidung vom 18.05.2000 – 21 U 3559/99. *NZG* 2000:1042.

OLG Düsseldorf. 2009. Entscheidung vom 10.6.2009 – I-26 W 1/07 (AktE). *AG* 2009:906.

OLG Frankfurt am Main. 2010. Entscheidung vom 17.6.2010 – 5 W 39/09. *Der Konzern* 2011:47.

OLG Frankfurt am Main. 2012. Entscheidung vom 5.3.2012 – 21 W 11/11. *AG* 2012:417–422.

OLG Hamm. 2014. Entscheidung vom 10.4.2014 – 10 U 35/13. *BeckRS* 2014:11567.

OLG Karlsruhe. 2006. Entscheidung vom 10. 1. 2006 – 8 U 27/05. *NJOZ* 2006:3001.

OLG München. 2006. Entscheidung vom 11.7.2006 – 31 Wx 41, 66/05. *ZIP* 2006:1722 ff.

OLG München. 2012. Entscheidung vom 4.4.2012 – 3 U 4952/10. *BeckRS* 2012:08586.

OLG Stuttgart. 2008. Entscheidung vom 14.2.2008 – 20 W 9/06. *AG* 2008:783–790.

OLG Stuttgart. 2009. Entscheidung vom 22.9.2009 – 20 W 20/06. *AG* 2010:42.

OLG Stuttgart. 2011a. Entscheidung vom 19.1.2011 – 20 W 2/07 und 20 W 3/09. *ZIP* 2011:382 ff.

OLG Stuttgart. 2011b. Entscheidung vom 14.9.2011 – 20 W 4/10. *AG* 2012:221–224.

Pawelzik, K.U. 2010. Die Entwicklung der Konzepte zur Unternehmensbewertung bei inflations- und thesaurierungsbedingtem Wachstum. *WPg* 63 (19): 964–977.

Peemöller, V. 2005. Das Capital Asset Pricing Model (CAPM). *Unternehmensbewertung & Management* 7 (2005): 222–225.

Peemöller, V. 2015. *Praxishandbuch der Unternehmensbewertung*, 6. Aufl. Herne: NWB.

Peemöller, V., und S. Kunowski. 2015. Ertragswertverfahren nach IDW. In *Praxishandbuch der Unternehmensbewertung*, 6. Aufl, Hrsg. V. Peemöller, 277–352. Herne: NWB.

Perridon, L., M. Steiner, und A.W. Rathgeber. 2017. *Finanzwirtschaft der Unternehmung*, 17. überarbeitete u. erweiterte Aufl. München: Vahlen.

Piehler, K., und N. Schulte. 2014. Band 1, § 76 Abfindungsklauseln, Band 2, § 38 Abfindungsklauseln. In *Münchener Handbuch des Gesellschaftsrechts*, 4. Aufl, Hrsg. H. Gummert und L. Weipert. München: Beck.

Piltz, D.J. 1994a. *Die Unternehmensbewertung in der Rechtsprechung*. Düsseldorf: IDW.

Piltz, D.J. 1994b. Rechtspraktische Überlegungen zu Abfindungsklauseln in Gesellschaftsverträgen. *Betriebs-Berater* 49 (15): 1021–1026.

Popp, M. 2008. Ausgewählte Aspekte der objektivierten Bewertung von Personengesellschaften. *WPg* 61 (19): 935–944.

Popp, M. 2015. Vergangenheits- und Lageanalyse. In *Praxishandbuch der Unternehmensbewertung*, 6. Aufl, Hrsg. V. Peemöller, 173–220. Herne: NWB.

Popp, M. 2017. Zum Anwendungszeitraum von Bewertungsstandards – Zugleich eine Anmerkung zur BGH-Entscheidung vom 29.09.2015 – II ZB 23/14. *WPg* 70 (8): 465–469.

Popp, M., und S. Kunowski. 2015. Berücksichtigung von Steuern. In *Praxishandbuch der Unternehmensbewertung*, Hrsg. V. Peemöller, 1311–1361. Herne: NWB.

Rebien, A. 2007. *Kapitalkosten in der Unternehmensbewertung – Auswahl und Einsatz von Ermittlungsmethoden zur sachgerechten Ableitung von Risikokosten unter Berücksichtigung fundamentaler Faktoren*. Aachen: Shaker.

Ross, S.A. 1976. The arbitrage theory of capital asset pricing. *Journal of Economic Theory* 13 (3): 341–360.
Rössler, R., und M. Troll. 2014. *Bewertungsgesetz: BewG – Loseblatt Kommentar*, 20. Aufl. München: Vahlen.
Ruiz de Vargas, S., und T. Zollner. 2010. Erbschaftsteuer – Wie „gemein" ist das vereinfachte Ertragswertverfahren? *BewertungsPraktiker* 4 (2010): 2–12.
Ruthardt, F., und D. Hachmeister. 2011. Zur Frage der rückwirkenden Anwendung von Bewertungsstandards – Analyse und Würdigung der Rechtsprechung zur Unternehmensbewertung. *WPg* 64 (8): 351–359.
Saur, G., A. Tschöpel, J. Wiese, und T. Willershausen. 2011. Finanzieller Überschuss und Wachstumsabschlag im Kalkül der ewigen Rente – Ein Beitrag zur Umsetzung aktueller Erkenntnisse in der Praxis der Unternehmensbewertung. *WPg* 64 (21): 1017–1026.
Schäfer, C. 2017. Kommentar zu § 738. In *Münchener Handbuch zum Bürgerlichen Gesetzbuch*, 7. Aufl, Hrsg. J. Säcker, R. Rixecker, H. Oetker, und B. Limperg. München: Beck.
Schmidt, K. 2016. *Münchener Kommentar zum HGB*, 4. Aufl. München: Beck.
Schmidt, S., und M. Peun. 2016. Kommentierung zu § 275 HGB. In Beck'scher Bilanz-Kommentar Handels- und Steuerbilanz, 10, völlig neubearbeitete Aufl, Hrsg. N. Winkeljohann, G. Förschle, B. Grottel, et al. München: Beck.
Schütte-Biastoch, S. 2011. *Unternehmensbewertung von KMU*. Wiesbaden: Gabler.
Schwetzler, B. 2003. Probleme der Multiple-Bewertung. *Finanz Betrieb* 5 (2): 79–90.
Serfling, K., U. Pape, und T. Kressin. 1999. Emissionspreisfindung und Underpricing im Rahmen des Börsengangs junger Wachstumsunternehmen. *AG* 44:289–298.
Sharpe, W. 1964. Capital asset prices: A theory of market equilibrium under conditions of risk. *Journal of Finance* 19 (3): 425–442.
Sieben, G. 1976. Der Entscheidungswert in der Funktionenlehre der Unternehmensbewertung. *BFuP* 28 (6): 491–504.
Sieben, G. 1983. Funktionen der Bewertung ganzer Unternehmen und von Unternehmensanteilen. *WISU* 12:539–542.
Sieben, G. 1993. Unternehmensbewertung. In *Handwörterbuch der Betriebswirtschaftslehre*, 5. Aufl, Hrsg. W. Wittmann et al. Stuttgart: Poeschel.
Sieben, G., und H. Maltry. 2015. Der Substanzwert der Unternehmung. In *Praxishandbuch der Unternehmensbewertung*, 6. Aufl, Hrsg. V. Peemöller, 759–783. Herne: NWB.
Sieben, G., und M. Sanfleber. 1989. Betriebswirtschaftliche und rechtliche Aspekte von Abfindungsklauseln – Unter besonderer Berücksichtigung des Problemfalls ertragsschwaches Unternehmen und existenzbedrohende Abfindungsregelung. *WPg* 42 (11): 321–329.
Sieben, G., und T. Schildbach. 1979. Zum Stand der Entwicklung der Lehre von der Bewertung ganzer Unternehmen. *DStR* 17 (16/17): 455–461.
Siepe, G., A. Dörschell, und J. Schulte. 2000. Der neue IDW Standard: Grundsätze zur Durchführung von Unternehmensbewertungen (IDW S 1). *WPg* 53 (19): 946–960.
Stehle, R. 2004. Die Festlegung der Risikoprämie von Aktien im Rahmen der Schätzung des Wertes von börsennotierten Kapitalgesellschaften. *WPg* 57 (17): 906–927.
Stellbrink, J. 2005. *Der Restwert in der Unternehmensbewertung*. Düsseldorf: IDW.
Streit, B., S. Baar, und A. Hirschfeld. 2004. Einsatz von Mezzanine-Kapital zur Unternehmensfinanzierung im Mittelstand. *BBK 19* (Fach 29): 1111–1120.
Svensson, L. 1995. Estimating forward interest rates with the extended Nelson & Siegel method. *Sveriges Riksbank Quarterly* 3 (1995): 13–26.
Tallau, C. 2009. Bewertung von Earn-Out-Klauseln im Rahmen von Unternehmenstransaktionen. *Finanz Betrieb* 11 (1): 8–14.

Tschöpel, A., J. Wiese, und T. Willershausen. 2010. Unternehmensbewertung und Wachstum bei Inflation, persönlicher Besteuerung und Verschuldung (Teil 1 und Teil 2). *WPg* 63 (7): 349–357; 63 (8): 405–412.

UStRG. 2008. Unternehmensteuerreformgesetz 2008 vom 14.08.2007. *BGBl.* I: 1912.

Wagner, F.W. 1972. Der Einfluss der Einkommensteuer auf die Entscheidung über Kauf und Verkauf einer Unternehmung. *Der Betrieb* 27 (25): 1637–1643.

Wagner, F.W., und H. Dirrigl. 1981. Der Einfluss der Körperschaftsteuer auf den Unternehmenswert. *BFuP* 33: 130–145.

Wagner, W., M. Jonas, W. Ballwieser, und A. Tschöpel. 2004. Weiterentwicklung der Grundsätze zur Durchführung von Unternehmensbewertungen (IDW S 1). *WPg* 57 (17): 889–898.

Wagner, W., M. Jonas, W. Ballwieser, und A. Tschöpel. 2006. Unternehmensbewertung in der Praxis – Empfehlungen und Hinweise zur Anwendung von IDW S 1. *WPg* 59 (16): 1005–1028.

Wagner, W., G. Saur, und T. Willershausen. 2008. Zur Anwendung der Neuerungen der Unternehmensbewertungsgrundsätze des IDW S 1 i. d. F. 2008 in der Praxis. *WPg* 61 (16): 731–747.

Waschbusch, G., N. Staub, und P. Luck. 2012. Basel III – Gefährdung der Mittelstandsfinanzierung?! *CF Law* 4 (2012): 191–199.

Weiss, K.H. 1993. Die Bestimmung des nicht betriebsnotwendigen Vermögens bei der Bestimmung von Abfindung und Ausgleich im aktienrechtlichen Spruchstellenverfahren. In *Unternehmen und Unternehmensführung im Recht. Festschrift für Johannes Semler zum 70. Geburtstag am 28. April 1993*, Hrsg. M. Bierich, P. Hommelhoff, und B. Kropff, 631–649. Berlin [u. a.]: De Gruyter.

Werner, R. 2012. Earn-Out-Klauseln – Kaufpreisanpassungen beim Unternehmenskauf. DStR 50(33): 1662–1667.

Wiese, J. 2007. Unternehmensbewertung und Abgeltungssteuer. *WPg* 60 (9): 368–375.

Wiese, J., und P. Gampenrieder. 2008. Marktorientierte Ableitung des Basiszinses mit Bundesbank- und EZB-Daten. *Betriebs-Berater* 63 (32): 1722–1726.

Zimmermann. 1997. *Schätzung und Prognose von Betawerten – Eine Untersuchung am deutschen Aktienmarkt*. Bad Soden: Uhlenbruch.

Zwirner, C., und M. Vodermeier. 2016. Neuer Kapitalisierungsfaktor nach § 203 BewG für das vereinfachte Ertragswertverfahren durch die ErbSt-Reform. *Der Betrieb* 69 (51–52): 2983.

Besonderheiten bei der Bewertung von KMU

4

„Bewerten heißt vergleichen"

(Moxter 1983, S. 123).

Die vergleichende Tätigkeit, die einer Bewertung immer implizit zugrunde liegt, ist insbesondere bei der Bewertung von KMU mit Problemen verbunden. Beim Vergleich werden aufgrund der besser verfügbaren Informationen in der Regel börsennotierte Vergleichsunternehmen herangezogen. KMU weisen jedoch spezifische quantitative und qualitative Merkmale und Besonderheiten auf, wie bspw. geringere Größe, Kapitalmarktbezug, Produktdiversifizierung etc., die sie von anderen Gesellschaften unterscheiden. Ein Überblick über die spezifischen Merkmale von KMU ist in Abschn. 2.1 aufgeführt.

Aus den signifikanten Unterschieden von KMU, insbesondere im Vergleich zu börsennotierten Unternehmen, ergeben sich daher Schwierigkeiten und Herausforderungen für die Bewertung, auf die in den folgenden Kapiteln näher eingegangen wird.

4.1 Abgrenzung des Bewertungsobjekts

Die im Rahmen der Unternehmensbewertung grundsätzlich vorzunehmende Abgrenzung des Bewertungsobjekts (s. Abschn. 3.6.1) ist bei KMU aufgrund ihrer Personenbezogenheit und der damit häufig verbundenen mangelnden Trennung von privater und betrieblicher Sphäre besonders bedeutsam. Bei der Ermittlung der künftigen finanziellen Überschüsse des Unternehmens und der Ausschüttungen an die Gesellschafter bzw. Entnahmen ist auf eine klare Abgrenzung des Bewertungsobjektes von der privaten Vermögenssphäre der Gesellschafter zu achten. Nicht selten befinden sich Vermögensgegenstände, die die wesentliche Grundlage für die Erzielung finanzieller Überschüsse auf Unternehmensebene sind, im Privatvermögen des Unternehmers. Dazu können

S. Ihlau und H. Duscha, *Besonderheiten bei der Bewertung von KMU*,
https://doi.org/10.1007/978-3-658-18675-3_4

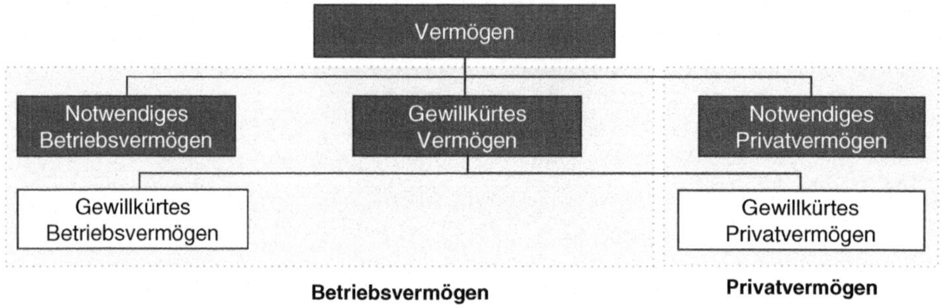

Abb. 4.1 Vermögensarten im Steuerrecht (In Anlehnung an Kußmaul 2013, S. 50)

insbesondere Teile des Anlagevermögens, wie z. B. Grundstücke, Gebäude, Patente oder technisches Know-How, zählen (IDW 2008, Tz. 157). Gleichwohl sind diese Vermögensgegenstände für die Geschäftstätigkeit des KMU betriebsnotwendig.

Für Zwecke einer ordnungsgemäßen Bewertung von KMU ist somit eine eindeutige (ggf. fiktive) Trennung von privater und betrieblicher Sphäre durchzuführen, aus der Bereinigungen und Anpassungen der originären Daten des Rechnungswesens resultieren können (s. hierzu Abschn. 4.3.1.3).

Als Ausgangspunkt für die Zuordnung zum Privat- oder Betriebsvermögen können die durch Rechtsprechung und Finanzverwaltung für die Steuerbilanz entwickelten Abgrenzungskriterien herangezogen werden.[1] Die Abb. 4.1 gibt einen schematischen Überblick über die im Steuerrecht definierten Vermögensarten.

Danach werden notwendiges und gewillkürtes Betriebsvermögen der betrieblichen Sphäre zugerechnet. **Notwendiges Betriebsvermögen** umfasst alle Wirtschaftsgüter, die aufgrund ihrer Beschaffenheit oder Zweckbestimmung ausschließlich und unmittelbar der betrieblichen Nutzung dienen (z. B. Rohstoffe, Maschinen). Wirtschaftsgüter, die nicht Grundstücke oder Grundstücksteile sind und die zu mehr als 50 % eigenbetrieblich genutzt werden, sind in vollem Umfang notwendiges Betriebsvermögen. Zum **gewillkürten Betriebsvermögen** zählen Gegenstände, die privat und betrieblich genutzt werden können, wenn sie objektiv geeignet sind, dem Betrieb zu dienen und ihn zu fördern. Die Zuordnung zum Betriebsvermögen ist in vollem Umfang nur bei einer betrieblichen Nutzung von mindestens 10 % möglich und muss eindeutig – d. h. auch in der Buchführung – zum Ausdruck gebracht werden. Die Zuordnung des gewillkürten Vermögens zum Privat- oder Betriebsvermögen obliegt im Rahmen der steuerrechtlichen Regelungen somit dem Unternehmer.

Zum **Privatvermögen** gehören Wirtschaftsgüter ohne funktionalen Bezug zum Betrieb. Hierunter fallen neben den erkennbar der privaten Lebensführung dienenden

[1]Die steuerrechtlichen Abgrenzungskriterien sind in R 4.2 Abs. 1 EStR geregelt. Für einen Überblick vgl. Kußmaul 2013, S. 49 f.

Gegenständen (notwendiges Privatvermögen) auch solche, die sowohl dem Betrieb als auch dem Privatbereich dienen können, aber nicht dem Betriebsvermögen zugerechnet werden (gewillkürtes Privatvermögen).

Bei Personengesellschaften können auch die steuerlichen Sonderbilanzen Aufschluss über das handelsrechtlich nicht bilanzierte, aber gleichwohl betriebsnotwendige Vermögen geben.

In der Praxis ist insbesondere darauf zu achten, ob sich bspw. wesentliche, für die Geschäftstätigkeit erforderliche Vermögenswerte, wie z. B. technisches Know-How, im Eigentum von Schwestergesellschaften oder nahestehenden Personen befinden. Hier ist im Rahmen von Transaktionen ein künftiger Zugriff auf diese Vermögenswerte sicherzustellen. Im Rahmen der Bewertung sind angemessene Kaufpreise bzw. marktübliche Verrechnungspreise anzusetzen.

Darüber hinaus ist insbesondere die Marktgerechtigkeit der Konditionen bei der Nutzungsüberlassung zu prüfen und ggf. anzupassen. Hierbei können sich bspw. bei einer Betriebsaufspaltung Besonderheiten ergeben, wenn wesentliche Betriebsgrundlagen vom Besitzunternehmen an das Betriebsunternehmen überlassen werden. Wurden nicht marktgerechte Konditionen für die Nutzung dieser Vermögensgegenstände vereinbart, sind diese bis zum Ende der unkündbaren Vertragslaufzeit bei der Prognose der finanziellen Überschüsse anzusetzen. Im Anschluss sind gesonderte Überlegungen darüber anzustellen, ob in Zukunft weiterhin nicht marktgerechte Konditionen im Bewertungskalkül anzusetzen sind (IDW 2014a, Tz. 14).

Die Vermischung von privater und betrieblicher Sphäre ist nicht nur auf die Aktivseite der Bilanz von KMU beschränkt. Auch auf der Passivseite liegt bei KMU häufig eine mangelnde Trennung zwischen betrieblichem und privatem Kapital vor, z. T. mit der Folge eines nach betriebswirtschaftlichen Gesichtspunkten nicht ausreichenden Eigenkapitals. In diesem Zusammenhang ist eine Analyse der Finanzierungs- und Kapitalstruktur von wesentlicher Bedeutung. Insbesondere sind die Gesellschafterkonten bei Personengesellschaften auf ihren Eigen- bzw. Fremdkapitalcharakter hin zu untersuchen (s. Abschn. 4.3.1.4).

Im Hinblick auf die Bedeutung der Einflüsse, die sich aufgrund der Abgrenzung von privater und betrieblicher Sphäre auf das Bewertungskalkül ergeben, sollte der Bewerter die bestehenden Regelungen sowie die bei der Bewertung getroffenen Annahmen und Ansätze bei der Prognose der finanziellen Überschüsse transparent machen.

4.2 Auswahl des Bewertungsverfahrens

In Abschn. 3.5 wurden bereits die verschiedenen Bewertungsverfahren erläutert. Die Auswahl des geeigneten Bewertungsverfahrens richtet sich nach dem Zweck der Bewertung. Als gängige Bewertungsverfahren haben sich auch bei der Bewertung von KMU in der Praxis die kapitalwertorientierten Verfahren (Ertragswert- und DCF-Verfahren) durchgesetzt, die bei gleichen Bewertungsannahmen zu gleichen Unternehmenswerten führen (IDW 2008, Tz. 101). Die verschiedenen Verfahren weisen vor allem in der Darstellung individuelle Schwerpunkte auf, die sie bei bestimmten Bewertungsanlässen vorzugswürdig erscheinen lassen. Das **Ertragswertverfahren** hat sich insbesondere in der deutschsprachigen Bewertungstheorie und -praxis als Standardverfahren etabliert, was im Wesentlichen auf die Akzeptanz in der Rechtsprechung im Rahmen von gesellschaftsrechtlichen und vertraglichen Bewertungsanlässen (z. B. dominierte Bewertungsanlässe im Familien- und Erbrecht, Austritt von Gesellschaftern) zurückzuführen ist. Für die Ermittlung von Ausgleichs- und Abfindungsansprüchen wird von den Gerichten das Ertragswertverfahren seit Längerem allgemein anerkannt.[2] Beim Ertragswertverfahren und dem Flow-to-Equity-Verfahren ist die Bewertung auf die Kapitalflüsse an die Eigenkapitalgeber fokussiert, während bei dem **DCF-Bruttoverfahren** der Werteinfluss des Fremdkapitals stärker ersichtlich wird. Im Rahmen von Transaktionen hilft dieses Verfahren zur Abkopplung von operativen Entscheidungen und Finanzierungsentscheidungen. Gerade bei eignerbezogenen Unternehmen ist häufig im Zuge von Transaktionen die Finanzierung zu ändern. Durch den separaten Ausweis der Fremdfinanzierung im DCF-Bruttoansatz erhält man einen Überblick über die gesamte Fremdfinanzierung einschließlich der Gesellschafterfinanzierung. Beim APV-Verfahren wird dabei der Wert des Tax Shield, d. h. der Barwert der aufgrund der Finanzierung erzielbaren Steuerersparnisse, separat ermittelt. Bei transaktionsbezogenen Bewertungsanlässen dient dieses Verfahren insbesondere der Transparenz von Steuereinflüssen auf den Unternehmenswert. Die im angelsächsischen Bereich bei Banken und Private-Equity-Unternehmen stark verbreiteten DCF-Verfahren zeichnen sich durch einen zahlungsorientierten Blick auf die Planungsrechnung aus, da hier die geplanten Investitionen und Desinvestitionen sowie die erwarteten Veränderungen des Working Capital Bestandteil der Ermittlung der finanziellen Überschüsse sind. Aufgrund der internationalen Akzeptanz von Cash Flow-orientierten Verfahren (Großfeld und Egert 1996, S. 365) kommen DCF-Verfahren vor allem bei Unternehmenstransaktionen und Fairness Opinions zum Einsatz. Darüber hinaus sehen die IFRS für diverse rechnungslegungsbezogene Bewertungsanlässe die Anwendung von DCF-Verfahren vor, wie z. B. bei der Bilanzierung von Unternehmenserwerben oder dem Impairment Test. Insgesamt bleibt festzuhalten, dass bei Bewertungen von KMU im Rahmen von dominierten bzw. gesellschaftsrechtlichen Bewertungsanlässen, wie der Ermittlung von Abfindungs- oder Ausgleichsansprüchen, im Wesentlichen das Ertragswertverfahren zur Anwendung kommt. Bei transaktionsbezogenen Bewertungsanlässen, insbesondere beim Kauf oder Verkauf von Unternehmen, ist eher die Anwendung von DCF-Verfahren üblich.

Neben den kapitalwertorientierten Bewertungsverfahren werden in der Praxis zur Abschätzung vorläufiger Unternehmenswerte, von Wertbandbreiten oder zu Plausibilisierungszwecken **marktpreisorientierte Verfahren** (s. Abschn. 3.5.2) herangezogen. Häufig werden insbesondere bei Transaktionen im mittelständischen Umfeld

[2]Großfeld 2016, S. 27 für grundlegende obergerichtliche Entscheidungen zum Ertragswertverfahren. Nachweise zu den jüngsten obergerichtlichen Entscheidungen im Bereich der Unternehmensbewertung finden sich insbesondere bei Wüstemann und Brauchle 2018, S. 1579.

Kaufpreisvorstellungen zunächst anhand von Multiples, wie Umsatz-, EBITDA- oder EBIT-Multiples auf Basis von durchschnittlich in der Vergangenheit erzielten Ergebnissen abgeleitet. Hierzu werden in der Regel veröffentlichte Branchenmultiples herangezogen (Finance Magazin 2017). Derartige Verfahren stellen nur vereinfachte Wertfindungen dar und können eine fundamentale Bewertung über kapitalwertorientierte Bewertungsverfahren nicht ersetzen (IDW 2008, Tz. 143 f., 2014, Tz. 60 ff.). Sie sind jedoch ein nützliches Instrument zur Plausibilitätskontrolle der Ergebnisse einer Bewertung nach dem Ertragswertverfahren bzw. nach den DCF-Verfahren. Auch dienen sie häufig indikativen Wertschätzungen im Transaktionsumfeld (IDW 2018, Kap. A, Tz. 203). Bei der Beurteilung der finanziellen Angemessenheit von Transaktionspreisen (Fairness Opinion) durch einen Wirtschaftsprüfer stehen marktpreis- und kapitalwertorientierte Verfahren als Beurteilungsmaßstab gleichwertig nebeneinander (IDW 2011, Tz. 26 ff.). Die ausschließliche Anwendung von Multiplikatorverfahren bietet sich dann an, wenn keine Plandaten verfügbar sind oder indikative Preisüberlegungen im Vorfeld einer Börseneinführung im Fokus stehen (Löhnert und Böckmann 2015, S. 791).

Zur Bewertung von KMU werden in der Praxis neben Umsatz- oder Ergebnismultiplikatoren auch produktmengenorientierte Multiplikatoren eingesetzt. Umsatz- oder produktmengenorientierte Multiplikatoren werden insbesondere zur Ermittlung von Marktpreisen für kleinere Dienstleistungsunternehmen, wie z. B. freiberufliche Praxen, angewandt, da die Marktpreise oftmals weitgehend durch den Wert des verkehrsfähigen Kunden- bzw. Mandantenstamms bestimmt werden (IDW 2008, Tz. 166). Dies sei anhand des folgenden Beispiels verdeutlicht:

Für den Handwerksbetrieb A konnte ein Kaufpreis (Marktpreis) von EUR 5,0 Mio. erzielt werden; wesentlicher Werttreiber (Bezugsgröße) war dabei die breite Kundenbasis von 1000 Kunden. Entsprechend ergibt sich ein standardisierter Kaufpreis (Multiplikator) von EUR 5000 pro Kunde. Der nicht börsennotierte Handwerksbetrieb B mit einer Kundenbasis von 500 Kunden wäre dementsprechend 500 × EUR 5000/Kunde = EUR 2,5 Mio. wert (IDW 2018, Kap. G, Tz. 6).

Die verwendeten Multiplikatoren spiegeln die aktuellen, am Markt üblichen Kapitalkosten, die Risikoneigung potenzieller Erwerber sowie das Angebot und die Nachfrage für Unternehmen der Branche wider. Multiplikatorverfahren stellen zunächst sehr einfache und wenig kostenaufwendige Verfahren zur Bewertung von KMU dar. Es ist jedoch zu beachten, dass sie an Komplexität gewinnen, sobald die Vergleichsmultiplikatoren sachgerecht ermittelt werden. Darüber hinaus sind insbesondere für KMU aufgrund der Spezifika des Geschäftsmodells zumeist keine vergleichbaren Unternehmen oder Transaktionen verfügbar.

Das **vereinfachte Ertragswertverfahren** (s. Abschn. 3.5.4.1), das das bis einschließlich 2009 geltende Stuttgarter Verfahren[3] abgelöst hat, wird in der Regel nur im Rahmen von Bewertungen für erbschaft- und schenkungsteuerliche Zwecke relevant. Da es einem

[3] R 96 ff. ErbStR 2003.

starren Ermittlungsschema folgt, wird den spezifischen Besonderheiten und Merkmalen von KMU in der Regel nicht ausreichend Rechnung getragen. Darüber hinaus kann die Bewertung im Falle von komplexen Konzernstrukturen sehr zeitaufwendig werden und ggf. nicht zu sachgerechten Ergebnissen führen.

Den **Einzelbewertungsverfahren** mit den Ausprägungen Substanzwert und Liquidationswert kommt meist nur eine Bedeutung als Wertuntergrenze zu. Während der Substanzwert lediglich bei erbschaft- und schenkungssteuerlichen Bewertungen als Mindestwert Anwendung findet und im Bewertungsgesetz anders als in Theorie und Praxis definiert wird, spielt der Liquidationswert als Wertuntergrenze bei der Verwendung der kapitalwertorientierten Verfahren eine wesentliche Rolle (s. Abschn. 3.5.3.2). Aus Sicht der betriebswirtschaftlichen Theorie spiegelt der Substanzwert in seiner klassischen Definition als Rekonstruktions- oder Wiederbeschaffungswert den Unternehmenswert nur unvollständig wider (IDW 2008, Tz. 170 f.). Grundsätzlich wird der Substanzwert als Wertkonzept in der modernen Bewertungspraxis abgelehnt und hat nach IDW S 1 keine eigenständige Bedeutung (IDW 2008, Tz. 6). Jedoch sind gerade bei kleinen KMU Substanzwertaspekte im Sinne von Einzelerwerbswerten häufig nicht irrelevant. So ist zu überlegen, ob ein kleines KMU nicht wesentlich durch die materielle Substanz sowie weitere immaterielle Vermögenswerte, wie Kundenstamm oder Vertragsbeziehungen, geprägt wird. Dabei stellt sich die Frage, ob die Substanz insbesondere bei der Bewertung von sehr kleinen KMU eine eigene Bedeutung hat. Im Gegensatz zu dem streng auf den Wiederbeschaffungsmarkt ausgerichteten Rekonstruktionswert wäre hier die Substanz vor dem Hintergrund der Fortführung zu betrachten. Hierbei wären gängige Marktpreise für den Erwerb der einzelnen Güter anzusetzen. Es handelt sich somit um einen Substanzwert im Sinne ersparter Ausgaben zur Erzielung künftiger finanzieller Überschüsse (Sieben 1963, S. 79 ff.; Sieben und Maltry 2015, S. 762). Wesentlich ist, inwieweit die vorhandene Substanz vor dem Hintergrund des individuellen Fortführungskonzepts in der Lage ist, die im Falle einer Neuerrichtung notwendigen künftigen Auszahlungen zu substituieren (Sieben und Maltry 2015, S. 767). Resultierend aus dem Konzept der übertragbaren Ertragskraft werden Einzelerwerbswerte der materiellen Vermögenswerte, der immateriellen Vermögenswerte, des Mitarbeiterbestandes, der geografischen Präsenz etc. ermittelt. Dahinter steht konzeptionell die Frage, was ein Erwerber aus markttypischer Sicht für das zu erwerbende Geschäft bezahlen würde, wenn selbst geschaffene Geschäftswertfaktoren weitgehend fehlen. Es wäre insoweit die Abbildung der Ertragskraft unter Einzelbewertungs- statt Gesamtbewertungsgesichtspunkten. Die Substanz kann aber nur insoweit eine Bedeutung haben, als mit ihr künftige Überschüsse erzielt werden können. Somit sind bei der Annahme des Einzelerwerbs jeweils auch der neuste Stand der Technik und die künftige Nutzungsmöglichkeit zu berücksichtigen. Daher wären in Fällen der Unterauslastung und künftigen teilweisen Nichtverwertbarkeit der Vermögenswerte Abschläge vorzunehmen. Als Beispiel kann ein Handwerksbetrieb gesehen werden, bei dem u. a. Gerüste miterworben werden. In diesem Fall stellt die Substanz, d. h. die Gerüste, einen übertragbaren Wert dar. Allerdings hat die Substanz nur einen Wert, wenn sie künftig nutzbar ist in dem Sinne, dass mit ihr

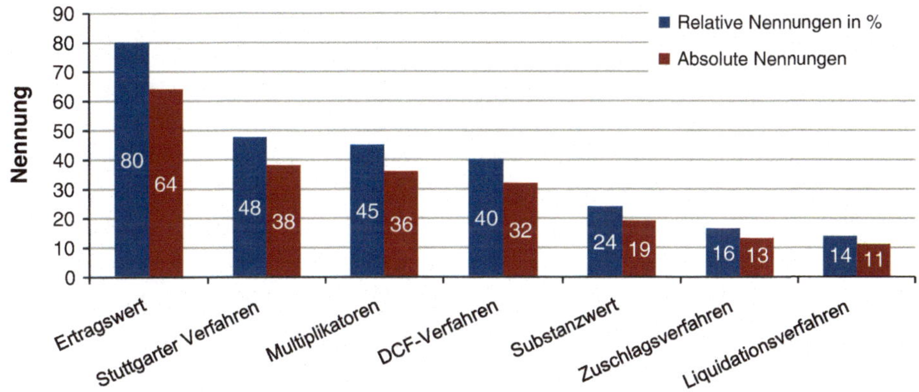

Abb. 4.2 Verwendete Bewertungsverfahren bei der Bewertung von KMU

künftige finanzielle Überschüsse erzielt werden können. Sind Spezialmaschinen bspw. nur für ein bestimmtes Produktionsverfahren nutzbar und ist den hiermit herstellbaren Produkten keine künftige Markt- bzw. Wettbewerbsfähigkeit beizumessen, dann hat die Substanz in diesem Fall maximal den Wert im Sinne eines Liquidationswertes. Es könnte jedoch der Gedanke insoweit entwickelt werden, dass der Wert eines sehr kleinen KMU aus der Substanz im Sinne von Einzelerwerbswerten für materielle Vermögenswerte zuzüglich der Werte immaterieller Vermögenswerte wie bspw. Kundenbeziehungen oder Verträge abgeleitet werden kann. Dies korrespondiert in umgekehrter Richtung mit der Ermittlung des Goodwills im Rahmen einer Purchase Price Allocation, bei der der Ertragswert abzüglich des Substanzwertes sowie weiterer identifizierter immaterieller Vermögenswerte die Residualgröße „Goodwill" ergibt.

Veröffentlichte Umfrageergebnisse zu den in der Praxis bei der Bewertung von KMU angewandten Verfahren zeigen, dass die kapitalwertorientierten Verfahren am häufigsten als Bewertungsverfahren eingesetzt werden. Bei einer im Jahr 2009 durchgeführten Befragung von 80 Steuerberatern wurden insbesondere die in Abb. 4.2 dargestellten Verfahren zur Bewertung von KMU – definiert als rechtlich und wirtschaftlich selbstständige Unternehmen mit weniger als 250 Mitarbeitern – genannt (Fischer-Winkelmann und Busch 2009, S. 715 ff.).

Hinter dem allgemein anerkannten Ertragswertverfahren rangiert das **Stuttgarter Verfahren** an zweiter Stelle. Das Stuttgarter Verfahren wurde im Jahr 2009 noch von der Finanzverwaltung als Verfahren für erbschaft- und schenkungssteuerliche Bewertungen vorgegeben.[4] Mit der Einführung des vereinfachten Ertragswertverfahrens dürfte dessen Anwendung deutlich zurückgehen. Darüber hinaus wird das Stuttgarter Verfahren aus betriebswirtschaftlicher Sicht in der Regel als nicht angemessen angesehen (Göllert und Ringling 1999, S. 516 ff.).

[4] R 96 ff. ErbStR 2003.

Eine Sonderrolle bei der Auswahl des Bewertungsverfahrens nehmen **Wachstumsunternehmen.** ein, da diese den Bewerter vor unterschiedliche Herausforderungen stellen. So liegen für Wachstumsunternehmen im Regelfall keine belastbaren vergangenen Ergebnisse vor, was eine Vergangenheitsanalyse erschwert oder in Einzelfällen gänzlich unmöglich macht. Die Ramp-up Phase bis zur Erzielung eines „normalen" Profit-Niveaus ist bei Start-ups erheblich, sodass sich abhängig vom jeweiligen Geschäftsmodell die Frage stellt, ob die klassische Methode mit einer Planungsrechnung über drei bis fünf Jahre und daran anschließend die Phase der ewigen Rente für das jeweilige Start-up-Unternehmen geeignet ist. Gegebenenfalls muss ein längerer Planungszeitraum betrachtet werden, um insbesondere die Break-even-Phase abzubilden. Die zukünftige (Absatz-)marktentwicklung bei Start-ups ist hochgradig komplex und unsicher mit der Folge, dass die Beurteilung der Marktentwicklung deutlich aufwendiger und unsicherer, aber gleichzeitig auch wertentscheidend ist. Insgesamt weisen Start-up-Unternehmen grundlegend abweichende Risiken (und Chancen) der Zukunftsentwicklung auf, sodass es sich insbesondere bei der Bewertung von Start-up-Unternehmen anbietet, Simulationen und Sensitivitätsrechnungen bezüglich der Planungsrechnung vorzunehmen (Ihlau 2018, S. 100).

Finanzierungsrunden und -erfordernisse sind zentrale Grundlage der Businesspläne von Start-up-Unternehmen. Hierbei haben insbesondere Post- und Pre-money Bewertungen eine wesentliche Bedeutung, mit der Folge, dass Waterfall-Analysen für Aktiengattungen erforderlich sind und die Liquidationspräferenzen/Erlösverteilung bei Veräußerungen im Rahmen der Bewertung zu berücksichtigen sind.

Da Start-ups meist neue und damit einzigartige Geschäftsmodelle abbilden, sind entsprechende Vergleichsunternehmen (sogenannte Peer-Group-Unternehmen) oftmals nicht vorhanden oder die Vergleichsdaten nur begrenzt aussagefähig, sodass in der Praxis oftmals gänzlich auf die Anwendung des CAPM verzichtet wird (s. Abschn. 4.4.3).

Hohe Kaufpreise für Start-ups werfen Fragen nach der „richtigen" Bewertungsmethode auf. Derzeit sind hohe Kaufpreise für Start-ups beobachtbar. Aufgrund von positiven Markterwartungen und möglicherweise großem Entwicklungspotenzial werden für Start-ups hohe Multiples gezahlt. So entsprach bspw. der Aktienwert von Zalando in 2015 und 2016 dem 95-fachen sowie 46-fachen des operativen Ergebnisses. Im gleichen Zeitraum lagen die durchschnittlichen Multiples für den DAX bei rund 14. Diese hohen Multiples werfen allerdings Fragen zu Plausibilität, Sinnhaftigkeit und Nachhaltigkeit auf. Sind konventionelle Bewertungsmethoden für die Bewertung von Start-ups sachgerecht? Vor diesem Hintergrund ergeben sich Herausforderungen für die angemessene Bewertung eines Start-ups.

Generell belegen verschiedene empirische Studien, dass die Auswahl des Bewertungsverfahrens für Start-ups tendenziell weniger vom Bewertungsobjekt als von dessen Phase im Unternehmenszyklus abhängig ist (vgl. u. a. Zellmann et. al. 2014, S. 74, Achleitner et. al. 2004, S. 701, Peemöller et. al. 2001, S. 334). Dabei werden in Abb. 4.3 die vier Phasen Orientierungs- und Planungsphase, Gründungsphase, Wachstumsphase sowie Reifephase insbesondere anhand der Kriterien Kapitalbedarf,

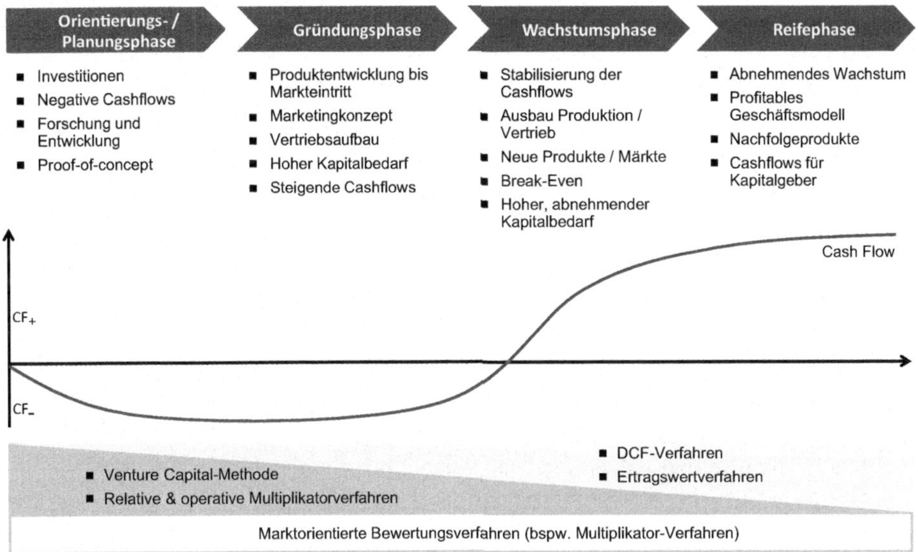

Abb. 4.3 Zusammenhang von Unternehmenszyklus und Bewertungsverfahren (In Anlehnung an Rzepka et. al. 2016, S. 312 sowie Maehrle et. al. 2005, S. 835)

Profitabilität, Entwicklungsstand der Geschäftsidee sowie Unternehmenswachstum abgegrenzt.

Dabei zeigt sich, dass in den Anfangsstadien der Unternehmensentwicklung insbesondere durch die fehlende Aussagekraft der Vergangenheit sowie der erhöhten Unsicherheit hinsichtlich der Unternehmensentwicklung die Anwendbarkeit von quantitativen Bewertungsverfahren begrenzt ist. Aus diesem Grund liegt das Augenmerk von Investoren verstärkt auf qualitativen Bewertungskriterien, wie z. B. das Alleinstellungsmerkmal und Marktreife der Produkte, die Erfahrung, Persönlichkeit und Motivation des Managementteams sowie des Marktpotenzials (Rzepka et. al. 2016, S. 316 f., Zellmann et. al. 2014, S. 75 f.). Darüber hinaus haben sich für junge Wachstumsunternehmen auch Praktikeransätze, wie bspw. die sog. Venture Capital-Methode entwickelt.

Die **Venture Capital Methode** ist grundsätzlich eine Kombination aus der DCF-Methode und dem Multiplikatorverfahren (Rzepka et. al. 2016, S. 317). Die inhärente Annahme im Bewertungsmodell ist, dass der Investor nicht wegen zukünftiger Dividenden in das Wachstumsunternehmen investiert, sondern aufgrund der Kapitalerträge bei einem späteren Verkauf die Anteile zu einem höheren Wert veräußert (Achleitner 2001, S. 927).

Die Venture Capital Methode benötigt eine zugrunde liegende Planung des operativen Ergebnisses oder einer sonstigen aussagekräftigen Erfolgsgröße. Zum Zeitpunkt des geplanten Verkaufs wird ein sogenannter „Exit-Value" anhand der Multiplikator-Methode mit der Erfolgsgröße des jeweiligen Jahres ermittelt. Dieser Exit-Value wird anschließend mit einem der Unsicherheit der Investition entsprechenden Diskontierungssatz auf den

Bewertungsstichtag abgezinst. Von diesem diskontierten Exit-Value werden in der Regel abschließend noch die abgezinsten Ergebnisse der Jahre vor dem Verkauf subtrahiert, um den Unternehmenswert zum Stichtag zu ermitteln.

Das folgende Beispiel soll die Anwendung der Venture Capital Methode veranschaulichen.

Abb. 4.4 weist die beispielhafte EBIT-Entwicklung eines Wachstumsunternehmens auf.

Die beispielhafte Ermittlung des Unternehmenswerts des Wachstumsunternehmens nach der Venture Capital Methode ist in Abb. 4.5 dargestellt.

Erst mit der weiteren Entwicklung des Bewertungsobjekts gewinnen quantitativere Methoden an Gewicht, sodass in der Praxis kapitalwertorientierte Bewertungsverfahren für gewöhnlich erst in den späteren Lebenszyklusphasen Anwendung finden. Marktorientierte Verfahren, wie bspw. das Multiplikator-Verfahren, kommen hingegen in jeder Phase zum Einsatz (Rzepka et. al. 2016, S. 312). Dennoch können sich auch hier bestimmte Herausforderungen ergeben, wenn etwa vergleichbare Unternehmen oder Transaktionen für ein Bewertungsobjekt in einer noch jungen Branche identifiziert werden müssen.

Die dargestellte Abhängigkeit des gewählten Bewertungsverfahrens von der Phase im Unternehmenslebenszyklus wird auch in empirischen Studien regelmäßig herausgearbeitet

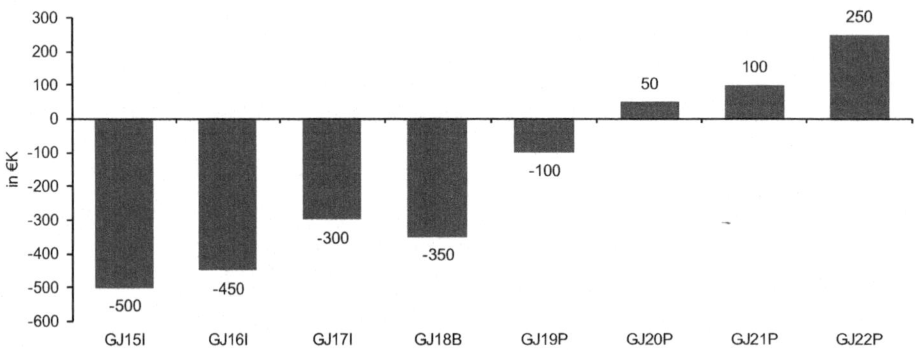

Abb. 4.4 Beispielhafte EBIT-Entwicklung eines Wachstumsunternehmens

Bewertung nach der Venture Capital Methode
in TEUR

EBIT (letztes Planjahr)	250
EBIT-Multiplikator	11,0x
Exit-Value	2.750
Exit-Value (diskontiert mit 30%)	741
Kumulierter Barwert (GJ18B – GJ22P)	(203)
Unternehmenswert zum 31. Dezember 2017	**538**

Abb. 4.5 Bewertung nach der Venture Capital Methode

(Rzepka et. al. 2016, S. 315). Auch hier zeigt sich, dass die traditionellen Unternehmensbewertungsverfahren bei jungen Wachstumsunternehmen eine untergeordnete Rolle spielen und dass die Wertfindung in den frühen Stadien wesentlich von qualitativen Faktoren abhängig gemacht wird. Gleichzeitig belegen diese Studien, dass mit steigender Reife des Bewertungsobjekts das DCF-Verfahren an Bedeutung gewinnt.

Abschließend sei zusammengefasst, dass der zugrunde liegenden Unsicherheit bei der Bewertung insb. jüngerer Wachstumsunternehmen auf zweierlei Arten entgegnet werden kann. Zum einen sollte den inhärenten Herausforderungen bei der Bewertung von Start-ups modellseitig mit einer gewissen Pluralität begegnet werden, um die Vor- und Nachteile der verschiedenen Bewertungsverfahren zu nutzen bzw. zu umgehen und den Unternehmenswert innerhalb einer geeigneten Bandbreite einzugrenzen (Rzepka et. al. 2016, S. 320). Zum anderen ist zu beachten, dass bei Vereinbarung von sog. Ratchets oder Earn-Out-Klauseln (s. Abschn. 3.2.1.1) dem konkreten Bewertungsergebnis ein erheblich geringeres Gewicht zufällt, da der Unsicherheit bzgl. der künftigen Ergebniserwartungen durch nachträglichliche Kaufpreisanpassungen entgegnet wird (Ihlau und Gödecke 2010, S. 691).

4.3 Prognose der finanziellen Überschüsse

Der Wert eines Unternehmens ergibt sich bei den kapitalwertorientierten Verfahren grundsätzlich aus dem Barwert der mit dem Eigentum an dem Unternehmen verbundenen finanziellen Überschüsse, die als Nettoeinnahmen in den Verfügungsbereich der Unternehmenseigner gelangen. Eine Unternehmensbewertung setzt daher die Prognose der entziehbaren künftigen finanziellen Überschüsse des Unternehmens voraus (IDW 2008, Tz. 25). Die künftigen finanziellen Überschüsse werden im Idealfall aus einer integrierten Planungsrechnung abgeleitet.

Die Annahmen der integrierten Planungsrechnung werden in der Regel auf Basis interner und externer Daten sowie der Erkenntnisse der Vergangenheitsanalyse plausibilisiert (s. Abschn. 4.3.3). Die spezifischen Merkmale und Besonderheiten von KMU erfordern eine sorgfältige und differenzierte Vorgehensweise bei der Prognose der finanziellen Überschüsse je nach Ausprägung der einzelnen Besonderheiten der KMU. Der Bewerter sollte sich bei der Berücksichtigung der Besonderheiten von KMU im Bewertungskalkül von folgendem Grundsatz leiten lassen: Besonderheiten von KMU sind soweit möglich bei der Ermittlung der künftig erzielbaren finanziellen Überschüsse und nur – wenn im Einzelfall geboten – im Kapitalisierungszinssatz abzubilden.

4.3.1 Übertragbare Ertragskraft bei personenbezogenen Unternehmen

Bei personenbezogenen Unternehmen ist der Einfluss der Eigentümer auf die Ertragskraft zu analysieren. Inwieweit im Rahmen der Bewertung der Einfluss des Eigentümers bei der Ermittlung der übertragbaren Ertragskraft zu bereinigen ist, wird im Wesentlichen durch den Bewertungsanlass bestimmt. Hierbei ist zu unterscheiden, ob der Eigentümer bei dem Bewertungsanlass aus dem Unternehmen ausscheidet oder nicht. Bewertungsanlässe, bei denen der Eigentümer im Unternehmen verbleibt bzw. ausscheidet, sind in Abb. 4.6 dargestellt.

Für Bewertungszwecke ist nicht allein maßgeblich, ob der Eigentümer unter rein rechtlichen Gesichtspunkten aus dem Unternehmen ausscheidet. Vielmehr sollte untersucht werden, ob der Eigentümer auch wirtschaftlich das Unternehmen verlässt. So kann der Eigentümer bspw. seine Geschäftsanteile veräußern, aber für eine Übergangsperiode weiterhin die Geschäfte führen und über Earn-Out-Klauseln am finanziellen Erfolg des Unternehmens teilhaben. Wirtschaftlich bleibt der Unternehmer in diesem Fall zumindest vorübergehend im Unternehmen.

Unabhängig vom Verbleib des Eigentümers im Unternehmen ist grundsätzlich zu untersuchen, inwieweit das Risiko der künftig erwarteten Überschüsse aufgrund des spezifischen Einflusses des Eigentümers höher ist als bei einem nicht eignergeführten Unternehmen. Weiterhin ist bei KMU grundsätzlich zu überlegen, inwieweit der künftige Erfolg von Schlüsselpersonen abhängig ist und wie lange diese voraussichtlich noch im Unternehmen tätig sein werden (Schütte-Biastoch 2011, S. 137 f.). Dies ist dann bei der Risikoeinschätzung zu berücksichtigen. Überlegungen sind insbesondere auch hinsichtlich der Nachhaltigkeit der personenbezogenen Einflussfaktoren und der generellen Lebensdauer des Unternehmens erforderlich. Insbesondere kann es Unternehmen geben, bei denen nur eine partiell bzw. temporär übertragbare Ertragskraft vorliegt, mit der Folge, dass beispielsweise bestimmte immaterielle Vermögenswerte nur zeitlich verkürzt übertragbar sind. Des Weiteren ist beim Verbleib des Eigentümers bzw. Gesellschafters im Unternehmen in der Regel zunächst davon auszugehen, dass sich an der Unternehmensführung und Struktur des Unternehmens hinsichtlich des Einflusses des Eigentümers keine Änderungen ergeben werden. Beim Verbleib des Eigentümers im Unternehmen sind Bereinigungen von personenbezogenen Einflüssen in der Regel auf

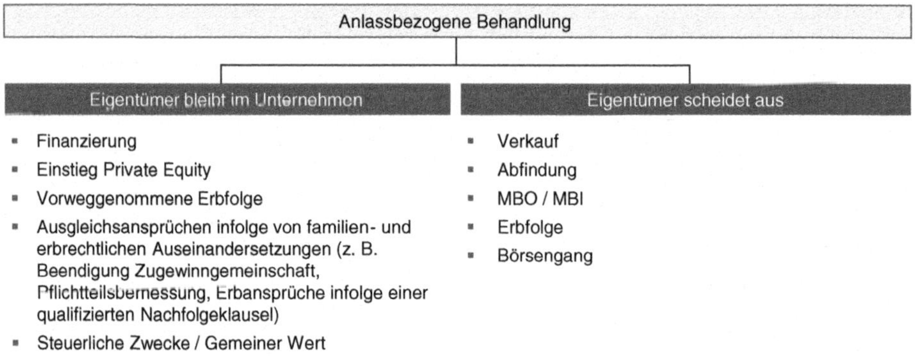

Abb. 4.6 Anlassbezogene Behandlung personenbezogener Einflüsse

die Abgrenzung von privaten und betrieblichen Vermögen (s. Abschn. 4.3.1.3) und den Ansatz von marktüblichen Konditionen im Hinblick auf die Nutzungsüberlassung von wesentlichen Faktoren der Leistungserstellung und der Finanzierung (s. Abschn. 4.3.1.4) beschränkt. Anders stellt sich die Situation dar, wenn der Eigentümer aus dem Unternehmen ausscheidet. In diesen Fällen ist darüber hinaus individuell zu untersuchen, inwieweit die Funktion des Eigentümers bzw. geschäftsführenden Gesellschafters im Unternehmen ersetzt werden kann und welche Auswirkungen sich hieraus auf die erwarteten Überschüsse des Unternehmens ergeben.

Neben dem Bewertungsanlass ist für die Frage der Bereinigung der Planungsrechnung um personenbezogene Erfolgsfaktoren auch das Bewertungskonzept maßgeblich. Bei der Ermittlung subjektiver Entscheidungswerte bspw. im Rahmen eines Verkaufs, wird der Erwerber in seinem Bewertungskalkül berücksichtigen, inwieweit er Geschäftsbeziehungen des Alteigentümers künftig fortführen kann. Kritischer wird die Frage bei der Ermittlung objektivierter Unternehmenswerte. Für die Ermittlung objektivierter Unternehmenswerte im Sinne des IDW S 1 wird typisierend von der Fortführung des Unternehmens in unverändertem Konzept ausgegangen (IDW 2008, Tz. 29). Die Vorgaben des IDW S 1 sehen bei der Ermittlung objektivierter Unternehmenswerte vor, dass personenbezogene Erfolgsbeiträge, die losgelöst vom bisherigen Eigentümer nicht realisiert werden können, bei der Prognose künftiger finanzieller Überschüsse außer Betracht zu lassen sind (IDW 2008, Tz. 40 f.). Bei kapitalmarktnotierten Unternehmen oder größeren Personengesellschaften stellt diese Annahme grundsätzlich kein Problem dar, da von einem kontinuierlichen, gleichwertigen Ersatz des Managements ausgegangen werden kann (Franken und Koelen 2015, S. 1016). Bei KMU ist diese Annahme jedoch nicht unkritisch zu übernehmen, da die Ertragskraft häufig maßgeblich von der prägenden Tätigkeit des Eigentümers abhängt, die sich insbesondere im Vorhandensein einschlägiger immaterieller Faktoren, wie z. B. Kundenbeziehungen, widerspiegelt. Daher ist in diesem Fall zu analysieren, ob und in welchem Maße sich die aus den immateriellen Faktoren ergebende Ertragskraft nach dem Ausscheiden des Eigentümers verbraucht (IDW 2014a, Tz. 27). Daher sollte je nach Bewertungsanlass eine differenzierte Betrachtungsweise erfolgen (Schütte Biastoch 2011, S. 134 ff.). Auch bei der Unternehmensbewertung zur Bestimmung von Ausgleichs- bzw. Auseinandersetzungsansprüchen kann bei personenbezogenen KMU die Ertragskraft in besonderem Maße von den bisherigen Eigentümern abhängig sein, sodass der Einfluss der Eigentümer auf die Ertragskraft des Unternehmens kritisch zu analysieren ist (IDW 2016a, Tz. 29). Nach der Rechtsprechung des BGH sind bei der Unternehmensbewertung im Familien- und Erbrecht nur die übertragbaren Bestandteile zu bewerten (BGH 2011b). Dazu zählt nicht der auf die persönlichen Leistungen der Inhaber entfallende Teil des Ertragswerts.

Will ein Unternehmer im Rahmen der Nachfolgeregelung sein Unternehmen auf einen Mitarbeiter im Rahmen eines MBO übertragen oder an einen strategischen Investor verkaufen, kann es für beide Parteien vorteilhaft sein, wenn der übertragende Unternehmer noch eine bestimmte Zeit nach Übertragung für das Unternehmen tätig ist. Dies dient bspw. der Übertragung von Kundenbeziehungen oder Know-How auf den neuen Eigentümer und dessen Mitarbeiter. Darüber hinaus erhält der ausscheidende Unternehmer die Möglichkeit für eine Übergangsperiode weiterhin im Unternehmen tätig zu sein und an den finanziellen Erfolgen zu partizipieren. In diesem Zusammenhang bieten sich Earn-Out-Klauseln für die Vertragsgestaltung an (s. Abschn. 3.2.1.1).

4.3.1.1 Personenbezogene Einflüsse auf die operative Ertragskraft

Bei personenbezogenen Unternehmen ist die operative Ertragskraft in besonderem Maße von den Eigentümern geprägt. Wie bereits eingangs dargestellt, sind KMU vielfältig. So gibt es sehr kleine Unternehmen, die über keine Governance (d. h. ein ausgebautes Steuerungs- und Regelungssystem) verfügen. Andererseits gibt es aber auch große Unternehmen, die stark von der Person des Eigentümers geprägt sind. Zur Ermittlung der dem Unternehmen innewohnenden bzw. übertragbaren Ertragskraft ist deshalb regelmäßig der in der Person des Eigentümers begründete Einfluss auf die Ertragskraft zu analysieren (IDW 2008, Tz. 38 ff.). In diesem Zusammenhang ist insbesondere der jeweilige Bewertungsanlass maßgebend. Hierbei ist zu unterscheiden, ob der die Gesellschaft prägende Eigentümer aus dem Unternehmen wirtschaftlich ausscheidet und seine gestaltende Tätigkeit nicht mehr zur Verfügung stellt oder nicht. In den Fällen, in denen keine Veräußerung stattfindet (z. B. bei Substanzbesteuerung), ist ebenfalls zu unterstellen, dass der Eigentümer ausscheidet, sofern keine anderweitigen Anhaltspunkte (z. B. in Form einer Verpflichtung des Eigentümers) vorliegen (Ballwieser et. al. 2014, S. 466). Grundsätzlich ist darüber hinaus zu überlegen, ob ein Unternehmen über eine eigene übertragbare Ertragskraft verfügt oder ob diese ausschließlich in der Person des Unternehmers begründet ist. Vor diesem Hintergrund können Unternehmen mit vollständiger oder nur partiell bzw. temporär übertragbarer Ertragskraft unterschieden werden.

Nach IDW S 1 i. d. F. 2008 wird regelmäßig von der vollständig übertragbaren Ertragskraft ausgegangen. In diesem Fall wird angenommen, dass das bisherige Management im Unternehmen verbleibt oder ein gleichwertiger Ersatz gefunden wird (IDW 2008, Tz. 39). Bei einem Gesellschafterwechsel setzt diese Annahme voraus, dass der bisherige Gesellschafter nicht gestaltend im Unternehmen tätig ist. Die Geschäftstätigkeit des Unternehmens wird durch den Gesellschafterwechsel nicht beeinträchtigt, und der neue Gesellschafter kann die Ertragskraft durch geeignete Maßnahmen langfristig aufrechterhalten. Daher ist eine Eliminierung personenbezogener Einflüsse auf die finanziellen Überschüsse im Regelfall nicht erforderlich (IDW 2008, Tz. 39). Bei der Bewertung von KMU ist diese Annahme jedoch kritisch zu hinterfragen.

Bei KMU ist die Ertragskraft häufig maßgeblich von der prägenden Tätigkeit des Eigentümers abhängig, die sich insbesondere im Vorhandensein einschlägiger immaterieller Faktoren widerspiegelt. Der Eigentümer wirkt oft insbesondere

- als (Haupt-)Leistungserbringer (z. B. Anwalt, Architekt, Arzt, Steuerberater, Wirtschaftsprüfer, Freiberufler, Handwerker), dessen Leistung entscheidend prägend für die Kundenzufriedenheit ist, auch wenn er sich dabei Erfüllungsgehilfen bedient,
- als Verkaufsleiter, der kontinuierlich neue Kunden gewinnt,

- als Geschäftsleiter, der hohe Marketingeffekte erzielen kann,
- als Vertrauensperson gegenüber den Mitarbeitern, die eine hohe Loyalität in der Belegschaft erzeugt,
- als Träger von bestimmtem Wissen, aufgrund dessen neue Produkte und Verfahren entwickelt werden (IDW 2014a, Tz. 25).

Diese immateriellen Faktoren zeichnen sich dadurch aus, dass sie eng mit der Person des Eigentümers verknüpft sind und nur durch dessen Mitwirken im Unternehmen erhalten bleiben (IDW 2014a, Tz. 26). Die damit verbundene Ertragskraft ist in der Regel zeitlich begrenzt und nur partiell oder temporär auf einen neuen Eigentümer übertragbar, da bestehende Kundenbeziehungen abschmelzen, technisches Know-how nur für einen bestimmten Zeitraum von Bedeutung ist oder das Geschäftsmodell an sich nur eine begrenzte Laufzeit aufweist. Daher muss der potenzielle Erwerber eigene Anstrengungen unternehmen, um Neukunden als Ersatz für verlorene Altkunden zu gewinnen, neue Produkte oder technische Verfahren zu entwickeln oder das Geschäftsmodell anzupassen (Ballwieser et. al. 2014, S. 467). Gleiches gilt für Einflüsse aus einem Unternehmensverbund oder aus sonstigen Beziehungen personeller oder familiärer Art zwischen dem Eigentümer-Management des zu bewertenden Unternehmens und dritten Unternehmen, die im Rahmen eines Eigentümerwechsels nicht oder zeitlich nur begrenzt mit übergehen (IDW 2014a, Tz. 41).

Daher ist in diesem Fall zu analysieren, ob und in welchem Maße sich die aus den immateriellen Faktoren ergebende Ertragskraft nach dem Ausscheiden des Eigentümers unmittelbar oder über einen bestimmten Zeitraum danach reduzieren. Soweit die wertbestimmenden Faktoren für die Erzielung der finanziellen Überschüsse nicht oder nur zeitlich begrenzt zur Verfügung stehen, ist die in der Vergangenheit vorhandene Ertragskraft nur partiell oder zeitlich begrenzt übertragbar. Im erstgenanten Fall sind die Erfolgsbeiträge zu eliminieren. Im zweitgenannten Fall schmilzt das zukünftige Ertragspotenzial aus den nur begrenzt übertragbaren Faktoren über einen endlichen Zeitraum ab (Ballwieser et. al. 2014, S. 466 f.). Hierbei kann zur vollständigen Abbildung des Abschmelzungsprozesses eine Verlängerung des Detailplanungszeitraumes sachgerecht sein.

Abb. 4.7 stellt die immateriellen Faktoren und die möglichen Anpassungen in der Planungsrechnung dar.

Verfügt der bisherige Eigentümer über wesentliche **Kunden- oder Lieferantenbeziehungen,** ist bei einem Ausscheiden des bisherigen Eigentümers zu analysieren, inwieweit die Umsatzerlöse von dem bisherigen Eigentümer abhängen. Sind Aufträge bspw. von besonderen Beziehungen zu Behörden abhängig, über die der bisherige Eigentümer verfügt, oder bestehen persönliche Verbindungen zu leitenden Mitarbeitern bei wesentlichen Kunden, so können die Umsatzerlöse bis hin zur Existenzfähigkeit des Unternehmens von der Person des Eigentümers abhängen. Insofern ist im Einzelnen zu analysieren, wie stark die Governance im Unternehmen ausgeprägt ist, d. h. inwieweit das Unternehmen autark ist, bspw. der Vertrieb über eigene Strukturen und Beziehungen zu Kunden verfügt und diese Mitarbeiter dem Unternehmen auch längerfristig zur

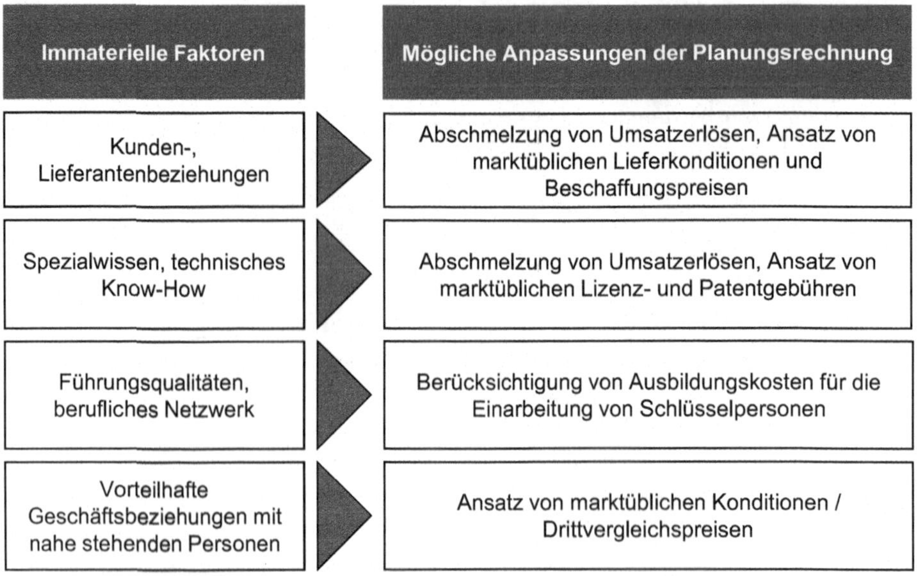

Abb. 4.7 Immaterielle Faktoren und mögliche Anpassungen in der Planungsrechnung

Verfügung stehen. Sind vor diesem Hintergrund Umsätze stark eigentümerabhängig, sollte mittels Szenarioanalysen und Sensitivitätsrechnungen beurteilt werden, wie hoch mögliche Umsatzrückgänge aufgrund des Ausscheidens des Eigentümers sein könnten und über welchen Zeitraum die Umsatzerlöse abschmelzen.

Der Abschmelzungszeitraum ist sowohl von den individuellen Verhältnissen des zu bewertenden Unternehmens als auch vom Markt- bzw. Branchenumfeld abhängig. So kann bspw. in einem sehr kompetitiven Marktumfeld von einem tendenziell geringeren Abschmelzungszeitraum ausgegangen werden (Ballwieser 2014 et. al., S. 467). Zur Bestimmung des Abschmelzungszeitraumes von Kundenbeziehungen können in Anlehnung an IDW S 5 folgende Indikatoren herangezogen werden (IDW 2015, Tz. 99):

- Vertragslaufzeiten und erwartete Vertragsverlängerungen,
- Rechtliche, regulatorische, wirtschaftliche und technologische Aspekte,
- Typische Produktlebenszyklen,
- Stabilität der Branche,
- Voraussichtliche Handlungen von Wettbewerbern und potenziellen Konkurrenten,
- Zeitraum der Abhängigkeit des Kunden (wirtschaftlich, rechtlich, technisch),
- Abhängigkeit der Kundenbeziehungen von der Reputation des Unternehmens bzw. des Unternehmers oder der Existenz und der Bedeutung anderer Werte im Unternehmen,
- Demografische/biometrische Aspekte hinsichtlich der bestehenden Kundenstruktur.

Zusätzlich können steuerrechtliche Abschreibungsregeln ebenfalls zur Ermittlung von Abschmelzungsdauern herangezogen werden. Für Kundenbeziehungen liegt der steuerliche Abschreibungszeitraum bspw. in einer Bandbreite von drei bis sieben Jahren (IDW 2014a, Tz. 31).

Eine Abschmelzung der Umsatzerlöse geht in der Regel mit einer in diesem Zusammenhang erforderlichen Anpassung der Aufwandsposten, des Working Capital etc. einher. Gleiches gilt für Lieferantenbeziehungen: Wenn bspw. besondere Beschaffungskonditionen ausschließlich auf persönliche Beziehungen oder nahestehende Unternehmen und Personen zurückzuführen und aufgrund des Ausscheidens des Eigners künftig nicht zu erzielen sind, dann sind diese in der Planungsrechnung durch marktübliche Konditionen zu ersetzen. Vor allem bei der Ermittlung subjektiver Entscheidungswerte können Szenarioanalysen hilfreich sein, um die Einschätzung der künftigen Umsatzerlöse oder Lieferkonditionen aus Sicht des Bewertungssubjekts – bspw. eines potenziellen Erwerbers – vorzunehmen. Verbleibt der das Unternehmen prägende Gesellschafter dagegen im Unternehmen, ist bei der Ermittlung eines objektivierten Unternehmenswerts typisierend zunächst davon auszugehen, dass die in der Person des Gesellschafters begründeten Beziehungen zu Kunden und Lieferanten fortbestehen. Allerdings sind für die Ermittlung der nachhaltigen Ertragskraft Überlegungen hinsichtlich des Ausscheidens des Gesellschafters bspw. aus Altersgründen und dessen nachhaltige Ersetzbarkeit einschließlich der Auswirkungen auf Kunden- und Lieferantenbeziehungen erforderlich. So kann das altersbedingte Ausscheiden des Eigentümers dazu führen, dass Kundenbeziehungen abschmelzen und für die Bewertung des KMU ggf. keine unendliche Lebensdauer und damit ewigen Rente angenommen werden kann.

Der Eigentümer kann über **Spezialwissen, technisches Know-How oder besondere Eigenschaften wie Kreativität** verfügen. Auch hier ist zu untersuchen, inwieweit die Fähigkeit des Eigentümers ursächlich für den Unternehmenserfolg ist. Ist technisches Wissen, Verfahrenskompetenz im Unternehmen dokumentiert und damit übertragbar oder lediglich im Kopf des Eigentümers vorhanden? Auch können Verfahrensdokumentationen, Patente, Lizenzen bei Schwestergesellschaften oder nahestehenden Personen liegen. In diesen Fällen ist zu prüfen, ob und zu welchen Konditionen diese dem Unternehmen künftig zur Verfügung stehen werden. Die Abbildung der Auswirkungen dieser eher technologiebezogenen Werte in der Planungsrechnung des Unternehmens stellt eine erhebliche Herausforderung dar, da sie teilweise weniger konkret quantifizierbar und eindeutig sind als wegfallende Umsatzerlöse bei Kundenverlusten. Dennoch stellen sie bei vielen Unternehmen die wesentlichen Werttreiber dar und sind somit in jedem Fall zu analysieren und individuell zu berücksichtigen.

Darüber hinaus gibt es weitere weiche Faktoren wie **Führungsqualitäten, berufliches Netzwerk** etc. von Schlüsselpersonen, die den Erfolg des Unternehmens maßgeblich bestimmen, deren Quantifizierung jedoch nicht konkret über einzelne Posten der Ergebnisrechnung möglich ist. Hier gibt es Überlegungen zur Berücksichtigung sog. Sicherheitsvorkehrungen, um den Folgen des Ausfalls von Schlüsselpersonen vorzubeugen, wie bspw. Ausbildungskosten für einen Nachfolger. Diese Kosten wären dann im Zähler des

Bewertungskalküls zu berücksichtigen (Schütte-Biastoch 2011, S. 138 f.). Auch wäre zu überlegen, ob man in Anlehnung an die Bewertung des Mitarbeiterstammes im Rahmen einer Purchase Price Allocation die Kosten der Wiederbeschaffung in Form der Einarbeitung von Schlüsselpersonen im Zähler berücksichtigt.

Die Abhängigkeit des Unternehmens von den Einflüssen des Eigentümers kann dazu führen, dass die Fortführung des Unternehmens ohne diesen nicht möglich erscheint. Die Bereinigung von Erfolgsbeiträgen und/oder die Berücksichtigung von kalkulatorischen Vergütungen können dazu führen, dass der Zukunftserfolgswert des Unternehmens unterhalb des Liquidationswertes liegt oder sogar negativ ist (IDW 2014a, Tz. 33). In diesen Fällen ist i. d. R. davon auszugehen, dass der Unternehmenswert dem Liquidationswert entspricht (IDW 2018, Kap. A, Tz. 283).

Aber auch in den Fällen, in denen der Eigentümer zunächst im Unternehmen verbleibt, kann eine begrenzte Lebensdauer des Unternehmens gegeben sein, wenn der Eigner bspw. aufgrund seines Alters lediglich eine begrenzte Zeit dem Unternehmen zur Verfügung steht und eine Nachfolge nicht in der bisherigen Form möglich ist.

In diesem Zusammenhang ist zu untersuchen, ob während der Verweildauer des Eigentümers ein Wissens- und Beziehungstransfer im Unternehmen stattfindet, mit der Folge, dass das Know-How und die Führungs- und Networking-Qualitäten des Unternehmers zu Kunden und Lieferanten auf andere Personen im Unternehmen übergehen (Franken und Koelen 2015, S. 1016 f.). Findet dieser Wissens- und Beziehungstransfer nicht statt, kann es sachgerecht sein, diese personenbezogenen Einflüsse ggf. in der Phase der ewigen Rente zu eliminieren bzw. marktübliche Konditionen zu berücksichtigen (Franken und Koelen 2015, S. 1017).

Grundsätzlich liegt der Behandlung der oben genannten personenbezogenen Einflüsse auf die operative Ertragskraft der Gedanke zugrunde, dass bei einem Verbleib im Unternehmen der Einfluss durch den Gesellschafter auch künftig erfolgt. Der persönliche Einfluss bestimmt letztlich das Geschäftsmodell des Unternehmens; eine Bereinigung ist nicht vorzunehmen. Anders verhält es sich mit den im Folgenden beschriebenen Geschäften mit nahestehenden Personen, die grundsätzlich vor dem Hintergrund der Marktüblichkeit zu untersuchen sind. Diese sind in der Regel schon im Detailplanungszeitraum an marktübliche Konditionen anzupassen, es sei denn, vertragliche Verpflichtungen stehen dem entgegen.

Auch **Geschäfte mit nahestehenden Personen** können zu den personenbezogenen Einflüssen gehören. Für die Abgrenzung des Kreises der nahestehenden Person kann hierbei auf die Definition in den internationalen Rechnungslegungsvorschriften[5] zurückgegriffen werden. Demnach sind Unternehmen und natürliche Personen dann als nahestehend zu beurteilen, wenn sie zum KMU entweder in einem Beherrschungsverhältnis stehen, gemeinschaftliche Führung oder einen maßgeblichen Einfluss ausüben.[6]

[5]IAS 24.9.

[6]IAS 24.9.

Weiterhin sind natürliche Personen nahestehend, wenn sie eine Schlüsselposition im Management des KMU oder des Mutterunternehmens des KMU bekleiden.[7] Es handelt sich hierbei um Personen, die für die Leitung, Planung und Überwachung eines Unternehmens verantwortlich sind. In der Regel sind dies die Organmitglieder, d. h. Mitglieder der Geschäftsführung oder des Aufsichtsrats. Darüber hinaus werden auch nahe Familienangehörige solcher Personen erfasst (z. B. Kinder, Ehegatten, Lebenspartner, Kinder des Ehegatten oder Lebenspartners sowie abhängige Angehörige).[8] Kapitalgeber, Kunden oder Lieferanten, die das KMU weder beherrschen noch gemeinschaftlich führen oder maßgeblich beeinflussen, gehören nicht zum Kreis der nahestehenden Personen.[9] Bei der Ermittlung objektivierter Werte ist zu untersuchen, ob das KMU grundsätzlich Geschäfte mit nahestehenden Personen ausübt und ob diese zu marktüblichen Konditionen erfolgen. Sind in der Planungsrechnung Geschäfte mit nahestehenden Personen zu nicht marktüblichen Konditionen enthalten, sind diese unabhängig davon, ob der Eigentümer aus dem Unternehmen ausscheidet oder im Unternehmen verbleibt, durch marktübliche Konditionen zu ersetzen. In den Fällen, in denen bereits zum Bewertungsstichtag marktunübliche Konditionen vertraglich vereinbart wurden, sind diese ggf. für die Dauer der Vertragslaufzeit fortzuführen.

Für die Ermittlung subjektiver Entscheidungswerte im Transaktionsumfeld sind dagegen die individuellen Vergütungskonditionen des möglichen Erwerbers mit den ihm nahestehenden Personen oder ggf. Dritten zugrunde zu legen.

Fraglich ist, ob die Anpassungen der operativen Ertragskraft aufgrund der oben genannten immateriellen Faktoren durch das Know-How und die Führungs- und Netzwerk-Qualitäten des Eigentümers auch dann erfolgen sollten, wenn ein objektivierter Wert ermittelt wird und der Gesellschafter im Unternehmen verbleibt. Beispielhaft sei hier der Bewertungsanlass zur Ermittlung von Ausgleichsansprüchen im Rahmen von familien- oder erbrechtlichen Auseinandersetzungen genannt. In diesem Fall hat die Rechtsprechung entschieden, dass nur die übertragbaren Bestandteile bewertet werden. Immaterielle Faktoren, die mit der Person des Eigentümers verknüpft sind, sind nicht zu berücksichtigen (BGH 2011a, IDW 2016a, Tz. 30).

Wichtig ist, dass identifizierte immaterielle Faktoren nicht mehrfach berücksichtigt werden, da z. B. spezielle Kundenbeziehungen auch auf technisches Wissen zurückgehen können.

Die Bewertung bei vollständiger oder nur partiell bzw. temporär übertragbarer Ertragskraft wird anhand des folgenden Beispiels verdeutlicht (in Anlehnung an Ballwieser 2014 et. al., S. 467 f.):

---

[7] IAS 24.9.

[8] IAS 24.9.

[9] IAS 24.11.

Fall 1: Vollständig übertragbare Ertragskraft

A ist alleiniger Gesellschafter der A-GmbH. Operative Entscheidungen überlässt er dem Fremdgeschäftsführer X. Sein Engagement im Unternehmen beschränkt sich auf das Halten der Beteiligung. Nach der Veräußerung seiner Anteile scheidet A aus dem Unternehmen aus, wohingegen X als Geschäftsführer bei der A-GmbH verbleibt und die Geschäftstätigkeit wie bisher fortsetzt. Die Ertragskraft der annahmegemäß vollständig eigenfinanzierten A-GmbH ist unabhängig von A. Die nachstehende Planung sieht eine Steigerung der Kundenzahl vor:

T€	**1**	**2**	**3**	**4**	**5**	**6**	**7**	**8**	**9**	**ER**
Kundenanzahl	250	255	260	260	260	270	280	300	300	320
ø-Erlös je Kunde	50	50	50	50	50	50	50	50	50	50
Gesamterlöse	12.500	12.750	13.000	13.000	13.000	13.500	14.000	15.000	16.000	16.000
Personalaufwand	(6000)	(6000)	(6000)	(6000)	(6000)	(6300)	(6480)	(6900)	(7200)	(7200)
Sonstige betriebliche Aufwendungen	(5063)	(5255)	(5490)	(5490)	(5490)	(5605)	(5890)	(6450)	(6940)	(6940)
EBITDA	1438	1495	1510	1510	1510	1595	1630	1650	1860	1860
Abschreibungen	(200)	(190)	(181)	(173)	(166)	(179)	(191)	(202)	(212)	(220)
EBIT	1238	1305	1329	1337	1344	1416	1439	1448	1648	1640
EBIT-Marge	*10 %*	*10 %*	*10 %*	*10 %*	*10 %*	*10 %*	*10 %*	*10 %*	*10 %*	*10 %*
Steuern	(371)	(392)	(399)	(401)	(403)	(425)	(432)	(434)	(494)	(492)
EAT	866	914	930	936	941	991	1007	1014	1154	1148
Ergebnismarge	*7 %*	*7 %*	*7 %*	*7 %*	*7 %*	*7 %*	*7 %*	*7 %*	*7 %*	*7 %*
Kapitalisierungszins	9,0 %	9,0 %	9,0 %	9,0 %	9,0 %	9,0 %	9,0 %	9,0 %	9,0 %	9,0 %
Eigenkapitalwert	**11.660**									

Fall 2: Partiell bzw. temporär übertragbare Ertragskraft

Im Gegensatz zu Fall 1 ist A im Fall 2 als Geschäftsführer der A-GmbH ebenfalls in die Vertriebsaktivitäten eingebunden und verfügt über sehr gute Kundenbeziehungen. Ein wesentlicher Teil der Ertragskraft ist auf die Kundenbeziehungen des A zurückzuführen. Nach Veräußerung seiner Anteile an der A-GmbH, steht A dem Unternehmen noch weitere drei Jahre beratend zur Verfügung. Die finanziellen Überschüsse gehen nach der Beratertätigkeit des A annahmegemäß aufgrund bestehender Verträge zunächst nicht zurück. Anschließend sinken sie jedoch kontinuierlich aufgrund des Abschmelzens der Kundenbeziehungen:

T€	1	2	3	4	5	6	7	8	9	ER
Kunden-anzahl	250	255	260	260	260	230	200	95	45	45
ø-Erlös je Kunde	50	50	50	50	50	50	50	50	50	50
Gesamt-erlöse	12.500	12.750	13.000	13.000	13.000	11.500	10.000	4750	2250	2250
Personal-aufwand	(6000)	(6000)	(6000)	(6000)	(6000)	(5700)	(4800)	(2400)	(1200)	(1200)
Sonstige betriebliche Auf-wendungen	(5063)	(5255)	(5490)	(5490)	(5490)	(4530)	(4100)	(1784)	(723)	(723)
EBITDA	1438	1495	1510	1510	1510	1270	1100	603	328	328
Abschrei-bungen	(200)	(190)	(181)	(173)	(166)	(149)	(134)	(121)	(109)	(109)
EBIT	1238	1305	1329	1337	1344	1121	966	482	219	219
EBIT-Marge	*10 %*	*10 %*	*10 %*	*10 %*	*10 %*	*10 %*	*10 %*	*10 %*	*10 %*	*10 %*
Steuern	(371)	(392)	(399)	(401)	(403)	(336)	(290)	(145)	(66)	(66)
EAT	866	914	930	936	941	785	676	337	153	153
Ergebnis-marge	*7 %*	*7 %*	*7 %*	*7 %*	*7 %*	*7 %*	*7 %*	*7 %*	*7 %*	*7 %*
Kapitali-sierungszins	9,0 %	9,0 %	9,0 %	9,0 %	9,0 %	9,0 %	9,0 %	9,0 %	9,0 %	9,0 %
Eigen-kapitalwert	**5429**									

Abb. 4.8 stellt die finanziellen Überschüsse der A-GmbH in den beiden Fällen gegenüber. Dabei ist zu beachten, dass die Ertragskraft der A-GmbH im Fall 2 auch nach dem Ausscheiden des A aufgrund der Annahme bestehender Verträge vorerst erhalten bleibt. Erst nach dem Ende der Vertragslaufzeit schmelzen die Kundenbeziehungen ab und reduzieren somit die Ertragskraft.

4.3.1.2 Vergütung der Geschäftsführung/von Familienmitgliedern

Bei KMU sind Management- und Eigentümerfunktion im Gegensatz zu Großunternehmen häufig nicht getrennt. Der Eigentümer von KMU bringt neben seinem Kapital auch seine Arbeitsleistung ein, für die er häufig keine angemessene Vergütung erhält. Das geht so weit, dass bei sehr kleinen KMU das Unternehmen den Arbeitsplatz des Eigentümers darstellt (Jonas 2011, S. 302). Bei Großunternehmen nimmt der Eigentümer dagegen in der Regel nur die Funktion des Kapitalgebers ein. Auch das Bewertungskalkül geht bei der im Nenner zum Ausdruck gebrachten Alternativanlage von der Stellung des Eigentümers als einem reinen Kapitalgeber aus. Um eine Vergleichbarkeit von Zähler und Nenner herzustellen, sind die zukünftigen finanziellen Überschüsse des KMU bei der

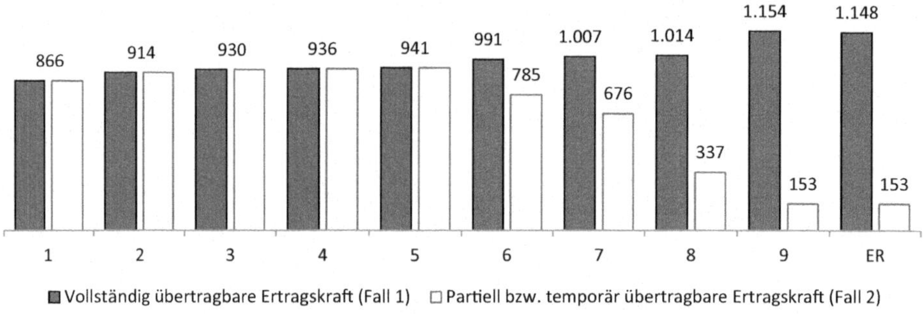

Abb. 4.8 Vergleich der finanziellen Überschüsse bei vollstängig übertragbarer und partiell bzw. temporär übertragbarer Ertragskraft

Ermittlung eines objektivierten Unternehmenswerts um einen angemessenen Unternehmerlohn zu mindern. Der Ansatz eines angemessenen Unternehmerlohns ist damit Ausfluss des Kapitaleinsatzäquivalenzprinzips (Ballwieser 2016, S. 97). Analog zum Abzug der kalkulatorischen Miet- oder Leasingzahlungen für das im Privatvermögen des Eigentümers stehende Vermögen (s. Abschn. 4.3.1.3) soll der Unternehmerlohn die vom Eigentümer eingebrachte Arbeitsleistung vergüten. Auch für Leistungen (unentgeltlich) mitarbeitender nahestehender Personen bzw. Familienmitglieder ist eine marktübliche Vergütung anzusetzen (IDW 2008, Tz. 40). Der Ansatz einer marktüblichen Vergütung ist insbesondere bei denjenigen Bewertungsanlässen von Bedeutung, bei denen der Eigentümer bzw. die ihm nahestehenden Personen ausscheiden und künftig nicht mehr mit ihrer Arbeitsleistung zur Verfügung stehen. Aber auch bei Bewertungsanlässen, bei denen kein Eigentumswechsel stattfindet, sind die künftigen finanziellen Überschüsse zu korrigieren, wenn bislang kein angemessener Unternehmerlohn angesetzt wurde (IDW 2008, Tz. 40, IDW 2014a, Tz. 32 ff. sowie IDW 2016a, Tz. 31). Dies kann im Extremfall dazu führen, dass nach Abzug eines angemessenen Unternehmerlohns der Zukunftserfolgswert des Unternehmens unterhalb des Liquidationswerts liegt oder sogar negativ ist (IDW 2018, Kap. A, Tz. 285, IDW 2014a, Tz. 33). Auch die Rechtsprechung plädiert bei Bewertungen aus Anlass der Ermittlung von familienrechtlichen Ausgleichsansprüchen für einen Abzug eines Unternehmerlohns, um eine Doppelbelastung beim Zugewinnausgleich und der Unterhaltsbemessung zu vermeiden (BGH 2008). Im Ergebnis soll der Unternehmerlohn lediglich die Basis für die Unterhaltsbemessung darstellen und den zum Ausgleich Verpflichteten nicht noch zusätzlich über den Zugewinn belasten (Olbrich und Olbrich 2008, S. 1485 mit Anmerkungen zu BGH 2008).

Bei der Bereinigung der finanziellen Überschüsse um den Unternehmerlohn ist nach der Rechtsform des Bewertungsobjekts zu unterscheiden. Während bei Kapitalgesellschaften die Vergütungen für Gesellschafter-Geschäftsführer als Personalaufwand in der GuV erfasst werden und die finanziellen Überschüsse bereits gemindert haben, sind sie bei Einzelunternehmen und Personengesellschaften Teil des Gewinns. Daher muss für diese Unternehmen die aus dem internen Rechnungswesen abgeleitete Ertragsprognose zusätzlich um einen kalkulatorischen Unternehmerlohn korrigiert werden. Eventuell bestehende gesellschafts- oder schuldrechtliche Vereinbarungen sind hierbei auf ihre Angemessenheit hin zu überprüfen (Schütte-Biastoch 2011, S. 129). Grundsätzlich sollte der Unternehmerlohn das Gehalt sowie sämtliche Nebenleistungen wie Sozialleistungen, betriebliche Altersversorge und private Nutzung des Betriebsvermögens (Firmenwagen, Dienstwohnung) umfassen (Behringer 2001, S. 722). Leitgedanke für die Angemessenheit des kalkulatorischen Unternehmerlohns ist das Opportunitätskostenprinzip (Schütte-Biastoch 2011, S. 129). Relevant ist das marktübliche Gehalt, das ein Dritter beim Eingehen eines Angestelltenverhältnisses für die Erfüllung der entsprechenden Aufgaben im Unternehmen unter Berücksichtigung der Branchenüblichkeit bekommen würde. Die Führungsverantwortung ist bei der Festlegung des marktüblichen Gehalts miteinzubeziehen. Die Höhe des Gehalts wird allein durch das Anforderungsprofil der Tätigkeit bestimmt (Behringer 2001, S. 722). Die individuelle Qualifikation und die besonderen personenbezogenen Eigenschaften wie besondere Beziehungen des Eigentümers zu Kunden oder Lieferanten bleiben hierbei außer Betracht (Schütte-Biastoch 2011, S. 131). Sie sind jedoch gegebenenfalls bei der Bereinigung personenbezogener Einflüsse zu berücksichtigen (s. Abschn. 4.3.1.1). Für die Bestimmung des angemessenen Unternehmerlohns kann neben internen Betriebsvergleichen vor allem auf statistische Untersuchungen von Branchenverbänden oder Veröffentlichungen in Fachzeitschriften zurückgegriffen werden (IDW 2014a, Tz. 33). Klarstellend sei angeführt, dass der kalkulatorische Unternehmerlohn die Managementleistung des Eigentümers in den finanziellen Überschüssen berücksichtigt. Eine mangelnde Diversifizierung des Eigentümers in Form einer hohen Bindung des Gesamtkapitals des Eigentümers in seiner Unternehmung wird hierdurch nicht vergütet.[10]

Hinsichtlich der steuerlichen Behandlung von Tätigkeitsvergütungen an Einzel- oder Mitunternehmer ist zu beachten, dass diese (bei Mitunternehmern als Sondervergütungen) die Einkünfte aus Gewerbebetrieb erhöhen und somit der Gewerbe- und Einkommensteuer unterliegen. Tätigkeitsvergütungen nicht beteiligter Geschäftsführer sind hingegen wie bei Kapitalgesellschaften steuerlich als Betriebsausgabe abziehbar und fließen nicht in die gewerbesteuerliche Bemessungsgrundlage ein. Dies führt zu einer steuerlichen Ungleichbehandlung von Mitunternehmern in Abhängigkeit davon, ob sie eine Tätigkeitsvergütung erhalten oder nicht (Schütte-Biastoch 2011, S. 132).

Die steuerrechtliche Qualifizierung der Tätigkeitsvergütung ist im Bewertungskalkül unter Berücksichtigung des Bewertungsanlasses und der vorgenommenen Typisierungen anlassbezogen zu berücksichtigen (IDW 2014a, Tz. 35). Um eine Vergleichbarkeit von Geschäftsführergehältern für tätige und nicht tätige Mitunternehmer zu erreichen, wird bei der Ermittlung objektivierter Unternehmenswerte typisierend angenommen, dass

[10]Zur Berücksichtigung mangelnder Diversifikation des Anteilseigners im Bewertungskalkül s. Abschn. 4.4.2.2.

die Geschäftsführungsleistungen grundsätzlich durch nicht am Unternehmen Beteiligte erbracht werden (Popp 2008, S. 941). Die Annahme eines Fremdgeschäftsführers entspricht im Übrigen auch der Fiktion, die bei der Bemessung des kalkulatorischen Unternehmerlohns zugrunde gelegt wird. Dementsprechend werden die Tätigkeitsvergütungen im Bewertungskalkül grundsätzlich nicht der Gewerbe- und Einkommensteuer unterworfen, sondern sind unabhängig von der Rechtsform steuerlich gewinnmindernd in Abzug zu bringen. Eine Ausnahme wäre nur dann gegeben, wenn die Gesellschafterstellung stets mit der Geschäftsführungstätigkeit verbunden ist (Popp 2008, S. 941).

Bei der Ermittlung subjektiver Entscheidungswerte, bspw. im Rahmen eines Verkaufs, wird der Erwerber dagegen in seinem Bewertungskalkül die individuellen Vergütungskonditionen für sich selbst oder für mögliche Fremdgeschäftsführer veranschlagen. Auch wird er ggf. Vergütungen für Leistungen, die bislang von Familienmitgliedern oder nahestehenden Personen des Alteigentümers erbracht wurden, durch erwartete Vergütungen für ihm zur Verfügung stehende Arbeitskräfte ersetzen.

4.3.1.3 Abgrenzung von privatem und betrieblichen Vermögen

Entscheidend für die Wertermittlung von KMU ist nicht die Zuordnung der Vermögensgegenstände zur privaten oder betrieblichen Sphäre des Unternehmens, sondern die konsistente und vollständige Erfassung der sich daraus ergebenden Folgewirkungen in den prognostizierten finanziellen Überschüssen. Wird die Bewertung bspw. aus Anlass des Kaufs oder Verkaufs eines Unternehmens durchgeführt, darf der Bewerter nur diejenigen Vermögensgegenstände in die Bewertung einbeziehen, die auch tatsächlich Gegenstand der Übertragung auf den Käufer sind. Ist die Übertragung einzelner betriebsnotwendiger Vermögensgegenstände, wie z. B. eines betrieblich genutzten Gebäudes oder von Patenten, nicht vorgesehen, weil sie im Privatvermögen des Verkäufers verbleiben, sind für Zwecke der Unternehmensbewertung Miet-, Pacht- oder Lizenzzahlungen zu berücksichtigen. Beim Verbleib von Patenten oder technischem Know-How beim Verkäufer ist zu beachten, dass sich der Käufer ein Exklusivrecht für die langfristige Nutzung des Patents vorbehalten sollte, da sich andernfalls sein Risiko deutlich erhöht (Behringer 2012, S. 244). Darüber hinaus ist auch bei anderen Bewertungsanlässen als dem Kauf oder Verkauf eines Unternehmens insbesondere die Marktkonformität der Konditionen der Nutzungsüberlassung zu prüfen und ggf. anzupassen. Dies gilt insbesondere auch für Bewertungsanlässe, in denen der Eigentümer im Unternehmen verbleibt und ein objektivierter Wert ermittelt werden muss. Weiterhin ist zu hinterfragen, ob generell eine langfristige Nutzungsüberlassung gegeben ist oder der Eigentümer bspw. Vermögenswerte, wie z. B. Patente, auch einer anderen außerhalb des Unternehmens liegenden Verwertung unterziehen könnte. So kann es für den Verkäufer auch sinnvoll sein, Patente tatsächlich in die zu bewertende Vermögensmasse einzubringen, um bei einem Scheitern des Käufers nicht auf schlecht verwertbaren Patenten sitzen zu bleiben (Behringer 2012, S. 243).

Auch bei sowohl privat als auch betrieblich genutzten Vermögensgegenständen, wie z. B. Fahrzeugen, Immobilien oder Wertpapieren, ist bei der Bewertung eine Klassifizierung bezüglich der betrieblichen oder privaten Sphäre vorzunehmen. Wird ein gemischt genutztes Fahrzeug bspw. entsprechend der Regelung des (Unternehmens-) Kaufvertrags dem betriebsnotwendigen Vermögen zugeordnet, aber privat vom neuen Eigentümer mitgenutzt, ist die private Nutzung bei der Prognose der finanziellen Überschüsse als Unternehmerlohn zum Abzug zu bringen, da sie einen Bestandteil der Tätigkeitsvergütung darstellt. Umgekehrt müssten für die geplante betriebliche Nutzung eines dem Privatvermögen zugeordneten gemischt genutzten Fahrzeugs für Bewertungszwecke kalkulatorische Miet- oder Leasingzahlungen bei der Prognose der finanziellen Überschüsse angesetzt werden (Schütte-Biastoch 2011, S. 124).

Sofern wesentliche Betriebsgrundlagen im Rahmen einer sog. Betriebsaufspaltung entgeltlich vom Besitzunternehmen an das Betriebsunternehmen überlassen werden, ist darauf zu achten, dass die Nutzung dieser Vermögensgegenstände durch das Bewertungsobjekt in Zukunft sicher gestellt ist. Dies ist insbesondere bei Transaktionen von Bedeutung, bei denen der Eigner das Unternehmen verlässt. Umgekehrt kann das Unternehmen auch in einer überteuerten Immobilie seine Geschäftstätigkeit betreiben. Soweit dieser Standort nicht Voraussetzung für die Geschäftstätigkeit ist, ist es im Rahmen einer Transaktion Verhandlungssache, wie mit der Immobilie umgegangen wird. Bei einer objektivierten Bewertung ist – soweit der Vertrag über die Überlassung der Immobilie eine begrenzte Laufzeit hat – zumindest nachhaltig von marktüblichen Konditionen auszugehen. Falls marktunübliche Konditionen für die Nutzung dieser Vermögensgegenstände vereinbart wurden, sind diese in der Regel für die unkündbare Vertragslaufzeit bei der Prognose der finanziellen Überschüsse zugrunde zu legen. Anschließend sind gesonderte Überlegungen darüber anzustellen, ob in Zukunft marktübliche Nutzungsentgelte im Bewertungskalkül anzusetzen sind (IDW 2014a, Tz. 14).

Grundsätzlich können die im Privatvermögen befindlichen Vermögensgegenstände für Zwecke der Unternehmensbewertung entweder fiktiv in die zu bewertende Vermögensmasse eingebracht (und abgeschrieben) oder durch Nutzungsentgelte berücksichtigt werden (Schütte-Biastoch 2011, S. 123 f.).

Der Bewerter sollte die in der Planungsrechnung enthaltenen Nutzungsentgelte für die im Privatvermögen befindlichen Vermögensgegenstände auf ihre Vollständigkeit hin überprüfen. Darüber hinaus sollten für die anzusetzenden Miet-, Pacht- oder Lizenzzahlungen marktübliche Konditionen zugrunde gelegt werden (Schütte-Biastoch 2011, S. 125).

Dabei kann sich der Bewerter an Marktpreisen vergleichbarer Vermögensgegenstände, wie z. B. an ortsüblichen Mieten, orientieren.

Bei der Ermittlung subjektiver Entscheidungswerte, z. B. im Rahmen eines Kaufs/ Verkaufs, wird der Erwerber hingegen eine individuelle Zuordnung des privaten und betrieblichen Vermögens vornehmen und die ihm zur Verfügung stehenden Vergütungskonditionen ansetzen. Hierbei können sowohl marktübliche als auch individuelle Konditionen zugrunde zu legen sein.

Neben der Abgrenzung von privatem und betrieblichem Vermögen ist auch bei KMU eine Identifikation und Berücksichtigung von NBV vorzunehmen. Das NBV kann frei veräußert werden, ohne dass davon die eigentliche Unternehmensaufgabe berührt wird

(s. Abschn. 3.6.2) (IDW 2008, Tz. 59). Bei KMU sind teilweise luxuriöse, prestigeträchtige Bauten vorzufinden, die in dieser Form nicht betriebsnotwendig sind. NBV kann auch aufgrund von mangelndem Working Capital-Management vorliegen. Die Vermögensgegenstände und Schulden des NBV werden in der Regel unter Annahme eines Verkaufs einzeln bewertet. Die Planungsrechnung wird um ggf. geplante Aufwendungen und Erträge aus dem NBV bereinigt, um eine doppelte Berücksichtigung im Rahmen der Bewertung zu vermeiden (s. Abschn. 3.6.2).

4.3.1.4 Kapitalstruktur und Finanzierung

Bei KMU existiert nicht nur beim Vermögen oftmals keine klare Trennung zwischen dem betrieblichen und dem privaten Vermögen. Auch bei der Finanzierung sind die Grenzen zwischen Eigenkapital und Fremdkapital oft fließend und eine sachgerechte Trennung ist dementsprechend schwierig. Ursache sind vor allem der begrenzte Eigentümerkreis und die eingeschränkten Kapitalbeschaffungsmöglichkeiten von KMU. Die Kapitalausstattung von KMU ist vielfach durch hybride bzw. mezzanine Finanzierungsinstrumente geprägt, die je nach Ausgestaltung Eigen- oder Fremdkapitalcharakter haben können.[11] Finanzierungen von Start-up-Unternehmen sind in der Regel auf einen Exit der Venture Capital-Geber ausgelegt. Häufig erfolgt die Finanzierung auch nur durch eine Hausbank, wenn bspw. die Teilnahme an geregelten Kapitalmärkten aufgrund der Rechtsform und der geringen Größe ausscheidet (Zieger und Schütte-Biastoch 2008, S. 592). Gegenläufige Tendenzen waren in der Vergangenheit bspw. durch die Ausgabe von Mittelstandsanleihen zu beobachten, doch erforderte auch diese bestimmte Mindestfinanzierungsvolumina und besondere Rating- und Publizitätsanforderungen, die eine Vielzahl von KMU nicht erfüllten. Grundsätzlich sind die bestehenden Finanzierungsarten detailliert zu analysieren und auf etwaige Einflussfaktoren durch die Person des Eigentümers zu hinterfragen. Die Analyse der Finanzierungssituation ist auch abhängig vom Bewertungsanlass, vom Bewertungszweck und der Funktion des Bewerters. So kann sich bei einem Eigentümerwechsel im Rahmen eines Verkaufs des Unternehmens die Finanzierung komplett ändern, wenn der Eigentümer persönlich mit seinem Privatvermögen als Haftungsschuldner ausscheidet.

Aufgrund der starken Personenbezogenheit von KMU sollte im Rahmen der Analyse der Kapitalstruktur zunächst klar definiert werden, welche Finanzierungsmittel des KMU Eigenkapital darstellen. Denn in der Regel zielt die Unternehmensbewertung auf die Ermittlung des Marktwerts des Eigenkapitals ab. Bei der Abgrenzung von Eigen- und Fremdkapital ist darauf zu achten, dass die daraus resultierenden Effekte nicht nur bei den zu kapitalisierenden Ergebnissen, sondern auch im Kapitalisierungszinssatz konsistent berücksichtigt werden (s. Abschn. 4.4.1.3). Dies betrifft vor allem die Höhe der Zinsaufwendungen und die daraus resultierenden Auswirkungen auf die Unternehmensteuer. Aber auch für die Erstellung der Plan-Bilanzen und die Bemessung der

[11] Zu Personengesellschaften vgl. Franken und Koelen 2015, S. 1007.

wachstumsbedingten Thesaurierung (s. Abschn. 3.6.5.5) spielt die richtige Abgrenzung des Eigenkapitals eine bedeutende Rolle.

Für die Abgrenzung von Eigen- und Fremdkapital sollte für Zwecke der Unternehmensbewertung grundsätzlich auf eine betriebswirtschaftliche Betrachtungsweise abgestellt werden, da Bilanzierungsregeln teilweise nicht zu einer sachgerechten Klassifizierung führen. In diesem Zusammenhang sei auf die Diskussion zum bilanziellen Eigenkapital nach IAS 32 hingewiesen (Petersen und Zwirner 2008, S. 1060 ff.).[12] Sinnvolle Anhaltspunkte für die Beurteilung, ob die Finanzierungsart Eigenkapitalcharakter besitzt, können bspw. die vom IDW vorgegebenen Merkmale zur bilanziellen Zuordnung zum Eigenkapital bei Personengesellschaften bieten. Danach ist eine Kapitalüberlassung handelsrechtlich nur dann als bilanzielles Eigenkapital auszuweisen, wenn folgende Kriterien kumulativ erfüllt sind (IDW 2012b, Tz. 13 f.):

- Verlustdeckungspotenzial
- Nachrangigkeit

Eine Voraussetzung für die Einordnung als Eigenkapital ist, dass die Finanzierungsart in vollem Umfang am Gewinn und Verlust der Gesellschaft teilnimmt. Eigenkapital stellt demnach die Haftungsmasse für Verluste dar. Die Finanzierungsart erfüllt das Kriterium der Nachrangigkeit, wenn im Insolvenzfall ein Rückzahlungsanspruch erst nach Befriedigung aller anderen Fremdkapitalgläubiger geltend gemacht werden kann. In der Betriebswirtschaftslehre werden weitere Merkmale zur Abgrenzung von Eigen- und Fremdkapital herangezogen (Perridon et al. 2017, S. 420). Hier sind insbesondere die Erfolgsabhängigkeit der Vergütung und die Längerfristigkeit der Kapitalüberlassung zu nennen. Während Eigenkapitalgeber in Abhängigkeit vom Gewinn vergütet werden, steht Fremdkapitalgebern regelmäßig ein fester oder begrenzter Zinsanspruch zu. Eigenkapital wird in der Regel auf unbegrenzte Zeit überlassen. Die Fremdkapitalüberlassung ist hingegen zeitlich terminiert.

Während handelsrechtlich die Kriterien des Verlustausgleichs und der Nachrangigkeit zur Klassifizierung von Eigenkapital dominieren,[13] stellen die bilanziellen Regelungen des IAS 32 maßgeblich auf die Längerfristigkeit der Kapitalüberlassung, d. h. die Entziehbarkeit von einer Zahlungsverpflichtung durch den Emittenten bzw. Gesellschaft, ab (Wüstemann und Bischof 2011, S. 244, Petersen und Zwirner 2008, S. 1061).[14]

Entscheidende Bedeutung erlangen diese Kriterien bei der Zuordnung von Eigenkapital bei Personengesellschaften. Aufgrund des ordentlichen Kündigungsrechts von

[12] IAS 32.15 (rev. 2008), IAS 32.AG13-AG14J (rev. 2008), IAS 32. AG25-AG29A (rev. 2008).

[13] Im Zusammenhang mit Personengesellschaften vgl. IDW, Tz. 13 f.

[14] IAS 32.11 (rev. 2008) und IAS 32.16 (rev. 2008).

Gesellschaftern einer Personengesellschaft, das auch nicht durch einen Gesellschaftsvertrag ausgeschlossen werden kann (§ 723 Abs. 3 BGB), führte die frühere Fassung des IAS 32 dazu, dass Personengesellschaften bei strenger Auslegung der Regelungen kein Eigenkapital ausweisen durften (Petersen und Zwirner 2008, S. 1060 ff.). Nach Änderung des IAS 32 stellt zwar die Längerfristigkeit der Kapitalüberlassung bzw. Unkündbarkeit des Finanzinstruments weiterhin das maßgebliche Kriterium für die Qualifizierung von Eigenkapital dar, durch Ergänzung von Ausnahmevorschriften[15] wurde jedoch der Ausweis von Eigenkapital für Personengesellschaften prinzipiell ermöglicht (Petersen und Zwirner 2008, S. 1063 ff.).

Bei Personengesellschaften besteht zudem die Schwierigkeit, dass mit Ausnahme der Gliederung nach § 264c Abs. 2 HGB keine gesetzlich festgelegten Vorschriften zum Ausweis des Eigenkapitals existieren.[16] Die Abbildung des Eigenkapitals erfolgt nicht schematisch, sondern gemäß den Regelungen des Gesellschaftsvertrags oder der Gesellschafterbeschlüsse. Das Innenrecht von Personengesellschaften ist vom Grundsatz der Vertragsfreiheit geprägt. Die gesetzlichen Regelungen zum Verhältnis der Gesellschafter untereinander sind dispositives Recht und finden nur subsidiär Anwendung (§§ 705 ff. BGB, §§ 109, 163 HGB) (Röhrig und Doege 2006, S. 489). In den Gesellschaftsverträgen wird üblicherweise vereinbart, das Eigenkapital bzw. die Kapitalanteile der Gesellschafter in mehreren Kapitalkonten zu führen. Standardmäßig definierte Kapitalkonten liegen in der Regel nicht vor. Die Kapitalkonten sind stattdessen vor dem Hintergrund des im Gesellschaftsvertrag geregelten Zwecks zu analysieren. Die Anzahl der Kapitalkonten richtet sich regelmäßig auch danach, ob die Personengesellschaft in der Rechtsform der oHG oder KG geführt wird. Mögliche in der Praxis anzutreffende Kapitalkonten sind in Abb. 4.9 dargestellt.

Bei der für Bewertungszwecke vorzunehmenden Abgrenzung der Kapitalkonten zwischen Eigen- und Fremdkapital wird empfohlen, vorwiegend auf die betriebswirtschaftlichen Merkmale Verlustausgleich, Gewinnbeteiligung und Haftung von Eigenkapital abzustellen, die kumulativ erfüllt sein sollten (Franken und Koelen 2015, S. 1019 f.). Das Festkapitalkonto, auf dem die Pflichteinlagen gebucht werden, ist demnach in der Regel als Eigenkapital zu klassifizieren. Variable Kapitalkonten können je nach Ausgestaltung Eigen- oder Fremdkapital darstellen. Verrechnungskonten mit entnahmefähigen Gewinnen sind danach hingegen Fremdkapital genauso wie verzinsliche Gesellschafterkonten (Franken und Koelen 2015, S. 1019 f.). Bei der Abgrenzung ist den Besonderheiten des Einzelfalls Rechnung zu tragen, um eine sachgerechte Ermittlung des Verschuldungsgrades sicher zu stellen. Die unterschiedliche Behandlung fester und variabler Kapitalkonten im Bewertungskalkül ist in Abb. 4.10 dargestellt.

---

[15]IAS 32.16A (rev. 2008) und IAS 32.16B (rev. 2008).

[16]Hinweise zur Gliederung des Eigenkapitals bei Personengesellschaften befinden sich jedoch in den Verlautbarungen des IDW, vgl. IDW, Tz. 40 ff.

Kapitalkonto I	Festkapitalkonto (Beteiligung der Gesellschafter am Gesellschaftsvermögen – Pflichteinlage –)
Kapitalkonto II	Variables Kapitalkonto (Anteile am Jahresergebnis, Entnahmen und über die Pflichteinlagen hinausgehende Einlagen)
Privatkonto	Verrechnungskonto (Unterkonto des Kapitalkontos II, umfasst entnahmefähige Gewinnanteile, sonstige Einlagen und Entnahmen. Auf dem Kapitalkonto II werden dann nur noch nicht entnahmefähige Gewinn- und Verlustanteile verbucht).
Verlustvortragskonto	Hier werden die Verlustanteile der Gesellschafter verbucht (z. B. Nachschusspflicht eines Kommanditisten). Das Kapitalkonto II berücksichtigt dann nur nicht entnahmefähige Gewinnanteile.
Gesamthänderisch gebundenes Rücklagenkonto	Kann durch Gesellschaftervertrag oder -beschluss gebildet werden, um das Eigenkapital dauerhaft zu stärken (~ satzungsgemäße Rücklage). Die Auflösung der Rücklage bedarf eines gesonderten Gesellschafterbeschlusses.

Abb. 4.9 Mögliche Kapitalkonten bei Personengesellschaften (In Anlehnung an Röhrig und Doege 2006, S. 490 f.)

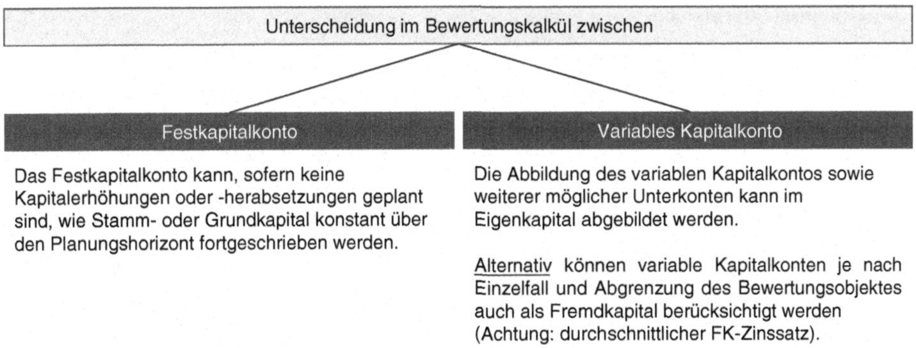

Abb. 4.10 Behandlung der Kapitalkonten im Bewertungskalkül

Sofern das variable Kapitalkonto für Bewertungszwecke als Fremdkapital klassifiziert wird, sind die den jeweiligen Gesellschaftern aus den variablen Kapitalkonten zustehende Ansprüche für Zwecke der anteilsbezogenen Wertermittlung wieder hinzuzurechnen. Abb. 4.11 stellt die Behandlung von variablen Gesellschafterkonten in der Bewertung beispielhaft dar.

Im Beispiel besteht die Personengesellschaft aus drei Gesellschaftern mit jeweils gleichem Anteil am Festkapital in Höhe von 33 %. Das variable Kapitalkonto beträgt insgesamt TEUR 300 und verteilt sich ungleichmäßig auf die drei Gesellschafter. Aufgrund der fehlenden Gewinnbeteiligungs- und Haftungsfunktion wurde das variable Kapitalkonto im Bewertungskalkül als Fremdkapital klassifiziert. Der Bewertungslogik des Bruttoansatzes der kapitalwertorientierten Verfahren folgend wurde das Fremdkapital daher vom Unternehmensgesamtwert in Abzug gebracht. Der so ermittelte Marktwert

Anteiliger Wert der Gesellschafter *in TEUR*	Gesellschafter A	Gesellschafter B	Gesellschafter C	Gesamt
Ausgangsbasis				
Anteile der Gesellschafter	33,3%	33,3%	33,3%	100,0%
Festkapitalkonto	100	100	100	300
Variables Konto	0	100	200	300
Eigenkapital (Buchwert)	100	200	300	600
Fremdkapital	150	150	150	450
Berücksichtigung im Bewertungsmodell				
Festkapitalkonto	100	100	100	300
Variables Konto	0	0	0	0
Eigenkapital (Buchwert)	100	100	100	300
Fremdkapital	150	150	150	450
Fiktives Fremdkapital	0	100	200	300
Angepasstes Fremdkapital	150	250	350	750
Unternehmensgesamtwert				1.800
Angepasstes Fremdkapital				-750
Eigenkapital (Marktwert)	**350**	**350**	**350**	**1.050**
Berücksichtigung des variablen Kontos	0	100	200	
Anteiliger Wert aus Sicht der Gesellschafter	**350**	**450**	**550**	

Abb. 4.11 Behandlung variabler Gesellschafterkonten in der Bewertung

des Eigenkapitals wurde anschließend entsprechend der sich aus dem Festkapital ergebenden Anteilsverhältnisse auf die Gesellschafter verteilt. Den Gesellschaftern ist darüber hinaus noch der Bestand ihrer variablen Kapitalkonten aus ihrer Position als Fremdkapitalgeber zuzurechnen.

Bei einer Zuordnung der variablen Kapitalkonten zum Fremdkapital sollte für Bewertungszwecke zudem geprüft werden, ob die Kapitalkonten verzinslich sind. Die Verzinsung ist üblicherweise im Gesellschaftsvertrag geregelt. Das variable Kapital und der Zinssatz der variablen Kapitalkonten sollten entsprechend in die Ermittlung des durchschnittlichen gewichteten Fremdkapitalkostensatzes der Gesellschaft einfließen. Falls die Höhe der Verzinsung einem Drittvergleich mit Marktkonditionen nicht standhält, ist für den Planungszeitraum kritisch zu hinterfragen, für welchen Zeitraum die Mittel zur Verfügung stehen und ob ggf. eine Anpassung der Verzinsung an marktübliche Konditionen zu erfolgen hat. In der Phase der ewigen Rente sollte in der Bewertung die Refinanzierung zu Marktkonditionen unterstellt werden.

Schwierigkeiten bei einer eindeutigen Zuordnung zu Eigen- oder Fremdkapital bereiten häufig auch Gesellschafterdarlehen, die von Mitgliedern der Eigentümerfamilie, nahestehenden Personen und anderen Gesellschaftern gewährt werden. Die Eigenschaften von Gesellschafterdarlehen im Vergleich zu den Merkmalen von Eigenkapital sind in Abb. 4.12 abgebildet.

Merkmale vom Eigenkapital	Gesellschafterdarlehen
▪ Verlustdeckungspotenzial * ▪ Nachrangigkeit * ▪ Erfolgsabhängigkeit der Vergütung (keine feste Verzinsung) ** ▪ Längerfristigkeit der Kapitalüberlassung **	▪ Kein „echtes" Eigenkapital; Gesellschafterdarlehen weisen nicht sämtliche Merkmale von Eigenkapital auf ▪ Nachrangige Gesellschafterdarlehen können Eigenkapitalcharakter haben (sog. hybride Finanzierungen bzw. wirtschaftliches Eigenkapital) ▪ Zivilrechtlich entstehen im Falle von Personengesellschaften i.d.R. zwischen vollhaftenden Gesellschaftern und Gesellschaft keine Forderungen und Schulden ➔ Gesellschafterdarlehen gelten daher als Einlagen, Rückzahlungen als Entnahmen ▪ Gesellschafterdarlehen von Kommanditisten sind echte Darlehen, wenn das Haftungskapital voll eingezahlt ist.

* Kriterien nach IDW 2012b, Tz. 13f.
** Weitere betriebswirtschaftliche Kriterien vgl. Perridon et al. 2017, S. 420.

Abb. 4.12 Gesellschafterdarlehen im Vergleich zum Eigenkapital

Inwiefern Gesellschafterdarlehen als Eigenkapital oder Fremdkapital zu klassifizieren sind, bedarf einer genauen Betrachtung des Einzelfalls und der Ausgestaltung des Darlehensvertrages. In der Bewertungspraxis wird die Behandlung von Gesellschafterdarlehen vom Bewertungsanlass und -zweck abhängig gemacht. Entscheidend ist wiederum, ob der Eigentümer ausscheidet oder im Unternehmen verbleibt (s. Abschn. 4.3.1). Im Falle eines Verkaufs des KMU und eines Ausscheidens des Gesellschafters kann eine Umfinanzierung des Gesellschafterdarlehens unterstellt werden, d. h. das Gesellschafterdarlehen wird abgelöst und durch eine andere Finanzierung des neuen Eigentümers ersetzt. Wenn das Darlehen nicht im Zuge des Verkaufs an den Gesellschafter zurückgezahlt wird, liegt eine Finanzverbindlichkeit vor, die den Kaufpreis entsprechend mindert. Erfolgt keine Tilgung aus Gesellschaftsmitteln, kann dies als eine Art Stundung des Kaufpreises gewertet werden (Behringer 2012, S. 244). Wenn sich die Gesellschafterstruktur nicht ändert, ist anhand der Kriterien zur Klassifizierung von Eigenkapital und einer wirtschaftlichen Betrachtungsweise im Einzelfall zu entscheiden, ob das Gesellschafterdarlehen Eigen- oder Fremdkapitalcharakter hat.

Die Finanzierung durch Gesellschafterdarlehen erfolgt häufig nicht zu marktüblichen Konditionen (Schoberth und Ihlau 2008, S. 2115). Im Einzelfall ist zu entscheiden, wie hiermit in der Bewertung umzugehen ist. Wesentlich ist für die Wertermittlung, aus welcher Sichtweise und unter welchen Annahmen bewertet wird und ob die betreffenden Gesellschafterdarlehen zukünftig noch zur Verfügung stehen. Bei einer objektivierten Bewertung aufgrund eines dominierten Bewertungsanlasses (s. Abschn. 3.2.1.2) wird teilweise empfohlen, schon im Detailplanungszeitraum typisierend eine Ablösung der Gesellschafterdarlehen durch marktüblich verzinste Bankdarlehen zu unterstellen (Schütte-Biastoch 2011, S. 126). Dies kann für diejenigen Bewertungsanlässe, bei denen der Eigentümer ausscheidet, eine geeignete Typisierung darstellen. Für dominierte

Bewertungsanlässe, bei denen der Eigentümer im Unternehmen verbleibt, kann es jedoch sachgerecht sein, zumindest für die unkündbare Vertragslaufzeit die individuell vereinbarten Darlehenskonditionen zugrunde zu legen. Spätestens für die Phase der ewigen Rente sind die Konditionen von Gesellschafterdarlehen kritisch auf ihre Marktüblichkeit hin zu prüfen und in der Regel an marktgerechte Konditionen anzupassen.

Neben den oben dargestellten Gesellschafterdarlehen kann es bei KMU auch Darlehen geben, die die Privatsphäre des Unternehmers betreffen und nicht der Finanzierung des betriebsnotwendigen Vermögens dienen. Wenn das Unternehmen Schuldner ist, sind diese für Zwecke der Bewertung mit Zins- und Tilgungszahlungen zu eliminieren (Behringer 2012, S. 244). Im Falle einer Transaktion ist zusätzlich sicherzustellen, dass diese Darlehen vom Verkäufer übernommen werden.

Aufgrund der Überschneidung von betrieblicher und privater Sphäre kann die Finanzierung auch durch Gewährung privater Sicherheiten, wie z. B. Bürgschaften oder Grundschulden des Gesellschafters oder seiner nahen Angehörigen und Freunden, geprägt sein. Damit verbunden ist in der Regel auch ein hoher Fremdkapitalanteil bei KMU. Sofern bei einem Eigentümerwechsel die Sicherheiten zukünftig nicht mehr zur Verfügung stehen, sind marktgerechte Avalgebühren für die Gewährung der Sicherheiten bei der Prognose der finanziellen Überschüsse in Abzug zu bringen (Schoberth und Ihlau 2008, S. 2115). Auch bei einer objektivierten Bewertung ohne Anteilseignerwechsel ist es ggf. angemessen, zusätzliche Avalgebühren in der Bewertung zu berücksichtigen. Darüber hinaus sollte geprüft werden, ob die zukünftigen Fremdkapitalzinssätze unter Berücksichtigung der verbleibenden Sicherheiten die Risiken aus der höheren Verschuldung sachgerecht widerspiegeln.

Daneben spielt auch die Haftung des Eigentümers bei der Kapitalstruktur von KMU eine bedeutende Rolle. Wird das KMU in der Rechtsform eines Einzelunternehmens oder einer Personengesellschaft geführt, kann die unbeschränkte Haftung des Gesellschafters ein Grund für die oft geringe Ausstattung des KMU mit Eigenkapital sein, da das private Vermögen des Gesellschafters neben dem Eigenkapital des KMU mit in die Haftungsmasse einbezogen wird. Andererseits sind mit der privaten Haftung für betriebliche Schulden bessere Finanzierungskonditionen verbunden, die bei einer geringeren Haftungsmasse anzupassen wären. Der Verkauf des Unternehmens kann bspw. zu einer Verringerung der Haftungsmasse führen, wenn der neue Eigentümer neben dem Anteil am Unternehmen nur ein geringes Privatvermögen besitzt. In diesem Fall sind die Finanzierungskonditionen, die sich aus der persönlichen Haftungsbasis des Privatvermögens des Gesellschafters ergeben, auf ihre Angemessenheit hin zu überprüfen. Zudem sollte bei Bewertungsanlässen, bei denen der Eigentümer ausscheidet und ein objektivierter Unternehmenswert ermittelt wird, eine Stärkung des Eigenkapitals durch Gewinnthesaurierungen oder Kapitalzuführungen erfolgen, bis eine angemessene Eigenkapitalquote erreicht wird.[17] Anhaltspunkte für eine angemessene Eigenkapitalquote

[17]Zur Notwendigkeit der Berücksichtigung einer angemessenen Eigenkapitalausstattung bei KMU unabhängig vom Bewertungsanlass vgl. IDW 2008, Tz. 158; Zieger und Schütte-Biastoch 2008, S. 599.

können hierbei öffentlich zugängliche Daten über die branchenübliche Kapitalstruktur geben (Deutsche Bundesbank 2016). Bei Bewertungsanlässen, bei denen der Eigentümer im Unternehmen verbleibt und ein objektivierter Wert ermittelt wird, ist u.E. hingegen eine Anpassung der Eigenkapitalausstattung nicht erforderlich, wenn das Unternehmen bereits über einen längeren Zeitraum mit der vorhandenen Eigenkapitalausstattung geführt wurde und zukünftig eine Fortführung des Unternehmens unter den auch in der Vergangenheit gegebenen Gesamtbedingungen erfolgen soll.

Bei der Ermittlung subjektiver Entscheidungswerte können für den Eigentümer oder den potenziellen Erwerber des Unternehmens vom bisherigen Unternehmenskonzept abweichende individuelle Finanzierungsmöglichkeiten (Kapitalstruktur) des Bewertungsobjekts maßgeblich sein (IDW 2008, Tz. 52). Falls der Eigentümer oder Erwerber beispielsweise Fremdkapital zu günstigeren Konditionen erhalten kann, wird er bestehende Altkredite tilgen und zinsgünstigere Neukredite aufnehmen (IDW 2008, Tz. 53). Aufgrund einer anderen Risikoeinstellung oder infolge der Einbringung des Zielunternehmens in einen Unternehmensverbund kann durch den potenziellen Erwerber auch eine veränderte Kapitalstruktur (Verschuldungsgrad) angestrebt werden (IDW 2008, Tz. 54).

Bei ertragsschwachen KMU kann die persönliche Haftung grundsätzlich auch zu einer Nachschusspflicht des Einzelunternehmers oder der Gesellschafter einer Personengesellschaft führen, wenn in einem Downside Case-Szenario das Eigenkapital des KMU aufgezehrt wird (Schütte-Biastoch 2011, S. 169). Das Bewertungskalkül impliziert dagegen einen Vergleich des KMU mit einer Alternativinvestition in ein Portfolio aus börsennotierten Vergleichsunternehmen, bei dem der maximal mögliche Verlust für den Anteilseigner auf die Höhe der Kapitalanlage beschränkt ist. Eine Nachschusspflicht besteht aufgrund der Haftungsbeschränkung bei Kapitalgesellschaften nicht (Schütte-Biastoch 2011, S. 194). Daraus folgt, dass die Äquivalenz zwischen Zähler und Nenner auch bei der angemessenen Berücksichtigung einer potenziellen Nachschusspflicht bei der Erstellung der Planungsrechnung als Erwartungswert möglicher Szenarien nicht gegeben ist. Je höher das Risiko einer Nachschusspflicht bei einer ertragsschwachen Personengesellschaft in der Wahrscheinlichkeitsverteilung der Szenarien ist, desto eher sind Überlegungen gerechtfertigt, diese im Rahmen der Bewertung zu berücksichtigen.

In diesem Zusammenhang wird in der Literatur diskutiert, die zukünftigen finanziellen Überschüsse des Bewertungsobjekts um das Risiko einer Nachschusspflicht zu bereinigen, indem die geschätzten Kosten für einen fiktiven Rechtsformwechsel in eine Kapitalgesellschaft bei den finanziellen Überschüssen in Abzug gebracht werden (Mandl und Rabel 1997, S. 218). Ähnlich wie bei der Berücksichtigung des Fungibilitätsrisikos (s. Abschn. 4.4.2.3) könnte der Barwert dieser Kosten auch in einen Wertabschlag umgerechnet werden, um den Werteffekt aus der fehlenden Haftungsbeschränkung transparent zu machen Schütte-Biastoch 2011, S. 196). Die Fiktion eines Rechtsformwechsels soll indes nicht dazu führen, dass die Personengesellschaft im Bewertungskalkül in steuerlicher Sicht wie eine Kapitalgesellschaft behandelt wird (Schütte-Biastoch 2011, S. 170).

4.3.2 Eingeschränkte Informationsquellen

Bislang wurde für die Prognose der entziehbaren künftigen finanziellen Überschüsse angenommen, dass eine integrierte Planungsrechnung mit dokumentierten Annahmen vorliegt und der Bewerter für die Durchführung seiner Plausibilisierungshandlungen auf die internen Daten des Rechnungswesens zurückgreifen kann. Dieser Idealfall wird bei vielen hier als KMU klassifizierten Unternehmen nicht vorzufinden sein. Daher wird im Folgenden eine für KMU realitätsnähere Betrachtung angestellt.

4.3.2.1 Planungs- und Berichtswesen

Ein Planungs- und Berichtswesen ist bei vielen KMU nur unzureichend vorhanden. KMU sind meist sehr stark durch den Unternehmer geprägt mit der Folge, dass die strategische Planung oftmals nicht schriftlich dokumentiert ist. Im Rahmen der operativen Planung fehlen häufig die für eine integrierte Planungsrechnung notwendigen Teil- und Gesamtpläne oder sind nur in sehr rudimentärer Form verfügbar (IDW 2014a, Tz. 20). Plan-Cashflow-Rechnungen oder Plan-Bilanzen liegen teilweise nicht vor. Bei vielen KMU erfolgt eine Planung in stark verdichteter Form nur bis zum Betriebsergebnis. Der Planungshorizont erstreckt sich zudem auf kurze Zeiträume und ist vielfach durch die Anforderungen der Fremdkapitalgeber geprägt (Franken und Koelen 2015, S. 1014). Häufig wird nur ein Budgetjahr geplant, detaillierte 3 bis 5-Jahres-Planungen des Betriebsergebnisses sind nur vereinzelt vorzufinden, wobei allerdings in jüngerer Zeit ein zunehmendes Bewusstsein für die Bedeutung einer Planungsrechnung auch bei mittelständischen Unternehmen vorzufinden ist. Hierzu tragen auch die zunehmenden Anforderungen von den Fremdkapitalgebern wie Banken, Mezzanine-Kapitalgebern oder Private Equity-Investoren etc. bei.

Sofern eine Planung nicht in geeigneter Form zur Verfügung steht bzw. nicht entsprechend dokumentiert ist, müssen die allgemeinen Erwartungen über die zukünftige Unternehmensentwicklung eigens für Bewertungszwecke quantifiziert werden. Hierbei ist gegebenenfalls die Mitwirkung des Bewerters bei der Erstellung und Dokumentation der Planungsrechnungen erforderlich (IDW 2014a, Tz. 20, Franken und Koelen 2015, S. 1014). Hinweise für die Erstellung ordnungsmäßiger Planungsrechnungen bieten z. B. die vom Bundesverband Deutscher Unternehmensberater BDU e. V. veröffentlichten Grundsätze ordnungsmäßiger Planung (GoP) (BDU 2009). Der Bewerter sollte in Gesprächen mit der Geschäftsleitung versuchen, ein fundiertes Verständnis für das Geschäftsmodell des KMU zu entwickeln und die wesentlichen Werttreiber sowie deren Abhängigkeit vom Unternehmer/Gesellschafter zu identifizieren (IDW 2014a, Tz. 20, Franken und Koelen 2015, S. 1014). Der Vergangenheitsanalyse kommt in diesem Zusammenhang eine entscheidende Bedeutung zu (s. Abschn. 4.3.3). Eine Ausnahme stellen grundsätzlich Start-up-Unternehmen dar, bei denen in der Regel die Vergangenheitsanalyse wenig Aussagekraft für die künftige Unternehmensentwicklung besitzt (Ihlau 2018, S. 100). Auf Basis der Erkenntnisse der Vergangenheitsanalyse und einer umfassenden Markt- und Wettbewerbsanalyse sollten verschiedene Planungsszenarien mit möglichen Eintrittswahrscheinlichkeiten erstellt werden, die die Besonderheiten des KMU abbilden, wie bspw. den Wegfall personenbezogener Faktoren oder erhöhte Insolvenzwahrscheinlichkeiten (Gleißner 2011b, S. 244). Szenariorechnungen bieten Unterstützung bei einer besseren Einschätzung der Unsicherheit der künftigen finanziellen Überschüsse, vor allem auch bezüglich personenbezogener Einflussfaktoren bei KMU. Außerdem helfen sie dabei, die Auswirkungen verschiedener Annahmen auf die prognostizierten finanziellen Überschüsse transparent zu machen (Mandl 1995, S. 388). Idealerweise bilden die verschiedenen Planungsszenarien und die möglichen Eintrittswahrscheinlichkeiten auch die Basis für die Ableitung des Erwartungswerts der finanziellen Überschüsse im Bewertungskalkül.

Grundsätzlich ist bei der Erstellung der Planungsszenarien zu beurteilen, ob das Annahmengerüst realistisch erscheint und Teilpläne konsistent aufeinander abgestimmt sind (IDW 2008, Tz. 81, IDW 2017, Tz. 21). Zwischen den Teilplänen bestehende Interdependenzen sollten plausibel abgebildet sein. Insbesondere sollte die Plan-GuV mit den anderen Rechenwerken Plan-Bilanz und Plan-Cash Flow-Rechnung verknüpft sein (s. Abschn. 4.3.4.2). Bei einer fehlenden Bilanzplanung können die Bilanzposten des letzten verfügbaren Jahresabschlusses anhand vereinfachender Annahmen fortentwickelt werden. Dabei ergibt sich die Entwicklung des Anlagevermögens aus einer Investitions- und Abschreibungsplanung. Die geplanten Abschreibungen basieren auf den Buchwerten des bestehenden Anlagebestands und den geplanten Ersatz- und Erweiterungsinvestitionen sowie Desinvestitionen (IDW 2017, Tz. 41). Als Indikator für Nutzungsdauern und Investitionszyklen können hierbei auch Daten der Vergangenheit dienen. Erweiterungsinvestitionen sollten mit einer geplanten Geschäftsausweitung im Einklang stehen. Für die Ermittlung einer nachhaltig für die ewige Rente anzusetzenden Reinvestitionsrate ist auf den geplanten Anlagebestand zu Wiederbeschaffungskosten zum Ende des Detailplanungszeitraums unter Berücksichtigung der anlagespezifischen Nutzungsdauern abzustellen.

Bilanzposten des Working Capital können in der Regel über umsatz- oder aufwandsabhängige Kennzahlen, wie z. B. Umsatzwachstum, Lagerreichweite, Zahlungsziele in Tagen, fortentwickelt werden. Auch hierbei können die Kennzahlen der Vergangenheit eine Grundlage für die Einschätzung der zukünftigen Entwicklung bilden. Verzinsliche Bilanzposten der Aktiv- und Passivseite sollten in einer separaten Finanzierungsplanung fortentwickelt werden (IDW 2017, Tz. 41).

Die Cash Flow-Rechnung kann entweder indirekt aus dem Jahresergebnis durch die Bereinigung um nicht zahlungswirksame Erträge und Aufwendungen oder direkt aus den Ein- und Auszahlungen der jeweiligen Periode ermittelt werden. Insbesondere in Zeiten, in denen die finanzielle Situation angespannt ist, sollte ein Unternehmen eine Cash Flow-Rechnung auf wöchentlicher oder zumindest monatlicher Basis durchführen. Diese ist dann bestmöglich in eine jährliche Betrachtung für Bewertungszwecke zu übertragen.

Ein unzureichendes Planung- und Berichtswesen führt demnach nicht dazu, dass kein genauer Unternehmenswert bestimmt werden kann. Grenzen werden allerdings durch den z. T. hohen zeitlichen Aufwand gesetzt, der mit der Gewinnung und Aufbereitung der Informationen verbunden ist. Letztendlich richten sich der erforderliche

Umfang und die Genauigkeit der Planungsrechnung neben den in der Bewertungspraxis und -theorie definierten Mindeststandards vor allem nach dem Bewertungszweck und dem vor diesem Hintergrund anzuwendenden Wertkonzept (Schütte-Biastoch 2011, S. 112 f.). Im Zusammenhang mit indikativen Wertermittlungen werden häufig geringere Anforderungen an die Plausibilisierung der Planungsrechnung gestellt als im Rahmen einer vollumfänglichen Bewertung nach IDW S 1 (zu den Plausibilitätsmaßstäben s. Abschn. 4.3.4). Allerdings ist hierbei zu beachten, dass gerade der Zähler des Bewertungskalküls wesentliche Wertauswirkungen besitzt und insbesondere hier die Besonderheiten von KMU abzubilden sind.

4.3.2.2 Internes Kontroll- und Steuerungssystem

Neben einem aussagekräftigen Planungs- und Berichtswesen ist bei KMU auch das interne Kontroll- und Steuerungssystem häufig weniger stark ausgeprägt als bei Großunternehmen. Dies ist auch vor dem Hintergrund des Prinzipal-Agent-Gedanken zu sehen.[18] Dadurch, dass bei Großunternehmen Manager eingestellt werden, um das Unternehmen zu führen, entstehen Informationsasymmetrien zwischen Manager (Agent) und Eigentümer (Prinzipal). Diese asymmetrischen Informationsverteilungen können Agenten dazu nutzen, ihre eigenen Ziele auch gegen den Willen der Eigentümer durchzusetzen (Behringer 2012, S. 96). Als Gegenmaßnahmen werden interne Kontrollsysteme im Unternehmen eingerichtet. KMU zeichnen sich häufig dadurch aus, dass Prinzipal und Agent personenidentisch sind, mit der Folge, dass interne Kontrollsysteme weniger stark ausgeprägt sind und sein müssen, da gleichgerichtete Interessen vorliegen.

Das interne Kontrollsystemist entsprechend dem COSO-Report (COSO 1994, IDW 2016c, Tz. 19 ff.) ein von der Geschäftsführung und Mitarbeitern beeinflusster Prozess, der die Erreichung von Unternehmenszielen sicherstellen soll. Die Unternehmensziele umfassen die Effektivität und Effizienz der betrieblichen Abläufe, die Verlässlichkeit der finanziellen Berichterstattung und die Einhaltung der zu beachtenden Gesetze und Vorschriften (Lück und Makowski 1996, S. 157). In den Geschäftsabläufen des Unternehmens befinden sich im Idealfall die Prozesse der Planung, der Durchführung und der Überwachung. Das interne Kontrollsystem ist in diese Prozesse integriert und ein Mittel zur Steuerung und Überwachung dieser Prozesse (IDW 2018, Kap. B, Tz. 28). Bei KMU werden viele Funktionen in Personalunion erledigt, eine Funktionstrennung ist vielfach nicht vorhanden. Wesentliche Entscheidungen über Investitionen und Desinvestitionen sowie Durchführung von Projekten werden häufig allein durch den Geschäftsführer auf Basis subjektiver Erfahrungswerte getroffen. Ein standardisierter Prozess mit objektiven Entscheidungskriterien wird meist nicht durchlaufen (Schoberth und Ihlau 2008, S. 2116). Eine Steuerung und Überwachung von Prozessen findet häufig nicht statt bzw. wird allein durch den Geschäftsführer erledigt. Regelmäßig ist der Geschäftsführer die einzige Kontrollinstanz und kann aufgrund seiner dominierenden Stellung in Extremfällen

[18]Vgl. zum Prinzipal-Agent-Problem Ross 1973, S. 134 ff., Grossman und Hart 1983, S. 7 ff., Laffont and Martimort 2001.

auch das Kontrollumfeld des KMU umgehen (sog. Management Override; zu Management Override vgl. AICPA 2005, Radin 2008). KMU benötigen häufig aufgrund ihrer Unternehmensgröße kein einem Großunternehmen entsprechend ausgestaltetes internes Kontrollsystem zur Steuerung und Überwachung von Prozessen, da Unternehmensziele und Maßnahmen direkt vom Unternehmer oder wenigen Entscheidungsträgern im Unternehmen umgesetzt werden. Das kann so weit gehen, dass das Unternehmen über keine Governance verfügt. Fraglich ist, inwieweit auch dies Einfluss auf die Übertragbarkeit der Ertragskraft und damit auf den Unternehmenswert hat (s. Abschn. 4.3.1).

Fehlende Kontrollaktivitäten können die Qualität der Planung beeinflussen. So kann die Planungsqualität auch bei einem im KMU vorhandenen Planungs- und Berichtswesen stark eingeschränkt sein, wenn das interne Kontrollsystem des KMU nur geringe Kontrollaktivitäten vorsieht. Allerdings können die formalisierten Planungsmethoden auch die Vorteile von KMU, die gerade in der Flexibilität und Schnelligkeit der Entscheidungsfindung liegen, mindern (Behringer 2012, S. 46), sodass eine Abwägung zu erfolgen hat zwischen erforderlicher Implementierung von Planungs- und Controlling-Prozessen einerseits und andererseits den Vorteilen von KMU, auch kurzfristig flexibel auf Anpassungen an interne und externe Faktoren reagieren zu können.

Prozessseitig vorgegebene Plan-Ist-Abweichungsanalysen unterstützen den Bewerter bei der Einschätzung der Planungstreue und geben Aufschluss über die Qualität der Planungsrechnung (Franken und Koelen 2015, S. 1014). Sind diese Überwachungsmechanismen bei KMU nicht gegeben, sollte der Bewerter durch den Vergleich historischer Planzahlen mit den tatsächlich erreichten Istzahlen die Ursachen für Planabweichungen analysieren und beurteilen, ob möglicherweise systematische Planungsfehler vorliegen. Von Bedeutung ist in diesem Zusammenhang auch, ob auf Basis der Erfahrungen in der Vergangenheit die Planungssystematik angepasst wurde. Notwendig für die Einschätzung der Planungstreue sind insbesondere auch die Erkenntnisse aus der Vergangenheitsanalyse. Sofern der Bewerter zu der Erkenntnis gelangt, dass die Planung sehr ungenau ist, können ggf. Ab- oder Zuschläge auf die finanziellen Überschüsse angebracht sein.[19]

4.3.3 Vergangenheitsanalyse

Vergangenheitsergebnisse haben auch in den Fällen, in denen nur eingeschränkte Informationen zur Prognose der finanziellen Überschüsse des zu bewertenden KMU zur Verfügung stehen, keine unmittelbare Relevanz für die künftige Ertragskraft. Bereinigte Vergangenheitsergebnisse dienen jedoch der Plausibilisierung von Zukunftserwartungen (s. auch Abschn. 4.3.4). Besonders wichtig wird dies, wenn Planungsrechnungen fehlen oder nur rudimentär vorhanden sind. Dann kann die Entwicklung der Vergangenheit eine

[19]Für einen Abschlag auf die zu kapitalisierenden Ergebnisse plädieren Schoberth und Ihlau 2008, S. 2116.

wertvolle Hilfe für den Bewerter bei der Beurteilung sein, ob das Annahmengerüst der Planungsrechnung realistisch ist und die prognostizierten Ergebnisse erreichbar sind.

Die Grundlage für die Vergangenheitsanalyse bilden in aller Regel die Jahresabschlüsse des Bewertungsobjekts. Zur Beurteilung der bisherigen leistungs- und finanzwirtschaftlichen Entwicklungen sind grundsätzlich Gewinn- und Verlustrechnungen, Bilanzen, Kapitalflussrechnungen und ergänzend interne Ergebnisrechnungen heranzuziehen (IDW 2008, Tz. 73). Für die externe Rechnungslegung erstellte Kapitalflussrechnungen werden bei KMU häufig nicht vorliegen, wenn sie kein notwendiger Bestandteil des Jahresabschlusses sind. Allerdings liegen vielfach zur Steuerung der Liquidität und des Working Capital kurzfristige Liquiditätsrechnungen/-planungen auf wöchentlicher oder monatlicher Basis vor. Die Vergangenheitsanalyse wird sich jedoch zumeist auf die Gewinn- und Verlustrechnungen und die Bilanzen konzentrieren. Die vorhandenen Rechenwerke sollten in der Struktur vergleichbar zu den Planzahlen sein. Als Betrachtungszeitraum werden in Abhängigkeit von Konjunkturzyklen und Strukturbrüchen in der Regel die letzten drei bis fünf Jahre zugrunde gelegt (Popp 2015, S. 193 f.). Bei der Bereinigung der Vergangenheitsergebnisse ist zu beachten, dass Jahresabschlüsse von KMU möglicherweise ungeprüft sind und von steuerlichen Überlegungen beeinflusst sein können (IDW 2008, Tz. 161, Schütte-Biastoch 2011, S. 113). Hieraus können sich bspw. Gewinnminderungen ergeben, die nicht unreflektiert in die Zukunft fortgeschrieben werden sollten. Auch stellt sich insgesamt die Frage der Belastbarkeit der Vergangenheitszahlen.

Um die Aussagekraft der Vergangenheitsanalyse im Hinblick auf die Vergleichbarkeit mit der Planungsrechnung zu verbessern, werden in der Regel Bereinigungen um außerordentliche und nicht wiederkehrende Vorfälle vorgenommen (IDW 2018, Kap. B, Tz. 32). Zweck dieser Bereinigungen ist die Ableitung einer vergleichbaren Datenbasis, die als Grundlage für die Analyse der prognostizierten künftigen Entwicklung dienen kann. Dabei ist darauf zu achten, dass eine verursachungsgerechte Zuordnung von Aufwendungen und Erträgen erfolgt. In Abb. 4.13 sind einige vorzunehmende Bereinigungen beispielhaft aufgeführt.

Durch die Bereinigungen sollen vergleichbare Ergebnisse ermittelt werden, die als Bezugsgrößen und Kontrollmaßstäbe für die prognostizierte künftige Entwicklung dienen können. Dazu gehört auch eine Analyse der Mengen-, Preis- und Margenentwicklungen, um z. B. beurteilen zu können, inwieweit Preissteigerungen auf der Kostenseite auf die Erlösseite überwälzt werden konnten. Mithilfe der Bereinigungen soll auch die Aussagekraft von wesentlichen Überschusskennzahlen des Bewertungsobjekts erhöht werden, um Hinweise auf die erzielbare Ergebnismarge zu erhalten. Weichen die geplanten Ergebnismargen deutlich von den in der Vergangenheit erzielten Ergebnissen ab, sind die Ursachen im Rahmen der Planungsplausibilisierung zu hinterfragen.

Prinzipiell ist die historische Ertragslage von KMU auch um dieselben außerordentlichen und nicht wiederkehrenden Bestandteile zu bereinigen wie bei Großunternehmen. Bei KMU kommen jedoch eventuell zusätzliche Anpassungen für folgende Sachverhalte infrage (Behringer 2001, S. 720):

Ergebnis vor Bereinigungen

+/- **Außerordentliche Erträge und Aufwendungen bzw. Einnahmen und Ausgaben**

- Katastrophenschäden
- Restrukturierungsaufwand
- Außerplanmäßige Abschreibungen
- Gewinne aus der Veräußerung ganzer Geschäftsbereiche oder Beteiligungsgesellschaften
- Währungskursgewinne / -verluste

+/- **Periodenfremde Erfolgskomponenten**

- Auflösung / Zuführung von wesentlichen Rückstellungen
- Erfolgsausweis bei langfristiger Fertigung
- Startup costs / Forschungsaufträge
- Periodisierung von Vorleistungen (z. B. Werbekampagnen)
- Aufwendungen aus Großreparaturen

+/- **Erträge und Aufwendungen bzw. Einnahmen und Ausgaben im Zusammenhang mit nicht betriebsnotwendigem Vermögen**

- Nicht betriebsnotwendige Beteiligungen
- Mieterträge aus nicht betriebsnotwendigen Grundstücken und Gebäuden
- Zinsen aus nicht betriebsnotwendigen Vermögenswerten und Schulden
- Im Betriebsvermögen gehaltenes Privatvermögen

+/- **Strukturelle Bereinigungen**

- Aufgabe und Verkauf von Geschäftsbereichen
- Verschmelzungen
- Stilllegungen
- Gewinne bzw. Verluste aus dem Abgang von Gegenständen des Anlagevermögens

+/- **Wesentliche Auswirkungen aus der geänderten Ausübung von Bilanzierungswahlrechten**

- Herstellungskosten
- Abschreibungen
- Rückstellungen

+/- **KMU-spezifische Bereinigungen**

- Fehler in ungeprüften Jahresabschlüssen
- Steuerlich motivierte Abbildung von Geschäftsvorfällen
- Inanspruchnahme steuerlicher Sonderabschreibungen und Investitionsbegünstigungen
- Personenbezogene Einflüsse
- Fehlender oder unangemessener Unternehmerlohn sowie Tätigkeitsvergütungen für künftig nicht mehr mitarbeitende nahestehende Personen
- Ergebniskomponenten, die aus einer fehlenden Trennung von privater und betrieblicher Sphäre resultieren
- Nicht marktpreiskonforme Verrechnungspreise oder Entgelte für die Überlassung von Vermögen und Kapital

Ergebnis nach Bereinigungen

Abb. 4.13 Mögliche Bereinigungen im Zusammenhang mit der Vergangenheitsanalyse

- Fehler in ungeprüften Jahresabschlüssen, vor allem aufgrund von nicht gebildeten oder überhöhten Rückstellungen oder Wertberichtigungen für bereits entstandene Risiken,
- Steuerlich motivierte Abbildung von Geschäftsvorfällen,
- Inanspruchnahme steuerlicher Sonderabschreibungen und Investitionsbegünstigungen
- Personenbezogene Einflüsse (s. Abschn. 4.3.1.1),
- Fehlender oder unangemessener Unternehmerlohn sowie Tätigkeitsvergütungen für künftig nicht mehr mitarbeitende nahestehende Personen (s. Abschn. 4.3.1.2),
- Ergebniskomponenten, die aus einer fehlenden Trennung von privater und betrieblicher Sphäre resultieren (s. Abschn. 4.3.1.3 und Abschn. 4.3.1.4),
- Nicht marktpreiskonforme Verrechnungspreise oder Entgelte für die Überlassung von Vermögen und Kapital.

Bei KMU spielt die Bereinigung personenbezogener Faktoren eine wesentliche Rolle, insbesondere soweit diese künftig nicht mehr gegeben sind. Daher sind auch positive und negative Erfolgsbeiträge, die losgelöst vom bisherigen Eigentümer nicht realisiert werden können, ggf. zu bereinigen. Beispielsweise können hierzu besondere Beziehungen zu Kunden, Lieferanten, Mitarbeitern oder sonstige Beziehungen personeller oder familiärer Art, Spezialistenwissen, technisches Know-How oder besondere Eigenschaften des Eigentümers wie Kreativität und Networking gehören. Darüber hinaus werden häufig Vermögenswerte zu nicht marktüblichen Konditionen überlassen. Diese sind nicht allein in der Planung, sondern auch im Rahmen der Vergangenheitsanalyse zu identifizieren, zu quantifizieren und entsprechend zu bereinigen. In Abhängigkeit davon, ob der Eigentümer ausscheidet oder nicht, ergeben sich unterschiedliche Anforderungen an die Vergangenheitsanalyse und -bereinigung. Im Rahmen der Unternehmensnachfolge oder des Verkaufs scheidet der Eigentümer des KMU in den meisten Fällen aus. Der hiermit häufig verbundene Strukturbruch führt dazu, dass bei der Prognose der finanziellen Überschüsse als auch für die Vergangenheitsanalyse das Ertragspotenzial, das eng mit der Person des Eigentümers verknüpft war, zu eliminieren ist. Die Bereinigung der Vergangenheitsergebnisse um diese Effekte kann wichtige Informationen darüber geben, ob das Unternehmen ohne die persönlichen Beziehungen und Fähigkeiten des Eigentümers überhaupt noch lebensfähig bzw. werthaltig ist (Behringer 2001, S. 720).

Da die vergangene leistungs- und finanzwirtschaftliche Entwicklung des KMU das Ergebnis seiner Geschäftstätigkeit in bestimmten Märkten ist, sind unternehmensbezogene Informationen über die erwiesene Ertragskraft vor dem Hintergrund der Markt- und Umweltentwicklungen (z. B. politische, gesamtwirtschaftliche und technische Entwicklungen, Branchenentwicklungen, Wettbewerb und der Marktstellung des Unternehmens) zu analysieren (IDW 2018, Kap. B, Tz. 29). Damit wird sichergestellt, dass vergangene Entwicklungen nicht unkritisch in die Zukunft fortgeschrieben werden.

Die Vergangenheitsanalyse trägt entscheidend dazu bei, dass der Bewerter das Geschäftsrisiko des KMU besser einschätzen kann. Ausnahmen hiervon bilden bspw. die Bewertung von Start-Up- und Wachstumsunternehmen sowie die Vergangenheitsanalyse von Unternehmen, die wesentlich von der digitalen Transformation betroffen sind. Mit der sich schnell ausbreitenden digitalen Transformation ist zu hinterfragen, inwieweit die Zusammenhänge zwischen der bisherigen Geschäftsentwicklung des Unternehmens und externen Einflussfaktoren, wie z. B. Branchenentwicklungen sowie Wettbewerb und Marktstellung des Unternehmens, technische Neuerungen auch für die Zukunft Bestand haben. Durch die digitale Transformation können komplett neue Produkte und Wettbewerber entstehen, die bisherige Produkte, wie beispielsweise den klassischen Kodak-Film, ersetzen. Digitale Transformation kann dazu führen, dass in der Vergangenheit beobachtete Erfolgsmodelle künftig nicht mehr existent sind oder sich ganz wesentlich verändern. Damit fällt mit der Vergangenheitsanalyse ein wesentliches Instrument, das vielen Bewertern vermeintlich die Sicherheit gegeben hat, belastbare Prognosen für die Zukunft zu liefern, bei der Durchführung der Unternehmensbewertung weg. Ganze Bewertungsverfahren – wie z. B. das für steuerliche Zwecke angewandte vereinfachte Ertragswertverfahren, das meint, den Wert eines Unternehmens aus der vergangenen Geschäftsentwicklung ableiten zu können, werden hinfällig, wenn die angebotenen Produkte und Dienstleistungen im Zuge digitaler Transformation wegfallen und hiermit keine Umsätze mehr erzielt werden können, oder sich die internen Prozesse dermaßen verändern, dass in der Vergangenheit beobachtete Kostenstrukturen künftig keine Relevanz haben (Ihlau und Barth 2016, S. 1070). In diesen Fällen kommt der Plausibilisierung der Planungsrechnung mittels Marktstudien/-erwartungen sowie Branchenvergleichen eine erhebliche Bedeutung zu. Dies wird in Abschn. 4.3.4.2 erläutert.

4.3.4 Planungsplausibilisierung

Die Plausibilisierung der Planungsrechnung spielt vor dem Hintergrund der eingeschränkten Informationsquellen bei KMU eine zentrale Rolle für die Bewertung. Im Transaktionsumfeld erfolgt die Planungsplausibilisierung häufig im Rahmen einer Due Diligence. Die Due Diligence zielt auf den Abbau von Informationsasymmetrien der Vertragsparteien ab und ist insbesondere für den Käufer von Bedeutung, da hierdurch sein Investitionsrisiko minimiert werden kann (Helbling 2015b, S. 257). Gegenstand der Due Diligence ist eine rechtliche und/oder betriebswirtschaftliche Prüfung des Unternehmens, um die Chancen und Risiken sowie Stärken und Schwächen des Unternehmens zu erkennen und die erhaltenen Informationen zu verifizieren (Helbling 2015a, S. 1000). Die im Rahmen der Planungsplausibilisierung durchzuführende Unternehmensanalyse kann auch das Erkennen möglicher Wertoptimierungen, z. B. durch Umstrukturierungen oder einer Verbesserung der Finanzierungsstruktur, umfassen (Helbling 2015a, S. 1000).

Zur Beurteilung und Plausibilisierung der Planungsannahmen sollte sich der Bewerter zunächst einen Überblick über das Geschäftsmodell und Geschäftsrisiko des KMU sowie dessen strategische Ausrichtung verschaffen, um dann im Anschluss die zentralen Annahmen der Planungsrechnung vor dem Hintergrund der Erkenntnisse aus der Vergangenheitsanalyse sowie der Markt- und Wettbewerbsanalyse auf ihre Erreichbarkeit und Konsistenz zu beurteilen.

Die Plausibilisierung vollzieht sich dabei im Wesentlichen auf einer formellen und einer materiellen Ebene. Abb. 4.14 veranschaulicht die Analysehandlungen, die sich zur Beurteilung einer Planung anbieten.

Im Rahmen der **formellen Plausibilisierung** sollte die integrierte Planungsrechnung, die bei KMU ggf. durch den Bewerter zu erstellen ist, auf rechnerische Richtigkeit geprüft werden. In diesem Zusammenhang ist nicht nur die Summation von Einzelbeträgen, sondern auch die rechnerische Verzahnung von Teilplänen zu prüfen. Diese Arbeitsschritte sind auch ohne Verständnis des Geschäftsmodells leistbar (IDW 2018, Kap. K, Tz. 36). Ferner müssen die einzelnen Teilpläne, auf denen die Gewinn- und Verlustrechnung, Bilanz und Finanzbedarfsrechnung basieren, aufeinander abgestimmt und konsistent sein (IDW 2017, Tz. 21). So sollte eine geplante Ausweitung des Geschäftsvolumens z. B. mit einem Anstieg der Kapazität (Investitionen) und des Working Capital einhergehen. Bei der Beurteilung der Unternehmensplanung ist darauf zu achten, dass die Planung auf geeigneten Datengrundlagen des Rechnungswesens basiert. Es ist insbesondere sicherzustellen, dass die Eröffnungsbilanzwerte des ersten Plan- bzw. Hochrechnungsjahres mit den zugehörigen Schlussbilanzwerten des Vorjahres

Maßstäbe für Plausibilität					
Rechnerische und formelle Plausibilität		Materielle, interne Plausibilität		Materielle, externe Plausibilität	
Rechnerische Konsistenz	Annahmen-Konsistenz	Erläuterungen des Managements	Unternehmensanalyse (einschließlich Vergangenheitsanalyse)	Marktanalyse	Analyse der Wettbewerber
Fehlerfreiheit der Berechnungen innerhalb der Teilpläne und zwischen den Teilplänen	Würdigung der Konsistenz der Annahmen innerhalb einzelner Teilpläne sowie zwischen den Teilplänen	Nachvollziehbarkeit und Konsistenz der Planung mit den Erläuterungen	Nachvollziehbarkeit und Konsistenz der Planung mit den Ist-Entwicklungen in der Vergangenheit und den Unternehmenspotenzialen zum Stichtag	Nachvollziehbarkeit und Konsistenz der Planung z.B. mit volkswirtschaftlichen Prognosen, Absatzmarktanalysen etc.	Nachvollziehbarkeit und Konsistenz der Planung z.B. mit Ist-Zahlen und Analystenschätzungen

Abb. 4.14 Maßstäbe für die Plausiblität (in Anlehnung an IDW 2017, Tz. 14)

übereinstimmen. Hierbei sollten die Schlussbilanzwerte möglichst einem geprüften Jahresabschluss entnommen sein.

Die **materielle Plausibilisierung** umfasst zunächst einen Abgleich der Planungsannahmen mit den Erläuterungen des Managements. Durch Gespräche mit dem Management sollte analysiert werden, ob die in der Planung getroffenen Annahmen mit den strategischen Vorstellungen und beabsichtigten operativen Maßnahmen des Managements übereinstimmen (IDW 2017, Tz. 22). In diesem Zusammenhang sollte auch die Systematik der Planungserstellung analysiert werden. Soweit bei KMU ein Planungsprozess vorliegt, kann dieser z. B. im Top-down-, Bottom-up- oder Gegenstromverfahren erfolgen (BDU 2009, S. 10). Auch spielen der Zweck der Planung und die der Planung zugrunde liegenden Zielvorgaben eine bedeutende Rolle, da die Planung möglicherweise je nach Zweck auf besonders ambitionierten oder konservativen Planungsprämissen beruht. Bei KMU, die über kein regelmäßiges Planungssystem verfügen und Planungsrechnungen anlassbezogen erstellen, ist insbesondere kritisch zu untersuchen, ob das Management nicht bestimmte Ziele mit der Planung verfolgt. Ferner sind die Planungsprämissen vor dem Hintergrund der Ergebnisse der Vergangenheitsanalyse zu plausibilisieren. Wesentliche Änderungen von Planungsannahmen im Vergleich zur vergangenen Geschäftsentwicklung sollten hierbei auf ihre Ursachen und Plausibilität hin untersucht werden. Die materielle, externe Plausibilität umfasst eine inhaltliche Beurteilung der Erreichbarkeit der geplanten Unternehmensentwicklung und internen Ressourcen im Hinblick auf externe, marktbezogene Faktoren. Die wesentlichen Annahmen und Werttreiber der operativen Planung sind vor dem Hintergrund der erwarteten Entwicklung des Marktumfelds zu hinterfragen. Hierbei stellt die Auswertung von Markt- und Branchenanalysen einen Vergleichsmaßstab für die Beurteilung der Planungsannahmen dar (IDW 2017, Tz. 28). Weitergehende Erkenntnisse können sich auch durch eine Marktanteils-, Marktwachstums-, Produktlebenszyklus- oder Branchenstrukturanalyse ergeben (IDW 2017, Tz. 30). Im Rahmen der Wettbewerbsanalyse sollte die historische und geplante Umsatz-, Ergebnis- und Margenentwicklung der Wettbewerber mit der des Bewertungsobjekts verglichen und verprobt werden (IDW 2017, Tz. 32 ff.).

Auch wenn bei vielen KMU ein Planungs- und Berichtswesen häufig nur eingeschränkt vorhanden ist und eine operative Planung in der Praxis nur bis zum Betriebsergebnis erfolgt, sollte eine integrierte Planungsrechnung bestehend aus GuV-, Bilanz- und Finanzplanung für die Unternehmensbewertung zugrunde gelegt werden. Fehlende Planungsbestandteile sind gegebenenfalls durch den Bewerter zu einem konsistenten Annahmengerüst zu ergänzen.

Die Plausibilisierung der Planungsannahmen sollte bei KMU aufgrund der hohen Unsicherheit der Planung regelmäßig in der Erstellung einer mehrwertigen Planungsrechnung münden, bei der für mehrere realistische Szenarien die zentralen Werttreiber variiert werden.

Bei Wachstumsunternehmen ergeben sich zusätzliche Anforderungen an die Planungsplausibilisierung. Mangels belastbarer Vergangenheitsdaten bildet der Businessplan häufig die einzige Datengrundlage (IDW 2018, Kap. A, Tz. 472, 2008, Tz. 147). Planungen von Wachstums- oder Start-up-Unternehmen weisen häufig hohe Umsatz- und Margensteigerungen aufgrund von Skaleneffekten auf. Gerade digitale Geschäftsmodelle unterliegen einer hohen Skalierbarkeit. Das Vorhandensein komplementärer Technologien erhöht die Skalierbarkeit, da sich der Anwendungsbereich verbreitert (Mackenstedt et. al. 2018, S. 828). Die zukünftige finanzielle Entwicklung ist kritisch anhand von Marktstudien, Marktanteilserwartungen und Wettbewerbsanalysen zu hinterfragen. Jedoch ist ein Margenvergleich mit auf dem Markt etablierten Unternehmen nur dann sinnvoll möglich, wenn diese etablierten Unternehmen überhaupt hinsichtlich des Geschäftsmodells mit dem Start-up-Unternehmen vergleichbar sind. Um eine erste Orientierung zu den mit den digitalen Geschäftsmodellen verbundenen Geschäftschancen zu bekommen, bietet sich eine Analyse von einfachen Kennzahlen zur Datenmenge (Anzahl der Nutzerprofile, Speicherkapazität, IP-Adressen etc.) und Datenqualität (Aktualität, komplette end-to-end Transaktionsdaten, Struktureinheit etc.) an (Mackenstedt et. al. 2018, S. 828).

Insbesondere weisen Wachstumsunternehmen in der Detailplanungsphase in der Regel keinen eingeschwungenen Zustand auf, sodass der Abschätzung eines nachhaltig erzielbaren Überschusses eine besondere Bedeutung zukommt. In diesem Zusammenhang sollte untersucht werden, inwieweit die Markt- und Wettbewerbsfähigkeit des Produktportfolios, die künftige Ressourcenverfügbarkeit, die wachstumsbedingten Anpassungsmaßnahmen der internen Organisation und die Finanzierung des Unternehmenswachstums nachhaltig sichergestellt sind (IDW 2018, Kap. A, Tz. 472, 2008, Tz. 148). Gleiches gilt insbesondere auch für in Nischen fokussiert tätige Unternehmen, dessen Geschäftsmodell sich beispielsweise durch die Digitalisierung komplett ändert (Ihlau und Barth 2016, S. 1071). Vor dem Hintergrund der hohen Ungewissheit und Schwankungen bei der Prognose der finanziellen Überschüsse und des Gleichgewichts- oder Beharrungszustands sind vor allem Sensitivitätsanalysen und Szenariorechnungen sinnvoll, um die Auswirkungen von Änderungen der Planungsannahmen transparent zu machen (s. Abschn. 4.3.4.3) (IDW 2018, Kap. A, Tz. 472, 2008, Tz. 148). Auch kann die Abbildung von Insolvenzszenarien in der Planungsrechnung empfehlenswert erscheinen (s. Abschn. 4.3.4.3).

4.3.4.1 Geschäftsmodell und Geschäftsrisiko

Am Anfang einer jeden Planungsplausibilisierung steht die Gewinnung des Verständnisses des Geschäftsmodells mit seinen wesentlichen Stärken und Schwächen sowie Chancen und Risiken. Vereinfacht ausgedrückt geht es hier stets um die zentrale Frage: Womit verdient das Unternehmen aktuell sein Geld und wie stellt das Unternehmen dies auch in Zukunft sicher?

Im Detail ist hiermit die Identifizierung des Leitbildes, der strategischen Erfolgsfaktoren und zentralen Werttreiber gemeint, die das Unternehmen gegenüber seinen Wettbewerbern auszeichnen und wettbewerbsfähig machen. Gerade bei KMU ist es von zentraler Bedeutung, die wesentlichen Werttreiber des Geschäftsmodells zu verstehen und zu identifizieren, inwieweit diese von der Person des Unternehmers abhängig sind. So sollte z. B. genau analysiert werden, welche Bestandteile der Umsätze maßgeblich auf die Person des Unternehmers bzw. seine Kontakte und Beziehungen zu Kunden zurückzuführen sind. Auch kann die Innovationskraft des KMU bspw. größtenteils auf das technische Know-How des Unternehmers zurückgehen. In diesem Fall sollte untersucht werden, ob bspw. Patente bei einem Ausscheiden des Unternehmers weiterhin vom KMU genutzt werden dürfen. Stellen Kundenbeziehungen oder technisches Know-How – wie oben beispielhaft dargestellt – die wesentlichen Werttreiber des KMU dar und steht der die Werttreiber prägende Unternehmer in Zukunft nicht mehr zur Verfügung, sollte untersucht werden, welche Ertragskraft nach Wegfall dieser wertbestimmenden Faktoren und losgelöst vom Unternehmer noch realisierbar ist (s. auch Abschn. 4.3.1). Dies gilt auch für Start-up-Unternehmen, bei denen häufig die Gründer die wesentlichen Ideengeber und Innovatoren sind. Verlassen diese im Zuge eines Verkaufs oder einer Übernahme das Unternehmen, so ist der hieraus resultierende Einfluss auf die künftige Geschäftstätigkeit zu analysieren.

KMU zeichnen sich häufig durch ein überschaubares, wenig diversifiziertes Geschäftsmodell mit einer hohen Spezialisierung auf bestimmte Nischenprodukte aus. Hiermit kann eine geringe Marktmacht und hohe Abhängigkeit von wenigen Kunden und Lieferanten verbunden sein. Beide Merkmale können ein hohes Geschäftsrisiko, aber auch das wesentliche Erfolgspotenzial beinhalten. Der Unternehmer prägt in der Regel ganz maßgeblich das Geschick des Unternehmens. Seiner Rolle und Stellung im Unternehmen sind daher bei der Analyse besondere Bedeutung zuzumessen. Vor diesem Hintergrund ist es besonders wichtig, in einem ersten Schritt eine Vorstellung von einem realisierbaren, zukunftsfähigen Geschäftsmodell des KMU zu bekommen. Als Eckdaten dieses Geschäftsmodells sollten insbesondere die wesentlichen Geschäftsfelder des KMU mit ihren Produkt-/Marktkombinationen sowie die zu entwickelnden Ressourcen und Fähigkeiten untersucht werden. Ergänzend kommen die langfristigen Zielvorstellungen und Grundstrategien des KMU sowie die angestrebte Wettbewerbsposition bzw. die angestrebten Wettbewerbsvorteile hinzu. Die Aussagen zum zukünftigen Geschäftsmodell sind bei KMU zumeist nicht schriftlich fixiert, sondern vielmehr in den Köpfen der Unternehmensleitung, d. h. in der Regel bei dem das Unternehmen prägenden Unternehmer vorhanden. Daher wird der Bewerter diese Informationen nur durch Gespräche mit dem Unternehmer oder den leitenden Angestellten erhalten. Für eine Beurteilung des zukünftigen Geschäftsmodells sollte der Bewerter auf Basis der Ausführungen der Geschäftsleitung Antworten auf die folgenden Fragen finden:

- Ist das zukünftige Geschäftsmodell nachvollziehbar?
- Ist das zukünftige Geschäftsmodell derart umrissen, dass es für einen längeren Zeitraum und auch eventuell ohne den geschäftsführenden Gesellschafter, d. h. den das Unternehmen prägenden Unternehmer, Gültigkeit besitzt?
- Sind die für die Erreichung des zukünftigen Geschäftsmodells notwendigen strategischen Ziele messbar und mit Vorgaben zur Zielerreichung versehen?

Ausgehend von dem Leitbild und der Darstellung eines realisierbaren, zukunftsfähigen Geschäftsmodells des KMU sollte die Geschäftsleitung in der strategischen Planung die langfristigen, strategischen Unternehmensziele für angestrebte Geschäftsfelder sowie Produkte und/oder Dienstleistungen konkretisieren und mit Maßnahmen zur Zielerreichung belegen.

Die strategische Planung des KMU sollte vom Bewerter vor dem Hintergrund der Rahmenbedingungen des Marktes und Wettbewerbs und deren Veränderungen analysiert werden. Eine wesentliche Bedeutung kommt hierbei der Analyse der Marktposition und des Marktumfelds des KMU und seiner Produkte und/oder Dienstleistungen zu. Insbesondere vor dem Hintergrund der zunehmenden Volatilität der Märkte gewinnen die Analyse des gesamtwirtschaftlichen Umfeldes sowie die Branchenanalyse zunehmend an Bedeutung. Die Analyse des Marktumfelds spielt bei KMU eine bedeutendere Rolle als bei Großunternehmen, da sie häufig stärker von externen Umweltveränderungen betroffen sind. KMU sind nicht selten hinsichtlich ihres Produktangebots wenig diversifiziert und von nur wenigen Kunden und Lieferanten abhängig (Behringer 2001, S. 721). Negative Entwicklungen in dem für sie relevanten Marktsegment können damit nur sehr schwer kompensiert werden, sodass regelmäßig ein höheres Geschäftsrisiko vorliegt. Im Rahmen der Analyse des Marktumfelds sollten Markttrends und -treiber identifiziert und die möglichen Einflüsse dieser Trends auf die zukünftig geplante Strategie des KMU betrachtet werden. Die strategische Planung des KMU sollte insbesondere auf folgende Sachverhalte überprüft werden:

- Analyse des gesamtwirtschaftlichen Umfelds,
- Berücksichtigung wesentlicher und nachhaltiger Veränderungen auf dem Absatz- und Beschaffungsmarkt,
- Analyse des Produkt- und Marktpotenzials unter Berücksichtigung der jeweiligen Phase im Produktlebenszyklus,
- Markt- und Wettbewerbspositionierung der Produkte oder Dienstleistungen im Hinblick auf ihr Innovationspotenzial (Produkt- und Verfahrensinnovationen),

- Analyse der Qualität der noch vorhandenen Leistungs- und Ressourcenpotenziale (Finanz-, Belegschafts-, Beschaffungs-, Produktions-, Absatz-, Technologie- und Innovationspotenziale) und
- noch nicht berücksichtigte zukünftige Marktchancen und -risiken,
- sowie Auswirkungen aus der digitalen Transformation.

Ist ein KMU bspw. mit einem Nischenprodukt auf einem Nischenmarkt vertreten, stellt sich die Frage, ob dieses Produkt langfristig wettbewerbsfähig ist oder z. B. technisch überholt werden könnte. So kann ein KMU durch innovatives technisches Know-How des Unternehmers z. B. erfolgreich in der Entwicklung von neuen Komponenten in der Automobilzulieferindustrie sein. Die innovative Technologie macht hierbei den Nischenfaktor aus. Für die Analyse der strategischen Planung der KMU sollte überprüft werden, inwieweit das KMU seine Technologieführerschaft zukünftig weiterhin aufrechterhalten kann, wenn weitere Wettbewerber auf den Markt treten oder mögliche kostengünstigere Substitutionsprodukte entwickelt werden. Auch kann es möglich sein, dass die zunehmende Elektromobilität Komponenten ganz oder teilweise künftig nicht mehr erforderlich macht. Hierbei sollten insbesondere auch die Marktgröße, die Marktsegmentierung und das Wachstumspotenzial der Märkte untersucht und mögliche Wettbewerbsvorteile der Wettbewerber und deren Strategien analysiert werden. Zur besseren Strukturierung von Marktanalysen wird in der Praxis häufig auf Methoden der strategischen Planung zurückgegriffen. So wird zur Analyse von externen, von dem Unternehmen nicht direkt beeinflussbaren Rahmenbedingungen z. B. die Methode der PEST-Analyse[20] angewendet, um das Unternehmensumfeld auf politische, ökonomische, soziale und technologische Faktoren zu untersuchen. Weiterhin können das von Porter entwickelte Fünf-Kräfte-Modell (Porter 2004, S. 3 ff.) und die SWOT-Analyse[21] geeignete Mittel für eine Markt- und Wettbewerbsanalyse darstellen.

Beispielhaft ist in Abb. 4.15 das von Porter entwickelte Fünf-Kräfte-Modells zur Identifikation von Wettbewerbsvorteilen dargestellt.

Die Analyse des Wettbewerbsumfelds und der Wettbewerbsposition des KMU kann auch durch Benchmarking,[22] d. h. durch den Vergleich mit einem Referenzunternehmen oder einer Gruppe solcher Unternehmen, vorgenommen werden. Zum Benchmarking von in der Vergangenheit erzielten Umsätzen, Umsatzrenditen, Rohertragsmargen etc. können im Bundesanzeiger veröffentlichte Daten, die bspw. auch über Datenbankanbieter abrufbar sind, herangezogen werden (s. auch Abschn. 4.3.4.2). Als Hauptquelle zur Einschätzung der künftigen Entwicklung der relevanten Märkte können z. B. Markt- und Branchenstudien der Industrie- und Handelskammern, der Handwerkskammern oder

[20]Zur PEST-Analyse vgl. z. B. Paul und Wollny 2014, S. 103 ff.

[21]Zur SWOT-Analyse vgl. z. B. Paul und Wollny 2014, S. 79 ff.

[22]Zu Details vgl. z. B. Zdrowomyslaw und Kasch 2002.

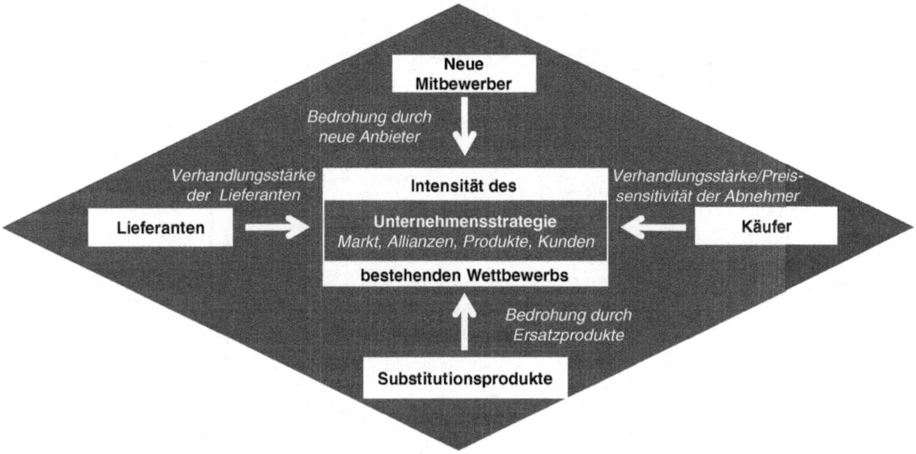

Abb. 4.15 Einflussfaktoren des von Porter entwickelten Fünf-Kräfte-Modells (in Anlehnung an Porter 2004, S. 4)

Industrieverbände herangezogen werden, um die strategische Planung an der Markterwartung zu spiegeln sowie gleichlaufende und abweichende Trends zu identifizieren. Allgemeine Informationen zur wirtschaftlichen Entwicklung bieten die Veröffentlichungen der Deutschen Bundesbank und der statistischen Ämter.

Bei der Analyse von Geschäftsmodell und Geschäftsrisiko des jeweiligen KMU sind darüber hinaus auch die Folgen der digitalen Transformation zu berücksichtigen. Hiervon sind insbesondere diejenigen Unternehmen betroffen, die sich in traditionellen Branchen bewegen, über eine lange Zeit auf die stabilen Rahmenbedingungen ihrer Branche vertrauen konnten und analoge Dienstleistungen oder Produkte anbieten. Werden diese Unternehmen oder Teile ihrer Wertschöpfungskette durch die digitale Transformation beeinflusst, kann sich jedes einzelne Element im Unternehmen verändern mit erheblichen Auswirkungen auf das Geschäftsmodell (Ihlau und Barth 2016, S. 1068 f.). Abb. 4.16 fasst die maßgeblichen Einflussfaktoren digitaler Transformation auf die Geschäftsmodelle zusammen.

Die Strategie des KMU wird in aller Regel auf eine unbegrenzte Lebensdauer ausgerichtet sein. Dies muss jedoch nicht zwangsläufig der Fall sein. Beispielsweise können Unternehmen auch allein für einen bestimmten Zweck, wie z. B. der Erschließung und dem Abbau von Rohstoffen oder Bodenschätzen, errichtet werden. Wenn dieser Zweck nach Ablauf eines gewissen Zeitraums erfüllt ist, ist die Lebensdauer des Unternehmens beendet (Siegel 1994, S. 459). Auch kann die Befristung von rechtlichen Auflagen oder Genehmigungen herrühren. Darüber hinaus kann eine endliche Lebensdauer auf die Person des Eigentümers des KMU zurückzuführen sein, wenn keine Möglichkeit zur Lösung des Nachfolgeproblems besteht. Zudem kann eine zu hohe Spezialisierung und mangelnde Diversifizierung des Produktportfolios bei einem dynamischen Marktumfeld

Abb. 4.16 Einfluss der Digitalisierung auf das Geschäftsmodell (in Anlehnung an Ihlau und Barth 2016, S. 1070)

dazu führen, dass das Unternehmen zwangsläufig aus dem Markt ausscheidet, weil das Management nicht über strategische Gegenmaßnahmen zur Erschließung neuer Märkte verfügt (Schütte-Biastoch 2011, S. 71).

Die digitale Transformationkann dazu führen, dass das KMU zunächst noch kurzfristig weiter am Markt mit den bestehenden Produkten oder Dienstleistungen agiert und die digitale Transformation erst mittelfristig wesentliche Auswirkungen auf das Geschäftsmodell hat. Dementsprechend können sich Veränderungen aus der digitalen Transformation bereits in der Mittelfristplanung oder erst danach niederschlagen. Wird erwartet, dass bereits in der Mittelfristplanung wesentliche Veränderungen auftreten, ist zu empfehlen, diese in der Planungsrechnung mittels Szenariorechnungen abzubilden. In diesem Zusammenhang ähneln die Planungsrechnungen für die zu transformierenden Unternehmen denen von Wachstumsunternehmen (s. Abschn. 4.3.4.5). Mangels belastbarer Vergangenheitsdaten werden die Planungen in der Regel auf Basis von prognostizierten Marktgrößen, erwarteten Marktanteilen und geschätzten Margen erstellt (Ihlau und Barth 2016, S. 1070 f.).

Spätestens nach der Detailplanungsphase kann sich das Geschäftsmodell durch die digitale Transformation erheblich ändern. In diesem Fall ist es im Rahmen der Bewertung nicht sachgerecht, sofort nach der Detailplanungsphase in die ewige Rente überzugehen, da in der Regel kein eingeschwungener Zustand erreicht ist, der repräsentativ für die nachhaltige Ertragskraft des Unternehmens ist. Vielmehr wird sich das Unternehmen noch in einem Transformationszustand befinden, der die Erweiterung der Planungsrechnung um eine Konvergenzphase für Zwecke der Bewertung erfordert. Nachhaltig stellt sich die Frage, ob das Geschäftsmodell grundsätzlich marktfähig ist bzw. – wenn ja – wie es sich entwickeln wird. Wenn zu erwarten ist, dass das Geschäftsmodell nur eine begrenzte Lebensdauer aufweist, ist zu überlegen, ob am Ende der Planungsphase eine Liquidation des Unternehmens anzunehmen und somit die Endlichkeit des Geschäftsmodells zu unterstellen ist (Ihlau und Barth 2016, S. 1071).

Wenn von einer begrenzten Lebensdauer des KMU ausgegangen wird, sollte zum geplanten Zeitpunkt der Beendigung der Unternehmenstätigkeit, der gleichzeitig das Ende des Planungs- und Prognosehorizonts markiert, ein Restwert angesetzt werden. Der Restwert wird als Liquidationswert – ermittelt zu Einzelveräußerungspreisen und Ablösebeträgen – bestimmt (s. Abschn. 3.5.3.2) und als Teil der finanziellen Überschüsse des letzten Planjahres auf den Bewertungsstichtag diskontiert (Schütte-Biastoch 2011, S. 71).

4.3.4.2 Plausibilisierung der Planungsannahmen

Grobe Planungsannahmen wurden durch die Vorstellungen der Geschäftsführung über das zukünftige Geschäftsmodell und die strategische Planung bereits vorgegeben (s. Abschn. 4.3.4.1). Die operative Planung dient der Umsetzung der strategischen Planung und sollte in quantitativer Hinsicht für einen mehrjährigen Zeitraum – in der Regel drei bis fünf Jahre (BDU 2009, S. 19, IDW 2008, Tz. 77) – die erwartete wirtschaftliche Entwicklung des Unternehmens darstellen. Die Planungsprämissen sind hierbei durch weitere Teilpläne zu konkretisieren. Die wesentlichen Teilpläne sind in Abb. 4.17 aufgeführt.

Im Rahmen der materiellen Planungsplausibilisierung werden die Annahmen der operativen Planung zum einen auf Basis interner, unternehmensbezogener Faktoren im Rahmen einer Unternehmens- und Ressourcenanalyse plausibilisiert. Zum anderen sind die Annahmen vor dem Hintergrund der Erkenntnisse aus der Vergangenheitsanalyse sowie der Markt- und Wettbewerbsanalyse kritisch zu hinterfragen.

Die Plausibilitätsbeurteilungen sollten sich auf die Annahmen zur geplanten Entwicklung der einzelnen Aufwands- und Ertragsposten konzentrieren, da die Plan-GuV das Herzstück der Planungsrechnung darstellt.[23] Hierbei ist es in der Regel sinnvoll, in Abhängigkeit vom Geschäftsmodell und dem Geschäftsrisiko des KMU Schwerpunkte zu bilden.

Bei der Analyse der **Umsatzplanung** kann eine getrennte Betrachtung der Annahmen zur Mengen- als auch zur Preiskomponente hilfreich sein. Hierbei kann es sinnvoll sein, eine Zerlegung der Umsätze nach Produkten, Produktgruppen, Geschäftsfeldern, Kunden und/oder Regionen vorzunehmen (IDW 2017, Tz. 43). Für die Beurteilung der

[23]Zu detaillierten Hinweisen zur Vorgehensweise bei der Analyse einzelner Aufwands- und Ertragsposten vgl. auch IDW 2018, Kap. K, Tz. 66 ff. sowie IDW 2017, Tz. 42 ff.

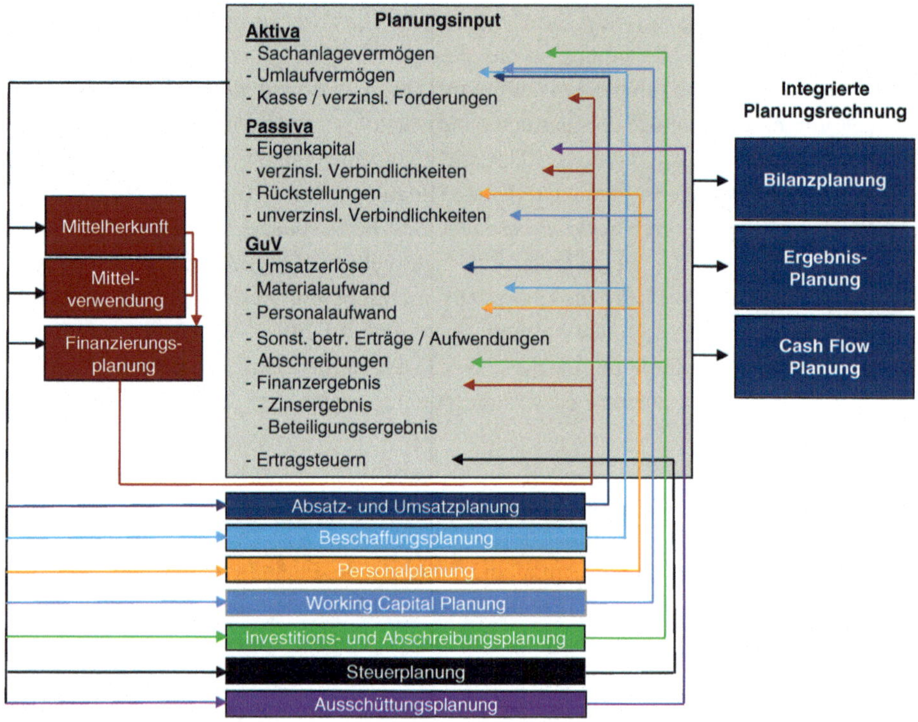

Abb. 4.17 Wesentliche Teilpläne zur Erstellung einer integrierten Planungsrechnung

geplanten Absatzmengen sollte – sofern verfügbar – auf eine betriebliche Absatzplanung des KMU zurückgegriffen werden. Zur Plausibilisierung der geplanten Absatzentwicklung können – sofern vorhanden – folgende Informationen dienen:

- Marketing- und Vertriebskonzepte (Preispolitik, Produktmix, Werbung, Qualitätspolitik),
- Unterlagen über Produktinnovationen, Fertigungstiefe, Sortimentsbreite, Struktur der Kunden und Abnehmer sowie des Vertriebs, Exportanteil und Produktlebenszyklen sowie,
- Marktforschungsberichte,
- Absatz-, Lieferungs- und Lizenzverträge etc.

Auf Basis der Erkenntnisse aus den Gesprächen mit der Geschäftsführung über die strategische Positionierung des KMU und seiner Produkte sollte daraufhin festgestellt werden, ob Anhaltspunkte für eine von dem Branchentrend abweichende Unternehmensentwicklung bestehen. So impliziert eine geplante Umsatzsteigerung oberhalb der durchschnittlichen Marktprognosen eine Verdrängung der Wettbewerber. Hierzu müssen durch das KMU in der Regel besondere Maßnahmen ergriffen werden, die vom Management zu erläutern sind (IDW 2017, Tz. 44). Ferner ist grundsätzlich zu überlegen, ob die Produkte und Dienstleistungen auch langfristig den Kundenwünschen und Markttrends entsprechen. Daher sollte die Absatzplanung grundsätzlich immer auch hinsichtlich möglicher disruptiver Aspekte im Geschäftsmodell kritisch hinterfragt werden. Darüber hinaus können eventuell regelmäßig wiederkehrende saisonale Schwankungen die prognostizierte Absatzmenge beeinflussen. Hierbei sind auch bestehende Abhängigkeiten von anderen Branchen zu beachten. So sind z. B. die Absatzmengen eines Automobilzulieferers von Lederbezügen davon abhängig, in welchen Serien der Automobilindustrie er künftig gelistet sein wird. Regelmäßig ist hierbei auch zu untersuchen, ob Absatzmengen mit nur wenigen, wesentlichen Kunden erzielt werden und ob die Kundenbeziehungen maßgeblich vom geschäftsführenden Eigentümer abhängen. Ist bspw. die Vergabe von wesentlichen Aufträgen abhängig von Beziehungen zu Behörden, können diese mit dem Ausscheiden des geschäftsführenden Eigentümers entfallen und dem KMU die Geschäftsgrundlage entziehen (s. Abschn. 4.3.1.1).

Ferner sollte der Bewerter ggf. eine Analyse der Auftragsbestände vornehmen und die Geschäftsführung zu gegenwärtigen Auftragsverhandlungen befragen. Im Baugewerbe, aber auch bei Dienstleistungs- und IT-Beratungsunternehmen sind die Umsatzerlöse bspw. stark durch einzelne Aufträge geprägt. Hier sollte insbesondere hinterfragt werden, wer diese Aufträge akquiriert und inwiefern eine Personenabhängigkeit besteht. Auch Werbeagenturen erzielen den wesentlichen Teil ihres Umsatzes durch Projektgeschäft. Hierbei sollte insbesondere untersucht werden, welche Projekte bereits vertraglich gesichert sind und mit welcher Wahrscheinlichkeit und bedingt durch welche personenbezogenen Kontakte noch zukünftig Projekte erwartet werden. Mögliche Rahmenverträge können z. B. Aufschluss über künftige Werbeaufträge geben.

Darüber hinaus sollte der Grad der Kundenbindung eingeschätzt werden. Die Kundenbindung ist von zahlreichen Faktoren, wie z. B. Art der Leistung, Nachfrageveränderungen oder -verdrängungen, Preise, Qualität, Kompetenz des Unternehmens, abhängig. Eine Einschätzung kann z. B. auf Basis der historischen Kundenfluktuation sowie der Reklamationen und deren weiterer Behandlung vorgenommen werden (Peemöller und Kunowski 2015, S. 308). Hierzu können bspw. die Umsatzerlöse pro Kunde über einen längeren Vergangenheitszeitraum auf ihre Beständigkeit und Homogenität hin untersucht werden. Anhaltspunkte für den weiteren Fortbestand der Kundenbeziehungen können das Alter der Kundenzugehörigkeit, Zu- und Abgangszeitpunkte der nicht mehr bestehenden Kunden sowie die jährlich gewonnenen Neukunden sein. Darüber hinaus kann es für die Einschätzung der zukünftigen Kundentreue sinnvoll sein, Differenzierungsmerkmale im Vergleich zu Wettbewerbern oder die Höhe der Wechselkosten für die Kunden zu analysieren. So können z. B. besondere Serviceleistungen, individuelle Kundenbetreuung, die Erbringung von maßgeschneiderten Kundenlösungen, gemeinsam entwickelte Spezialmaschinen, Testläufe, unvermeidbare Produktänderungen beim Kunden oder die Kosten des Wechsels selbst auch für die Zukunft darauf schließen lassen, dass ein Kunde trotz kostengünstiger Vergleichsangebote den Anbieter nicht wechseln wird (IDW 2015, Tz. 86). Darüber hinaus ist auch zu hinterfragen, welche

Personen im KMU gute Bindungen zu wesentlichen Kunden halten. So können dies einzelne Vertriebsmitarbeiter sein oder der Eigentümer selbst. Wenn der Eigentümer aus dem Unternehmen ausscheidet, stellt sich die Frage, inwieweit wesentliche Kundenbeziehungen bestehen bleiben oder wegfallen.

Für die Beurteilung der geplanten Absatzpreise sollten die geplanten preispolitischen Maßnahmen unter Berücksichtigung bestehender (vertraglicher) Preisbindungen analysiert werden. Dabei können die Preise der Konkurrenzprodukte, die Preisbereitschaft und -erwartung in den einzelnen Marktsegmenten und die Kriterien für die Preisbildung und -differenzierung untersucht werden. Ferner sollte die erwartete bzw. beobachtete Reaktion der Nachfrager und Wettbewerber auf Preisänderungen bei den eigenen Produkten des KMU analysiert werden. Auch ist zu beachten, ob das angebotene Produkt ggf. komplett durch ein anderes Produkt oder eine integrierte Dienstleistung substituiert werden kann. In diesem Zusammenhang sollten auch das regulatorische Umfeld und die absehbaren Änderungen der gesetzlichen Rahmenbedingungen genauer untersucht werden. Häufig sind KMU inzwischen auch international tätig. In anderen Ländern gelten spezifische regulatorische Gegebenheiten wie bspw. im Gesundheitswesen. Diese sind bei der Planungsplausibilisierung und der Bewertung zu beachten. Darüber hinaus sollte auch eine Einschätzung zur Fähigkeit des KMU vorgenommen werden, beschaffungsseitige Preissteigerungen absatzseitig auf die Kunden zu überwälzen. Informationen zu prognostizierten Inflationsraten stellen insbesondere der International Monetary Fund (IMF 2017) oder die Economist Intelligence Unit zur Verfügung (EIU 2017).

Auch die Plausibilisierung der Planung der **Rohertragsmarge** sollte auf Basis des Mengen- und Wertgerüsts erfolgen (IDW 2017, Tz. 45). Bei Produktionsunternehmen sind die Annahmen zu der künftigen Produktionsmenge und den voraussichtlichen Einkaufspreisen für Roh-, Hilfs- und Betriebsstoffe bzw. andere Komponenten des Wareneinsatzes zu analysieren. Dies gilt bei Handelsunternehmen auch hinsichtlich der Einkaufspreise für bezogene Handelswaren. Der Wandel hin zum Onlinehandel kann die Kostenstruktur der Handelsunternehmen erheblich verändern. Auch Einflüsse der Lieferantenstruktur (z. B. Abhängigkeit von Großlieferanten, Währungs- und Preiseinflüsse) und Veränderungen der Fertigungstiefe (Einfluss von In- oder Outsourcing, neue Produktionstechnologien und -methoden) sind zu untersuchen (IDW 2018, Kap. K, Tz. 68). In diesem Zusammenhang ist auch der Einfluss des geschäftsführenden Eigentümers auf die Lieferantenstruktur und die Lieferkonditionen zu beurteilen. Ist bspw. die Gewährung besonders günstiger Einkaufsbedingungen, wie z. B. Rabatte, Boni oder Skonti, auf Beziehungen des geschäftsführenden Eigentümers zu einzelnen Lieferanten zurückzuführen, ist zu überprüfen, ob diese nach dem Ausscheiden des geschäftsführenden Eigentümers weiterhin erzielt werden oder eventuell veränderte Konditionen anzusetzen sind. Lieferbeziehungen können auch zu Schwestergesellschaften oder zu dem Unternehmer nahestehende Personen bestehen. Auch hier ist sicherzustellen, dass die Einkaufskonditionen nach einer Transaktion unverändert fortgeführt werden oder durch marktübliche Bedingungen in der Planungsrechnung ersetzt werden. Darüber hinaus ist zu analysieren, inwieweit Lieferbeziehungen und -konditionen von den

Beziehungen der geschäftsführenden Eigentümer abhängen und möglicherweise bei einem Eigentumswechsel entfallen und Teile des Geschäfts des KMU verloren gehen (s. Abschn. 4.3.1.1). Für Geschäfte mit nahestehenden Personen sind ggf. bei Bewertungsanlässen, bei denen der Eigentümer im Unternehmen verbleibt und ein objektivierter Unternehmenswert ermittelt wird, Anpassungen an marktkonforme Gegebenheiten vorzunehmen (s. Abschn. 4.3.1.1). Bei Dienstleistungsunternehmen stehen häufig die Annahmen zum geplanten Mitarbeiterbestand im Vordergrund der Analyse. Bei einer hohen Fluktuation oder Überalterung des Mitarbeiterbestands sollte insbesondere untersucht werden, inwieweit durch Neueinstellungen ein Erreichen der geplanten Umsatzziele realisierbar ist. Bei KMU, deren Geschäftsmodell durch Projektgeschäft geprägt ist, sollten die Kalkulationen geplanter Projekte analysiert werden. Hierbei bietet sich insbesondere ein Vergleich mit bereits abgewickelten Projekten an. So kann ein Soll-Ist Vergleich hinsichtlich der realisierten Marge vergangener Projekte Aufschluss darüber geben, inwieweit der Kalkulation geplanter Projekte realistische Annahmen zugrunde liegen. In diesem Zusammenhang ist auch der Arbeitseinsatz des geschäftsführenden Unternehmers bei der Projektabwicklung zu untersuchen. Hier ist insbesondere sicherzustellen, dass die Arbeitsleistung des geschäftsführenden Unternehmers zu marktgerechten Konditionen in der Projektkalkulation enthalten ist, wenn der geschäftsführende Unternehmer im Rahmen einer Transaktion das KMU verlässt und daher nicht mehr für die Projektabwicklung zur Verfügung steht.

Auch die Plausibilisierung der **Personalplanung** sollte getrennt nach Mengen- und einer Preiskomponente erfolgen. Hier ist etwa der Frage nachzugehen, ob eine geplante Geschäftsausweitung mit dem aktuellen Mitarbeiterbestand möglich ist. Darüber hinaus sollte beurteilt werden, ob unter Berücksichtigung der Fluktuation und Altersstruktur des Mitarbeiterbestands ausreichend Personalressourcen für die Erreichung der Umsatzziele geplant wurden. Sofern Maßnahmen zum Stellenabbau geplant sind, müssen auch die Kosten des Personalabbaus, wie z. B. Abfindungen, in der Unternehmensplanung enthalten sein. Die Annahmen zu zukünftigen Lohn- und Gehaltssteigerungen sollten vor dem Hintergrund der erwarteten Inflationsrate beurteilt werden. Erfolgsabhängige Vergütungsbestandteile sind mit den geplanten Ergebnissen abzustimmen. Außerdem ist zu überprüfen, inwieweit die Vergütung des geschäftsführenden Eigentümers und ggf. der unentgeltlich mitarbeitenden Familienmitglieder zu marktüblichen Konditionen erfolgt (s. Abschn. 4.3.1.2).

Sonstige operative Kosten sollten für Plausibilisierungszwecke in die für das jeweilige Geschäftsmodell wesentlichen Einzelposten wie Aufwendungen für Vertrieb, Marketing, Forschung und Entwicklung, Raumkosten, Versicherungskosten etc. zerlegt und vor dem Hintergrund der in der Vergangenheit beobachteten Relationen unter Berücksichtigung der künftig geplanten Geschäftsentwicklung analysiert werden. Darüber hinaus ist zu untersuchen, inwieweit für Vermögensgegenstände, wie z. B. Grundstücke oder Patente, die bei einem Verkauf der KMU im Privatvermögen des Eigentümers verbleiben und nicht in das Unternehmen eingelegt werden, marktübliche Nutzungsentgelte wie Miet-, Leasing- oder Pachtzahlungen in der Planung der operativen Kosten enthalten sind (s. Abschn. 4.3.1.3). Soweit dies nicht der Fall ist, sind entsprechende Anpassungen der Planungsrechnung vorzunehmen. Gleiches gilt für die Bewertung im Zusammenhang mit dominierten Bewertungsanlässen. Hier kann es erforderlich sein, marktübliche Nutzungsentgelte anzusetzen, insbesondere wenn der Eigentümer ausscheidet.

Die **Abschreibungsplanung** basiert auf den historischen Anschaffungskosten der in der Vergangenheit angeschafften Anlagegegenstände und den zukünftig erforderlichen Investitionsausgaben. Ausgangspunkt für die Plausibilitätsbeurteilung der Abschreibungsplanung ist daher die Investitionsplanung. Grundsätzlich sollten die geplanten Investitionen eine Trennung von Ersatz- und Erweiterungsinvestitionen ermöglichen und mit der erwarteten Umsatzentwicklung im Einklang stehen. Eine angenommene Geschäftsausweitung sollte sich in zukünftigen Erweiterungsinvestitionen oder der Nutzung freier Kapazitäten widerspiegeln. Durch Befragung der für die technische Entwicklung des Unternehmens zuständigen Personen/Betriebsleitung und unter Beachtung branchenspezifischer Investitionszyklen ist zu untersuchen, ob ggf. ein in der Vergangenheit entstandener Reinvestitionsstau durch angemessen geplante Ersatzinvestitionen berücksichtigt wird. Die geplanten Abschreibungen sollten sich aus den plausibilisierten Ersatz- und Erweiterungsinvestitionen und den Abschreibungen auf das bestehende Anlagevermögen unter Berücksichtigung der bilanziellen Nutzungsdauern bestimmen lassen. Für die Ermittlung einer nachhaltigen Reinvestitionsrate in der ewigen Rente ist auf den erwarteten Anlagenbestand zum Ende des Detailplanungszeitraums abzustellen (IDW 2018, Kap. A, Tz. 437). Auf Basis preisindizierter historischer Anschaffungskosten und der durchschnittlichen Nutzungsdauer ist je Anlageklasse eine nachhaltige Reinvestitionsrate zu ermitteln. Hinzu kommen ggf. Abschreibungen auf Vermögensgegenstände, die sich bislang im Privatvermögen des Eigentümers befanden, aber betrieblich genutzt werden (s. Abschn. 4.3.1.3). Diese sollten unabhängig davon, ob der Eigentümer aus dem Unternehmen ausscheidet oder nicht, bei der Ermittlung eines objektivierten Unternehmenswerts fiktiv für Bewertungszwecke in das KMU eingelegt und abgeschrieben werden (s. Abschn. 4.3.1.3). Die Bemessung der geplanten Abschreibungen der eingelegten Vermögensgegenstände sollte auf Basis des aktuellen Verkehrswerts bei Einbringung und der voraussichtlichen Restnutzungsdauer vorgenommen werden. Des Weiteren ist das nicht betriebsnotwendige Vermögen für Bewertungszwecke aus der künftigen Abschreibungsbemessungsgrundlage herauszurechnen (s. Abschn. 3.6.2).

Im Rahmen der **Finanzplanung** ist zu überprüfen, ob sich das Zinsergebnis rechnerisch aus der Entwicklung der verzinslichen Aktiv- und Passivposten ergibt und die explizit getroffenen Finanzierungsannahmen adäquat umgesetzt sind (IDW 2018, Kap. K, Tz. 77). Bei KMU kann es sein, dass nur das Betriebsergebnis geplant und die Planungsrechnung im Bereich Finanzierung und Mittelverwendung Lücken aufweist. In diesem Fall sollte die Planungsrechnung zu einer vollständigen integrierten Planung erweitert werden. Mit deren Hilfe ist zu analysieren, ob der implizit in der Planung enthaltene Finanzierungsbedarf/-überschuss sowie die Finanzierungsprämissen realistisch sind. Der Finanzierungsbedarf/-überschuss ist rechnerisch der Saldo aus der Veränderung der Aktiv- und Passivposten. Hierzu wird in der Regel eine Bewegungsbilanz erstellt,

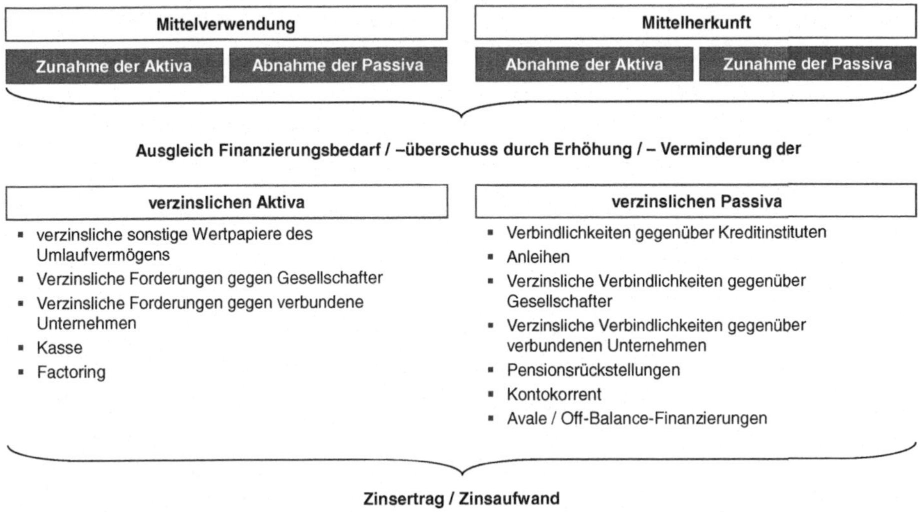

Abb. 4.18 Systematik der Finanzplanung

die anstelle der sonst üblichen Aktiva und Passiva eine Gegenüberstellung von Mittelverwendung und -herkunft enthält (Wöhe, G. et al. 2016, S. 651). Zur Herstellung eines Bilanzausgleichs ist der Finanzierungsbedarf/-überschuss über eine entsprechende Erhöhung bzw. Verminderung der verzinslichen Aktiv- und Passivposten auszugleichen. Abb. 4.18 veranschaulicht die Systematik der Finanzplanung zur Herstellung des Bilanzausgleichs unter Ermittlung einer sachgerechten Finanzierung.

Mögliche Arten der Mittelverwendung umfassen bspw. die Kapazitätsausweitung des Anlagevermögens durch Erweiterungsinvestitionen, Aktivierung von Aufwendungen für selbst erstellte immaterielle Vermögenswerte, Erhöhung des Working Capital, Tilgung von Finanzierungsmitteln und Ausschüttungen an die Anteilseigner unter Beachtung der rechtlichen Restriktionen (ausschüttbares Jahresergebnis). Als Mittelherkunft sind sämtliche Formen der Innen- und Außen- bzw. Eigen- und Fremdfinanzierung zu nennen.[24]

Ein künftiger Finanzbedarf sollte durch Thesaurierungen, Kapitalzuführungen durch die Eigentümer, z. B. in Form von Einlagen und/oder auch ggf. einen möglichen Börsengang, und/oder Fremdkapitalaufnahmen gedeckt sein; dabei ist die Einhaltung von Finanzierungsgrenzen zu beachten. Darüber hinaus kann es insbesondere bei Bewertungen aus Käufersicht sinnvoll sein, eine mögliche Verbesserung der Finanzierungsstruktur durch Finanzierungsmaßnahmen herbeizuführen, um eine Wertsteigerung zu erreichen (Helbling 2015a, S. 1000 f.). Dies kann z. B. durch den Ersatz von Eigen- durch Fremdkapital oder Umfinanzierung, wie z. B. Hypotheken anstelle

[24]Für einen Überblick vgl. Perridon et al. 2017, S. 419 ff.

von unbesicherten Krediten, erreicht werden (Helbling 2015a, S. 1000 f.). Auch Optimierungen der Working Capital-Strukturen und -Finanzierungen können eine Wertsteigerung zur Folge haben. Aus den Änderungen der Kapitalstruktur können sich möglicherweise Konsequenzen für die Fremdfinanzierungskonditionen ergeben, die aufgrund der geänderten Risikosituation eine Anpassung der Zinssätze erforderlich machen. Soweit Vermögen bislang als Kreditsicherheit diente und im Rahmen der Bewertung dem nicht betriebsnotwendigen Vermögen zugeordnet wird, kann dies zu veränderten Finanzierungskonditionen führen (IDW 2008, Tz. 63). Eine Anpassung der Finanzierungskonditionen kann bei KMU insbesondere auch dann notwendig werden, wenn sich die persönliche Haftungsbasis durch einen Eigentümerwechsel verändert. Darüber hinaus sind die Konditionen von Gesellschafterdarlehen auf ihre Angemessenheit hin zu überprüfen. Für Bewertungszwecke sollten zumindest für die Phase der ewigen Rente marktübliche Konditionen zugrunde gelegt werden. Im Falle des Ausscheidens eines Gesellschafters sind Gesellschafterdarlehen in der Regel durch eine alternative Fremdfinanzierung zu ersetzen. Außerdem sind für private Sicherheiten, die bislang durch den Gesellschafter gewährt wurden, regelmäßig marktübliche Avalgebühren anzusetzen (s. Abschn. 4.3.1.4).

Im Rahmen der Ermittlung von familien- oder erbrechtlichen Ausgleichsansprüchen kann es möglich sein, dass die familien- oder erbrechtliche Ausgleichs- oder Auseinandersetzungsverpflichtung nicht durch vorhandene liquide Vermögenswerte beglichen werden kann. In diesem Fall müssten die liquiden Mittel z. B. durch eine Kreditaufnahme beschafft werden. Hierbei ist zu beachten, dass die aus der Finanzierung resultierenden Finanzierungskosten weder bei der Ermittlung des objektivierten Unternehmenswertes noch bei der Ermittlung des Ausgleichs- oder Auseinandersetzungsanspruchs abzuziehen sind (IDW 2016a, Tz. 35 f.).

Die **Steuerplanung** sollte auf Basis einer separaten Steuerberechnung erfolgen, wenn die für die Planungsrechnung verwendeten Rechnungslegungsgrundsätze von den Vorschriften für die steuerliche Gewinnermittlung abweichen und die Planungsrechnung nicht die steuerliche Bemessungsgrundlage widerspiegelt. Besonderheiten aus steuerlichen Organschaften oder ausländischen Geschäftseinheiten ist Rechnung zu tragen. Außerdem sind eventuell bestehende steuerliche Verlustvorträge sowie Restriktionen für die steuerliche Verlustverrechnung bei der Planung des Steueraufwands zu berücksichtigen. Bei KMU, die in der Rechtsform der Personengesellschaft geführt werden, sind darüber hinaus auch Sonder- und Ergänzungsbilanzen in die steuerliche Gewinnermittlung einzubeziehen. Auch kann die für Personengesellschaften mögliche Thesaurierungsbesteuerung (§ 34a EStG) je nach Entnahmepolitik und Einkommensteuersatz der Gesellschafter in der Steuerplanung Anwendung finden (s. Abschn. 4.3.5.2). Maßgeblich für die der Steuerplanung zugrunde liegende steuerliche Gewinnermittlung ist das zum Zeitpunkt der Planungserstellung geltende bzw. das mit Wirkung für die Zukunft vom Gesetzgeber beschlossene Steuerrecht (Siepe et al. 2000, S. 946 ff.).

Bei der **Bilanzplanung** ist zu berücksichtigen, dass wesentliche ergebnisabhängige Bilanzposten, wie z. B. das Working Capital oder umsatz- oder ergebnisabhängige Rückstellungen, im Einklang mit der geplanten Ergebnisentwicklung stehen. Die Planung und Plausibilisierung ergebnisabhängiger Bilanzposten kann über geeignete Kennzahlen, wie z. B. Lagerreichweiten, Umschlagshäufigkeit oder Zahlungsziele, erfolgen (IDW 2017, Tz. 41). Anhaltspunkte für die geplante Working Capital-Entwicklung können die zurückliegende Geschäftsentwicklung sowie die historischen Kennzahlen, aber auch die künftige Einschätzung der Verhandlungsposition auf der Absatz- und Beschaffungsseite zur Bestimmung der Zahlungskonditionen und des Working Capital-Managements geben. Wichtig ist in diesem Zusammenhang insbesondere eine unterjährige Working Capital-Betrachtung, da die Gegebenheiten zum Bilanzstichtag aufgrund saisonaler oder zyklischer Schwankungen häufig nicht repräsentativ für die Working Capital-Entwicklung im Jahresverlauf sind. So werden z. B. die Working Capital-Bestände eines europäischen Sonnenbrillen- oder Gartenmöbelherstellers bei kalenderjahrgleichem Geschäftsjahr zum Stichtag geringer sein als im durchschnittlichen Geschäftsjahresverlauf. Darüber hinaus sind insbesondere die Geschäftsbedingungen und zukünftigen Zahlungsziele mit den wichtigsten Kunden und Lieferanten zu berücksichtigen. Außerdem können auch Markt- und Brancheninformationen und die Working Capital-Intensität wichtiger Wettbewerber Anhaltspunkte für eine angemessene Höhe des zukünftigen Working Capital geben. Insbesondere bei Wachstumsunternehmen ist zu berücksichtigen, dass das geplante Wachstum in der Regel mit einer Erhöhung des Working Capital sowie ggf. der Investitionen einhergeht, deren künftige Finanzierung sicherzustellen ist. Bei ergebnisunabhängigen Bilanzposten ist darauf zu achten, dass eine geplante Veränderung im Planungszeitraum implizit zu Zahlungsmittelzu- oder -abflüssen führen kann.

Zur Plausibilisierung von Planungsannahmen bieten sich insbesondere auch **Kennzahlen** an.

Abb. 4.19 gibt einen systematischen Überblick über die bei Planungsbeurteilungen üblichen Kennzahlen.

Im Rahmen der Planung der Gewinn- und Verlustrechnung sollte die Entwicklung einzelner Posten (z. B. Umsatzerlöse, Materialaufwand, Personalaufwand, Steueraufwand) sowie des Verhältnisses dieser Posten zueinander im Zeitablauf nachvollziehbar und begründbar sein. Dies kann anhand der Vergangenheitsentwicklung des Unternehmens, anhand der Vergangenheitsentwicklung vergleichbarer Unternehmen und/oder an der erwarteten Entwicklung vergleichbarer Unternehmen und der Branche insgesamt überprüft werden (IDW 2017, Tz. 16). Zum Beispiel liegen bei börsennotierten Vergleichsunternehmen oftmals Analystenschätzungen über Wachstum und Ertragsmargen für die kommenden Geschäftsjahre vor. Bei signifikanten Abweichungen zwischen den Erwartungen der börsennotierten Wettbewerbsunternehmen und dem Bewertungsobjekt sind die Ursachen kritisch zu analysieren und ggf. spezifische Besonderheiten des KMU herauszuarbeiten. KMU weisen im Vergleich zu großen börsennotierten Unternehmen eine abweichende Organisations- und Kostenstruktur auf. Branchenvergleiche mit großen börsennotierten Unternehmen sind daher bei KMU nur eingeschränkt anwendbar.

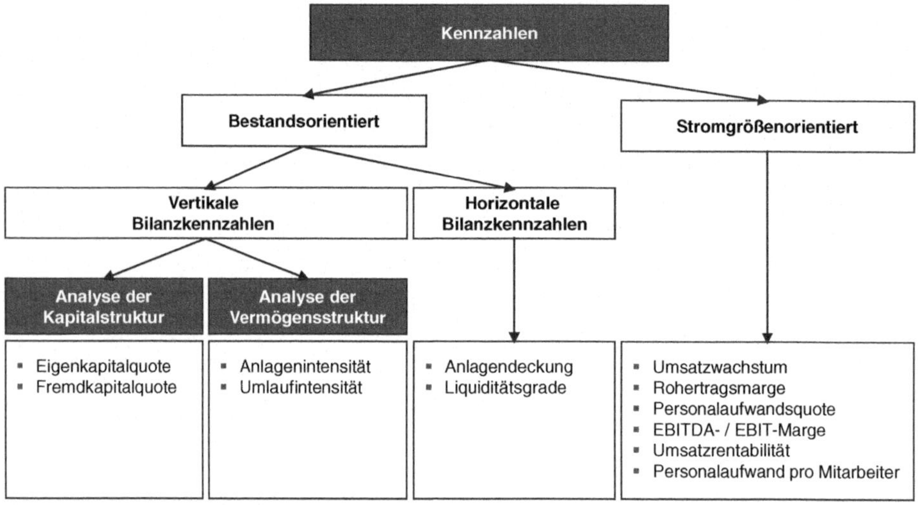

Abb. 4.19 Systematischer Überblick über die bei Planungsbeurteilungen üblichen Kennzahlen (in Anlehnung an Perridon et al. 2017, S. 649 ff.)

Sinnvoller ist dagegen im Allgemeinen der Vergleich wesentlicher Kennzahlen des KMU mit seinen direkten Wettbewerbern. Hierzu kann auf Datenbanken externer Anbieter, wie z. B. Bureau van Dijk,[25] zurückgegriffen werden, die Finanzinformationen sämtlicher im Unternehmensregister publizierter Jahresabschlüsse auswerten und eine Selektion nach einzelnen Unternehmen oder Branchen ermöglichen. Die Datenbasis kann dazu verwendet werden, die in der Planungsrechnung des KMU enthaltenen Annahmen zur Entwicklung einzelner Posten mit anderen Unternehmen derselben Branche oder dem Branchendurchschnitt zu vergleichen. Insbesondere hier bietet sich der Einsatz stromgrößenorientierter Plausibilitätskennzahlen, wie z. B. Umsatzwachstum, Rohertragsmarge, Personalaufwandsquote, EBITDA/EBIT-Marge oder Umsatzrentabilität an. Gerade in stark regulierten Märkten, wie z. B. der Pharmaindustrie, sind Rohertragsmargen nur sehr eingeschränkt beeinflussbar. Geht die Planung des KMU bspw. von einer signifikanten Steigerung der Rohertragsmarge aus, die das Niveau der Wettbewerber überschreitet, sollten die Ursachen für den Margenanstieg schlüssig und nachvollziehbar begründet sein. Im Hinblick auf die geplanten Umsatzerlöse ist insbesondere zu untersuchen, ob die ggf. getroffene Annahme einer konstanten Kosten-Erlös-Relation beibehalten werden kann. Für Bewertungszwecke ist die Höhe der EBITDA/EBIT-Marge insbesondere für das nachhaltige Ergebnis (ewige Rente) von entscheidender Bedeutung, da hieraus ein wesentlicher Wertbeitrag resultiert. Vor diesem Hintergrund sollten z. B. die Annahmen für eine nachhaltig, über dem Branchendurchschnitt liegende EBITDA/

[25] http://www.bvdinfo.com.

EBIT-Marge kritisch hinterfragt werden, da grundsätzlich Überrenditen nicht dauerhaft erzielbar sind (Koller et al. 2005, S. 274). Es ist zu untersuchen, welche Gründe dafür oder dagegen sprechen, in der Planung der künftigen Entwicklung von der Vergangenheitsentwicklung des Unternehmens oder anderer vergleichbarer Unternehmen abzuweichen oder aber die zukünftige Entwicklung entsprechend der Vergangenheitsentwicklung fortzuschreiben.

Auch für die Plausibilisierung der Bilanzplanung bieten sich Kennzahlen an. In diesem Zusammenhang ist sicherzustellen, dass die Zukunftsplanung der Kennzahlen plausibel zu der Entwicklung in der Vergangenheit und/oder den branchenüblichen Kennzahlen ist. Darüber hinaus kann die Plausibilisierung der Annahmen der Bilanzplanung über vertikale und horizontale Kennzahlen erfolgen (IDW 2017, Tz. 40). Als vertikale Kennzahlen kommen insbesondere Anlagen- und Umlaufintensität, Eigenkapitalquote oder Verschuldungsgrad in Frage. Mit Hilfe von horizontalen Kennzahlen wie z. B. Anlagendeckung oder Liquidität 1. und 2. Grades lassen sich Aussagen über die geplante zukünftige Zahlungsfähigkeit und die finanzielle Stabilität des Unternehmens treffen (Perridon et al. 2017, S. 654 ff.). Darüber hinaus können zur Plausibilisierung der Planungsrechnung auch Rentabilitätskennzahlen, wie z. B. Eigenkapitalrentabilität, Gesamtkapitalrentabilität oder ROI (Return on Investment), (Perridon et al. 2017, S. 671 ff.) und wertorientierte Kennzahlen, wie z. B. Economic Value Added (EVA) (Gladen 2014, S. 140 ff.) oder Return on Capital Employed (ROCE), (Gladen 2014, S. 66) herangezogen werden (BDU 2009, S. 23). Auch hier sollten die historischen Bilanzkennzahlen nicht ungeprüft in die Zukunft fortgeschrieben werden. Die digitale Transformation von Unternehmen kann z. B. dazu führen, dass sich künftige Bilanzstrukturen von der Vergangenheit unterscheiden, da sich beispielsweise ein Unternehmen vom Hersteller zum Dienstleister oder Systemanbieter entwickelt.

Neben der rein technischen Betrachtung von Kennzahlen sollten bei KMU allerdings auch Einflüsse durch den Eigentümer, Zielvorgaben, Managementfähigkeiten zur Umgestaltung und zukünftige Managementressourcen mit in die Analyse einbezogen werden. Spezielle Zielvorgaben können dazu führen, dass die Planungsprämissen durch den Eigentümer bewusst einseitig ambitioniert oder konservativ gewählt wurden. In diesem Zusammenhang spielt auch der Anlass, zu dem die Planung erstellt wurde, eine bedeutende Rolle. Wurde die Planung bspw. eigens für die Bemessung von Ausgleichs- oder Abfindungsansprüchen im Rahmen von dominierten Bewertungsanlässen durch den Verpflichteten erstellt, könnten die Planungsprämissen zu konservativ ausgeprägt sein. Sofern dies bei der Bewertung von KMU möglich ist, sollte der Bewerter bei dominierten Bewertungsanlässen stets auf eine Planung zurückgreifen, die einem regulären, prozessseitig vorgegebenen Planungsprozess entstammt. Gerade bei KMU sind jedoch vielfach die Planungsprozesse nicht fest im Unternehmen implementiert und Planungen werden anlassbezogen erstellt. Hier sollte der Bewerter die Planungsannahmen vor dem Hintergrund seiner Erkenntnisse aus der Vergangenheitsanalyse sowie der Markt- und Wettbewerbsanalyse besonders kritisch hinterfragen. Allerdings ist andererseits auch zu berücksichtigen, dass eine pauschale Fortschreibung der in der Vergangenheit erzielten

Ergebnisse, wie es bspw. das steuerliche vereinfachte Ertragswertverfahren vorsieht (s. Abschn. 3.5.4.1), nicht sachgerecht sein kann. Denn gerade eignergeführte Unternehmen können besondere Erfolgsfaktoren in der Vergangenheit aufweisen, die nicht ewig fortbestehen, da sie ausschließlich von der Person des Unternehmers abhängen. Auch sind Geschäfte mit nahestehenden Personen, die zu nicht marktüblichen Konditionen erfolgen, ggf. zu bereinigen.

4.3.4.3 Mehrwertige Planungsrechnung

Die künftigen finanziellen Überschüsse können aufgrund der Ungewissheit der zukünftigen Unternehmensentwicklung nicht mit Sicherheit prognostiziert werden (IDW 2008, Tz. 88). Das dadurch entstehende Risiko kann in der Unternehmensbewertung entweder als Zuschlag zum Kapitalisierungszinssatz (Risikozuschlagsmethode) oder als Abschlag vom Erwartungswert der finanziellen Überschüsse (Sicherheitsäquivalenzmethode) berücksichtigt werden (s. Abschn. 3.6.5.1) (IDW 2008, Tz. 89 f., Ballwieser 1981, S. 97 ff.). In der Praxis wird regelmäßig die Risikozuschlagsmethode angewandt. Dabei werden im Zähler Erwartungswerte der finanziellen Überschüsse angesetzt, die mit einem risikoadjustierten Zinssatz diskontiert werden. Die Erwartungswerte der finanziellen Überschüsse sollten insbesondere auch die spezifischen Risiken der KMU abbilden (Gleißner und Ihlau 2012, S. 312). Gerade KMU unterliegen aufgrund einer geringeren Diversifizierung ihres Produktangebots und einer höheren Abhängigkeit von Kunden und Lieferanten einem höheren Geschäftsrisiko als Großunternehmen (s. Abschn. 2.1.2). Darüber hinaus sind bei KMU die Management- und Eigentümerfunktion oft in der Person des Eigentümers vereinigt, sodass der (künftige) Erfolg oftmals stark vom Eigentümer und ggf. wenigen anderen Schlüsselpersonen abhängt. Der Personenbezug von KMU spiegelt sich auch in einer mangelnden Abgrenzung von betrieblicher und privater Sphäre wider (s. Abschn. 4.3.1.3). Darüber hinaus stehen KMU nur eingeschränkte Kapitalbeschaffungsmöglichkeiten offen. Diese besonderen Risiken sind in der Planungsrechnung und damit in den künftig zu erzielenden finanziellen Überschüssen adäquat abzubilden.

Hierfür ist eine erwartungstreue Planung erforderlich, die auf nachvollziehbar und transparent ermittelten Erwartungswerten basiert (BDU 2009, S. 10). Die Planung ist erwartungstreu, wenn der Erwartungswert alle möglichen Planabweichungen in Form von Chancen und Risiken mit ihren Eintrittswahrscheinlichkeiten widerspiegelt (Gleißner und Presber 2010, S. 82 f.). Entscheidend sind somit nicht die finanziellen Überschüsse, die mit der höchsten Wahrscheinlichkeit erreicht werden, sondern die mit Wahrscheinlichkeiten gewichteten möglichen finanziellen Überschüsse (Gleißner 2008, S. 83; Zieger und Schütte-Biastoch 2008, S. 595). Werden die Risiken der Planungsrechnung nicht adäquat abgebildet, liegen nach oben verzerrte Planwerte vor, die c.p. zu überhöhten Unternehmenswerten führen können (Gleißner und Ihlau 2012, S. 313). Für die Erstellung einer erwartungstreuen Planung ist es erforderlich, sämtliche wesentlichen Risiken im Wege einer Risikoanalyse zu identifizieren und zu quantifizieren. Daraufhin sollten den

Risiken die daraus resultierenden Planabweichungen mit ihren Eintrittswahrscheinlichkeiten in mindestens drei Ausprägungen, wie z. B. Mindestwert, wahrscheinlichstem Wert und Maximalwert, zugeordnet werden (Gleißner und Ihlau 2012, S. 313).

Aufgrund der Fülle von Einflussfaktoren und Risiken kann es sich in der Praxis empfehlen, Sensitivitätsanalysen (Ernst 2015, S. 241) und Szenariorechnungen (IDW 2018, Kap. K, Tz. 93) zu erstellen, um das Ausmaß der Unsicherheit der geplanten Ergebnisse oder finanziellen Überschüsse abzuschätzen und transparent zu machen. Die wesentlichen Merkmale und Unterschiede von Sensitivitätsanalysen und Szenariorechnungen sind in Abb. 4.20 dargestellt.

Die **Sensitivitätsanalyse** ist ein Verfahren zur Abschätzung des Risikos durch Variation einzelner (oder mehrerer) ungewisser Inputgrößen, wie z. B. Kosten oder Erlöse. Vor diesem Hintergrund sollten im Rahmen der Planungsanalyse wesentliche wertbestimmende Annahmen identifiziert werden. Hinsichtlich dieser Annahmen lässt sich mithilfe der Sensitivitätsanalyse bspw. der verbleibende Handlungsspielraum im Hinblick auf die erwartete Entwicklung der Ertragssituation, Liquidität, Finanzierung und des Eigenkapitals erkennen. Ferner lässt sich ermitteln, welche Werte die Inputgrößen annehmen dürfen bzw. müssen, um bestimmte Ziel- oder Grenzwerte, wie z. B. Liquiditätslücken oder negative Ergebnisse, nicht zu überschreiten oder zu erreichen.

Szenariorechnungen werden durch Variation der wesentlichen Einflussfaktoren (sog. Werttreiber) erstellt. Die Identifikation der Werttreiber im jeweiligen Einzelfall ist wesentliches Ergebnis der gesamten Analyse des Geschäftsmodells (s. Abschn. 4.3.4.1). Typische Werttreiber sind der Rohertrag bei Handelsunternehmen, Umsatz pro Mitarbeiter bei Beratungsunternehmen oder Umsatzwachstum im Vergleich zum Markt. Im Rahmen von Szenariorechnungen werden verschiedene mögliche Zukunftsentwicklungen von gesellschaftlichen, wirtschaftlichen und technischen Entwicklungen entworfen. Dabei werden verschiedene Entwicklungsläufe als Abfolge möglicher Ereignisse und Verzweigungsketten aufgezeigt und die daraus resultierenden Auswirkungen auf Umsatzerlöse, Aufwendungen, Finanzierung, Eigenkapitalausstattung etc. simuliert.

Sensitivitätsanalysen	Szenariorechnungen
▪ Verfahren zur Abschätzung des Risikos durch Variation einzelner ungewisser Inputgrößen oder wesentlicher Werttreiber ▪ Anwendung auf wertbestimmende Annahmen, wie z.B. Erlöse, Kosten, Wachstum ▪ Beurteilung des Handlungsspielraums im Hinblick auf erwartete Entwicklung der Ertragssituation, Liquidität, Finanzierung und des Eigenkapitals ▪ Ziel- und Grenzwertbetrachtung	▪ Verfahren zur Darstellung verschiedener Zukunftsentwicklungen ▪ Gleichzeitige Änderung verschiedener Planungsparameter ▪ Simulation verschiedener Entwicklungsabläufe möglicher Ereignisse und Verzweigungsketten ▪ Neben Base Case sind Upside Case und Downside Case üblich

Abb. 4.20 Merkmale und Unterschiede von Sensitivitätsanalysen und Szenariorechnungen

Verschiedene Szenarien können bspw. in Abhängigkeit einer möglichen zukünftigen Umsatzentwicklung und damit verbundenen entsprechenden Investitionsszenarien entwickelt werden.

Insbesondere bei KMU können Umsatzerlöse sehr stark an die Person des Eigentümers geknüpft sein. In einem möglichen Szenario kann bspw. modelliert werden, wie sich mögliche Umsatzeinbußen durch das Ausscheiden des geschäftsführenden Eigentümers auf die zu kapitalisierenden finanziellen Überschüsse auswirken. Der Rückgang der Umsatzerlöse wird regelmäßig mit einem Rückgang der variablen Aufwandsposten sowie einem geringeren Working Capital verbunden sein. Neben den Auswirkungen auf die Umsatzentwicklung könnten in diesem Zusammenhang ggf. weitere personenbezogene Einflüsse in das Szenario integriert werden (s. hierzu Abschn. 4.3.1). So sollten besonders günstige Beschaffungskonditionen, wie z. B. Rabatte, Boni oder Skonti, die auf besondere Beziehungen des geschäftsführenden Eigentümers zu einzelnen Lieferanten zurückzuführen sind, durch marktübliche Bedingungen ersetzt werden. Hinsichtlich dieser Beschaffungskonditionen sind möglicherweise weitere Szenarien erforderlich, wenn sie nicht mit hinreichender Sicherheit bestimmt werden können. Auch sollten die Finanzierungskonditionen auf ein marktübliches Niveau gesetzt werden, wenn der geschäftsführende Eigentümer durch Darlehen, Gewährung privater Sicherheiten oder seine persönliche Haftung die finanzielle Situation des KMU unterstützt. Weitere Anpassungen können sich durch die Kosten für die Einarbeitung einer neuen Führungsperson oder eine marktübliche Vergütung für betriebsnotwendige, aber bislang im Privatvermögen des Eigentümers stehende Vermögensgegenstände ergeben. Auch unabhängig von einem möglichen Ausscheiden eines Gesellschafters ist stets kritisch zu hinterfragen, ob vergangene Erfolgsfaktoren in die Zukunft übertragen werden können. Gerade in Nischenbranchen können Überrenditen möglicherweise nur für begrenzte Zeiträume erzielt werden.

Szenariorechnungen helfen dabei, die Auswirkungen der Änderungen von Planungsparametern auf die prognostizierten finanziellen Überschüsse transparent zu machen. So könnte bspw. der Einfluss einer gescheiterten Markteinführung eines Schlüsselprodukts in einem Szenario modelliert werden. Die fehlende Marktakzeptanz des Schlüsselprodukts wird in der Regel zu Anpassungen bei den geplanten Absatzzahlen und Umsatzerlösen führen. Entscheidend ist in diesem Zusammenhang, welche alternativen Strategien die Geschäftsführung für diesen Fall vorhält. So könnte bspw. das Schlüsselprodukt über eine geänderte Ausführung stärker an die Kundenpräferenzen angeglichen und über eine neue Marketingkampagne an den Markt gebracht werden. Hiermit verbunden wären dann vorübergehend höhere Aufwendungen für die Forschung und Entwicklung, die Fertigung des neu konzipierten Produkts sowie für Marketing, die neben den Umsatzrückgängen in der Prognose der finanziellen Überschüsse zu berücksichtigen wären. Möglicherweise geplante Erweiterungsinvestitionen würden dann aufgrund eines gestiegenen Finanzierungsbedarfs auf spätere Perioden verschoben. In einem noch pessimistischeren Szenario könnte auch davon ausgegangen werden, dass das Schlüsselprodukt gänzlich erfolglos bleibt und stattdessen durch andere Nischenprodukte des

Unternehmens zu ersetzen ist. In diesem Zusammenhang könnte auch eine Insolvenz ein alternatives Szenario darstellen, das mit einer (zumeist geringen) Eintrittswahrscheinlichkeit in den Erwartungswert der finanziellen Überschüsse Eingang findet.

Gerade bei wachstumsstarken Unternehmen sind Szenariorechnungen von wesentlicher Bedeutung, da die Planungen häufig hohe Umsatz- und Margensteigerungen enthalten, deren Prognose mit erheblichen Unsicherheiten und Schwankungen behaftet sind. Planabweichungen können aufgrund der Sensitivität der Planungsparameter weitreichende Anpassungen nach sich ziehen (s. Abschn. 4.3.4.5) (IDW 2018, Kap. A, Tz. 472).

Grundsätzlich bietet sich die Entwicklung eines Upside Case Szenarios i. S. eines optimistischen Szenarios, eines Downside Case Szenarios i. S. eines pessimistischen Szenarios und eines mittleren Base Case Szenarios i. S. eines erwarteten Szenarios mit den jeweiligen Eintrittswahrscheinlichkeiten an. Die über alle möglichen Zukunftsszenarien mit ihren Eintrittswahrscheinlichkeiten gewichteten finanziellen Überschüsse sind als Erwartungswerte im Zähler des Bewertungskalküls zugrunde zu legen (s. Abschn. 4.3.4.4) (Gleißner 2008, S. 83).

Während die oben dargestellte Szenariorechnung ggf. willkürlich konstruierte Szenarien zeigt, erlaubt die Monte-Carlo-Simulation die stochastische Simulation, die computergestützte Berechnung und die Analyse einer großen Anzahl möglicher Zukunftsszenarien (Gleißner und Wolfrum 2011, S. 241). Jedes Zukunftsszenario zeigt dabei auf Basis der vorher definierten Wahrscheinlichkeitsverteilungen und Korrelationen für einzelne ausgewählte Parameter eine mögliche Entwicklung der Zielgröße, beispielsweise des EBIT, EBT oder Jahresüberschusses. Als Ergebnis erhält man auf diese Weise für die Zielgröße eine Verteilungsfunktion, deren Güte jedoch stark von den in der Praxis häufig schwer zu bestimmenden Wahrscheinlichkeitsverteilungen und Korrelationen abhängig ist.

4.3.4.4 Ermittlung von Erwartungswerten

In Abschn. 4.3.4.3 wurde bereits auf die Bedeutung von Szenariorechnungen als Mittel zur transparenten Darstellung von Planungsunsicherheiten bei KMU und Wachstumsunternehmen eingegangen. Den aus den jeweiligen möglichen Zukunftsszenarien resultierenden finanziellen Überschüssen sollten zunächst Eintrittswahrscheinlichkeiten zugeordnet werden. Anschließend ist die mehrwertige, in möglichen Szenarien dargestellte Planungsrechnung in einer einwertigen, erwartungstreuen Planung zu verdichten. Entscheidend ist hierbei, dass der Erwartungswert zur Aggregation der mehrwertigen Planungsrechnung im Zähler des Bewertungskalküls verwendet wird, wenn das Unternehmensrisiko durch die in der Praxis übliche Risikozuschlagsmethode abgebildet werden soll.

Die praktische Umsetzung soll im Folgenden anhand eines Beispiels verdeutlicht werden. Hierzu sei die folgende Ausgangssituation gegeben:

Der Gesellschafter X einer eigentümergeführten Personengesellschaft (XYZ-oHG), die im Baugewerbe tätig ist, möchte aus Altersgründen seinen Mitunternehmeranteil an einen Dritten veräußern. Der Gesellschafter X führt bislang als beherrschender Gesellschafter gleichzeitig die Geschäfte der XYZ-oHG und verfügt über gute persönliche Beziehungen zu Kunden und Lieferanten. Mit letzteren konnte X besondere Beschaffungskonditionen aushandeln. Weiterhin konnte der Gesellschafter X der XYZ-oHG durch die Gewährung einer Bürgschaft günstige Finanzierungskonditionen verschaffen. Der mögliche Käufer soll neben dem Gesellschaftsanteil auch die Funktion des Geschäftsführers der XYZ-oHG übernehmen. Annahmegemäß bestehen auf Seiten der übrigen Gesellschaftern Y und Z hinsichtlich des Eintritts eines Dritten in die Personengesellschaft keinerlei Einwendungen. Als möglicher Kaufinteressent kommt A infrage, der seinerseits für anstehende Kaufpreisverhandlungen den Wert der XYZ-oHG bzw. des Gesellschaftsanteils des X bestimmen möchte. Da der Wert zur Vorbereitung der Kaufentscheidung dienen soll, zielt die Unternehmensbewertung auf die Ermittlung des Grenzpreises bzw. subjektiven Entscheidungswerts des Käufers ab.

Der Kaufinteressent A schätzt die zukünftige Entwicklung der XYZ-oHG in drei möglichen Szenarien. Die wesentlichen Annahmen der drei Szenarien sind in Abb. 4.21 dargestellt.

Im **Base Case Szenario** geht A davon aus, dass er als neuer Geschäftsführer aufgrund guter wirtschaftlicher Rahmenbedingungen ein stabiles Umsatzwachstum mit einer konstanten Rohertragsmarge erreichen kann. Zwar werden durch das Ausscheiden seines Vorgängers Umsatzerlöse mit einigen wesentlichen Kunden wegfallen. Im Gegenzug erwartet A jedoch, dass er aufgrund seiner persönlichen Kontakte neue Kunden hinzugewinnen kann, sodass sich die Effekte im Wesentlichen ausgleichen. Weiterhin geht A davon aus, dass er die günstigen Beschaffungskonditionen seines Vorgängers langfristig nicht durchsetzen kann, sodass die Beschaffung zu marktüblichen Konditionen erfolgen muss. Aufgrund seiner guten bestehenden Kundenkontakte erwartet er jedoch, dass er die

Base Case	Upside Case	Downside Case
■ Gute wirtschaftliche Rahmenbedingungen	■ Sehr gute wirtschaftliche Rahmenbedingungen	■ Schlechte wirtschaftliche Rahmenbedingungen
■ Stabiles Umsatzwachstum durch Ersatz von Altkunden durch Neukunden	■ Steigerung des Umsatzwachstums	■ Rückläufige Umsatzentwicklung durch fehlende Neukunden
■ Stabile Rohertragsmarge durch Weiterbelastung der marktüblichen Beschaffungskonditionen an die Neukunden	■ Steigerung der Rohertragsmarge	■ Verringerung der Rohertragsmarge
■ Fortsetzung der günstigen Finanzierungskonditionen	■ Ablösung bestehender Altkredite durch günstigere Bankkredite	■ Verschlechterung der Bonität und der Finanzierungskonditionen

Abb. 4.21 Wesentliche Annahmen der möglichen Szenarien

höheren Kosten auf der Beschaffungsseite an die Absatzseite weiterreichen kann, sodass die Rohertragsmarge stabil bleibt. Darüber hinaus rechnet A damit, dass er durch die Gewährung von Sicherheiten ähnlich günstige Finanzierungskonditionen wie sein Vorgänger erreichen kann.

Wie im Base Case Szenario erwartet A auch im **Upside Case Szenario,** dass er Umsatzeinbußen durch das Ausscheiden des Altgesellschafters durch die Gewinnung von Neukunden ausgleichen kann, sodass ein stabiles Umsatzwachstum erzielt werden kann. Gleichzeitig geht er davon aus, dass er durch die Beschaffung neuer kostengünstiger Baustoffe signifikante Einsparungen bei den Fertigungskosten erreichen wird, die in den Folgejahren zu einer wesentlichen Steigerung der Rohertragsmarge führen werden. Darüber hinaus erwartet er durch verbesserte wirtschaftliche Rahmenbedingungen eine deutliche Steigerung der Bauprojekte. Ferner sollen bestehende Kredite der XYZ-oHG durch günstigere Bankkredite abgelöst werden.

Im **Downside Case Szenario** rechnet A damit, dass er die durch das Ausscheiden des X entfallenden Kunden nicht durch Neukunden ersetzen wird. Dementsprechend werden auch nicht – wie im Base Case Szenario angenommen – eventuelle Einbußen in der Rohertragsmarge durch höhere Absatzpreise bei Neukunden kompensiert. Darüber hinaus führt die Beschaffung neuer kostengünstiger Baustoffe zu Qualitätsmängeln, die weitere Folgekosten verursachen. Hinzu kommt, dass sich auch die wirtschaftlichen Rahmenbedingungen verschlechtern und Wettbewerber ihren Marktanteil ausdehnen können. Insgesamt führen die Effekte dazu, dass sich die Umsatzerlöse und die Rohertragsmarge rückläufig entwickeln. Die schlechte Ertragslage zieht in den Folgejahren eine Erhöhung des Working Capital und eine Verschlechterung der Finanzierungssituation nach sich.

Für jedes Szenario werden auf Basis einer integrierten Planungsrechnung – bestehend aus Plan-GuV, Plan-Bilanz und Plan-Finanzbedarfsrechnung – jeweils die finanziellen Überschüsse für die Detailplanungsphase und für die Phase der ewigen Rente abgeleitet.[26] Daraufhin werden den einzelnen Szenarien jeweils Eintrittswahrscheinlichkeiten (p) zugeordnet und die Erwartungswerte der finanziellen Überschüsse im Planungszeitraum ermittelt. Abb. 4.22 stellt die geplanten finanziellen Überschüsse für die drei Szenarien und die Erwartungswerte im Planungszeitraum dar.

Abb. 4.23 veranschaulicht den grafischen Verlauf der geplanten finanziellen Überschüsse für die einzelnen Szenarien sowie die Erwartungswerte.

Die Erwartungswerte im Planungszeitraum bilden die Grundlage für die Diskontierung mit einem risikoadäquaten Kapitalisierungszinssatz.

Das stark vereinfachte Beispiel zeigt, wie mehrwertige, in möglichen Szenarien dargestellte Planungsrechnungen idealerweise in einer einwertigen, erwartungstreuen

[26] Die im Downside Case Szenario in der Phase der ewigen Rente geplanten finanziellen Überschüsse wurden rechentechnisch vereinfacht ermittelt. Es wurde eine Liquidation angenommen, die eine endliche Lebensdauer impliziert.

in TEUR	p	2019 Plan	2020 Plan	2021 Plan	2022 Plan	2023 Plan	Ewige Rente
Base Case	70%	67	58	53	74	102	91
Upside Case	29%	20	114	210	227	260	243
Downside Case	1%	15	9	-2	-10	-25	-20
Erwartungswert		**53**	**74**	**98**	**118**	**147**	**134**

Abb. 4.22 Finanzielle Überschüsse der Szenarien und Erwartungswerte im Planungszeitraum

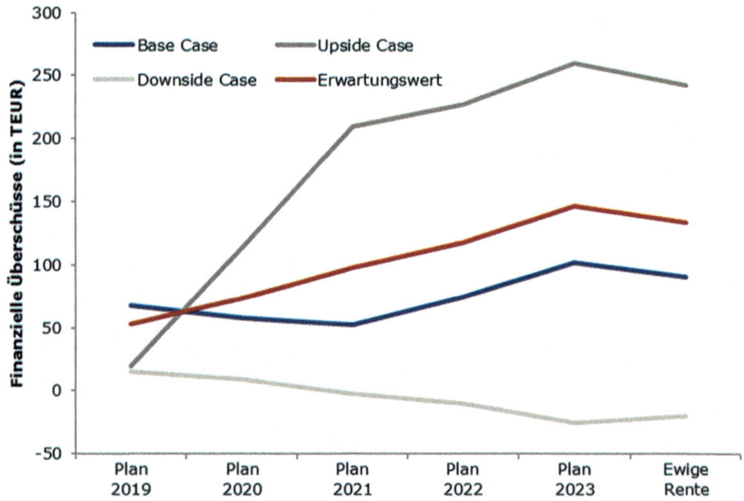

Abb. 4.23 Grafische Darstellung der finanziellen Überschüsse der Szenarien und Erwartungswerte

Planung verdichtet werden sollten. In der Praxis wird die Erstellung verschiedener Szenarien jedoch mit dem Treffen einer Vielzahl von Planungsannahmen verbunden sein. Häufig sind einzelne mögliche Planungsannahmen auch miteinander kombinierbar, sodass sich die Anzahl der möglichen Szenarien schnell erhöht. Dies kann anhand des folgenden Beispiels verdeutlicht werden.

Im Gegensatz zum vorangegangenen Beispiel werden die finanziellen Überschüsse annahmegemäß nicht direkt aus den einzelnen Szenarien ermittelt, sondern ergeben sich auf Basis der Entwicklung von drei sensitiven Parametern: Umsatzwachstum, Rohertragsmarge sowie Fremdkapitalzinssatz.

Die sensitiven Parameter können jeweils zwei Ausprägungen annehmen, denen Eintrittswahrscheinlichkeiten zugeordnet werden. Abb. 4.24 stellt die sensitiven Parameter mit deren Eintrittswahrscheinlichkeiten dar.

Unter der Annahme, dass die Entwicklung der sensitiven Parameter beliebig miteinander kombinierbar sei, können aus den alternativen Zuständen insgesamt acht verschiedene Szenarien mit jeweils unterschiedlichen finanziellen Überschüssen entwickelt

Sensitive Parameter	Base Case		Alternativzustand		Szenario
	Wert	p	Wert	p	p
Umsatzwachstum (UW)	2%	*70%*	6%	*30%*	*18%*
					6%
					4%
Rohertragsmarge (RM)	65%	*75%*	60%	*25%*	*14%*
					2%
					4%
Fremdkapitalzinssatz (FZ)	6%	*80%*	4%	*20%*	*10%*
Wahrscheinlichkeit des Base Case					*42%*
Erwartungswert					***100%***

Abb. 4.24 Sensitive Parameter und Eintrittswahrscheinlichkeiten

werden. Ausgehend von einem sicheren finanziellen Überschuss im Jahr 2018 in Höhe von TEUR 100 zeigt Abb. 4.25 die Entwicklung der finanziellen Überschüsse in den einzelnen Szenarien.

Schwierigkeiten bereitet vor allem die Einschätzung der Eintrittswahrscheinlichkeiten der einzelnen Szenarien, da sie mit einem hohen Grad an Subjektivität verbunden ist. In der Praxis wird häufig lediglich das „wahrscheinlichste" Szenario im Zähler des Bewertungskalküls angesetzt, sodass eine genaue Schätzung der Eintrittswahrscheinlichkeit nicht erforderlich ist.

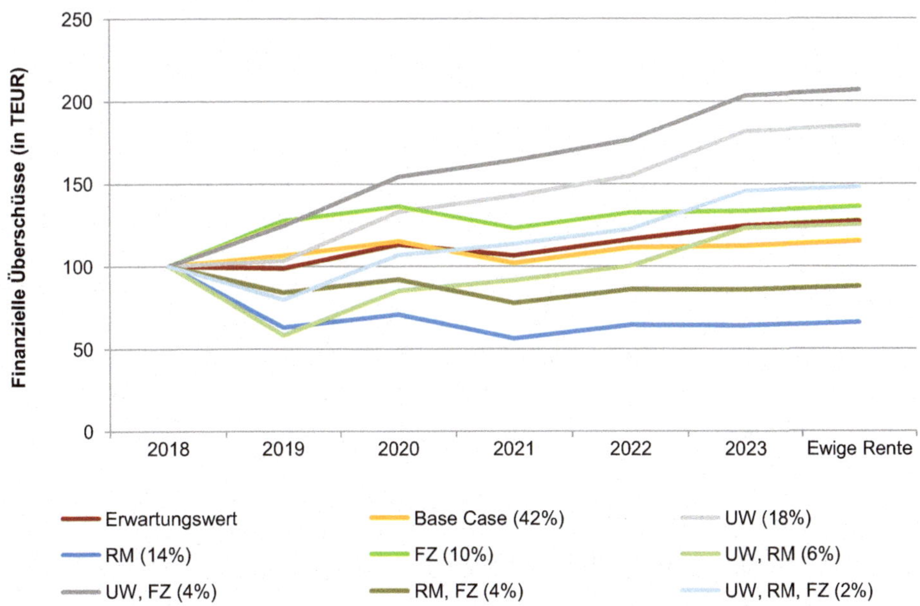

Abb. 4.25 Grafische Darstellung der finanziellen Überschüsse in Abhängigkeit von der Variation der sensitiven Parameter

Abb. 4.26 Erwartungswert bei symmetrisch verteilten finanziellen Überschüssen und Eintrittswahrscheinlichkeiten

Szenario	Eintritts-wahrscheinlichkeit	Finanzieller Überschuss	Gewichteter Wert
A	15%	1.200	180
B	70%	1.000	700
C	15%	800	120
Erwartungswert			1.000

Abb. 4.27 Erwartungswert bei nicht symmetrischen finanziellen Überschüssen und symmetrischen Eintrittswahrscheinlichkeiten

Szenario	Eintritts-wahrscheinlichkeit	Finanzieller Überschuss	Gewichteter Wert
A	15%	1.200	180
B	70%	1.000	700
C	15%	200	30
Erwartungswert			910

Allerdings ist der Erwartungswert der finanziellen Überschüsse nicht notwendigerweise deckungsgleich mit dem finanziellen Überschuss, der die höchste Eintrittswahrscheinlichkeit besitzt. Dies kann anhand des folgenden vereinfachenden Beispiels[27] gezeigt werden. Abb. 4.26 enthält eine einperiodige Verteilung von finanziellen Überschüssen und Eintrittswahrscheinlichkeiten, bei der der Erwartungswert mit dem wahrscheinlichsten finanziellen Überschuss übereinstimmt.

In Abb. 4.27 sind die finanziellen Überschüsse dagegen bei gleicher Wahrscheinlichkeitsverteilung nicht symmetrisch verteilt, so dass der Erwartungswert in Höhe von 910 nicht mehr mit dem wahrscheinlichsten finanziellen Überschuss in Höhe von 1000 identisch ist.

In diesem Fall werden die Risiken eines geringeren finanziellen Überschusses im Szenario C nicht adäquat durch den wahrscheinlichsten finanziellen Überschuss abgebildet. Würde nicht der Erwartungswert, sondern der wahrscheinlichste Wert der Unternehmensbewertung zugrunde gelegt, führt dies zu einem überhöhten Unternehmenswert (Gleißner und Ihlau 2012, S. 313). Der wahrscheinlichste finanzielle Überschuss impliziert eine Verteilung von Eintrittswahrscheinlichkeiten, die von der obigen abweicht. Abb. 4.28 zeigt Eintrittswahrscheinlichkeiten, die gelten müssten, damit der wahrscheinlichste Wert dem Erwartungswert entspricht, wenn man an der Eintrittswahrscheinlichkeit von Szenario B festhält.

Das Beispiel zeigt, dass für die Erstellung einer erwartungstreuen Planung stets alle möglichen Zukunftsszenarien mit ihren Eintrittswahrscheinlichkeiten in die als Erwartungswert ermittelten finanziellen Überschüsse einfließen sollten. Der in der Praxis häufig bei der Bewertung von KMU angesetzte wahrscheinlichste finanzielle Überschuss

[27] In Anlehnung an Zieger und Schütte-Biastoch 2008, S. 595.

Abb. 4.28 Verschobene Eintrittswahrscheinlichkeiten, mit dem Ziel, dass der wahrscheinlichste Wert dem Erwartungswert entspricht

Szenario	Eintritts-wahrscheinlichkeit	Finanzieller Überschuss	Gewichteter Wert
A	24%	1.200	288
B	70%	1.000	700
C	6%	200	12
Erwartungswert			1.000

spiegelt keine möglichen Planabweichungen wider und kann damit den Unternehmenswert verzerren. Der Bewerter sollte sich daher im Vorfeld der rechnerischen Ableitung des Unternehmenswerts intensiv mit den Risiken des Geschäftsmodells des KMU auseinandersetzen und wesentliche Planungsannahmen auf mögliche Planabweichungen kritisch hinterfragen (s. Abschn. 4.3.4). Dabei kann es hilfreich sein, sich – wie im obigen Beispiel dargestellt – Gedanken zumindest über ein wahrscheinliches, ein optimistisches sowie ein pessimistisches Szenario zu machen und diesen jeweils Eintrittswahrscheinlichkeiten zuordnen, um zu einem Erwartungswert zu gelangen. Auf diese Weise können auch Erwartungswerte im Zusammenhang mit personenbezogenen Einflüssen des Unternehmenseigners ermittelt werden. Bspw. können verschiedene Szenarien entwickelt werden, in denen in unterschiedlichem Maße der Einfluss des Unternehmers auf die Umsatzerlöse und die Folgewirkungen auf das geplante Ergebnis simuliert werden. Die aus den verschiedenen Szenarien resultierenden finanziellen Überschüsse können dann in einem Erwartungswert verdichtet werden. Dieser Erwartungswert bildet dann die Grundlage für die Diskontierung mit einem risikoadäquaten Kapitalisierungszinssatz.

Die zunehmende Digitalisierung hat nicht nur einen Einfluss auf das Geschäftsmodell des KMU, sondern auch auf den Prozess der Unternehmensbewertung. Mit der Digitalisierung sind vermehrt Informationen in digitaler Form verfügbar. Mit der Datenverfügbarkeit steigen auch die Analysemöglichkeiten und die Bewertungsergebnisse. Auf Basis der Analyse von großen Datenmengen werden zunehmend dynamische Simulationsmodelle eingesetzt, die nicht nur einwertige, diskrete Ausprägungen von Werttreibern in Szenarien abbilden, sondern mehrwertige, stetige Ausprägungen von Werttreibern unter der Berücksichtigung von Verteilungsfunktionen berücksichtigen und Wertbandbreiten als Ergebnis haben.

Darüber hinaus wird der zunehmende Einsatz von Business Analytics in der Unternehmensbewertung diskutiert. Business Analytics untersuchen Gründe, Auswirkungen, Wechselwirkungen oder Folgen von Ereignissen und zeigen anhand von Szenarioanalysen Handlungsoptionen auf. Hierdurch können verschiedene Szenarien abgebildet werden, beispielsweise die Preiserhöhung einzelner Produkte oder Wechselkursänderungen zusammen mit mengenmäßigen Folgewirkungen auf Ergebnisgrößen und Zahlungsströme. Zur stichtagsgenauen Real-time-Analyse wird neben täglich aktualisierten internen Daten auf externe Datenquellen (beispielsweise zu Rohstoffpreisen, Wechselkursen, Inflationsraten, Zinssätzen, Marktvolumina, Konditionen in abgeschlossenen Verträgen) zurückgegriffen. Die Daten werden daraufhin entsprechend vordefinierter Algorithmen in die Bewertungs- und Steuerungssysteme transformiert.

Somit werden künftig rein qualitativ dargestellte Ursache-Wirkungs-Zusammenhänge durch datenbasierte, quantitativ-statistische Relationen substituiert und kontinuierlich auf Validität überprüft. Die Verarbeitung der Daten in Echtzeit ermöglicht deutlich kürzere Planungszyklen und führt zu einer kontinuierlichen Anpassung an die Realität und an neueste Erkenntnisse (Mackenstedt et. al. 2018, S. 830). Sensitivitäts- und Konfidenzintervall-Betrachtungen werden aufgrund der zunehmenden Verfügbarkeit detaillierter interner Daten sowie allgemein zugänglicher externer Daten zukünftig an Bedeutung gewinnen (Mackenstedt et. al. 2018, S. 831).

4.3.4.5 Prognose der finanziellen Überschüsse bei Wachstumsunternehmen

Etablierte Unternehmen zeichnen sich meist durch eine lange wirtschaftliche Existenz und der Repräsentativität der Vergangenheit für die Zukunft aus (Hayn und Lokey 2015, S. 963 f.). Damit geht in der Regel eine gewisse Stabilität der Prozesse und Strukturen sowie der Marktstellung einher. Anpassungsprozesse in Reaktion auf veränderte Rahmenbedingungen erfolgen üblicherweise in Übereinstimmung zu der bisherigen Geschäftspolitik. Die Analyse der vergangenen Unternehmensentwicklung kann als Ausgangsbasis für die Schätzung der zukünftigen Entwicklung dienen (Hayn und Lokey 2015, S. 964).

Diese Eigenschaften treffen auf Wachstumsunternehmen in der Regel nicht zu. Prägende Kennzeichen von Wachstumsunternehmen sind häufig Produkt- und Leistungsinnovation, hohe Investitionstätigkeit, erhebliche Vorleistungen im Entwicklungs-, Produktions- und/oder Absatzbereich, wachsender Kapitalbedarf und Einsatz von Risikokapital, dynamische Veränderung der Unternehmensorganisation und progressiv steigende Umsätze (s. Abschn. 2.1.2) (IDW 2008, Tz. 146, 2018, Kap. A, Tz. 471).

Aufgrund der Besonderheiten von Wachstumsunternehmen besteht eine Vielzahl an Herausforderungen im Hinblick auf die Planungsrechnung und die Plausibilisierung der Planung. Die in der Vergangenheit erzielten Ergebnisse können nur eingeschränkt als Anhaltspunkte für die Prognose künftiger Entwicklungen und die Durchführung von Plausibilitätsüberlegungen dienen (IDW 2018, Kap. A, Tz. 472). Insbesondere bei jungen Unternehmen ist die vergangene Unternehmenstätigkeit geprägt durch Tätigkeiten der Gründungs- und Ingangsetzungsphase, die sich in der Zukunft nicht wiederholen werden. Darüber hinaus sind Wachstumsunternehmen durch eine Dynamik gekennzeichnet, die die Aussagefähigkeit der Vergangenheit für die zukünftige Entwicklung wesentlich einschränkt (Hayn und Lokey 2015, S. 965 f.). Diese Dynamik zeichnet sich dadurch aus, dass die Unternehmen aktiv Veränderungsprozesse der Umwelt antizipieren und passende Lösungen entwickeln. Darüber hinaus werden oftmals neue Technologien und Geschäftsmodelle angewandt, um Marktnischen zu erobern, die durch etablierte Unternehmen nicht besetzt sind (Hayn und Lokey 2015, S. 964).

Bei der Bemessung und Plausibilisierung der Planungsannahmen sind daher in verstärktem Ausmaß Marktstudien heranzuziehen. Wesentliche Bestimmungsparameter für die erwartete Entwicklung des Geschäftsvolumens sind die Prognosen im Hinblick auf das Marktwachstum insgesamt sowie des Marktanteils des Unternehmens. Für die Entwicklung des Marktanteils sind vor allem der Grad der Technologieführerschaft und Markteintrittsbarrieren entscheidend. Technologieführerschaft, Markteintritt und Entwicklung des Wettbewerbs sind ebenfalls für die Entwicklung der Ergebnismargen wesentlich. Ein auslaufender Patentschutz kann bspw. zur Folge haben, dass die Wettbewerbsintensität steigt und das Umsatzwachstum sowie die Ergebnismargen sinken. Im Rahmen der Planungsrechnung sollte daher antizipiert werden, wann und in welcher Form Wettbewerbsprodukte und -dienstleistungen auf den Markt gebracht werden und welche Auswirkungen dies auf das Umsatzwachstum und die Profitabilität hat.

Gerade digitale Geschäftsmodelleunterliegen einer hohen Skalierbarkeit. Das Vorhandensein komplementärer Technologien erhöht die Skalierbarkeit, da sich der Anwendungsbereich verbreitert (Mackenstedt et. al. 2018, S. 828). Marktstudien, Marktanteilserwartungen und Wettbewerbsanalysen können hier nur meist nur eine erste Indikation hinsichtlich des zukünftigen Wachstums geben. Um eine erste Orientierung zu den mit den digitalen Geschäftsmodellen verbundenen Geschäftschancen zu bekommen, bieten sich eine Analyse von einfachen Kennzahlen zur Datenmenge (Anzahl der Nutzerprofile, Speicherkapazität, IP-Adressen etc.) und Datenqualität (Aktualität, komplette end-to-end Transaktionsdaten, Struktureinheit etc.) an (Mackenstedt et. al. 2018, S. 828).

Darüber hinaus ist zu untersuchen, ob sich das Wachstumsunternehmen zum Ende der Detailplanungsphase in einem eingeschwungenen Zustand befindet. Die Prognose des Gleichgewichts- oder Beharrungszustands in der ewigen Rente unterliegt erheblichen Unsicherheiten und Schwankungen verbunden mit einer hohen Sensitivität bezüglich der Veränderung von Planungsparametern (IDW 2008, Tz. 148). Eine Planungsverlängerung kann in diesem Fall hilfreich sein, um die längerfristige Entwicklung des Unternehmens und die zugrunde liegenden Annahmen transparent darzustellen. Bei der Bestimmung einer nachhaltigen Ergebnismarge kann der Vergleich mit etablierten Unternehmen in verwandten Marktsegmenten hilfreich sein. Dabei ist vor allem die Prognose der nachhaltigen Markt- und Wettbewerbsfähigkeit in Betracht zu ziehen.

Weitere Besonderheiten resultieren bei Wachstumsunternehmen aus dem erhöhten Finanzierungsbedarf. Das geplante Wachstum erfordert in der Regel hohe Investitionen und hat darüber hinaus einen Anstieg des Working Capital zur Folge. In diesem Zusammenhang ist auch zu überprüfen, ob die notwendigen Ressourcen für das geplante Wachstum zur Verfügung stehen. Ausschüttungen sind dementsprechend oftmals erst nach mehreren Jahren möglich. Stattdessen ist oftmals die Einwerbung von zusätzlichem Eigen- oder Fremdkapital notwendig (Hayn und Lokey 2015, S. 965). Aufgrund des hohen operativen Risikos liegen auch die Kapitalkosten deutlich höher als bei etablierten Unternehmen (s. Abschn. 4.4.3). Weiterhin macht das Wachstum in der Regel auch Anpassungen der Organisationsstruktur erforderlich (IDW 2018, Kap. A, Tz. 472 ff.), wodurch Änderungen der Kostenstruktur auftreten können. Häufig liegen bei Wachstumsunternehmen auch steuerliche Verlustvorträge vor, die in der Planungsrechnung zu berücksichtigen sind.

Grundsätzlich besteht bei der Planungsrechnung von Wachstumsunternehmen ein höheres Maß an Unsicherheit im Vergleich zu etablierten Unternehmen. Insbesondere in jungen Wachstumsbranchen bestehen vielfältige Risiken im Hinblick auf die Entwicklung der Wettbewerbsintensität in Abhängigkeit vom Markteintritt neuer Wettbewerber, Entstehung von Substitutionsprodukten, der Verhandlungsmacht von Kunden und Lieferanten sowie der Konkurrenz mit bestehenden Wettbewerbern (Hayn und Lokey 2015, S. 965 i. V. m. Porter 1979, S. 3 ff.).

Die größeren Unsicherheiten haben zur Folge, dass bei Wachstumsunternehmen die Wahrscheinlichkeit und die Höhe möglicher Abweichungen von der Planungsrechnung in der Regel höher ausfallen werden als bei etablierten Unternehmen in einem späteren Lebenszyklus. Bei Unternehmen mit einer langen Historie, einem etablierten Markt sowie bestehenden Kundenbeziehungen ist es vergleichsweise leichter, eine Prognose über die zukünftige Entwicklung des Unternehmens abzugeben. Bei Wachstumsunternehmen wird die Planungsrechnung erfahrungsgemäß keine Erwartungswerte abbilden. Insbesondere Ausfallrisiken, z. B. im Falle einer Insolvenz, werden häufig vernachlässigt, obwohl gerade junge Unternehmen einer höheren Ausfallwahrscheinlichkeit unterliegen als etablierte Unternehmen (Gleißner 2011a, S. 12 f.) (s. Abschn. 4.4.2.1). Vor diesem Hintergrund sind die Planungen kritisch zu würdigen und ggf. anzupassen.

Zur Abbildung von Risiken in Form von höheren Planabweichungen mit einer höheren Eintrittswahrscheinlichkeit bieten sich auch insbesondere Szenariorechnungen an.

Dies kann beispielhaft anhand eines Biotech Start-up-Unternehmens erläutert werden. Solche Unternehmen werden oftmals aus einem wissenschaftlichen Forschungsumfeld, wie z. B. bei Universitäten und Pharmakonzernen, gegründet. Die Markteinführung eines Medikaments steht jedoch am Ende eines langwierigen Prozesses, der u.a. die Durchführung mehrerer klinischer Studien und die Zulassung bei den entsprechenden Zulassungsbehörden beinhaltet. Im Hinblick auf die Resultate der klinischen Studien besteht daher regelmäßig ein hohes Maß an Ungewissheit. Die zugrunde liegenden Risiken und die sich daraus ergebenden unternehmerischen Entscheidungsoptionen sind daher in der Planungsrechnung zu berücksichtigen (Bode-Greuel und Greuel 2010, S. 297). Die möglichen Szenarien eines Entwicklungsprozesses mit den zugrunde liegenden Entscheidungsalternativen lassen sich in diesem Fall gut anhand eines Entscheidungsbaumes veranschaulichen (s. Abb. 4.29).

Im vorliegenden Fall stellt der Entscheidungsbaum die Entscheidungspunkte der Unternehmensführung dar. Dabei hat das Management in Abhängigkeit von den Ergebnissen der präklinischen und klinischen Studien die Möglichkeit, mit der Entwicklungstätigkeit fortzufahren oder die Entwicklungsaktivitäten einzustellen. Im Entscheidungsbaum sind in Abhängigkeit vom Ausgang der klinischen Studien die Wahrscheinlichkeiten für die Handlungsoptionen dargestellt. Darüber hinaus werden durch den Entscheidungsbaum verschiedene alternative Szenarien abgebildet. Im vorliegenden Fall werden sechs verschiedene Szenarien unterschieden. Szenario 1 beschreibt die Entwicklung bis zur Markteinführung. In den Szenarien 2 bis 6 wird die Entwicklung in verschiedenen Stufen des Entwicklungsprozesses mangels ausreichender

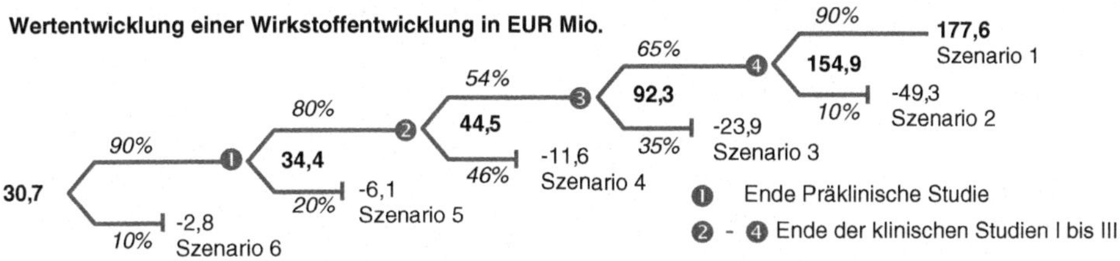

Abb. 4.29 Entscheidungsbaum eines Biotech Start-up-Unternehmens für die Entwicklung eines Wirkstoffes (in Anlehnung an Bode-Greuel und Greuel 2010, S. 298 ff.)

in EUR Mio.	Gegenstand	Wahrscheinlichkeit	Wert	Erwartungswert
Szenario 1	Markteinführung	23%	177,6	40,4
Szenario 2	Keine Zulassung des Medikaments	3%	-49,3	-1,2
Szenario 3	Abbruch nach klinischer Studie I	14%	-23,9	-3,3
Szenario 4	Abbruch nach klinischer Studie II	33%	-11,6	-3,9
Szenario 5	Abbruch nach klinischer Studie III	18%	-6,1	-1,1
Szenario 6	Abbruch nach Präklinischer Studie	10%	-2,8	-0,3
Gesamt		**100%**		**30,7**

Abb. 4.30 Ermittlung des Unternehmenswertes eines Biotech Start-up-Unternehmens auf Grundlage verschiedener Szenarien und ihrer Eintrittswahrscheinlichkeiten (in Anlehnung an Bode-Greuel und Greuel 2010, S. 299)

Ergebnisse der klinischen Studien abgebrochen. Jedes Szenario hat ein eigenes Cash Flow-Profil, d. h. für jedes Szenario kann auch ein individueller Wert ermittelt werden. Die mit den Eintrittswahrscheinlichkeiten gewichteten Werte der verschiedenen Szenarien ergeben den Erwartungswert des Entwicklungsprojektes. Die Berechnung des Wertes in Höhe von EUR 30,7 Mio. ist in Abb. 4.30 dargestellt.

Eine exakte Ermittlung der zugrunde gelegten Wahrscheinlichkeiten ist nicht möglich. Die Richtigkeit einer angesetzten Wahrscheinlichkeitsverteilung ist somit nicht nachweisbar. Es existieren zwar Erfahrungswerte für Erfolgswahrscheinlichkeiten in bestimmten klinischen Entwicklungsphasen.[28] Schätzungen von Experten in Bezug auf den Einzelfall sind jedoch zu bevorzugen und Benchmarks sollten nur eine Bandbreite angemessener Wahrscheinlichkeitsschätzungen darstellen. Insbesondere bei einer Diskussion verschiedener Experten und durch Einbeziehung der Führungskräfte in den Prozess kann die Zuverlässigkeit von Wahrscheinlichkeitsschätzungen verbessert werden (Bode-Greuel und Greuel 2010, S. 300).

[28] Siehe www.tufts.edu/med/research/csdd und www.cmr.org.

Die Unsicherheiten bei Wachstumsunternehmen sind jedoch nicht nur in der Planungsrechnung zu berücksichtigen. Alternativ kann aus Transparenzgründen auch eine vereinfachte wertäquivalente Berücksichtigung dieser Risiken im Risikozuschlag erfolgen (IDW 2018, Kap. A, Tz. 474). Die Mehrwertigkeit der Planung (s. Abschn. 4.3.4.3) spiegelt sich auch in der Höhe des risikoäquivalenten Kapitalisierungszinssatzes wider. Die Berücksichtigung der Risiken von Wachstumsunternehmen im Kapitalisierungszinssatz wird in Abschn. 4.4.3 behandelt.

4.3.5 Berücksichtigung von Steuern

Die Bewertung eines KMU hat grundsätzlich unter Berücksichtigung von Steuern zu erfolgen, da der Wert durch die finanziellen Überschüsse bestimmt wird, die dem Anteilseigner netto zur Verfügung stehen (IDW 2008, Tz. 28). Aufgrund des im Bewertungskalkül implizit enthaltenen Vergleichs der finanziellen Überschüsse mit einer Alternativanlage ist auch der Kapitalisierungszinssatz entsprechend des Verfügbarkeits- oder Steueräquivalenzprinzips um Steuern zu vermindern.

Bei der Berücksichtigung von Steuern im Bewertungskalkül ist jedoch zwischen Ertragsteuern auf Unternehmensebene und Ertragsteuern auf Anteilseignerebene zu unterscheiden. Hinsichtlich der Einbeziehung von persönlichen Ertragsteuern wird in Abhängigkeit vom Bewertungsanlass, dem Bewertungszweck, dem Wertkonzept und der Rechtsform des Bewertungsobjekts teilweise eine Vor-Steuer-Betrachtung vorgenommen (s. Abschn. 3.6.5.4). So sind Bewertungen für Zwecke der externen Rechnungslegung grundsätzlich vor persönlichen Ertragsteuern durchzuführen, da die Bewertung aus der Sicht des bilanzierenden Unternehmens erfolgt.[29] Dies gilt auch für Bewertungen aus steuerlichen Anlässen, wenn steuerliche Wertansätze für bilanzierende Unternehmen ermittelt werden (Beumer und Duscha 2015, S. 1418 f.). Auch erfolgen subjektive Wertfindungen im internationalen Transaktionsumfeld in der Regel ohne Einbeziehung persönlicher Ertragsteuer. Bei der Ermittlung eines objektivierten Unternehmenswerts einer Kapitalgesellschaft besteht die Möglichkeit, auf die Berücksichtigung persönlicher Ertragsteuern der Anteilseigner zu verzichten (mittelbare Typisierung), wenn die Bewertung aus Anlass unternehmerischer Initiativen erfolgt und die Bewertung als objektivierte Informationsgrundlage (z. B. für Kaufpreisverhandlungen, Fairness Opinions, Kreditwürdigkeitsprüfungen) dient (IDW 2008, Tz. 30). Bei gesellschaftsrechtlichen oder vertraglichen Anlässen ist der objektivierte Wert einer Kapitalgesellschaft dagegen unter Berücksichtigung persönlicher Ertragsteuern zu ermitteln (unmittelbare Typisierung) (IDW 2008, Tz. 31). Gleiches gilt auch – unabhängig vom Bewertungsanlass – für die objektivierte Bewertung von Personengesellschaften (IDW 2008, Tz. 47).

---

[29] IDW (2016b, Tz. 33), IAS 36.55, IDW 2012c, Tz. 8, eine Ausnahme besteht in denjenigen Fällen, in denen eine Beteiligung unter Veräußerungsgesichtspunkten bewertet wird vgl. IDW 2012c, Tz. 12.

Neben der laufenden Besteuerung von finanziellen Überschüssen und Alternativanlage können auch transaktionsabhängige Steuerwirkungen bewertungsrelevant werden. Transaktionsabhängige Steuerwirkungen treten immer dann auf, wenn mit dem Bewertungsanlass ein Eigentümerwechsel verbunden ist (IDW 2018, Kap. A, Tz. 57 ff., Wagner 2008, S. 838). Während der Verkäufer ggf. einen Veräußerungsgewinn der Besteuerung unterwerfen muss, hat der Käufer durch den Erwerb Anschaffungskosten, die auf die erworbenen Wirtschaftsgüter zu verteilen sind und ggf. steuerminderndes Abschreibungspotenzial darstellen (step-up-Volumen) (Wagner 2007, S. 933 ff.).

Darüber hinaus ist auch der bei der Bewertung des nicht betriebsnotwendigen Vermögens zu ermittelnde Liquidationswert um die Ertragsteuern auf die stillen Reserven, die bei der Veräußerung der Vermögensgegenstände zum höheren Marktwert aufgedeckt werden, zu kürzen.[30] Neben den Steuern auf Unternehmensebene sind auch hier die Steuern auf Ebene des Anteilseigners bewertungsrelevant (IDW 2018, Kap. A, Tz. 161).

Nach dem aktuellen Stand des Steuersystems ist die laufende Besteuerung der Unternehmen sowie der Anteilseigner von der Rechtsform abhängig, was im Bewertungsmodell abgebildet werden muss. Auch die transaktionsabhängigen Steuerwirkungen unterscheiden sich danach, ob Gegenstand der Transaktion Anteile an Kapitalgesellschaften oder Mitunternehmeranteile sind. Daher werden in den folgenden Kapiteln die bewertungsrelevanten Steuern getrennt nach Kapital- und Personengesellschaften dargestellt.

4.3.5.1 Kapitalgesellschaften

Auf Unternehmensebene unterliegen Kapitalgesellschaften kraft Rechtsform der Gewerbesteuer und der Körperschaftsteuer zzgl. SolZ, die im Rahmen der Unternehmensbewertung das zu kapitalisierende Ergebnis mindern. Die Besteuerung erfolgt dabei unabhängig davon, ob die Gewinne thesauriert oder ausgeschüttet werden.

Die **Gewerbesteuer,** die eine Objektsteuer darstellt, wird von den Gemeinden erhoben und ist abhängig vom Gewerbesteuersatz. Dieser ermittelt sich aus der Gewerbesteuermesszahl in Höhe von 3,5 % und dem Hebesatz, der von jeder Gemeinde für ein oder mehrere Kalenderjahre festgelegt wird. Dabei beträgt der Hebesatz mindestens 200 %. Im Jahr 2017 lag der durchschnittliche Hebesatz aller Gemeinden in Deutschland bei 402 % (Statistisches Bundesamt 2018). Wird ein Hebesatz von 450 % angesetzt, ergibt sich daraus ein Gewerbesteuersatz in Höhe von 15,75 %:

$$s_{GewSt} = m \times H = 3{,}5\,\% \times 450\,\% = 15{,}75\,\% \tag{4.1}$$

s_{GewSt} = Gewerbesteuersatz
m = Gewerbesteuermesszahl
H = Gewerbesteuerhebesatz

[30] Wagner bezeichnet diese Steuerwirkungen als sog. „bewertungsabhängige Steuerwirkungen", Wagner 2007, S. 931.

Bemessungsgrundlage für die Gewerbesteuer ist der Gewerbeertrag. Nach § 4 Abs. 5b EStG i. V. m. § 8 Abs. 1 KStG gehört die Gewerbesteuer zu den nicht abziehbaren Betriebsausgaben und mindert somit nicht die Bemessungsgrundlage. Der nach einkommensteuerlichen Vorschriften ermittelte Gewinn des Gewerbebetriebes ist im weiteren Verlauf um Hinzurechnungen nach § 8 GewStG und Kürzungen nach § 9 GewStG anzupassen, um das Realsteuerprinzip zu verwirklichen. Dabei dürfen nur Hinzurechnungen erfolgen, wenn der Aufwand bei der Ermittlung des Gewinns tatsächlich abgesetzt wurde. Zu den Korrekturen gehören gem. § 8 Nr. 1 GewStG u. a. die Hinzurechnung der Entgelte für Schulden, die den Gewinn gemindert haben, sowie Miet- und Pachtzinsen für die Nutzung von beweglichen und unbeweglichen Wirtschaftsgütern, die im Eigentum eines anderen stehen, soweit der die Summe den Betrag von EUR 100.000 übersteigt.

Erwirtschaftet die Gesellschaft einen Verlust im aktuellen Jahr, so wird dieser gesondert festgestellt und kann in den zukünftigen Jahren zur Kürzung des steuerpflichtigen Gewerbeertrages gemäß § 10a GewStG genutzt werden. Dabei darf der **Verlustvortrag** bis zu einer Höhe von EUR 1 Mio. uneingeschränkt den Gewerbeertrag des Folgejahres mindern.[31] Übersteigt der Gewerbebetrag des Folgejahres EUR 1 Mio., so kann der übersteigende Betrag nur bis zu 60 % durch den Verlustvortrag gemindert werden.[32] Damit wird eine Mindestbesteuerung von 40 % des übersteigenden Gewerbeertrages gewährleistet. Verlustvorträge führen zu einer Steuerersparnis und erhöhen demzufolge die zukünftigen Jahresergebnisse. Im Rahmen der Unternehmensbewertung führen Verlustvorträge daher grundsätzlich zu einer Werterhöhung.

Voraussetzung für die Nutzung der Verlustvorträge ist grundsätzlich eine Unternehmens- und eine Unternehmeridentität. Unternehmensidentität besteht, wenn der Betrieb, der den Verlustabzug in Anspruch nehmen möchte, identisch ist mit dem Betrieb bzw. der ausgeübten gewerblichen Betätigung, die im Verlustjahr bestand.[33] Unternehmeridentität ist gegeben, wenn der Gewerbetreibende, der den Verlustabzug in Anspruch nehmen möchte, den Verlust selbst erlitten hat.[34] Bei Körperschaften, die selbst bereits als Unternehmer zu qualifizieren sind, können sich Änderungen der Unternehmeridentität neben Anteilsübertragungen vor allem durch Umwandlungen ergeben. Die Folgen der verschiedenen Umwandlungen einer Kapitalgesellschaft auf den Verlustvortrag sind in 10a.3 Abs. 4 GewStR dargestellt. Im Übrigen ist grundsätzlich von einer Nutzbarkeit der gewerbesteuerlichen Verlustvorträge auszugehen, soweit auch die körperschaftsteuerlichen Verlustvorträge nach Maßgabe des § 8c KStG nicht untergehen.

---

[31] § 10a S. 1 GewStG.

[32] § 10a S. 2 GewStG.

[33] 10a.2 GewStR.

[34] 10a.3 Abs. 1 GewStR.

Auch der dem ab 1. Januar 2016 anwendbare fortführungsgebundene Verlustvortrag nach § 8d KStG wirkt sich auf die gewerbesteuerlichen Verlustvorträge aus.[35]

Dem Grunde nach besteht Übereinstimmung mit dem Verlustabzug bei der Körperschaftsteuer (Drüen 2018, § 10a, Tz. 87). Demnach kann auch ein Gesellschafterwechsel bei einer Kapitalgesellschaft zu einem Wegfall der gewerbesteuerlichen Verlustvorträge führen, wenn hierdurch die körperschaftsteuerlichen Verlustvorträge nach den Vorschriften des § 8c KStG untergehen (Drüen 2018, § 10a, Tz. 87). Insoweit wird auf die Regelungen zur Nutzbarkeit von körperschaftsteuerlichen Verlustvorträgen verwiesen (s. u.). Sollten die Verlustvorträge nicht in der Detailplanungsphase vollständig verbraucht werden, sind die Unternehmensteuern in der ewigen Rente (unter Berücksichtigung der Verlustvorträge) in eine barwertäquivalente Annuität umzurechnen oder als Sonderwert zu berücksichtigen.[36]

Kapitalgesellschaften unterliegen des Weiteren der **Körperschaftsteuer,** die einheitlich 15 % beträgt.[37] Bemessungsgrundlage für die Körperschaftsteuer ist das zu versteuernde Einkommen,[38] welches nach dem EStG und dem KStG zu ermitteln ist.[39] Zusätzlich werden Kapitalgesellschaften mit dem SolZ in Höhe von 5,5 % belastet. Insgesamt wird somit die Gesamtsteuerlast bei Kapitalgesellschaften wie folgt ermittelt:

$$s_{KapG} = s_{GewSt} + s_{KSt} \times (1 + SolZ) \tag{4.2}$$

s_{KapG} = Steuersatz Kapitalgesellschaft
s_{KSt} = Körperschaftsteuersatz
SolZ = Solidaritätszuschlag

Bei Fortführung des Beispiels resultiert daraus ein Gesamtsteuersatz von 31,575 % auf Unternehmensebene:

$$15{,}75\,\% + 15\,\% \times (1 + 5{,}5\,\%) = 31{,}575\,\% \tag{4.3}$$

Grundsätzlich können Zinsaufwendungen der Kapitalgesellschaft der sog. Zinsschranke unterliegen.[40] Demnach dürfen Zinsaufwendungen, die die Zinserträge übersteigen, nur in Höhe des verrechenbaren EBITDA[41] im laufenden Jahr als Betriebsausgaben

[35] § 10a S. 10 GewStG.

[36] Finanzmathematisch entsprechen die Unternehmensteuern in der ewigen Rente dem Produkt aus dem Barwert der erwarteten Unternehmensteuern (zum Ende der Detailplanungsphase) und dem Kapitalisierungszinssatz.

[37] § 23 Abs. 1 KStG.

[38] § 7 Abs. 1 KStG.

[39] § 8 Abs. 1 S. 1 KStG.

[40] § 8a Abs. 1 KStG i. V. m. § 4h EStG.

[41] § 4h Abs. 1 S. 2 EStG.

abgezogen werden. Zinsaufwendungen, die im laufenden Jahr nicht angesetzt werden können, werden gesondert festgestellt und sind in den folgenden Jahren vorzutragen. Für die Anwendung der Zinsschrankenregelung bestehen jedoch einige Ausnahmen,[42] sodass der Großteil der KMU hiervon nicht betroffen ist:

- Die Zinsaufwendungen des Unternehmens übersteigen die Zinserträge um weniger als EUR 3 Mio.,
- das Unternehmen gehört nicht oder nur anteilmäßig zu einem Konzern oder
- das Unternehmen gehört zu einem Konzern und die Eigenkapitalquote am Schluss des vorangegangenen Abschlussstichtages ist gleich hoch oder höher als die des Konzerns (Eigenkapitalvergleich).

Werden von der Kapitalgesellschaft Verluste generiert, kann ein körperschaftsteuerlicher Verlustrücktrag und/oder ein körperschaftsteuerlicher Verlustvortrag nach § 10d EStG i. V. m. § 8 Abs. 1 KStG erfolgen. Der Verlustrücktrag ist ab dem Veranlagungszeitraum 2013 bis zu EUR 1 Mio. (bis Veranlagungszeitraum 2012 bis zu EUR 511.500) im unmittelbar vorangegangenen Veranlagungszeitraum möglich. Ein Verlustvortrag kann in einem Jahr, in dem Gewinne wieder erwirtschaftet werden, bis zu EUR 1 Mio. uneingeschränkt genutzt werden. Der übersteigende Gewinn kann aufgrund der Mindestbesteuerung nur bis zu 60 % durch den Verlustvortrag gemindert werden.

Im Zusammenhang mit körperschaftsteuerlichen Verlustvorträgen ist des Weiteren § 8c KStG zu beachten. Demnach geht der Verlustvortrag anteilig unter, wenn innerhalb von fünf Jahren mittelbar oder unmittelbar mehr als 25 % des gezeichneten Kapitals an einen Erwerber übertragen werden. Werden mehr als 50 % übertragen, geht der Verlustvortrag vollständig unter. Ausnahmen ergeben sich die sog. Konzernklausel gemäß gemäß § 8c Abs. 1 S. 5 KStG. Darüber hinaus können die Verlustvorträge gemäß § 8c Abs. 1 S. 6 KStG ausnahmsweise trotz einer Übertragung von mehr als 25 % erhalten bleiben, wenn die im Unternehmen vorhandenen anteiligen stillen Reserven den anteiligen Verlustvortrag übersteigen. Werden mehr als 50 % der Anteile übertragen, dürfen die Verlustvorträge beibehalten werden, wenn die gesamten vorhandenen stillen Reserven die Verlustvorträge übersteigen. Die Verlustvorträge bleiben auch erhalten, wenn an dem übertragenden und dem übernehmenden Rechtsträger dieselbe Person zu 100 % mittelbar oder unmittelbar beteiligt ist.

Vor dem Hintergrund, dass die Regelungen des § 8c KStG insbesondere für Start-ups mit anfänglicher Verlustphase mit dem Einstieg neuer Investoren nachteilig sind, wurde der fortführungsgebundene Verlustvortrag gemäß § 8d KStG eingeführt, der ab dem 1. Januar 2016 Anwendung findet. Mit Einführung der neuen Verlustverrechnung gemäß § 8d KStG soll künftig nicht mehr allein auf einen schädlichen Beteiligungswechsel,

[42] § 4h Abs. 2 EStG.

sondern vor allem auf die Fortführung des bestehenden Geschäftsbetriebs abgestellt werden. Voraussetzung der Nutzung der Verlustvorträge ist, dass der Geschäftsbetrieb seit Gründung bzw. zumindest drei Jahre vor dem Anteilseignerwechsel bestand und danach im Wesentlichen unverändert fortgeführt wird.[43] Dabei umfasst der Geschäftsbetrieb nach dem Gesetzeswortlaut die von einer einheitlichen Gewinnerzielungsabsicht getragenen, nachhaltigen, sich gegenseitig ergänzenden und fördernden Betätigungen der Körperschaft.[44] Der Geschäftsbetrieb wird anhand qualitativer Merkmale, wie den angebotenen Dienstleistungen oder Produkten, dem Kunden- und Lieferantenkreis, den bedienten Märkten und der Qualifikation der Arbeitnehmer in einer Gesamtbetrachtung festgemacht.[45] Bislang fehlt eine Konkretisierung durch die Finanzverwaltung, in welchem Maße die qualitativen Merkmale auszulegen sind.

Der Gesetzgeber zählt in § 8d Abs. 2 KStG abschließend die schädlichen Ereignisse auf, die der (weiteren) Verlustnutzung entgegenstehen. Neben der Einstellung oder Ruhendstellung des Geschäftsbetriebes wird auch bei Zuführung einer andersartigen Zweckbestimmung, der Aufnahme eines zusätzlichen Geschäftsbetriebs sowie der Übertragung von Wirtschaftsgütern zu einem geringeren als dem gemeinen Wert, die Verlustnutzung für die Zukunft versagt. Zuletzt führt auch die Beteiligung an einer Mitunternehmerschaft oder die Stellung eines Organträgers zum (nachträglichen) Wegfall der Verluste.[46]

Die Berücksichtigung von Verlustvorträgen bei der Bewertung von Kapitalgesellschaften ist abhängig vom Bewertungsanlass und dem Wertkonzept. Hierauf wird im Abschn. 4.3.5.2 im Zusammenhang mit der Berücksichtigung gewerbesteuerlicher Verlustvorträge bei der Bewertung von Personengesellschaften näher eingegangen. Die dort erläuterte Vorgehensweise kann auf die Bewertung von Kapitalgesellschaften analog übertragen werden.

Neben den Steuern auf Unternehmensebene sind auch die Steuern auf Ebene des Anteilseigners grundsätzlich bewertungsrelevant, da sie die dem Anteilseigner zur Verfügung stehenden finanziellen Überschüsse mindern. Hierbei ist danach zu differenzieren, ob der Anteilseigner eine natürliche oder juristische Person ist und ob die Anteile im Privat- oder Betriebsvermögen gehalten werden. Handelt es sich bei dem Anteilseigner um eine natürliche Person, die die Anteile im Privatvermögen hält, werden die Ausschüttungen einer Kapitalgesellschaft mit einer **Kapitalertragsteuer** (Abgeltungsteuer) in Höhe von 25 % zzgl. SolZ (5,5 %) belastet, so dass daraus ein definitive Steuerbelastung auf Ebene des Anteilseigners von 26,375 % resultiert. Wird die Beteiligung im

[43] § 8d Abs. 1 S. 1 KStG.

[44] § 8d Abs. 1 S. 3 KStG.

[45] § 8d Abs. 1 S. 4 KStG.

[46] § 8d Abs. 2 S. 2 Nr. 5 KStG.

Betriebsvermögen einer natürlichen Person gehalten, findet das Teileinkünfteverfahren Anwendung, nach dem nur 60 % der Dividenden steuerpflichtig sind.[47] Ist eine Kapitalgesellschaft Empfänger der Dividende, unterliegen im Ergebnis 5 % der Dividende der Körperschaftsteuer, soweit zu Beginn des Kalenderjahres mindestens eine Beteiligung von 10 % vorlag.[48] In Abhängigkeit von der Beteiligungsquote des Anteilseigners kann die Dividende neben der Körperschaftsteuer auch noch zusätzlich mit Gewerbesteuer belastet werden. Bei einer Beteiligungsquote von über 15 % wird die Dividende auch für gewerbesteuerliche Zwecke steuerfrei gestellt und nur mit 5 % in die gewerbesteuerliche Bemessungsgrundlage einbezogen. Bei einem Streubesitzanteil von unter 15 % wird die Dividende dagegen nach § 8 Nr. 5 GewStG hinzugerechnet und unterliegt zu 100 % der Gewerbesteuer.

Aufgrund des hohen Personenbezugs von KMU und der oft fehlenden Trennung von Management- und Eigentümerfunktion können auch die steuerlichen Folgen einer **verdeckten Gewinn-Ausschüttung (vGA)** bei der Bewertung zu berücksichtigen sein. Eine vGA liegt vor, wenn bei einer Kapitalgesellschaft eine Vermögensminderung oder eine verhinderte Vermögensmehrung vorliegt, die durch das Gesellschaftsverhältnis veranlasst ist, sich auf die Höhe des Unterschiedsbetrags im Sinne des § 4 Abs. 1 S. 1 EStG auswirkt und nicht auf einem den gesellschaftsrechtlichen Vorschriften entsprechenden Gewinnverteilungsbeschluss beruht.[49]

Eine Veranlassung durch das Gesellschaftsverhältnis ist insbesondere dann zu bejahen, wenn ein ordentlicher und gewissenhafter Geschäftsleiter die Vermögensminderung bzw. die verhinderte Vermögensmehrung gegenüber einer Person, die nicht Gesellschafter ist, unter sonst gleichen Umständen nicht hingenommen hätte.[50] Erfolgt eine Vermögensminderung oder verhinderte Vermögensmehrung zugunsten von nahestehenden Personen, ist auch darin eine Veranlassung durch das Gesellschaftsverhältnis zu sehen.[51] Werden Vereinbarungen zwischen der Gesellschaft und einem beherrschenden Gesellschafter[52] getroffen, wird eine Veranlassung durch das Gesellschaftsverhältnis auch angenommen, wenn es an einer zivilrechtlich wirksamen, klaren, eindeutigen und im Voraus abgeschlossenen Vereinbarung darüber fehlt, ob und in

[47] § 3 Nr. 40 S. 1 lit. d i. V. m. S. 2 EStG.

[48] § 8b Abs. 1 i. V. m. Abs. 5 KStG i. V. m. § 8b Abs. 4 KStG; lag zu Beginn des Kalenderjahres eine Beteiligung von weniger als 10 % vor, greift die Steuerbefreiung nach § 8b Abs. 1 KStG grundsätzlich nicht. Wurde unterjährig eine Beteiligung von mindestens 10 % erworben, gilt diese gemäß § 8b Abs. 4 S. 6 KStG als zu Beginn des Kalenderjahres erworben.

[49] R 8.5 Abs. 1 S. 1 KStR.

[50] H 8.5 III „Veranlassung durch das Gesellschaftsverhältnis" KStR.

[51] R 8.5 Abs. 1 S. 3 KStR.

[52] Ein beherrschender Gesellschafter liegt im Regelfall vor, wenn er die Mehrheit der Stimmrechte besitzt und somit bei Gesellschafterversammlungen entscheidenden Einfluss ausüben kann, H 8.5 III „Beherrschender Gesellschafter" KStR.

welcher Höhe ein Entgelt für eine Leistung des Gesellschafters zu zahlen ist, oder wenn nicht einer klaren Vereinbarung entsprechend verfahren wird.[53]

Im Zusammenhang mit KMU sind bspw. folgende Fälle von vGA denkbar:

- Unangemessen hohe Vergütung eines beherrschenden Gesellschafter-Geschäftsführers einer GmbH,
- Gewährung eines zinslosen Darlehens an einen Gesellschafter,
- Gewährung eines Darlehens an einen Gesellschafter, bei dem bei Darlehenshingabe bereits mit der Uneinbringlichkeit gerechnet werden muss,
- Überlassung eines Wirtschaftsguts zur Nutzung durch einen Gesellschafter zu einem unangemessen niedrigen Preis,
- Erwerb eines Wirtschaftsguts von einem Gesellschafter zu einem unangemessen hohen Preis,
- Übernahme einer privaten Schuld oder sonstigen Verpflichtung eines Gesellschafters.

Die Höhe der vorliegenden vGA ermittelt sich aus der Differenz zwischen dem Entgelt, welches nach dem Fremdvergleich als angemessen anzusehen wäre, und dem vereinbarten Entgelt. Die Bewertung erfolgt grundsätzlich mit dem gemeinen Wert des Vermögensvorteils gem. § 9 BewG (BFH 1974). Liegt eine Nutzungsüberlassung vor, ist die erzielbare Vergütung anzusetzen (BFH 1990). Wurde ein zinsloses Darlehen an den Gesellschafter vergeben, ist der Mittelwert der banküblichen Marge zwischen Soll- und Habenzinsen zugrunde zu legen (BFH 2003).

Das Einkommen von Kapitalgesellschaften darf durch die vGA nicht gemindert werden,[54] sodass auf der Ebene der Kapitalgesellschaft zur Neutralisierung eine außerbilanzielle Hinzurechnung der vGA erfolgen muss. Damit unterliegt die vGA sowohl der Körperschaftsteuer als auch der Gewerbesteuer.

Auf der Ebene des Gesellschafters führt eine vGA zu zusätzlichen Beteiligungserträgen, die bei natürlichen Personen als Einkünfte aus Kapitalvermögen[55] im Zeitpunkt des Zuflusses[56] einem Steuersatz von 25 % zzgl. SolZ (5,5 %) unterliegen, wenn auf Ebene der Kapitalgesellschaft eine außerbilanzielle Korrektur vorgenommen wurde. Hat die vGA dagegen bereits auf Ebene der Kapitalgesellschaft zu einer Einkommensminderung geführt, ist – mangels Vorbelastung mit KSt – grundsätzlich der normale ESt-Tarif anzusetzen.[57] Zählen die Beteiligungserträge zu anderen Einkünften,[58] bspw.

[53] R 8.5 Abs. 2 S. 1 KStR.

[54] § 8 Abs. 3 S. 2 KStG.

[55] § 20 Abs. 1 Nr. 1 S. 2 EStG.

[56] § 11 Abs. 1 EStG.

[57] § 32d Abs. 2 Nr. 4 EStG.

[58] § 20 Abs. 8 EStG.

zu den Gewerbeeinkünften, findet bei natürlichen Personen das Teileinkünfteverfahren Anwendung,[59] soweit das Einkommen der Kapitalgesellschaft nicht gemindert wurde. Fließt die vGA einer anderen Kapitalgesellschaft zu, sind 95 % der Erträge steuerfrei, soweit mindestens eine Beteiligung von 10 % zu Beginn des Kalenderjahres vorlag und die vGA das Einkommen der leistenden Kapitalgesellschaft nicht gemindert hat.[60]

Die steuerlichen Folgen der vGA sind im Bewertungskalkül zu berücksichtigen, da sie die zukünftigen finanziellen Überschüsse, die dem Anteilseigner netto zur Verfügung stehen, mindern. Alternativ bietet sich insbesondere bei der Ermittlung objektivierter Unternehmenswerte eine Berücksichtigung von marktüblichen Konditionen in der Planungsrechnung an, die dann die Folgen aus der vGA ausschließen würden. Werden im Rahmen des Bewertungskalküls Anpassungen der Überlassungsvergütungen an marktübliche Konditionen vorgenommen, so sind diese konsistent auch bei der Steuerermittlung zu berücksichtigen.

Thesaurierte Gewinne führen im Bewertungskalkül durch die Annahme einer späteren Veräußerung zu einem Veräußerungsgewinn, der auf Ebene des Anteilseigners nach geltendem Steuerrecht einkommensteuerpflichtig ist. Gewerbesteuerpflicht besteht für diese Veräußerungsgewinne nicht.

Die einkommensteuerliche Behandlung von **Veräußerungsgewinnen** von Anteilen an Kapitalgesellschaften ist nach geltendem Steuerrecht abhängig von dem Erwerbszeitpunkt und der Beteiligungsquote. Außerdem muss danach unterschieden werden, ob die Anteile im Privat- oder Betriebsvermögen gehalten werden. Abb. 4.31 gibt einen Überblick über die Steuerfolgen, wenn die Anteile im Privatvermögen gehalten werden.

Der Gewinn aus der Veräußerung der Anteile an Kapitalgesellschaften des Privatvermögens, bei denen der Veräußerer innerhalb der letzten fünf Jahre vor Veräußerung der Anteile nicht mindestens mit 1 % an der Gesellschaft beteiligt war und die Anteile vor dem 1. Januar 2009 erworben wurden, ist nur steuerpflichtig, wenn die Veräußerung innerhalb der Spekulationsfrist von einem Jahr erfolgt (§ 23 EStG). Dann unterliegt der private Veräußerungsgewinn zu 50 % dem Halbeinkünfteverfahren. Andernfalls ist er steuerfrei. Bei einer unmittelbaren oder mittelbaren Beteiligungsquote von mehr als 1 % unterliegt der Veräußerungsgewinn dem Halbeinkünfteverfahren, sodass 50 % steuerpflichtig sind.

Für Anteile, die nach dem 31. Dezember 2008 erworben wurden, ist das Halbeinkünfteverfahren grundsätzlich nicht mehr anzuwenden. Der Veräußerungsgewinn unterliegt unabhängig von der Haltedauer der Anteile einer Abgeltungsteuer in Höhe von 25 % (zzgl. SolZ), wenn es sich um keine wesentliche Beteiligung (Beteiligungsquote <1 %) handelt. War der Anteilseigner dagegen zu irgendeinem Zeitpunkt innerhalb der letzten fünf Jahre vor Veräußerung der Anteile mindestens mit 1 % unmittelbar oder

[59] § 3 Nr. 40 lit. d EStG.

[60] § 8b Abs. 1 i. V. m. Abs. 5 KStG i. V. m. § 8b Abs. 4 KStG.

Erwerb der Beteiligung vor dem 1. Januar 2009		Erwerb der Beteiligung nach dem 31. Dezember 2008	
Beteiligungs-quote < 1%	Beteiligungs-quote ≥ 1%	Beteiligungs-quote < 1%	Beteiligungs-quote ≥ 1%
▪ Steuerfrei (wenn Veräußerung außerhalb der Spekulationsfrist von einem Jahr)	▪ 50% steuerpflichtig (Halbeinkünfte-verfahren)	▪ Abgeltungsteuer i.H.v. 25%	▪ 60% steuerpflichtig (Teileinkünfte-verfahren)

Abb. 4.31 Einkommensteuerliche Behandlung der Gewinne aus der Veräußerung von Anteilen an Kapitalgesellschaften, die im Privatvermögen gehalten werden

mittelbar am Kapital der Gesellschaft beteiligt, werden im Ergebnis 60 % des Veräußerungsgewinns besteuert (Teileinkünfteverfahren).

Werden die Anteile im Betriebsvermögen eines Einzelunternehmers oder einer Personengesellschaft gehalten, zählt der Veräußerungserlös zu den gewerblichen Einkünften. Hierbei greift auch das Teileinkünfteverfahren, sodass 60 % des Veräußerungsgewinns steuerpflichtig ist.[61] Bei einer Veräußerung von Anteilen an Kapitalgesellschaften an eine andere Kapitalgesellschaft werden analog zur steuerlichen Behandlung von Dividenden nur 5 % des Veräußerungsgewinns besteuert.[62]

Mit dem Übergang vom Halbeinkünfteverfahren zum Abgeltungsteuersystem ist der Wertbeitrag aus Thesaurierung grundsätzlich nicht mehr steuerfrei zu vereinnahmen. Die durch Thesaurierung erzielten Wertsteigerungen unterliegen einer Abgeltungsteuer von 25 % (zzgl. SolZ). Die Besteuerung erfolgt jedoch erst um Zeitpunkt der Veräußerung. In der Praxis wird daher in der Regel von einer effektiven Veräußerungsgewinnbesteuerung ausgegangen, welche den Effekt aus der Haltedauer der Anlage, der Kurswachstumsrate und dem damit einhergehenden Abzinsungseffekt berücksichtigt (Wiese 2007, S. 370 f.). Auf Basis dieser Überlegungen wird unter Berücksichtigung langer durchschnittlicher Haltedauern ein typisierter Veräußerungsgewinnsteuersatz in Höhe der Hälfte des Abgeltungsteuersatzes, also 12,5 % (zzgl. SolZ), als sachgerecht erachtet (s. Abschn. 3.5.1.1) (Wagner et al. 2008, S. 736).

4.3.5.2 Personengesellschaften

Im Rahmen der Unternehmensbewertung mindert die **Gewerbesteuer** als Steuer auf Unternehmensebene die zu kapitalisierenden Überschüsse der Personengesellschaften, falls ein Gewerbebetrieb im Sinne des § 2 Abs. 1 GewStG vorliegt. Die Besteuerung erfolgt grundsätzlich analog zu der Besteuerung der Kapitalgesellschaften

[61] § 3 Nr. 40 S. 1 lit. a EStG.

[62] § 8b Abs. 2 i. V. m. Abs. 3 KStG.

(s. Abschn. 4.3.5.1). Bei Personengesellschaften ist jedoch ein Freibetrag in Höhe von EUR 24.500 zu berücksichtigen.[63]

Bei vorhandenen gewerbesteuerlichen **Verlustvorträgen** müssen auch bei Personengesellschaften die Voraussetzungen der Unternehmens- und Unternehmeridentität erfüllt sein, um die Verlustvorträge nutzen zu können (s. Abschn. 4.3.5.1). Die Unternehmeridentität ist bei Personengesellschaften an die einzelnen Mitunternehmer gebunden, sodass beim Ausscheiden eines Mitunternehmers der Verlustvortrag anteilig untergeht.[64]

Die Entscheidung, ob der gewerbesteuerliche Verlustvortrag bei der Bewertung zu berücksichtigen ist oder nicht, sollte unter Berücksichtigung des Bewertungsanlasses und des Wertkonzeptes erfolgen. Auch *Popp* und *Kunowski* plädieren für eine anlassbezogene Auslegung des objektivierten Werts, die eine für den jeweiligen Bewertungsanlass passende Konzeption erfordert (Popp und Kunowski 2015, S. 1330). Hinsichtlich der Bewertungsanlässe ist danach zu unterscheiden, ob ein Eigentümerwechsel stattfindet oder nicht. Wenn ein Eigentümerwechsel dazu führt, dass der neue Eigentümer die Verlustvorträge nicht mehr nutzen kann, sind die Verlustvorträge grundsätzlich nicht zu berücksichtigen (Kupke und Nestler 2003, S. 2283). Während diese Vorgehensweise für die Bestimmung subjektiver Entscheidungswerte uneingeschränkt Anwendung finden kann, sollte bei der objektivierten Unternehmensbewertung eine anlassbezogene Typisierung vorgenommen werden (Kupke und Nestler 2003, S. 2285). Dabei ist abhängig vom Einzelfall des Bewertungsanlasses danach zu differenzieren, ob die steuerlichen Folgen eines möglichen Gesellschafterwechsels tatsächlich in die Ermittlung des objektivierten Werts einbezogen werden sollten (Popp und Kunowski 2015, S. 1329 f.). Wird bspw. ein objektivierter Abfindungswert aufgrund des Ausscheidens aus einer Personengesellschaft ermittelt, soll der ausscheidende Gesellschafter nicht schlechter gestellt werden als bei der Fortführung der Mitunternehmerschaft (Wagner 2007, S. 931). Dementsprechend wird nach herrschender Meinung bei fehlender gesellschaftsvertraglicher Vereinbarung entgegen dem Wortlaut des § 738 BGB kein Zerschlagungswert, sondern eine Abfindung ermittelt, die sich an dem vollen wirtschaftlichen Wert des Unternehmensanteils orientiert (Wagner 2007, S. 931). Der objektivierte Unternehmenswert, der zur Bestimmung des „Vollwerts" des Unternehmens bzw. des Unternehmensanteils herangezogen wird, kann dabei als Wert interpretiert werden, zu dem eine Transaktion zwischen sachverständigen, vertragswilligen und voneinander unabhängigen Geschäftspartnern erfolgen könnte (Metz 2007, S. 459, Popp und Kunowski 2015, S. 1332). Handelt es sich um ein freiwilliges Ausscheiden des Gesellschafters, kann der Wegfall der Verlustvorträge als negativer Synergieeffekt qualifiziert werden (Popp und Kunowski 2015, S. 1332). Dieser wird jedoch im Rahmen der objektivierten Unternehmensbewertung nicht berücksichtigt, da es sich dabei um eine Bewertung vor Berücksichtigung von Effekten

[63] § 11 Abs. 1 S. 3 Nr. 1 GewStG.

[64] § 10a S. 4 GewStG.

handelt, die erst als Folge des Ausscheidens (Untergang des Verlustvortrages) entstehen (Popp und Kunowski 2015, S. 1332). Gleiches soll auch für den Fall gelten, bei dem ein Gesellschafter nicht freiwillig ausscheidet, sondern durch die übrigen Mitgesellschafter ausgeschlossen wird (Popp und Kunowski 2015, S. 1332). Im Ergebnis kann die Berücksichtigung der steuerlichen Verlustvorträge damit zu einer Werterhöhung führen, die zulasten der verbleibenden Gesellschafter geht, da diese die steuerlichen Vorteile des Verlustvortrags nicht mehr nutzen können. Dies hat zur Folge, dass die Erwerber bzw. die verbleibenden Gesellschafter für einen Verlustvortrag zahlen, den sie zukünftig nicht nutzen können.

Bei der Bewertung für Zwecke der Ermittlung von Pflichtteils- oder Zugewinnausgleichsansprüchen entsteht im Gegensatz zum Ausscheiden eines Gesellschafters nur eine Geldforderung. Ein Eigentümerwechsel findet nicht statt. Demzufolge können die Verlustvorträge weiterhin vom Gesellschafter genutzt werden und sind folglich bei der objektivierten Bewertung zu berücksichtigen (Popp und Kunowski 2015, S. 1332). Auch bei einer objektivierten Unternehmensbewertung für Zwecke der Kreditwürdigkeitsprüfung oder bilanziellen Beteiligungsbewertung können Verlustvorträge uneingeschränkt berücksichtigt werden, da mit dem Bewertungsanlass kein Eigentümerwechsel verbunden ist (Popp und Kunowski 2015, S. 1330).

Personengesellschaften sind nicht Steuersubjekte der Einkommen- oder der Körperschaftsteuer. Stattdessen wird das erzielte Einkommen bei einer Mitunternehmerschaft direkt den einzelnen Mitunternehmern als eigene Einkünfte nach § 15 Abs. 1 S. 1 Nr. 2 EStG zugerechnet.

Um eine Doppelbelastung der gewerblichen Einkünfte mit der Gewerbe- und Einkommensteuer zu verhindern, erfolgt bei natürlichen Personen gemäß § 35 EStG eine Anrechnung in Höhe des 3,8fachen des Gewerbesteuermessbetrages, wobei die tatsächlich gezahlte Gewerbesteuer den Höchstbetrag bildet. Der Gewerbesteuermessbetrag errechnet sich aus dem Produkt von Gewerbeertrag (abzgl. Freibetrag) und der Gewerbesteuermesszahl von einheitlich 3,5 %.[65] Abb. 4.32 stellt die Vorgehensweise bei unterschiedlichen Gewerbesteuerhebesätzen dar.

Bei der Ermittlung des Einkommens der Mitunternehmerschaft ist analog zu Kapitalgesellschaften die Zinsschrankenregelung nach § 4h EStG zu beachten, so dass die Ausführungen im Abschn. 4.3.5.1 bezüglich der Zinsschrankenregelung bei Personengesellschaften entsprechend zu berücksichtigen sind.

Werden **Gewinne** bei einer Personengesellschaft **thesauriert**, kann auf Antrag der Gewinn gemäß § 34a EStG ganz oder teilweise mit einem Steuersatz von 28,25 % (zzgl. SolZ) belastet werden. Der Antrag ist dabei für jeden Betrieb oder Mitunternehmeranteil für jeden Veranlagungszeitraum gesondert bei dem für die Einkommensteuer zuständigen Finanzamt zu stellen. Bei Mitunternehmeranteilen kann der Antrag

[65] § 11 Abs. 1 und 2 GewStG.

Einkommensteuer in TEUR					
GewSt-Hebesatz	300%	380%	400%	450%	490%
Gewerbeertrag	**100**	**100**	**100**	**100**	**100**
GewSt-Messzahl	3,5%	3,5%	3,5%	3,5%	3,5%
GewSt-Messbetrag	3,5	3,5	3,5	3,5	3,5
GewSt	**10,5**	**13,3**	**14,0**	**15,8**	**17,2**
Einkünfte aus Gewerbebetrieb	89,5	86,7	86,0	84,3	82,9
ESt-Satz	45%	45%	45%	45%	45%
ESt vor Anrechnung der GewSt	**40,3**	**39,0**	**38,7**	**37,9**	**37,3**
Anrechnungsbetrag (3,8fache des GewSt-Messbetrages)	10,5	13,3	13,3	13,3	13,3
ESt nach Anrechnung der GewSt	**29,8**	**25,7**	**25,4**	**24,6**	**24,0**

Abb. 4.32 Anrechnung der Gewerbesteuer auf die Einkommensteuer in Abhängigkeit vom Gewerbesteuerhebesatz (Vereinfachte Darstellung ohne Berücksichtigung des SolZ und des Freibetrags in Höhe von 24.500 €)

nur gestellt werden, wenn der Gewinnanteil, der durch Betriebsvermögensvergleich nach § 4 Abs. 1 EStG zu ermitteln ist, 10 % oder EUR 10.000 übersteigt. Dabei ist zu beachten, dass es sich bei den nicht entnommenen Gewinnen um entnahmefähige Gewinne handeln muss. Wurde der Gewinn außerbilanziell um nicht abziehbare Betriebsausgaben, wie Geschenke, anteilige Bewirtungskosten oder Gewerbesteuer erhöht, ist in dieser Höhe kein entnahmefähiger Gewinn gegeben, da die Betriebsausgaben tatsächlich verausgabt wurden (Grashoff 2012, Rn. 223). Erfolgt zu einem späteren Zeitpunkt die Entnahme der thesaurierten Gewinne, werden diese mit 25 % (zzgl. SolZ) nachversteuert. Die Regelung beinhaltet somit nur eine Steuerstundung, sodass der Vorteil der Thesaurierungsbegünstigung auf einem Zinsvorteil beruht. Damit empfiehlt es sich, vor der Inanspruchnahme der Begünstigung eine Prüfung der Vorteilhaftigkeit der Sonderregel vorzunehmen. Die steuerliche Vorteilhaftigkeit der Thesaurierung tritt erst bei Einkommensteuersätzen über 37 % (vor SolZ) ein. Ist der individuelle Einkommensteuersatz des Gesellschafters geringer, sollte in der Bewertung auf die Berücksichtigung der Thesaurierungsbegünstigung entsprechend verzichtet werden (Dörschell et al. 2008, S. 449). Dies kann anhand des in Abb. 4.33 dargestellten Beispiels verdeutlicht werden.

Damit besteht im Bewertungskalkül bei hohem persönlichen Einkommensteuersatz ein steuerlicher Anreiz zur Vollthesaurierung und bei niedrigem Einkommensteuersatz zur Vollentnahme. Da bei der Bewertung von Personengesellschaften häufig typisierend von einem Einkommensteuersatz in Höhe von 35 % ausgegangen wird (s. Abschn. 3.6.5.4), wird in der Praxis daher auch vereinfachend eine Vollentnahme unterstellt. Inwieweit bei der Ermittlung objektivierter Unternehmenswerte ein typisierter Steuersatz von 35 % anzusetzen ist, ist nicht generell, sondern anlassbezogen zu bestimmen (Popp und Kunowski 2015, S. 1329). Bei einem überschaubaren Gesellschafterkreis, der dem Spitzensteuersatz unterliegt, kann es auch für

	Einkommensteuersatz (vor SolZ)	35%	37%	45%
Vollentnahme	EBT	100	100	100
	Gewerbesteuer (15,75%)	-15,8	-15,8	-15,8
	Einkommensteuer	-35,0	-37,0	-45,0
	Gewerbesteueranrechnung	13,3	13,3	13,3
	SolZ (5,5%)	-1,2	-1,3	-1,7
	Gewinn nach Steuern	**61,4** (Vorteilhaft)	**59,2**	**50,8**
Vollthesaurierung	EBT	100	100	100
	Gewerbesteuer (15,75%)	-15,75	-15,75	-15,75
	Einkommensteuer	-36,3	-37,0	-40,1
	Gewerbesteueranrechnung	13,3	13,3	13,3
	SolZ (5,5%)	-1,3	-1,3	-1,5
	Gewinn nach Steuern	**59,9**	**59,2**	**56,0** (Vorteilhaft)

Abb. 4.33 Vorteilhaftigkeit der Thesaurierung

objektivierte Bewertungen sachgerecht sein, diesen zugrunde zu legen. Soweit anlassbezogen ein höherer Einkommensteuersatz angesetzt wird, ist zu prüfen, ob auch die Thesaurierungsbegünstigung zu berücksichtigen ist. Bei der Ermittlung subjektiver Entscheidungswerte kann die Thesaurierungsbegünstigung in Abhängigkeit vom individuellen Grenzsteuersatz des Anteilseigners berücksichtigt werden. In der Praxis ist jedoch zu berücksichtigen, dass die Modellierung der Thesaurierungsbegünstigung sehr komplex sein kann. Aus Vereinfachungsgründen kann es daher geboten sein, pauschal die Thesaurierungsbegünstigung unberücksichtigt zu lassen oder die Personengesellschaft steuerlich wie eine Kapitalgesellschaft zu behandeln (s. Abschn. 4.3.5.3).

Die Thesaurierungsbegünstigung ist auch für die steuerliche Behandlung des Wertbeitrags aus Thesaurierung von Bedeutung. Aufgrund positiver Steuerstundungseffekte durch die Thesaurierungsbegünstigung ist für die ewige Rente ein effektiver Nachversteuerungssatz auf nicht entnommene Gewinne anzusetzen (s. Abschn. 3.5.1.1). Der effektive Nachversteuerungssatz ist abhängig von der Haltedauer und dem Bruttogewinnwachstum (Popp und Kunowski 2015, S. 1326).

Bei der **Veräußerung** von Personengesellschaften oder Mitunternehmeranteilen hängt die Besteuerung vom Umfang des übertragenen Vermögens ab. Der Gewinn aus der Veräußerung von ganzen Betrieben, Teilbetrieben sowie Mitunternehmeranteilen ist nach § 16 EStG steuerpflichtig. Zur Milderung der Progressionseffektes aus der Aufdeckung stiller Reserven werden jedoch Freibeträge (§ 16 Abs. 4 EStG) und Tarifbegünstigungen (§ 34 Abs. 1 und Abs. 3 EStG) gewährt. So können Unternehmer, die das 55. Lebensjahr vollendet haben oder dauernd berufsunfähig sind, einmalig auf Antrag für Veräußerungsgewinne einen ermäßigten Steuersatz (56 % des Steuertarifs ohne Begünstigung, mind. 14 %) in Anspruch nehmen.[66] Die Tarifbegünstigung ist allerdings auf Gewinne

[66] § 34 Abs. 3 EStG.

bis EUR 5 Mio. begrenzt. In allen anderen Fällen kommt die Fünftelung-Regelung zur Anwendung.[67] Die Begünstigung kann bei Betriebsveräußerungen nur realisiert werden, wenn alle wesentlichen Betriebsgrundlagen übertragen werden. In diesem Zusammenhang umfassen die wesentlichen Betriebsgrundlagen sowohl die funktional notwendigen Betriebsgrundlagen als auch die Wirtschaftsgüter, die wesentliche stille Reserven enthalten. Mitunternehmeranteile setzen sich aus der Beteiligung am Gesamthandvermögen sowie dem Sonderbetriebsvermögen, welches einzelnen oder mehreren Gesellschaftern gehört, zusammen. Vermietet bspw. ein Mitunternehmer an die Gesellschaft ein Grundstück, welches in der Regel als wesentliche Betriebsgrundlage zu qualifizieren ist, zählt es zum Sonderbetriebsvermögen und müsste auch im Rahmen der Veräußerung übertragen werden, um die Begünstigung in Anspruch nehmen zu können. Sind die Voraussetzungen des § 16 EStG und § 34 EStG nicht erfüllt, zählt der Veräußerungsgewinn zum laufenden Gewinn. Gewerbesteuerrechtlich zählt der Veräußerungsgewinn gemäß § 7 S. 2 GewStG nicht zum Gewerbeertrag, soweit dieser auf eine unmittelbar beteiligte natürliche Person entfällt.

Damit können bei Bewertungsanlässen mit Eigentumswechsel, wie bspw. dem Verkauf eines Mitunternehmeranteils, neben der laufenden Besteuerung der finanziellen Überschüsse aus dem Bewertungsobjekt zusätzlich transaktionsabhängige Steuerwirkungen resultieren. Aus Sicht des Verkäufers stellt die Veräußerung im Allgemeinen einen steuerpflichtigen Vorgang dar, da der Gewinn aus einer Veräußerung des Mitunternehmeranteils grundsätzlich der Besteuerung nach § 16 i. V. m. § 34 EStG unterliegt. Um sich nicht schlechter zu stellen, wird der Verkäufer seinen Grenzpreis um die steuerliche Belastung erhöhen (Wagner 2007, S. 932). Bei dem Käufer wiederum führt ein höherer Kaufpreis zu höheren Anschaffungskosten, die auf die erworbenen Wirtschaftsgüter zu verteilen sind (step-up-Volumen). Bei abnutzbaren Wirtschaftsgütern sowie bei einem erworbenen Geschäfts- und Firmenwert führen die erhöhten Anschaffungskosten zukünftig zu höheren laufenden Abschreibungen und mindern folglich die zukünftige laufende steuerliche Belastung, so dass ein Steuervorteil durch die höheren Anschaffungskosten entsteht (Wagner 2007, S. 935). Bei nicht abnutzbaren Wirtschaftsgütern werden sich die höheren Anschaffungskosten erst im Zeitpunkt der Veräußerung oder Entnahme auswirken. Damit wird der Käufer durch die transaktionsabhängigen Steuerwirkungen gleich oder besser gestellt (Wagner 2007, S. 935 f.). Folglich erhöhen die transaktionsabhängigen Steuerwirkungen auch den Grenzpreis des Käufers (Wagner 2007, S. 935 f.). In aller Regel wird der Nachteil aus der Veräußerungsgewinnbesteuerung schwerer wiegen als der abgezinste Abschreibungsvorteil, sodass der seitens des Veräußerers geforderte Wert über dem Betrag liegt, den der Erwerber zu zahlen bereit wäre (Popp und Kunowski 2015, S. 1342). Durch die Abschreibungen werden jedoch die Buchwerte gemindert, sodass bei einem späteren Austritt aus dem Unternehmen

[67] § 34 Abs. 1 EStG.

ein höherer Veräußerungsgewinn resultiert (Popp und Kunowski 2015, S. 1336). Folglich liegt nur ein temporärer Steuervorteil vor, wenn zukünftig eine weitere Veräußerung geplant ist. Bei der Ermittlung subjektiver Entscheidungswerte ist jeweils auf die Sicht des Bewertungssubjekts abzustellen. Aus Sicht eines potenziellen Erwerbes können seine Synergieeffekte und damit insbesondere ein potenzielles step-up-Volumen einschließlich der damit einhergehenden Steuerwirkungen berücksichtigt werden.

Fraglich ist, ob die aufgezeigten transaktionsabhängigen Steuerwirkungen lediglich bei der Ermittlung subjektiver Entscheidungswerte oder auch bei der objektivierten Unternehmensbewertung Anwendung finden. Eine Beurteilung sollte in Abhängigkeit vom Bewertungsanlass und dem damit verbundenen Eigentümerwechsel erfolgen (Wagner 2007, S. 930 ff.).

Im Rahmen der Ermittlung von familien- oder erbrechtlichen Ausgleichsansprüchen kann es aufgrund der aktuell geltenden Rechtsprechung zu einer Berücksichtigung transaktionsabhängiger Steuerwirkungen kommen. Nach der Rechtsprechung des BGH zur Ermittlung des Ausgleichsanspruchs in Fällen des Zugewinnausgleichs ist unabhängig von den tatsächlichen Gegebenheiten eine fiktive Veräußerung des Unternehmens an einen Dritten zum jeweiligen Stichtag zu unterstellen (BGH 2011b, BGH 2011a). Vom Wert des Unternehmens ist daher die persönliche Ertragsteuer auf stille Reserven beim konkreten Eigentümer infolge einer fiktiven sofortigen Veräußerung in Abzug zu bringen (sog. latente Veräußerungsgewinnsteuer) (BGH 2011b, BGH 2011a). Dieses Vorgehen entspricht auch der Behandlung anderer Vermögenswerte, auf die sich der Zugewinn beziehen kann. Die fiktive Veräußerungsgewinnbesteuerung gilt sowohl hinsichtlich des End- als auch des Anfangsvermögens (IDW 2016a, Tz. 37). Maßgeblich ist der Steuersatz nach den tatsächlichen und rechtlichen Verhältnissen am Stichtag (Ihlau und Kohl 2016, S. 167). Hinsichtlich der Ermittlung der Steuerbelastung ist auf den konkreten Eigentümer abzustellen, so dass auch mögliche einzelfallabhängige Tarifbegünstigungen oder Steuerbefreiungen zur Anwendung kommen können (Ihlau und Kohl 2017, S. 401).

Aufgrund der für den Bewertungsanlass eines Zugewinnausgleichs unterstellten Veräußerungsfiktion wird auch die werterhöhende Berücksichtigung eines abschreibungsbedingten Steuervorteils (sog. tax amortization benefit oder TAB) beim Erwerber als sachgerecht erachtet (IDW 2016a, Tz. 38). Eine Forderung nach der Berücksichtigung eines abschreibungsbedingten Steuervorteils findet sich in der Rechtsprechung bislang noch nicht (Ihlau und Kohl 2016, S. 167). Für die Ermittlung des abschreibungsbedingten Steuervorteils sind Annahmen zur Höhe des Steuersatzes und der Abschreibungsdauer zu treffen. Maßgeblich für den Steuersatz sind die steuerlichen Gegebenheiten, die auch der Ermittlung der finanziellen Überschüsse zugrunde liegen. Die Abschreibungsdauer ist von der Zuordnung der stillen Reserven auf die steuerbilanziell erfassten Wirtschaftsgüter sowie ggf. einen Geschäfts- oder Firmenwert abhängig (IDW 2016a, Tz. 39).

Die Ermittlung des Zugewinnausgleichs unter Berücksichtigung des abschreibungsbedingten Steuervorteils kann anhand des Beispiels in Abb. 4.34 verdeutlicht werden (in Anlehnung an Ihlau und Kohl 2016, S. 168).

Ermittlung des abschreibungsbedingten Steuervorteils (TAB)	
Objektivierter Wert (in TEUR)	100
Steuerbilanzielles Eigenkapital zum Bewertungsstichtag (in TEUR)	60
Zusätzliches steuerliches Abschreibungsvolumen (in TEUR)	**40**
Durchschnittliche Nutzungsdauer (in Jahren)	5
Jährliche Abschreibung (in TEUR)	8
Steuersatz	30%
Jährliche Steuerersparnis (in TEUR)	2.4
Step-up-Faktor (Kapitalisierungszinssatz: 10%)	1.294
Ermittlung des Zugewinnausgleichs (in TEUR)	
Objektivierter Wert	100
Steuerlicher Mehrwert (= 1,294 * 40 - 40)	11.8
Anteilswert vor latenten Steuern	**111.8**
Latente Steuern (= 30% * (111,8 - 60))	-15.5
Zugewinnausgleich	**96.2**
Davon 50% für einen Ehepartner	48.1

Abb. 4.34 Beispiel für die Ermittlung des Zugewinnausgleichs mit TAB (in Anlehnung an Ihlau und Kohl 2016, S. 168)

Auf Basis des objektivierten Werts von TEUR 100 und dem steuerbilanziellen Eigenkapital von TEUR 60 ergibt sich ein steuerliches Abschreibungsvolumen von TEUR 40. Bei einer durchschnittlichen Nutzungsdauer von 5 Jahren und einem Steuersatz von 30 % errechnet sich eine jährliche Steuerersparnis von TEUR 2,4, die in einen Step-up-Faktor von 1,294 umgerechnet werden kann. Der Step-up-Faktor ermittelt sich nach der folgenden Formel: 1/(1−22,74 %). 22,74 % beträgt die effektive Steuerersparnis bei einem Kapitalisierungszinssatz von 10 %. Wird der objektivierte Wert um den steuerlichen Mehrwert aus dem Abschreibungsvolumen erhöht, ergibt sich eine latente Steuer von TEUR 15,5 und ein Zugewinnausgleich von TEUR 96,2.

Da die Effekte aus dem Abzug der Veräußerungsgewinnbesteuerung und dem abschreibungsbedingten Steuervorteil gegenläufig wirken, kann unter bestimmten Umständen (z. B. geringer Steuersatz, kurzfristige Realisation eines Steuervorteils) aus Vereinfachungsgründen auf deren Ermittlung verzichtet werden (IDW 2016a, Tz. 41).

Für die Ermittlung von Pflichtteilsansprüchen hat sich eine ähnliche Rechtsprechung wie bei der Ermittlung des Zugewinnausgleichs entwickelt, so dass auch bei diesem Bewertungsanlass latente Ertragsteuern zu berücksichtigen sind (OLG Hamm 2014, OLG München 2012). Auch die Berücksichtigung eines abschreibungsbedingten Steuervorteils des erwerbenden Erben wird im Einzelfall als angemessen erachtet (IDW 2016a, Tz. 42).

Für Erbauseinandersetzungen liegt eine diesbezügliche Rechtsprechung bislang nicht vor. Eine Berücksichtigung von persönlichen Ertragsteuern wird jedoch für sachgerecht erachtet, wenn die Erbauseinandersetzung zur Aufdeckung von stillen Reserven bei einem weichenden Erben führt (Ihlau und Kohl 2017, S. 400). Im Einzelfall ist zu würdigen, ob im Gegenzug auch die Berücksichtigung eines abschreibungsbedingten Steuervorteils beim erwerbenden Erben angemessen ist (IDW 2016a, Tz. 43).

Von besonderer Bedeutung kann auch z. B. die Ermittlung eines objektivierten Abfindungswerts anlässlich des Ausscheidens eines Gesellschafters aus einer Personengesellschaft sein (Wagner 2007, S. 930 ff.). Das Ausscheiden des Gesellschafters führt zu einem Eigentumswechsel, da der Anteil des ausscheidenden Gesellschafters den verbleibenden Gesellschaftern zuwächst (Wagner 2007, S. 932). Hierdurch werden grundsätzlich die oben erläuterten transaktionsabhängigen Steuerwirkungen ausgelöst. Hinsichtlich der Behandlung der transaktionsabhängigen Steuerwirkungen existieren in der Literatur unterschiedliche Meinungen. Einerseits wird vorgeschlagen, den objektivierten Wert unter Berücksichtigung transaktionsabhängiger Steuerwirkungen zu ermitteln, da das step-up-Volumen und das daraus resultierende Abschreibungsvolumen von allen potenziellen Investoren genutzt und damit ausschließlich vom Veräußerer nicht genutzt werden kann (Jonas 2010, S. 281 f.). Andererseits wird empfohlen, den objektivierten Wert ohne Berücksichtigung transaktionsabhängiger Steuerwirkungen zu ermitteln, da es sich – analog zum Untergang steuerlicher Verlustvorträge – hierbei um Effekte handelt, die erst als Folge des Ausscheidens (Besteuerung des Veräußerungsgewinns) entstehen (Popp und Kunowski 2015, S. 1342).

Für die Unternehmensbewertung ist eine genaue Abgrenzung des Bewertungsobjektes hinsichtlich des bestehenden **Sonderbetriebsvermögens** vorzunehmen. Das Sonderbetriebsvermögen umfasst Wirtschaftsgüter, die im Eigentum eines oder mehrerer Mitunternehmer stehen und von der Gesellschaft betrieblich genutzt werden. Während handelsrechtlich die Vergütung für die Nutzungsüberlassung als Aufwand behandelt wird, erfolgt steuerlich eine Gegenbuchung als Sonderbetriebseinnahme. Da die Sonderbetriebseinnahmen in die Ermittlung des Gewerbeertrags einbezogen werden (§ 15 Abs. 1 S. 1 Nr. 2 EStG i. V. m. § 7 GewStG), mindert die Aufwandsbuchung nicht die gewerbesteuerliche Bemessungsgrundlage. Da im Sonderbetriebsvermögen auch betriebsnotwendiges Vermögen enthalten sein kann, sollte eine genaue Abgrenzung des Bewertungsobjektes und eine Überprüfung der Marktüblichkeit der Vergütung erfolgen (s. Abschn. 4.3.1.3). Im Einzelfall kann es auch sachgerecht sein, das Sonderbetriebsvermögen mit in das Bewertungsobjekt einzubeziehen, wenn es integraler Bestandteil der Personengesellschaft ist und diese in unveränderter Weise fortgeführt wird (Popp und Kunowski 2015, S. 1333). Sofern das Sonderbetriebsvermögen nicht Bestandteil des Bewertungsobjekts ist, sind die Sonderbetriebseinnahmen und -ausgaben bei der Ableitung der finanziellen Überschüsse nicht zu berücksichtigen (Popp und Kunowski 2015, S. 1333). Soweit Vergütungen für die Nutzung von Sonderbetriebsvermögen, bspw. wie Miet- und Leasingaufwendungen, Lizenz- oder Patentgebühren, im Rahmen der Bewertung angesetzt wurden, sind diese entsprechend bei der Ermittlung der steuerlichen Bemessungsgrundlage einzubeziehen.

Ist ein Gesellschafter einer gewerblichen Personengesellschaft bspw. auch als Geschäftsführer tätig, mindern die Vergütungen die steuerliche Bemessungsgrundlage für die Gewerbesteuer nicht.[68] Eine teilweise Anrechnung der Gewerbesteuer erfolgt nur im Rahmen des § 35 EStG durch die 3,8fache Anrechnung des Gewerbesteuermessbetrages. Um eine Benachteiligung der im Unternehmen beschäftigten Gesellschafter gegenüber den nicht im Unternehmen beschäftigten Gesellschaftern zu verhindern, empfiehlt sich die Fiktion, dass die Geschäftsführungsleistungen durch einen Fremdgeschäftsführer erbracht werden (s. Abschn. 4.3.1.2). Damit würde die Vergütung nicht der Gewerbesteuer unterliegen und die Einkommensteuerbelastung der Vergütung nicht die zu kapitalisierenden Ergebnisse des Unternehmens mindern. Eine andere Vorgehensweise empfiehlt sich nur, wenn die Gesellschafterstellung stets mit einer Geschäftsführungstätigkeit verknüpft ist (Popp und Kunowski 2015, S. 1336). Auch hier ist bei der Steuerermittlung eine konsistente Behandlung hinsichtlich der möglicherweise angepassten Vermögens- und Vergütungsstruktur vorzunehmen.

Wurden Mitunternehmeranteile in der Vergangenheit bereits erworben und überstieg der Kaufpreis das übernommene Kapital in der Gesamthandsbilanz, können die Mehrbeträge in einer positiven **Ergänzungsbilanz** aktiviert werden. Diese Mehrbeträge mindern bei abnutzbaren Wirtschaftsgütern in Form von Abschreibungen die Steuerlast des Mitunternehmers. Im Vergleich zu anderen Mitunternehmern, die nicht über eine positive Ergänzungsbilanz verfügen, erhöht sich der Grenzpreis von Gesellschaftern mit einer Ergänzungsbilanz daher um die Steuerersparnis, die aus dem Abschreibungsvolumen resultiert (Popp 2008, S. 941). Der Grenzpreis steigt dabei um den abgezinsten Abschreibungsvorteil. Mit dem temporären Steuervorteil geht abschreibungsbedingt eine Reduzierung der steuerlichen Anschaffungskosten einher mit der Folge einer c.p. höheren Veräußerungsgewinnbesteuerung bei einem späteren Austritt des Gesellschafters aus der Personengesellschaft (Popp und Kunowski 2015, S. 1336). Dagegen führt ein Kaufpreis, der unter dem übernommenen Kapital in der Gesamthandsbilanz liegt, zu einer negativen Ergänzungsbilanz. Die zu passivierenden Minderbeträge werden mit Verbrauch der erworbenen Wirtschaftsgüter gewinnerhöhend aufgelöst und erhöhen die Steuerlast des Mitunternehmers. Die negative Ergänzungsbilanz wirkt sich demnach grenzpreismindernd für den Mitunternehmer aus.

Darüber hinaus können durch einen Eigentumswechsel zusätzliche Anschaffungskosten resultieren, die – wie bereits im Zusammenhang mit transaktionsabhängigen Steuerwirkungen erläutert – aus der Sicht des Käufers wiederum zu Ergänzungsbilanzabschreibungen führen. Relevant wird dies insbesondere bei der objektivierten Bewertung im Zusammenhang mit der Bestimmung der Abfindung eines ausscheidenden Gesellschafters aus einer Personengesellschaft. Die Berücksichtigung ergänzungsbilanzbedingter Abschreibungsvorteile bei der Ermittlung objektivierter Werte wird

[68] § 15 Abs. 1 S. 1 Nr. 2 S. 1 2. HS EStG; analog zu den oben genannten Sonderbetriebseinnahmen aus der Nutzungsüberlassung erzielt der Gesellschafter mit der Tätigkeit als Geschäftsführer eine Sondervergütung, falls eine separate Vergütung vereinbart wurde. Diese ist als Sonderbetriebseinnahme zu qualifizieren und zählt zu den Einkünften aus Gewerbebetrieb.

in der Literatur kontrovers diskutiert. Einerseits wird argumentiert, dass diese Effekte nicht zu berücksichtigen seien, da sie erst die Folge eines Mitunternehmerwechsels darstellen und mit echten Synergieeffekten vergleichbar sind (Popp und Kunowski 2015, S. 1338). Andererseits können die abschreibungsbedingten Steuervorteile durch jeden potenziellen Investor mit Ausnahme des Veräußerers geltend gemacht werden, sodass eine Vernachlässigung der erzielbaren Steuervorteile bei der objektivierten Abfindungswertermittlung nicht sachgerecht erscheint (Jonas 2010, S. 281 f.). Allerdings sind mit dieser Sichtweise auch erhebliche praktische Schwierigkeiten bei der Ermittlung und Verteilung des Abschreibungsvolumens verbunden (Jonas 2010, S. 281 f.). Zunächst ist unklar, ob das Abschreibungsvolumen aus Sicht des Käufers oder auf Basis der möglichen Kaufpreisforderung des Verkäufers zu bestimmen ist (Jonas 2010, S. 281 f.). Darüber hinaus sind die Teilwerte der bilanzierten und nicht bilanzierten Vermögenswerte samt Restnutzungsdauer zu ermitteln (Jonas 2010, S. 281 f.). Schließlich kann das Abschreibungsvolumen auch in Abhängigkeit von den individuellen Anschaffungskosten der Altgesellschafter variieren (Jonas 2010, S. 281 f.). Die praktische Umsetzung würde demnach die Einbeziehung subjektiver Faktoren notwendig machen, die mit dem Konzept des objektivierten Werts nur schwerlich in Einklang zu bringen sind. Im Sinne einer Gleichbehandlung aller Gesellschafter soll der objektivierte Wert frei von subjektiven Faktoren ermittelt werden, soweit sie nicht allen Gesellschaftern in gleichem Maße zugute kommen (Großfeld 2002, S. 24, 30). Die aus dem Eigentumswechsel entstehenden Wirkungen aus Ergänzungsbilanzen sollten daher bei der Ermittlung objektivierter Unternehmenswerte nicht berücksichtigt werden (Popp und Kunowski 2015, S. 1340 f.). Gleiches gilt auch für die bestehenden Ergänzungsbilanzen (Popp und Kunowski 2015, S. 1340 f.). Erfolgt kein Eigentumswechsel, wie bspw. bei der Ermittlung von erb- und familienrechtlichen Ausgleichsansprüchen, entstehen keine zusätzlichen Ergänzungsbilanzabschreibungen. Bestehende Ergänzungsbilanzen können in die objektivierte Bewertung einbezogen werden, da hiermit keine Ungleichbehandlung von Gesellschaftern verbunden ist (Popp und Kunowski 2015, S. 1341). Bei der Ermittlung subjektiver Entscheidungswerte sind die individuellen künftigen Ergänzungsbilanzauswirkungen zu berücksichtigen, es sei denn, es wird aus Vereinfachungsgründen hierauf verzichtet.

4.3.5.3 Vereinfachungen

Um die Bewertung von Personengesellschaften zu vereinfachen, wird in der Literatur vorgeschlagen, auch bei der Bewertung von Personengesellschaften die persönliche Einkommensteuer zu vernachlässigen und stattdessen die Personengesellschaft vereinfachend wie eine Kapitalgesellschaft zu behandeln (Jonas 2011, S. 303). Damit würden die finanziellen Überschüsse nur mit einer fiktiven Körperschaftsteuer belastet und keiner Einkommensteuer unterliegen. Der Kapitalisierungszinssatz würde entsprechend vor persönlicher Ertragsteuer ermittelt. Diese Vorgehensweise entspricht im Ergebnis grundsätzlich der mittelbaren Typisierung bei der Bewertung von Kapitalgesellschaften. Jedoch sollte dabei trotz der Vereinfachung eine Auseinandersetzung mit Sonder- und

Ergänzungsbilanzen erfolgen (Jonas 2011, S. 303). Ob diese dann zu berücksichtigen sind, ist insbesondere auch vor dem Hintergrund der Wesentlichkeit und des Bewertungsanlasses zu würdigen. Die Vereinfachung erweist sich vor allem bei Bewertungen innerhalb von Konzernstrukturen als sachgerecht, in denen Kapitalgesellschaften Mitunternehmer der Personengesellschaften sind (Ihlau und Duscha 2012, S. 493).

4.3.6 Praktische Hinweise und Vereinfachungen bei der Ermittlung der zu kapitalisierenden Ergebnisse

Unternehmensbewertungen sind in der Regel komplexe Verfahren, bei denen eine Vielzahl von Parametern zu berücksichtigen ist. Dies hat zur Folge, dass auch Bewertungen von kleinen Unternehmen aufgrund der individuellen Besonderheiten sehr aufwendig werden können. Gerade in diesem Umfeld wird auch unter Kostengesichtspunkten nach Vereinfachungen und Möglichkeiten zur Komplexitätsreduktion gesucht. Die richtige Umsetzung der verschiedenen Bewertungsverfahren, die Abbildung der KMU-spezifischen Besonderheiten in den zu kapitalisierenden Ergebnissen, die sachgerechte Ermittlung des Kapitalisierungszinssatzes einschließlich der zutreffenden Abbildung von periodenspezifischer Finanzierung, Wachstum und Steuern sind Bereiche, die einer ständigen Diskussion und Weiterentwicklung unterliegen. Die vorliegenden Standards zur Unternehmensbewertung bieten dabei nur eine Richtschnur und die Mindestanforderungen unter Berücksichtigung des jeweiligen Bewertungszweckes. Bewertungen unter Berücksichtigung des aktuellen theoretischen Kenntnisstandes können mit einem hohen Aufwand verbunden sein. In der Praxis lässt sich dieser Aufwand vor dem Hintergrund der geringen Größe des Bewertungsobjektes oder des Bewertungsanlasses unter Umständen nicht rechtfertigen. Daher werden Forderungen nach Vereinfachungen laut, die auf der einen Seite sachgerechte Ergebnisse ermöglichen und auf der anderen Seite wirtschaftlich umsetzbar sein sollten. Im Folgenden soll untersucht werden, in welcher Form Vereinfachungen einer kapitalwertorientierten Bewertung vorgenommen werden können, ohne die Aussagekraft des Ergebnisses signifikant zu reduzieren.

Im Rahmen von Bewertungen ist zunächst immer nach dem Zweck und dem Anlass der Bewertung und dem sich daraus ergebenden Wertkonzept zu fragen. Mögliche Vereinfachungen hängen bspw. vom Bewertungsanlass ab. Sucht ein Unternehmer eine Nachfolgeregelung für sein Unternehmen, stellt sich zunächst die Frage nach möglichen Nachfolgestrategien. Kommt in diesem Zusammenhang ein Verkauf, die Aufnahme eines Private Equity-Investors oder ein MBO in Betracht, stellt sich sehr schnell auch die Frage, was das Unternehmen wert ist. Auf diese Frage kann sich der Unternehmer verschieden vorbereiten. Im ersten Schritt bieten sich in diesem Zusammenhang indikative Wertermittlungen an. Diese indikativen Wertermittlungen, die subjektive Entscheidungswerte darstellen, bieten häufig erste Anhaltspunkte für Werte und sind einfacher und damit kostengünstiger zu ermitteln als fundamentale Unternehmenswerte im Rahmen von Gesamtbewertungen. Indikative Wertermittlungen können sowohl mittels

Multiplikatorverfahren als auch durch Diskontierung zukünftiger Überschüsse mittels DCF- oder Ertragswertverfahren erfolgen. Die Anwendung von Multiplikatorverfahren erscheint zunächst sehr einfach. In der Praxis werden gängige veröffentlichte Multiplikatoren bspw. für Small- und Mid-Cap Unternehmen aus dem Finance Magazin[69] oder sonstigen öffentlich zugänglichen Datenbanken auf historische Kennzahlen für Unternehmen angewendet. Dies impliziert zum einen, dass z. B. die im Durchschnitt der letzten Jahre erzielten Ergebnisse/finanziellen Kennzahlen repräsentativ für die künftige Entwicklung des Unternehmens sind. Bei Unternehmen in sich verändernden Märkten, mit neuen Produkten oder bei Wachstumsunternehmen ist dies regelmäßig nicht der Fall. Weiterhin erscheint häufig die Ermittlung von Multiplikatoren fragwürdig, da die der Multiplikatorbildung zugrundeliegenden Transaktionen in der Regel nicht veröffentlicht werden. Darüber hinaus können aus börsennotierten Vergleichsunternehmen abgeleitete Trading oder Transaction Multiples herangezogen werden. Je nach Art der Untersuchung und Vorgehensweise können diese Verfahren sehr einfach sein, jedoch auch zu ungenauen Ergebnissen führen. Will man qualifizierte Multiplikatorbewertungen durchführen und sich insbesondere auch auf zukunftsgerichtete Daten beziehen, stellen sich auch diese Verfahren als komplexer und damit kostenintensiver dar.

Für Zwecke der Unternehmensbewertung sollte nicht auf historische, sondern auf zukunftsbezogene Daten zurückgegriffen werden, da sich letztendlich der Wert eines Unternehmens nur aus dem bemisst, was in der Zukunft erwirtschaftet werden kann. Vor diesem Hintergrund stellt sich die Frage nach der Belastbarkeit der Planungsrechnung.

In der Praxis häufig verbreitet sind sog. indikative Wertermittlungen, bei denen keine objektivierten Unternehmenswerte im Sinne des IDW S 1 ermittelt werden, sondern subjektive Entscheidungswerte. Diese dienen insbesondere bei Transaktionen dem Käufer oder Verkäufer zu ersten Überlegungen bezüglich der Preisfindung. Hierbei kann es sich je nach Auftragsdefinition teilweise nur um Wertberechnungen handeln, bei denen Planungsrechnungen ungeprüft einer Bewertung zugrunde gelegt werden. Diese Art von Wertermittlungen bieten sich im Rahmen von Transaktionen an, wenn zunächst eine Einigung über Größen wie den Kapitalisierungszinssatz im Vordergrund steht. Dabei werden häufig die Kapitalkosten relativ exakt anhand des CAPM mittels verfügbarer empirischer Kapitalmarktdaten ermittelt. Ferner werden bestimmte künftige finanzielle Überschüsse – bspw. auch mit verschiedenen Szenarien – unterstellt, die in einem zweiten Schritt mit einer eingehenden Analyse und ggf. erforderlichen Modifikationen unterliegen. Auf diese Weise erhält der verkaufs- bzw. übertragungswillige Unternehmer zunächst einen Anhaltspunkt für einen möglichen Wert seines Unternehmens, ohne zu hohe Kosten zu produzieren. Allerdings ist es wichtig, sich immer bewusst zu sein, dass letztlich das Äquivalenzprinzip gilt und die Ableitung der Kapitalkosten im Einklang mit dem im Zähler des Bewertungskalküls abgebildeten Risiko stehen muss. Dies erfordert eine Risikobeurteilung der zu kapitalisierenden Überschüsse.

---

[69] http://www.finance-magazin.de/research/multiples.

Häufig schließt sich in einem solchen Transaktionsprozess eine weitergehende Verhandlungsphase an. Hier ist es wichtig, sich nicht frühzeitig auf einen Preis zu fixieren, sondern die wesentlichen Treiber des Geschäftsmodells und damit des Wertes auch für künftige Preisverhandlungen zu verstehen. Hierfür bietet sich dann eine intensive Planungsanalyse wie oben beschrieben an. Sowohl der Verkäufer als auch der mögliche Käufer sollten verstehen, wie sich der Wert des Unternehmens abhängig von einzelnen Parametern entwickelt. Daher gilt, je intensiver eine Planungsanalyse im Rahmen einer Bewertung durchgeführt wird, umso belastbarer ist das Ergebnis der Bewertung und das Verständnis für die Werttreiber und ihre Auswirkungen auf den Wert. Bei der Ermittlung subjektiver Entscheidungswerte bestehen vor diesem Hintergrund vielfältige Vereinfachungsmöglichkeiten. Man sollte sich jedoch bewusst sein, dass diese letztendlich zu Lasten der Aussagefähigkeit des Ergebnisses gehen. Verhandlungen können zum eigenen Vorteil gesteuert werden, indem gute Argumente für die eigenen Preisvorstellungen vorgebracht werden. Diese lassen sich durch eine fundamentale Bewertung von Werttreibern belegen.

Soll hingegen ein objektivierter Unternehmenswert im Sinne des IDW S 1 ermittelt werden, z. B. für Zwecke dominierter Abfindungs- und Ausgleichsfälle, sind gewisse Mindestanforderungen zu beachten. Dies beinhaltet intersubjektiv nachvollziehbare Annahmen sowohl bezüglich der zu kapitalisierenden Überschüsse als auch hinsichtlich des Kapitalisierungszinssatzes. Hinsichtlich der zu kapitalisierenden Überschüsse können auch bei der Ermittlung objektivierter Unternehmenswerte Vereinfachungen dahin gehend geboten sein, dass bei fehlender Planungsrechnung zunächst die Vergangenheit als Grundlage der Bewertung dient. Inwieweit in diesen Ausnahmefällen auf die Planung der übertragbaren bzw. künftigen Ertragskraft verzichtet werden kann, ist im Einzelfall zu entscheiden. Die Planung der übertragbaren bzw. künftigen Ertragskraft fordert sowohl eine integrierte Planungsrechnung als auch die oben gezeigte Berücksichtigung der individuellen Besonderheiten des KMU, die sich insbesondere aus der Stellung des Unternehmers und seiner Familie im Unternehmen und der damit verbundenen individuellen Besonderheiten ergeben. Gerade bei der Bewertung von KMU hat die Planungsrechnung zur Abbildung der charakteristischen Besonderheiten von KMU in der Bewertung eine wesentliche Bedeutung (s. Abschn. 4.3).

Da KMU häufig als Personengesellschaften geführt werden, stellt sich auch die Steuerrechnung komplex dar und lässt nur begrenzt Typisierungen zu. Je nach Bewertungsanlass kann es sich anbieten, entsprechend der mittelbaren Typisierung eine Berechnung vor persönlichen Ertragsteuern durchzuführen und die Personengesellschaft fiktiv steuerlich wie eine Kapitalgesellschaft zu bewerten. Dies gilt insbesondere, wenn Personengesellschaften in Konzernen gehalten werden und somit keine natürlichen Personen als Anteilseigner in Betracht kommen (s. hierzu auch Abschn. 4.3.5.3). Inwieweit Vereinfachungen hinsichtlich der Finanzierungsrechnung vorgenommen werden können, ist im Einzelfall zu beurteilen.

Insgesamt kann festgehalten werden, dass Vereinfachungen bei der Bewertung von KMU eher aus dem Bewertungsanlass, dem Bewertungszweck und dem Wertkonzept herzuführen sind, als aus der Tatsache, dass es sich um ein kleines Unternehmen handelt. Planungsrechnungen können einfacher sein als bei Großunternehmen, wenn bspw. eine Fokussierung auf ein Geschäftsfeld vorliegt oder nur ein Markt untersucht werden muss. Gleiches gilt, wenn bspw. nur eine rechtliche Einheit vorliegt statt komplexer Konzernstrukturen mit einer Vielzahl von Tochtergesellschaften. Mindestanforderungen an die für die Bewertung des KMU erforderliche Planung bestehen hingegen, wie bspw. die aufeinander abgestimmte Planung der Investitionen, des Working Capital und der Finanzierung.

4.4 Kapitalisierung der künftigen finanziellen Überschüsse

Wie bereits dargestellt, weisen KMU eine Vielzahl von Besonderheiten und individuellen Risiken auf. Im Rahmen des Bewertungskalküls stellt sich grundsätzlich die Frage, ob diese im Zähler, d. h. in den zu kapitalisierenden Überschüssen, oder im Nenner und damit im Kapitalisierungszinssatz abzubilden sind. Wichtig ist die Beachtung des Äquivalenzprinzips, d. h. dass Risiken adäquat im Zahler und im Nenner berücksichtigt werden, aber auch keine Doppelerfassung erfolgt. Die oben dargestellte Analyse der Planungsrechnung zeigt, dass zahlreiche individuelle Gegebenheiten bei der Ermittlung der zu kapitalisierenden Überschüsse abzubilden sind. Welche zusätzlichen Herausforderungen sich bei der Ermittlung des Kapitalisierungszinssatzes bei der Bewertung von KMU ergeben und inwieweit ggf. Raum für besondere Zuschläge bleibt, soll im Folgenden diskutiert werden.

Der Unternehmenswert wird durch Diskontierung der künftigen finanziellen Überschüsse auf den Bewertungsstichtag ermittelt. Die Unsicherheit über die erwarteten finanziellen Überschüsse wird üblicherweise durch einen Risikozuschlag auf den Kapitalisierungszinssatz berücksichtigt (vgl. Abschn. 3.6.5.1). Das Capital Asset Pricing Model (CAPM) ist dabei die in der Praxis am häufigsten anzutreffende Methode, um die Eigenkapitalkosten zu bestimmen (vgl. Abschn. 3.6.5.3). In den folgenden Kapiteln wird auf die Bestimmung der einzelnen Parameter des CAPM bei der Bewertung von KMU eingegangen.

4.4.1 Anwendbarkeit des Capital Asset Pricing Model (CAPM)

Im Hinblick auf die Bewertung von KMU stellt sich neben den bereits in Abschn. 3.6.5.1. angesprochenen modellspezifischen Anwendungsgrenzen des CAPM die Frage, ob dieses bei der Bewertung von KMU anzuwenden ist. In der Praxis hat sich die Anwendung des CAPM weitgehend durchgesetzt (vgl. Abschn. 3.6.5.1). Dies liegt insbesondere daran, dass aufgrund des Bezugs auf Kapitalmarktdaten von einer gewissen objektiv nachprüfbaren Datenbasis ausgegangen wird (vgl. Abschn. 3.6.5.1). Entsprechend den Grundsätzen des IDW S 1 ist das CAPM auch bei der Bewertung von KMU anwendbar. Bei der Bewertung von KMU soll danach eine marktgestützte Ermittlung des Kapitalisierungszinssatzes vor allem auf Basis des CAPM oder des Tax-CAPM vorgenommen werden (IDW 2014a, Tz. 47). Die am Kapitalmarkt beobachtbaren Risikoprämien stellen für die Ermittlung des Kapitalisierungszinssatzes eine geeignete Ausgangsgröße dar, die an die Besonderheiten des Bewertungsfalles anzupassen sind (IDW 2014a, Tz. 46). Entsprechend der Regelungen des IDW wird die Berücksichtigung kapitalmarkttheoretisch nicht nachvollziehbarer Risikozuschläge für Size Premium, fehlende Fungibilität, erhöhtes Insolvenzrisiko oder mangelnde Diversifikation des Unternehmenseigners für die Ermittlung objektivierter Unternehmenswerte als nicht sachgerecht angesehen (IDW 2014a, Tz. 47, IDW 2018, Kap. B, Tz. 61).

In Theorie und Praxis wird bereits seit einiger Zeit diskutiert, ob diese Vorgehensweise den Besonderheiten von KMU in ausreichender Form Rechnung trägt oder ob durch die Übertragung von Kapitalmarktdaten börsennotierter Unternehmen auf die Verhältnisse von KMU vielmehr systematische Verzerrungen bei den Unternehmenswerten entstehen. KMU zeichnen sich in der Regel gerade dadurch aus, dass sie nicht börsennotiert und im Gegensatz zu großen börsennotierten Gesellschaften meistens auf bestimmte Marktnischen spezialisiert sind. Da für nichtbörsennotierte KMU keine originären Kapitalmarktdaten vorliegen, sind vergleichbare börsennotierte Unternehmen – eine sog. Peer Group – zu suchen und deren Kapitalmarktdaten auf das Bewertungsobjekt zu übertragen. Die Übertragung von beobachteten Kapitalmarktdaten börsennotierter Unternehmen setzt jedoch die Vergleichbarkeit der Peer Group-Unternehmen mit dem Bewertungsobjekt voraus. Damit kommt der Auswahl der Peer Group eine besondere Bedeutung zu. Inwieweit überhaupt eine zu dem betreffenden KMU passende Peer Group börsennotierter Unternehmen gefunden werden kann, wird in Abschn. 4.4.1.2 thematisiert. Auch wenn hinsichtlich des Geschäftsmodells vergleichbare Unternehmen gefunden werden können, stellt sich die Frage, ob deren beobachtete Betafaktoren zum einen verwertbar und zum anderen ohne Weiteres auf das Bewertungsobjekt übertragbar sind. Dies ist insbesondere vor dem Hintergrund der besonderen und vielfältigen Unterscheidungsmerkmale von KMU im Vergleich zu größeren Unternehmen kritisch zu hinterfragen (s. Kap. 2). Sofern das Risikoprofil des Bewertungsobjektes durch die Peer Group nicht adäquat widergespiegelt werden kann, können daher im Einzelfall Anpassungen des unternehmensspezifischen Risikozuschlages erforderlich sein. Die konkrete Höhe des Risikozuschlages wird in der Praxis meist mithilfe von Typisierungen und vereinfachenden Annahmen festzulegen sein (IDW 2014a, Tz. 50). Diese sind vom Bewerter hinreichend zu begründen und zu dokumentieren. Insgesamt bleibt festzuhalten, dass bei Anwendung des CAPM die ermittelten Kapitalmarktdaten und der sich daraus ergebende Kapitalisierungszinssatz nicht unreflektiert für die Bewertung der KMU übernommen werden kann. Stets ist eine materielle Würdigung vor dem Hintergrund der wirtschaftlichen Gesamtbetrachtung und der Erfahrungen im Hinblick auf die Rendite- und Risikoerwartungen bei einem bestimmten Unternehmen bzw. Geschäftsmodell geboten. Fraglich ist, ob vor dem Hintergrund der Besonderheiten von KMU und der damit einhergehenden, teilweise zu vereinfachten Abbildung mittels des

CAPM andere Methoden zur Ermittlung des Kapitalisierungszinssatzes besser geeignet sind, die Risiken von KMU sachgerecht und nachvollziehbar im Kapitalisierungszinssatz abzubilden. Hier lässt sich festhalten, dass trotz der Grenzen des CAPM andere Modelle, wie die Arbitrage Pricing Theory (APT) (Ross 1976, S. 341 ff.) sowie das Dreifaktorenmodell von Fama und French (1992, 1993 und 1996), aber auch vereinfachte Scoring-Verfahren oder pauschale Schätzungen von Risikozuschlägen in noch geringerem Maße zu einer adäquaten Berücksichtigung der Besonderheiten von KMU führen.

Im Folgenden werden die wesentlichen Bestandteile bei der Bestimmung der Kapitalkosten nach dem CAPM kritisch im Hinblick auf die Anwendbarkeit für die Bewertung von KMU hinterfragt. In diesem Zusammenhang stellt sich die Frage, inwieweit insbesondere für die Ermittlung objektivierter Unternehmenswerte Modifikationen des CAPM möglich sind, ohne die sachgerechte und stringente Vorgehensweise der Bewertung zu gefährden.

4.4.1.1 Basiszinssatz

Eine Anpassung des risikolosen Basiszinssatzes ist im Hinblick auf die Besonderheiten von KMU in der Regel nicht erforderlich (Schütte-Biastoch 2011, S. 183). Der risikolose Zinssatz entspricht vom Grundgedanken der laufzeitäquivalenten Rendite einer Anlageform ohne (Ausfall-) Risiko (s. Abschn. 3.6.5.2). In der Praxis werden in der Regel quasi-risikolose Staatsanleihen herangezogen, mit deren Hilfe anhand der Svensson-Methode eine Zinsstrukturkurve für die Renditen sog. Spot Rates ermittelt wird (IDW 2018, Kap. A, Tz. 375 ff.). In der Regel wird dabei von einer unendlichen Lebensdauer des Unternehmens ausgegangen. Hiervon ist ggf. abzuweichen, wenn bei personenbezogenen Unternehmen von einer partiell oder temporär übertragbaren Ertragskraft des Unternehmens auszugehen ist (s. Abschn. 4.3.1.1). In diesem Fall ist der laufzeitäquivalente Basiszinssatz für die verkürzte Lebensdauer des Unternehmens entsprechend anhand einer verkürzten Zinsstrukturkurve zu ermitteln. Bei Anwendung dieser Zinsstrukturkurven ist die Laufzeitäquivalenz zum Zähler des Barwertkalküls gewährleistet.

Im Hinblick auf die Komplexität der vorgehend erläuterten Ermittlung des Basiszinssatzes nach den Vorgaben des IDW (s. Abschn. 3.6.5.2) stellt sich die Frage nach möglichen Vereinfachungen. Diese sollten in Abhängigkeit vom jeweiligen Wertkonzept erfolgen. Bei der Ermittlung objektivierter Unternehmenswerte ist grundsätzlich die vom IDW empfohlene Vorgehensweise anzuwenden. Die laufzeitabhängigen Spot Rates nach der Svensson-Methode sind jedoch nicht zwangsläufig durch den Bewerter selbst zu berechnen (s. Abschn. 3.6.5.2), da diese auf der Internetseite der Deutschen Bundesbank abrufbar sind.[70] Für die Ermittlung des einheitlichen Basiszinssatzes nach den Empfehlungen des IDW besteht ebenfalls ein kostenloses Angebot im Internet.[71] Dabei können

[70]Siehe Angebot von http://www.bundesbank.de unter Statistiken, Zeitreihen-Datenbanken, Makroökonomische Zeitreihen oder Wollny WP GmbH 2013.

[71]Diese lassen sich auf der Internetseite http://www.basiszinskurve.de abrufen.

verschiedene Parameter, wie Stichtag, Wachstumsrate, Durchschnittsbildung und Extrapolation vom Anwender eigenständig angepasst werden.

Für die Ermittlung subjektiver Entscheidungswerte sind die individuellen Vorstellungen des Inverstors hinsichtlich seiner Alternativinvestition zugrunde zu legen. In diesem Zusammenhang kann der Basiszinssatz auch durch Rückgriff auf Staatsanleihen mit langen Restlaufzeiten ermittelt werden (Schütte-Biastoch 2011, S. 183). Diese Vorgehensweise bietet sich insbesondere bei der Bewertung ausländischer Unternehmen an. Bei der Verwendung von Staatsanleihen handelt es sich jedoch aufgrund des enthaltenen Wiederanlagerisikos und der fehlenden Laufzeitäquivalenz um eine vereinfachende Schätzung, die eine Verzerrung des zu ermittelnden Unternehmenswertes zur Folge haben kann. Zur Vermeidung der fehlenden Laufzeitäquivalenz sollten daher vereinfachende Annahmen über eine Anschlussfinanzierung getroffen werden. Insgesamt lässt sich festhalten, dass eine Ermittlung des Basiszinssatzes mittels der Svensson-Methode derzeit auch mithilfe des Angebots im Internet relativ einfach möglich ist und daher weitere Vereinfachungen nicht erforderlich erscheinen.

4.4.1.2 Betafaktoren und Peer Group-Analyse

Bei Ermittlung der Kapitalkosten nach dem CAPM wird der Risikozuschlag aus der Marktrisikoprämie und dem durch den Betafaktor abgebildeten unternehmensspezifischen Risiko geschätzt (s. Abschn. 3.6.5.3). Für die Bestimmung der Marktrisikoprämie kommen mangels der Beobachtbarkeit des theoretischen Marktportfolios in der Regel verschiedene Aktienindizes zur Anwendung (Castedello et al. 2018, S. 816 f.). In der den Verlautbarungen des IDW zugrunde liegenden Untersuchung von Stehle zur Höhe der Risikoprämie von Aktien aus dem Jahr 2004 wurden die Aktienindizes DAX und CDAX herangezogen (Stehle 2004, S. 911 ff.). In den im Jahr 2015 von Stehle und Schmidt veröffentlichten Untersuchungen wurden zusätzlich auch deutsche Aktien des obersten Segments der Frankfurter Börse (FTS) herangezogen (Stehle und Schmidt 2015, S. 427 ff.). Auch in der Literatur wird für die Bewertung inländischer Unternehmen empfohlen, auf einen breiten lokalen Aktienindex, wie z. B. den CDAX oder den DAX, zurückzugreifen (Dörschell et al. 2012a, S. 96 f., Schütte-Biastoch 2011, S. 183 f.). Bei den zu bewertenden KMU handelt es sich häufig um inländische Unternehmen, sodass insoweit die Verwendung eines deutschen Aktienindizes sinnvoll ist (Schütte-Biastoch 2011, S. 184). Soweit ausländische KMU bewertet werden, sind ggf. auch andere Indizes heranzuziehen. Insgesamt ergeben sich bei der Bewertung von KMU keine Besonderheiten hinsichtlich der Ermittlung der Marktrisikoprämie.

Die folgenden Ausführungen fokussieren sich daher auf die Bestimmung des unternehmensindividuellen Risikos und damit zunächst des Betafaktors. Der Betafaktor soll im Rahmen des CAPM das künftige systematische Risiko des Bewertungsobjektes bzw. der finanziellen Überschüsse des Bewertungsobjektes widerspiegeln (IDW 2018, Kap. A, Tz. 402). Da künftige Betafaktoren nicht beobachtbar sind, wird in der Regel auf historische Kapitalmarktdaten zur Ermittlung von Betafaktoren abgestellt (s. Abschn. 3.6.5.2). In Abb. 4.35 ist das Vorgehen im Hinblick auf die Grundlage für die Festlegung des Betafaktors grafisch dargestellt.

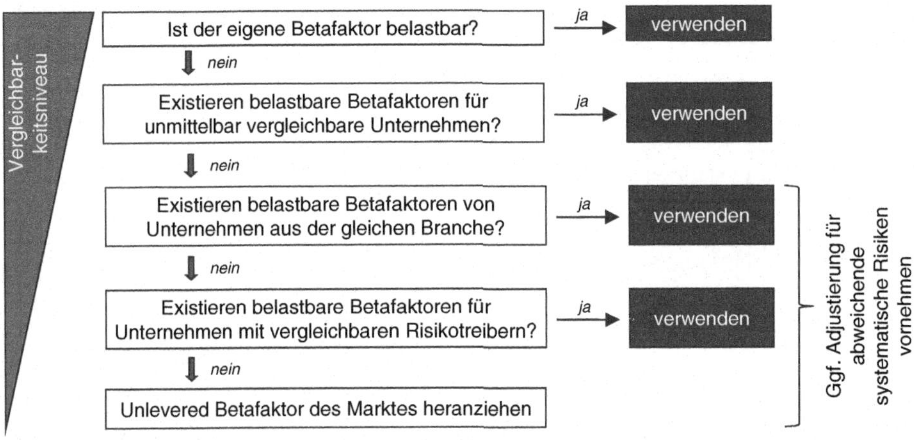

Abb. 4.35 Grundlage für die Ermittlung von Betafaktoren (in Anlehnung an Dörschell et al. 2012a, S. 146)

Bei KMU ist der eigene Betafaktor mangels Börsennotierung in der Regel nicht verfügbar. Darüber hinaus sind insbesondere die Anforderungen an Betafaktoren im Hinblick auf die statistische Signifikanz, einen ausreichenden Streubesitz und den liquiden Handel der Anteile bei kleineren börsennotierten Unternehmen meist nicht gegeben mit der Folge, dass bei der Bewertung von KMU der eigene Betafaktor nicht zur Anwendung kommt.

Wie bereits angesprochen kann der Betafaktor vielmehr anhand einer **Peer Group** geschätzt werden. Bei der Auswahl unmittelbar vergleichbarer Unternehmen ist insbesondere darauf zu achten, dass diese ähnliche systematische Risiken wie das Bewertungsobjekt aufweisen. In der Praxis werden hierzu Vergleichsunternehmen herangezogen, die im Hinblick auf das Geschäftsmodell – d. h. hinsichtlich der Produkte, Dienstleistungen, des Absatzmarktes, der Kostenstruktur etc. – eine möglichst hohe Übereinstimmung mit dem Geschäftsmodell des zu bewertenden Unternehmens aufweisen (Ihlau und Duscha 2012, S. 493). Dafür werden in der Regel im Vorhinein bestimmte Vergleichskriterien festgelegt. In Abb. 4.36 ist ein Überblick über entsprechende Kriterien dargestellt, die in der Praxis eine Rolle spielen können.

Ausgangspunkt für die Suche nach Vergleichsunternehmen ist in jedem Fall die Betrachtung des Geschäftsmodells und der wesentlichen Produkte und Dienstleistungen. Im Anschluss werden weitere Vergleichskriterien hinzugezogen. Sind die Geschäftsaktivitäten des Bewertungsobjektes bspw. auf ein spezielles Geschäftsfeld begrenzt, existieren möglicherweise keine börsennotierten Vergleichsunternehmen, oder sie weisen einen höheren Diversifizierungsgrad auf. Sogenannte „pure play"-Unternehmen, die in demselben Geschäftsfeld tätig sind und die die gleichen Produkte vertreiben, sind in der Praxis selten zu finden. Die Einschätzung des Grads der Vergleichbarkeit ist somit mit erheblichen Ermessensspielräumen verbunden.

Qualitative Vergleichskriterien

- Geschäftstätigkeit, -modell
- Art der Produkte / Dienstleistungen
- Grad der Diversifikation
- Lebenszyklusphase des Unternehmens bzw. der Produkte
- Geografische Präsenz
- Sitz des Unternehmens

Quantitative Vergleichskriterien

Größenkriterien
- Marktkapitalisierung
- Umsatz
- Anzahl der Mitarbeiter

Profitabilität
- EBITDA-Marge
- EBIT-Marge
- Umsatzrendite
- Anlagenintensität
- Umsatzwachstum

Abb. 4.36 Qualitative und quantitative Kriterien bei der Auswahl von Vergleichsunternehmen (in Anlehnung an Dörschell et al. 2012a, S. 261)

Schwierig gestaltet sich die Suche nach vergleichbaren Unternehmen, wenn für ein deutsches KMU nationale Vergleichsunternehmen gefunden werden sollen. Im Regelfall ist der deutsche Kapitalmarkt für diesen Zweck nicht groß genug, sodass geeignete Vergleichsunternehmen in diesem Fall nicht verfügbar sind. Mangels vergleichbarer deutscher börsennotierter Unternehmen kann es daher sachgerecht sein, die Betafaktoren von an internationalen Kapitalmärkten notierten Vergleichsunternehmen als Ausgangsgröße zu berücksichtigen (Schütte-Biastoch 2011, S. 188). Bei den für die Ermittlung der Betafaktoren notwendigen Regressionsanalysen ist dann jeweils ein internationaler Aktienindex oder nationaler Aktienindex zugrunde zu legen, der aufgrund seiner Breite das Marktportfolio in dem jeweiligen Land repräsentiert (Schütte-Biastoch 2011, S. 188). Allerdings sollte auch hier die Vergleichbarkeit des Vergleichsunternehmens mit dem Bewertungsobjekt hinsichtlich des Geschäftsmodells, Produktportfolios und der geografischen Ausrichtung untersucht werden. Dabei kann die Auswertung der auf der Internetseite des Vergleichsunternehmens verfügbaren Informationen hilfreich sein.

Bei KMU wird die Suche nach unmittelbar vergleichbaren Unternehmen aufgrund der häufig hohen Spezialisierung auf bestimmte Marktnischen und der geringen Diversifikation der operativen Geschäftstätigkeit erschwert. Dem kann durch die Heranziehung von Vergleichsunternehmen aus der gleichen Branche, Produktkategorie oder dem gleichen Beschaffungsmarkt begegnet werden (Dörschell et al. 2016, S. 416 f.). Es können auch börsennotierte Unternehmen aus vor- oder nachgelagerten Wertschöpfungsstufen herangezogen werden, wenn eine gewisse Vergleichbarkeit im Hinblick auf Markt- und Brancheneinflüsse sowie die wesentlichen Risikofaktoren gegeben ist (IDW 2014a, Tz. 48).

Eine weitere Möglichkeit bietet in diesem Zusammenhang die Ermittlung sog. **Branchen-Betafaktoren**. Dabei wird auf den durchschnittlichen Betafaktor von börsennotierten Unternehmen derselben Branche abgestellt. Hierzu wird unterstellt, dass das systematische Risiko im Wesentlichen durch branchenspezifische Faktoren determiniert wird (Metz 2007, S. 211). Ausreißer sowie Schätzfehler werden durch die Vielzahl einbezogener Unternehmen minimiert (Arbeitskreis „Finanzierung" der Schmalenbach-Gesellschaft 1996, S. 552). Bei KMU werden Branchen-Betafaktoren in der Praxis häufig herangezogen, da die Vergleichbarkeit zu einzelnen Vergleichsunternehmen oftmals nicht in ausreichender Form besteht. Es bleibt allerdings kritisch zu beurteilen, ob die Branchenzugehörigkeit als alleiniges Vergleichskriterium ausreicht, bzw. inwieweit die operativen Risiken und sonstigen unternehmensindividuellen Umstände vergleichbar sind (IDW 2018, Kap. A, Tz. 409 f.).

Soweit keine Unternehmen in der gleichen Branche gefunden werden, besteht die Möglichkeit, sich bei der Suche in der Praxis bspw. am Markt einerseits und an der internen Kostenstruktur andererseits zu orientieren. Bei der Bewertung eines Schneekanonenherstellers bspw. konnten keine direkt vergleichbaren Unternehmen gefunden werden. Das Geschäftsmodell ist marktseitig von der Entwicklung des Wintersportmarktes in bestimmten Regionen abhängig, sodass diesbezüglich Unternehmen zur Unterstützung des Wintersports, wie bspw. Liftanlagenbetreiber oder Schneemobilhersteller, herangezogen werden können. Dem liegt die Annahme zugrunde, dass marktseitig vergleichbare Verhältnisse gegeben sind, da die Nachfrage nach Skipässen und Schneemobilen durch ähnliche Faktoren bezüglich der Marktentwicklung von Wintersportgebieten bestimmt wird wie die von Schneekanonen.

Zugleich handelt es sich bei dem Unternehmen um einen Spezialmaschinenbauer, dessen interne Kostenstrukturen Ähnlichkeiten mit den Herstellern von Komponenten von Schneekanonen, wie bspw. Hersteller von Düsen, Ventilatoren und Gebläsen, aufweisen. Daher kann eine zusätzliche Peer Group mit Unternehmen entsprechender Spezialmaschinenbauer herangezogen werden.

Wie vorangehend gezeigt, kann es sich in solchen Fällen anbieten, mehrere Peer Groups zu untersuchen und je nach Maßgabe der prägenden systematischen Risiken bspw. einen Mittelwert der Ergebnisse dieser Peer Groups zu bilden.

In der Praxis zeigt sich häufig, dass für KMU eher vergleichbare börsennotierte Unternehmen zu finden sind, die das absatzseitige Risiko auch für KMU sachgerecht widerspiegeln. Soweit jedoch durch den Betafaktor das interne strukturelle Risiko abgebildet werden soll, sind vergleichbare Unternehmen schwieriger zu finden.

Im Zuge der digitalen Transformation stellt sich die Frage, ob das vergangene Geschäft der Peer Group-Unternehmen überhaupt mit dem künftigen, durch die digitale Tranformation veränderten Geschäftsmodell des zu bewertenden Unternehmens vergleichbar ist. In diesem Zusammenhang sollte grundlegend analysiert werden, ob das Risiko des künftigen Geschäftsmodells nicht ein ganz anderes ist als das Risiko der Geschäftsmodelle in der Vergangenheit der als vergleichbar herangezogenen Unternehmen. Durch die digitale Transformation können Geschäftsmodelle von KMU grundlegenden Änderungen unterliegen, sodass Unternehmen nicht mehr in den gleichen Geschäftsfeldern und Märkten wie in der Vergangenheit tätig sind (Ihlau und Barth 2016, S. 1071). Sie werden z. B. künftig andere Kundengruppen bedienen oder auf andere Wettbewerber treffen. Die künftigen Kostenstrukturen können erheblich von den in der Vergangenheit vorgefundenen abweichen. Daher können die in der Vergangenheit beobachteten Betafaktoren ggf. das Risiko der künftig digitalisierten Geschäftsmodelle nur eingeschränkt abbilden (Ihlau und Barth 2016, S. 1071). Hier stellt sich die Frage, wie ein für das künftige Risiko repräsentativer Risikozuschlag ermittelt werden kann. In der Regel werden insbesondere vom IDW pauschale Risikozuschläge abgelehnt. Der Risikozuschlag ist vielmehr vom Bewerter sachgerecht zu schätzen (IDW 2014a, Tz. 50).

Wie bereits angemerkt, sind grundsätzlich nur statistisch signifikante Betafaktoren zu berücksichtigen. Die **statistische Signifikanz** kann mithilfe unterschiedlicher Verfahren gemessen werden. Zum einen kann das Bestimmtheitsmaß R^2 angewendet werden, welches aufzeigt, wie „gut" die verfügbaren empirischen Daten durch das Modell im statistischen Sinne erklärt werden (Zimmermann 1997, S. 67 ff.). Dabei wird das Verhältnis der durch die Regressionsfunktion erklärten Abweichung zur gesamten zu erklärenden Streuung ermittelt. R^2 kann Werte von 0 bis 1 annehmen. Werden die beobachteten Werte durch die Regressionsfunktion nicht erklärt, beträgt $R^2 = 0$. Werden die beobachteten Werte vollständig durch die Regressionsfunktion erklärt, nimmt R^2 den Wert von 1 an. Im Folgenden sind die beiden Extremfälle beispielhaft grafisch dargestellt (Abb. 4.37).

Niedrige R^2-Werte können signalisieren, dass weitere im Modell nicht erfasste Einflüsse auf die abhängige Variable – die Aktienrendite – einwirken.

Ein weiteres Maß zur Prüfung der Güte ist der t-Test. Anhand des t-Tests lässt sich eine Aussage darüber treffen, inwieweit im Rahmen der Regressionsanalyse (s. Abschn. 3.6.5.3) die unabhängige Variable (Marktrendite) Einfluss auf die abhängige Variable (Aktienrendite) hat (Dörschell et al. 2012a, S. 178). Der Betafaktor aus einer Stichprobe stellt grundsätzlich nur eine Schätzgröße dar und dient damit lediglich als Hinweis für den wahren Betafaktor (Meitner und Streitferdt 2015, S. 531 f.). Mithilfe des t-Tests kann geprüft werden, ob aufgrund des auf Basis der Stichprobe ermittelten Betafaktors mit einer bestimmten Wahrscheinlichkeit (Signifikanzniveau) ausgeschlossen werden kann, dass der Betafaktor null entspricht (Nullhypothese) (Meitner und Streitferdt 2015, S. 532). Bei einem Signifikanzniveau von 95 % und einem Stichprobenumfang von n = 50 kann diese Nullhypothese bspw. verworfen werden, wenn der empirische t-Wert

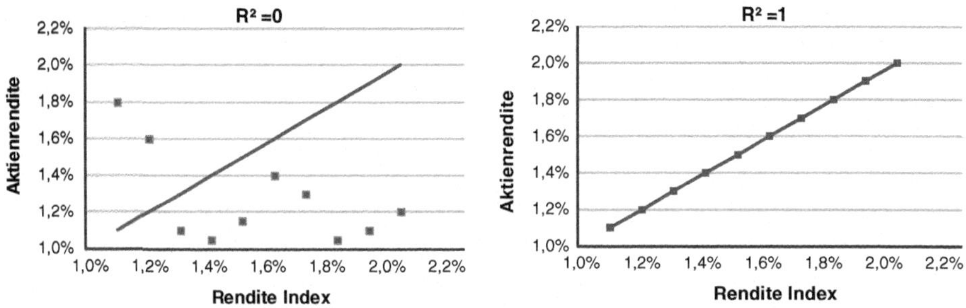

Abb. 4.37 Regressionsgleichungen mit $R^2 = 0$ bzw. $R^2 = 1$

über dem tabellarischen t-Wert[72] von rund zwei liegt. Der t-Wert wird dabei aus dem Regressionskoeffizienten und seinem Standardfehler ermittelt (Dörschell et al. 2012a, S. 178).

$$t_{emp} = \frac{\beta_k - \beta_h}{s_{\beta k}} \tag{4.4}$$

mit:

t_{emp} = Empirischer t-Wert
β_k = Zu schätzender Regressionskoeffizient mit k = 0, …, K
β_h = Wahrer (unbekannter) Regressionskoeffizient
$s_{\beta k}$ = Standardfehler von β_k

Mit der Verwerfung der Nullhypothese wird im Rahmen der Unternehmensbewertung in der Regel die Schlussfolgerung gezogen, dass der Betafaktor verwendet werden kann (Zimmermann 1997, S. 70).

Neben dem Bestimmtheitsmaß und dem t-Test ist die **Liquidität** ein wichtiges Kriterium zur Beurteilung der Eignung eines Betafaktors. Unter Liquidität ist die Handelbarkeit des Unternehmens bzw. der Wertpapiere des Unternehmens zu verstehen (Dörschell et al. 2016, S. 423, Franken und Schulte 2010, S. 1115). Da der Betafaktor den Zusammenhang zwischen Aktien- und Marktrendite angibt, ist es notwendig, dass sich der Aktienkurs sachlich und zeitlich unverzerrt an veränderte ökonomische Rahmenbedingungen anpasst (Dörschell et al. 2012a, S. 167). Wesentliche Bedingungen hierfür sind institutionelle Voraussetzungen für einen liquiden Handel sowie ein hinreichendes Handelsvolumen (Dörschell et al. 2012a, S. 167). Ein liquider Markt zeichnet sich in der Theorie durch keine, in der Praxis durch geringe Transaktionskosten aus und kann bspw. durch eine geringe Geld-Brief-Spanne nachgewiesen werden (Grossman und Shiller 1981, S. 222 ff.; Fama 1991, S. 1575 ff.; Rojann und Elschen 2009, S. 88).

Einen wichtigen Hinweis auf die Liquidität einer Aktie gibt bereits die Anzahl der Tage, an denen ein Handel stattgefunden hat. Weitere wesentliche Messgrößen zur Bestimmung einer Marktenge sind bspw. die absolute Anzahl der innerhalb eines Zeitraumes gehandelten Aktien (Handelsvolumen), bzw. der Wert der gehandelten Aktien (Handelsumsatz) und das Verhältnis handelbarer Aktien zur gesamten Aktienanzahl (Free Float bzw. Streubesitz) (Dörschell et al. 2012a, S. 168 f.). Bei der Betrachtung des Free Float sollte jedoch die Marktkapitalisierung nicht unberücksichtigt bleiben (Dörschell et al. 2012a, S. 169; Adolff 2007, S. 342).

Insgesamt ist der Begriff der Liquidität einer Aktie nicht exakt definiert. Er ist jedoch nahe verwandt mit den Begriffen der Fungibilität und Marktenge (Dörschell et al. 2012a, S. 169, Kindermann 2005, S. 10 ff. und S. 45). Der Liquiditätsbegriff ist mehrdimensional und basiert grundsätzlich auf der Fähigkeit, Aktien schnell, zu geringen

[72]Tabellenwerte sind bspw. bei Backhaus et al. 2016 verfügbar.

Transaktionskosten, in kleinen und großen Mengen, jederzeit und ohne nennenswerten Aufschlag zu marktgerechten Kursen kaufen und verkaufen zu können (Dörschell et al. 2012a, S. 169). Nach unserer Bewertungserfahrung weisen insbesondere aufgrund ihrer Größe mit KMU vergleichbare Unternehmen häufig eine zu geringe Liquidität auf, sodass in diesen Fällen die Betafaktoren nicht als Vergleichsmaßstab herangezogen werden können.

Nach der Auswahl der Vergleichsunternehmen stellt sich die Frage, welcher Betafaktor der Vergleichsunternehmen angesetzt werden soll. Bei der Berechnung der Betafaktoren kommt eine Vielzahl unterschiedlicher Parameter und Faktoren zur Anwendung, die ebenfalls einen wesentlichen Effekt auf die Höhe des Betafaktors haben können. Die Höhe der Betafaktoren hängt maßgeblich von dem verwendeten Referenzindex sowie dem Beobachtungszeitraum und den Renditeintervallen ab. Eine beispielhafte Übersicht über mögliche Referenzindizes und Beobachtungszeiträume gibt Abb. 4.38.

Als **Referenzindex** für das sog. Marktportfolio des CAPM dienen in der Regel nationale und internationale Aktienindizes. Die wichtigsten Unterscheidungsmerkmale sind dabei der Sitz der im Index enthaltenen Unternehmen sowie die Breite des Referenzindexes, d. h. die Anzahl der enthaltenen Unternehmen. Eine generelle verbindliche Aussage im Hinblick auf die richtige Wahl des Referenzindexes ist nicht möglich. Hierbei sind vor allem einzelne Faktoren, wie die angenommene Investorenperspektive im Hinblick auf den Umfang der betrachteten Alternativinvestitionen sowie Sitz und regionale Ausbreitung der Geschäftstätigkeit des Bewertungsobjektes und letztlich der Bewertungsanlass entscheidend (Dörschell et al. 2016, S. 418 f.). Bei der Bewertung eines inländischen Unternehmens aus Sicht eines deutschen Anteilseigners kann die Verwendung eines breiten lokalen deutschen Aktienindexes wie dem CDAX empfohlen werden (Dörschell et al. 2012a, S. 96). In der Praxis zeigt sich, dass die Höhe der Betafaktoren in Abhängigkeit vom gewählten Referenzindex erheblichen Schwankungen unterliegen kann.

Neben der Wahl des Referenzindexes ist auch die Intervallbildung der Renditepaare bzw. die Periodizität eine wichtige Einflussgröße bei der Schätzung des Betafaktors

Referenzindex	Beobachtungszeitraum und Renditeintervall
National • CDAX • DAX • FTSE • CAC	5 Jahre • Tägliche Beobachtungen • Wöchentliche Beobachtungen • Monatliche Beobachtungen
International • MSCI World • EURO STOXX 50 • Dow Jones STOXX 600	2 Jahre • Tägliche Beobachtungen • Wöchentliche Beobachtungen 1 Jahr • Tägliche Beobachtungen

Abb. 4.38 Einflussfaktoren auf die Höhe der Betafaktoren

anhand von Kapitalmarktdaten. Üblicherweise werden Renditeintervalle für tägliche, wöchentliche oder monatliche Zeiträume ermittelt (Dörschell et al. 2012a, S. 161). Der Zusammenhang zwischen der Häufigkeit der Datenmessungen (Renditeintervalle) und der Höhe des Betafaktors wird in der Literatur auch als Intervalling-Effekt bezeichnet (Dörschell et al. 2012a, S. 162, Zimmermann 1997, S. 99 ff.). Dieser Intervalling-Effekt wird damit begründet, dass wenn eine Aktie selten oder gar nicht gehandelt wird, der Börsenkurs des Unternehmens nicht rechtzeitig auf Marktentwicklungen reagieren kann.

Der **Beobachtungszeitraum** ist ebenfalls ein wichtiger Einflussfaktor bei der Ermittlung von Betafaktoren. Beide Parameter – Beobachtungszeitraum und Renditeintervall – stehen in einem engen Zusammenhang, da sie entscheidend für den Stichprobenumfang bei der Ermittlung der historischen Betafaktoren sind. Grundsätzlich ist dabei zu beachten, dass längere Beobachtungszeiträume und kürzere Renditeintervalle aufgrund des höheren Stichprobenumfangs zu bevorzugen sind (Zimmermann 1997, S. 341). In der Praxis führt dies dazu, dass ein Stichprobenumfang von weniger als 59 Beobachtungen (5 Jahre Beobachtungszeitraum bei einem monatlichen Renditeintervall) nicht angewandt wird. Auch im Hinblick auf den Beobachtungszeitraum und das Renditeintervall kann keine grundsätzliche Empfehlung gegeben werden. Hier können je nach gewähltem Zeitraum Sondereinflüsse und mögliche Strukturbrüche die Höhe des Betafaktors beeinflussen. Daher sollte die Höhe der Betafaktoren unter Berücksichtigung des Einzelfalls für unterschiedliche Zeiträume und Renditeintervalle untersucht werden (Dörschell et al. 2016, S. 420 ff.). Hinsichtlich der Auswahl des Betrachtungszeitraums gibt es keine generellen Unterschiede bei der Bewertung von KMU. Grundsätzlich ist darauf zu achten, dass keine Strukturbrüche vorliegen und die in der Vergangenheit maßgeblichen Erfolgsfaktoren auch wesentlich für die zukünftige Entwicklung des Unternehmens sind.

Vor dem Hintergrund der Gestaltungsspielräume bei der Ableitung der Betafaktoren bewegt sich der für das Bewertungsobjekt geschätzte Betafaktor je nach Länge der Betrachtungsperiode, des Renditeintervalls, der Auswahl des Vergleichsindexes und der Auswahl der Vergleichsunternehmen immer in einer Bandbreite darstellbarer Werte. Es gibt demnach keinen eindeutigen und exakt richtigen Betafaktor. Das daraus resultierende Ermessen ist so auszunutzen, dass der Betafaktor aus Sicht des Bewerters bzw. Gutachters das Risiko des Geschäftsmodells und der zu kapitalisierenden finanziellen Überschüsse angemessen widerspiegelt. Dafür sollten auch Unterschiede, die sich aus den verschiedenen Beobachtungszeiträumen und Renditeintervallen ergeben, kritisch hinterfragt werden. Unter Hinzuziehung der Analysen aus der Auswahl verschiedener Referenzindizes sollte diejenige Ermittlungsmethodik bevorzugt werden, die die höchste Beständigkeit der Ergebnisse aufweist.

Die Anwendung des kapitalmarktorientierten Verfahrens zur Bestimmung der Kapitalkosten für KMU wird in der Praxis teilweise kritisch beurteilt, weil das zu bewertende Unternehmen in der Regel selbst nicht börsennotiert ist und die Vergleichbarkeit von börsennotierten Unternehmen fraglich erscheint. Dies bezieht sich insbesondere auf die Kriterien Größe sowie Spezialisierung der operativen Geschäftstätigkeit, Abhängigkeit von Kunden oder Lieferanten sowie eingeschränkte Finanzierungsquellen (Dörschell et al. 2012a, S. 368 f.). Sofern das Risikoprofil des Bewertungsobjektes durch die Peer Group nicht adäquat widergespiegelt wird, sind in Abhängigkeit von Bewertungsanlass und Bewertungszweck ggf. Anpassungen des unternehmensspezifischen Risikozuschlages vorzunehmen (s. Abschn. 4.4.2) (Ihlau und Duscha 2012, S. 493). Dies trifft insbesondere auf Start-up-Unternehmen zu, deren Chancen- und Risikoprofil sich erheblich von etablierten Unternehmen unterscheidet. Zum einen sind Start-ups einem höheren Insolvenzrisiko und inhärenten Planungsunsicherheiten ausgesetzt. Zum anderen stehen dem Risiko deutlich höhere Wachstums- und Entwicklungsmöglichkeiten gegenüber (Rzepka et. al. 2016, S. 317 f.).

4.4.1.3 Berücksichtigung des Verschuldungsgrades

Der Verschuldungsgrad eines Unternehmens hat Auswirkungen auf das Risiko und damit auf die Renditeforderung der Eigenkapitalgeber (Copeland et al. 2008, S. 709). Die Zusammenhänge sind in Abschn. 3.6.5.1 näher beschrieben. Je stärker ein Unternehmen mit Fremdkapital finanziert ist, desto größer sind die Risiken der Eigenkapitalgeber, da im Insolvenzfall zunächst die Forderungen der Fremdkapitalgeber bedient werden. Wird der Betafaktor anhand von Vergleichsunternehmen geschätzt, ist es deshalb erforderlich, das im Betafaktor enthaltene Finanzierungsrisiko der Vergleichsunternehmen zu bereinigen und an die Finanzierungsstruktur des Bewertungsobjekts anzupassen (s. Abschn. 3.6.5.3).

Weist das Bewertungsobjekt einen Verschuldungsgrad auf, der erheblich höher ist als der Verschuldungsgrad der Branche, oder sind mit dem Verschuldungsgrad des Bewertungsobjekts materielle Ausfallrisiken verbunden, ist eine Bewertung auf Basis des Bruttoansatzes zu empfehlen. Bei dem Bruttoansatz wird in einem ersten Schritt unabhängig von der hohen Verschuldung ein Barwert der operativen finanziellen Überschüsse ermittelt (z. B. nach dem WACC- oder APV-Ansatz) und hiervon in einem zweiten Schritt der Marktwert des Fremdkapitals abgezogen (s. Abschn. 3.5.1). Hierdurch lassen sich operative Unternehmensrisiken, Kapitalstrukturrisiken und Ausfallrisiken gesondert und transparent berücksichtigen. Da im Branchenvergleich erheblich höhere Verschuldungsgrade c.p. zu schlechteren Kreditratings und zu höheren Fremdkapitalkosten führen (s. Abschn. 3.6.5.1), tritt mit zunehmendem Verschuldungsgrad neben das vom Fremdkapitalgeber zu tragende operative Unternehmensrisiko das Risiko, dass das Unternehmen nur mit einer gewissen Wahrscheinlichkeit seinen vertraglichen Leistungsverpflichtungen nachkommen kann und das Fremdkapital vollständig bedienen wird (Ausfallrisiko des Fremdkapitalgebers). In diesem Zusammenhang sollte analysiert werden, ob die Ausfallrisiken bereits bei der Prognose der finanziellen Überschüsse erwartungstreu berücksichtigt sind. In diesem Fall sind sie nicht in die Kapitalkosten einzubeziehen. Sind Ausfallrisiken nicht bei der Prognose der finanziellen Überschüsse berücksichtigt worden, sollten Ausfallrisiken über den Ansatz erwarteter Eigenkapitalkosten und der erwarteten Rendite der Fremdkapitalgeber berücksichtigt werden. Bei den Eigenkapitalkosten kann dies über den Ansatz eines Debt Betafaktors beim Unlevern und Relevern des Betafaktors des Eigenkapitals erfolgen (s. Abschn. 3.6.5.3). Die erwartete Rendite des Fremdkapitals bestimmt sich unter Berücksichtigung von Ausfallrisiken vereinfachend als mit der Ausfallwahrscheinlichkeit gewichtetes Mittel aus der am Kapitalmarkt beobachtbaren Rendite und der erwarteten Befriedigungsquote bei Ausfall des Fremdkapitals. Bei der Ermittlung eines objektivierten Werts eines hoch verschuldeten Unternehmens ist es auch sachgerecht, die Kapitalkosten aus operativ vergleichbaren, aber normal verschuldeten Unternehmen abzuleiten, um das operative Unternehmensrisiko adäquat und transparent zu berücksichtigen.

Die Finanzierung von KMU ist in der Regel stark durch den Eigentümer geprägt, da KMU im Vergleich zu Großunternehmen häufig einen geringeren Zugang zu Kreditinstituten, dem Kapitalmarkt und weiteren Finanzierungsquellen haben (s. Abschn. 2.1.2) (IDW 2008, Tz. 158). Die betriebliche Finanzierung ist in vielen Fällen nicht von der privaten Sphäre getrennt. Bei der Bewertung von KMU ist daher auf eine zutreffende Abgrenzung von Eigen- und Fremdkapital zu achten, um die notwendigen Auswirkungen der Finanzierung auf die zu kapitalisierenden Ergebnisse und die Wirkung der Kapitalstruktur auf den Kapitalisierungszinssatz äquivalent und sachgerecht abbilden zu können (s. Abschn. 4.3.1.4). Dabei ist insbesondere die Klassifizierung von Gesellschafterkonten und -darlehen als Eigen- oder Fremdkapital zu analysieren. Die Zuordnungen haben sowohl Auswirkungen auf die Finanzierungskosten als auch auf die Höhe des Kapitalisierungszinssatzes.

Im Zusammenhang mit der mangelnden Trennung zwischen Eigen- und Fremdkapital bzw. der betrieblichen und der privaten Sphäre des Gesellschafters steht auch die mögliche Haftung von privatem Vermögen für Verbindlichkeiten des Unternehmens. Die Besicherung durch das Privatvermögen geht dann häufig mit einem geringeren Fremdkapitalzinssatz einher. Unter Berücksichtigung des Bewertungsanlasses und der sachgerechten Abgrenzung des Bewertungsobjektes ist im Rahmen der Bewertung zu entscheiden, ob und in welcher Form die privaten Sicherheiten sowie der geringere Fremdkapitalzinssatz zu berücksichtigen sind (IDW 2008, Tz. 159).

Bei der Ermittlung objektivierter Unternehmenswerte ist zu beachten, dass insbesondere bei Bewertungsanlässen, bei denen der Eigentümer ausscheidet, typisierend eine Ablösung der Gesellschafterdarlehen durch marktüblich verzinste Bankdarlehen unterstellt wird. Auch für die Phase der ewigen Rente kann unabhängig vom Ausscheiden des Eigentümers eine Anpassung an marktgerechte Konditionen sachgerecht sein (s. Abschn. 4.3.1.4). Die Anpassungen der Finanzierungskonditionen sollten auch zu entsprechenden Anpassungen im Kapitalisierungszinssatz führen.

Zudem sind bei einer objektivierten Bewertung ggf. zusätzliche Avalgebühren zu berücksichtigen (s. Abschn. 4.3.1.4), da bei dominierten Bewertungsanlässen die wirtschaftlichen Gegebenheiten zur Ableitung der Nettozuflüsse so abgebildet werden sollten, wie sie sich ohne die privaten Sicherheiten voraussichtlich darstellen würden (Schütte-Biastoch 2011, S. 191). Die Bereinigung der Effekte privater Sicherheiten kann auf verschiedene Weise erfolgen. Beispielsweise ist die Bereinigung durch Erhöhung der

Fremdkapitalkosten auf ein marktgerechtes Niveau ohne Sicherheiten möglich (Schütte-Biastoch 2011, S. 127). Daneben ist auch eine Erfassung einer kalkulatorischen Avalprovision möglich (Schoberth und Ihlau 2008, S. 2115). In diesem Fall ist jedoch bei der Ermittlung der Eigenkapitalkosten eine Anpassung der Kapitalstruktur vorzunehmen, bei der das auf Unternehmensebene ausgewiesene Eigenkapital um das als Sicherheit zur Verfügung stehende Privatvermögen ergänzt wird. Erst bei einer konsistenten Anpassung von Zähler (durch die Avalprovision) und Nenner (durch den Verschuldungsgrad) des Bewertungskalküls kommen beide Vorgehensweisen zum gleichen Ergebnis. Die Anpassung der Kapitalstruktur setzt jedoch die Kenntnis bzw. die Ermittlung des Marktwerts des als Sicherheit genutzten Privatvermögens voraus (Schütte-Biastoch 2011, S. 192).

Bei der Ermittlung subjektiver Entscheidungswerte im Rahmen von Transaktionen, wie bspw. dem Verkauf des Unternehmens, oder sonstigen Bewertungsanlässen wird der potenzielle Investor grundsätzlich seine künftigen Finanzierungsmöglichkeiten und seine individuellen Fremdfinanzierungskonditionen berücksichtigen. Hier ist im Einzelfall zu entscheiden, in welcher Form die Bereitstellung privater Sicherheiten im Bewertungskalkül berücksichtigt wird. Dabei kann im Einzelfall unter Abwägung subjektiver Interessen und Annahmen im Hinblick auf die Dauer der Bereitstellung ein von der Ermittlung objektivierter Unternehmenswerte abweichendes Vorgehen gewählt werden.

Bei der Ermittlung der Kapitalkosten anhand von börsennotierten Vergleichsunternehmen basiert der Kapitalisierungszinssatz auf Renditen von Alternativinvestitionen mit einer Haftungsbeschränkung (s. auch Abschn. 4.3.1.4). Bei Einzelunternehmern oder persönlich haftenden Gesellschaftern von Personengesellschaften ist die Haftung dagegen grundsätzlich unbeschränkt, sodass sich bei ertragsschwachen KMU ein zusätzliches Risiko der potenziellen Nachschusspflicht ergibt. In der Literatur gibt es Überlegungen, einen Zuschlag auf den Kapitalisierungszinssatz durch Ratings zu entwickeln, der das Ausfallrisiko und die damit einhergehende Nachschusspflicht bei Personengesellschaften ggf. widerspiegeln kann (Schütte-Biastoch 2011, S. 194). Dabei werden die Ratings von zwei vergleichbaren Unternehmen – eines mit Haftungsbeschränkung und eines ohne Haftungsbeschränkung – herangezogen. Die Differenz zwischen dem Credit Spread beider Ratings könnte eine Ausgangsgröße zur Bemessung des zusätzlichen Risikos aus der fehlenden Haftungsbegrenzung darstellen (Schütte-Biastoch 2011, S. 195 f.). Darüber hinaus sollten u. E., soweit Anpassungen wegen fehlender Haftungsbeschränkungen in der Bewertung als angemessen erachtet werden, diese entweder bei den zu kapitalisierenden Überschüssen oder als Abschlag vom Unternehmenswert, nicht jedoch im Kapitalisierungszinssatz berücksichtigt werden.

4.4.2 Möglichkeiten der Anpassung des Kapitalisierungszinssatzes bei der Bewertung von KMU

In den vorangegangenen Kapiteln wurde gezeigt, dass schon bei der Ermittlung des Betafaktors die individuellen Gegebenheiten des KMU zu berücksichtigen sind. Soweit das operative Risiko des KMU über den ermittelten Betafaktor nicht adäquat abgebildet wird, kann zu überlegen sein, ob der Bewerter eine Anpassung des Betafaktors vornimmt. Solche in der Praxis durchaus sachgerechten Anpassungen können meist nur aus den umfassenden Erfahrungen des Bewerters resultieren. Jedoch ist insbesondere bei der Ermittlung objektivierter Unternehmenswerte stets eine ausreichende Begründung und Dokumentation der Höhe der Anpassung erforderlich. Grundsätzlich ist jedoch auch bei der Ermittlung der operativen als auch der im Folgenden diskutierten weiteren Besonderheiten von KMU zu beachten, dass diese vorrangig in den finanziellen Überschüssen abzubilden sind, bevor sie über eine Anpassung des Kapitalisierungszinssatzes Eingang in das Bewertungskalkül finden. Erst wenn die Möglichkeit einer Anpassung der finanziellen Überschüsse aufgrund mangelnder Quantifizierbarkeit der Effekte ausscheidet, kann eine Risikoanpassung im Kapitalisierungszinssatz im Einzelfall geboten sein (Ihlau und Duscha 2012, S. 494). Darüber hinaus ist stets darauf zu achten, dass keine Doppelerfassung von Risiken erfolgt. Im Schrifttum existieren zahlreiche Ansätze, bei denen eine Anpassung des Risikozuschlages bei der Bewertung von KMU diskutiert wird (Jonas 2011, S. 305 f.; Ihlau und Duscha 2012, S. 494 ff.). Zunächst stellt sich die Frage, ob KMU generell durch eine geringere Unternehmensgröße und ein damit einhergehendes höheres operatives Risiko eine höhere Renditeforderung der Anteilseigner aufweisen. Diese Risiken sind im Zähler des Bewertungskalküls zu berücksichtigen. Auch eine Anwendung einer allgemeinen Size Premium wird – wie im Folgenden dargelegt – abgelehnt. Darüber hinaus werden im Wesentlichen drei Besonderheiten von KMU im Vergleich zu großen bzw. börsennotierten Unternehmen genannt, die ggf. Anpassungen erforderlich machen. Zum einen wird auf die Möglichkeit hingewiesen, dass KMU eine höhere Insolvenzwahrscheinlichkeit aufweisen als große Unternehmen. Weitere Besonderheiten betreffen die Annahme der vollständigen Diversifikation des Anteilseigners bei der Bewertung von KMU. Diese wird als kritisch angesehen, weil oftmals das in dem KMU gebundene Kapital einen wesentlichen Anteil des Gesamtvermögens des Eigentümers darstellt. Ein solcher Unternehmenseigner ist dann – entgegen den Annahmen des CAPM – gegebenenfalls nicht vollständig diversifiziert. Daneben ist auch eine geringere Fungibilität von Gesellschaftsanteilen an KMU im Vergleich zu großen bzw. börsennotierten Unternehmen zu beobachten. Aufgrund der vergleichsweise höheren Transaktionskosten wird ein Zuschlag auf den Kapitalisierungszinssatz diskutiert.

Allen drei Ansätzen ist gemein, dass die geforderte Anpassung des Kapitalisierungszinssatzes aus den Unterschieden zwischen KMU und börsennotierten Unternehmen bzw. deren Anteilseignerstrukturen resultiert. In den folgenden Kapiteln werden die Ansätze im Einzelnen besprochen, und es wird aufgezeigt, ob und wie diese Unterschiede im Bewertungskalkül zu berücksichtigen sind.

4.4.2.1 Insolvenzrisiko

Unternehmen bestehen nicht ewig. Der Wettbewerb um Ressourcen und Marktanteile hat einen Selektionsprozess zur Folge, in dem viele Unternehmen nicht dauerhaft erfolgreich sind. Darüber hinaus kommt erschwerend hinzu, dass sich die Rahmenbedingungen, in denen sich ein Unternehmen bewegt, fortlaufend ändern. Bestehende Wettbewerbsvorteile schwinden mit der Zeit und können durch neue Entwicklungen nicht immer gleichwertig ersetzt werden.

Das langfristige Wachstum der Wirtschaft insgesamt lässt sich somit nicht auf einzelne Unternehmen übertragen. Einige Unternehmen können im Wettbewerb nicht bestehen. Die Folge kann eine Übernahme durch einen erfolgreicheren Wettbewerber oder im Ernstfall die Liquidation oder Insolvenz sein. Viele Geschäftsmodelle von KMU weisen ein höheres Risiko auf, das in Zusammenhang mit dem starken Personenbezug, einer hohen Nischenspezialisierung oder einer Start-up-Phase stehen kann. In diesen Fällen ist nur schwer absehbar, ob sich das Geschäftsmodell zukünftig am Markt behaupten kann. Auch aus der fehlenden Substituierbarkeit des geschäftsführenden Eigentümers kann sich eine begrenzte Lebensdauer des Unternehmens ergeben (Schütte-Biastoch 2011, S. 173). Ein für KMU höher eingeschätztes Insolvenzrisiko könnte eine Begründung dafür sein, dass in der Praxis für diese Unternehmen im Vergleich zu den durchgeführten Bewertungen häufig geringere Kaufpreise gezahlt werden. Fremdkapitalgeber lassen sich dieses höhere Risiko in der Regel von mittelständischen Unternehmen vergüten.

Durch das Rating wird die Wahrscheinlichkeit der zeitgerechten und vollständigen Begleichung der Zins- und Tilgungsverpflichtungen eines Schuldners über einen gewissen Zeitraum zum Ausdruck gebracht (Keiner 2001, S. 15). Das Rating ist das Ergebnis einer Risikoanalyse, an deren Ende der Kreditnehmer (Bonitätsrating) oder das Kreditengagement (Kreditrating) in eine ordinale Skala eingeordnet wird (Wambach und Kirchmer 2002, S. 402). Ratings werden von unabhängigen Ratingagenturen[73] (externe Ratings) oder von Kreditinstituten im Rahmen ihrer Kreditwürdigkeitsprüfung (interne Ratings) durchgeführt (Keiner 2001, S. 15). Eine Ratingskala am Beispiel der Agentur Standard & Poor's ist in Abb. 4.39 dargestellt.

Das Rating verdichtet die Vielfalt der für die Einschätzung der Bonität eines Unternehmens notwendigen Aspekte in Form eines zusammenfassenden Ratingsymbols (Wambach und Kirchmer 2002, S. 402). Wichtigster Bestandteil bei der Festlegung eines Rating ist die Unternehmensanalyse, bei der zwischen der quantitativen und qualitativen Analyse unterschieden wird. Die quantitative Analyse umfasst zahlenmäßige Informationen, wie Jahresabschlüsse, Prüfungsberichte, Planungsrechnungen, betriebswirtschaftliche Auswertungen, etc. Qualitative Analysen betreffen bspw. die Qualität des Managements, Wertschöpfung, Strategie und Marktsituation (Keiner 2001, S. 124).

Das Rating hat wesentlichen Einfluss auf den Unternehmenswert. Dies ist zum einen auf die Ausgestaltung der Finanzierungskonditionen zurückzuführen (Behringer 2012, S. 218). Diese stehen aufgrund der Vorschriften, bei der Eigenkapitalunterlegung von Kreditinstituten auf die Bonität der Schuldner abzustellen (Basel II), in direktem Zusammenhang mit dem Rating (Behringer 2012, S. 216). Das hat zur Folge, dass die

[73]Z. B. Standard & Poor's oder Moody's.

	S & P	Bonitätseinstufung
Investment Grade	AAA	**Sehr gut:** Höchste Bonität, praktisch kein Ausfallrisiko
	AA+ AA AA-	**Sehr gut bis gut:** Hohe Zahlungswahrscheinlichkeit, geringes Insolvenzrisiko
	A+ A A-	**Gut bis befriedigend:** Angemessene Deckung von Zins und Tilgung, aber auch Elemente, die sich bei einer Veränderung der wirtschaftlichen Lage negativ auswirken können
	BBB+ BBB BBB-	**Befriedigend:** Angemessene Deckung von Zins und Tilgung, aber auch spekulative Charakteristika oder mangelnder Schutz gegen wirtschaftliche Veränderungen
Speculative Grade	BB+ BB BB-	**Ausreichend:** Sehr mäßige Deckung von Zins und Tilgung, auch in gutem wirtschaftlichem Umfeld
	B+ B B-	**Mangelhaft:** Geringe Sicherung von Zins und Tilgung
	CCC CC C	**Ungenügend:** Niedrigste Qualität, geringster Anlegerschutz, in akuter Gefahr eines Zahlungsverzugs
	D	**Zahlungsunfähig:** In Zahlungsverzug

Abb. 4.39 Vereinfachte Darstellung der Ratingskala von Standard & Poor's (Keiner 2001, S. 14)

Finanzierungskonditionen stärker von der Bonität der Kreditnehmer abhängen (Wambach und Kirchmer 2002, S. 402). Vor diesem Hintergrund sollte ein bestehendes Rating bei der Bestimmung der Fremdkapitalkosten des Bewertungsobjektes unbedingt berücksichtigt werden (Behringer 2012, S. 218). Zum anderen erlaubt das Ratingsymbol eine Ableitung des Bestandsrisikos bzw. des Ausfallrisikos (Wambach und Kirchmer 2002, S. 402). Dies ist insofern bedeutend, da derzeit in der Literatur und in der Praxis eine Diskussion darüber stattfindet, ob Insolvenzrisiken in ausreichender Form im Bewertungskalkül berücksichtigt sind. Die Ausfallwahrscheinlichkeit, die anhand eines Rating quantifiziert werden kann, entspricht zwar nicht zwangsläufig der Insolvenzwahrscheinlichkeit. Die Ausfallwahrscheinlichkeit kann jedoch als geeignete Annäherung an die Insolvenzwahrscheinlichkeit betrachtet werden (IACVA 2011, S. 16).

Eine Übersicht kumulierter historischer Ausfallwahrscheinlichkeiten nach Ratingklassen ist in Abb. 4.40 dargestellt.

Bei KMU besteht jedoch das Problem, dass externe Ratingeinschätzungen in der Regel nicht vorliegen (IACVA 2011, S. 16). Dies ist vor allem damit zu begründen, dass sich ein Rating für die meisten KMU aufgrund der signifikanten Gebühren der externen Ratingagenturen sowie der daran anschließenden laufenden Kosten für die Erneuerung des Rating nicht lohnt (Keiner 2001, S. 107). Liegen hingegen externe Ratings vor, ist darauf

Rating	Jahre 1	2	3	4	5	6	7	8	9	10	11	12	13	14	15
AAA	0.0	0.0	0.1	0.2	0.4	0.5	0.5	0.6	0.7	0.7	0.8	0.8	0.8	0.9	0.9
AA	0.0	0.0	0.1	0.2	0.4	0.5	0.6	0.7	0.8	0.9	1.0	1.1	1.2	1.3	1.3
A	0.1	0.2	0.3	0.4	0.5	0.7	0.9	1.1	1.3	1.5	1.7	1.9	2.0	2.1	2.3
BBB	0.2	0.4	0.7	1.1	1.5	1.9	2.2	2.6	3.0	3.4	3.8	4.2	4.5	4.6	4.8
BB	0.6	1.8	3.6	5.2	6.9	8.2	9.4	10.4	11.3	12.1	12.9	13.7	14.1	14.4	14.8
B	3.9	8.9	13.0	16.2	18.6	20.8	22.3	23.3	24.3	25.3	26.0	26.8	27.4	27.9	28.6
CCC/C	26.8	35.9	41.0	44.1	46.4	47.4	48.6	49.5	50.4	51.0	51.6	52.1	52.8	53.4	53.4

Abb. 4.40 Kumulierte historische Ausfallwahrscheinlichkeiten nach Ratingklassen (1981–2016) (Standard und Poor's 2017, S. 63)

zu achten, dass diese nur für die nähere Zukunft herangezogen werden dürfen (IACVA 2011, S. 16), da die Abgabe eines Rating in der Regel zeitlich (auf ein Jahr) begrenzt ist (Keiner 2001, S. 13). Bei externen Ratings ist daher kritisch zu prüfen, ob diese Einschätzung zur erwarteten Entwicklung des Unternehmens passt und dementsprechend von einem gleichbleibenden Rating in der Zukunft ausgegangen werden kann (IACVA 2011, S. 16). Hilfreich sind in diesem Zusammenhang auch Aussagen der Ratingagenturen im Hinblick darauf, ob der Ausblick des Rating[74] positiv, stabil oder negativ ist.

Liegt ein externes Rating nicht vor, ist ggf. ein vorhandenes bankinternes Rating heranzuziehen. Dabei ist jedoch zu berücksichtigen, dass zwischen externen und bankinternen Ratings strukturelle Unterschiede bestehen. Bankinterne Ratings sind in starkem Maße auf die Bedürfnisse der Banken[75] ausgerichtet, jedoch nicht institutsübergreifend standardisiert und können zu abweichenden Urteilen über die Bonität des Schuldners führen (Schütte-Biastoch 2011, S. 195). Ein bankinternes Rating muss somit auch nicht zwangsläufig vergleichbar mit einem externen Rating sein. In diesem Zusammenhang ist es schwierig, von einem bankinternen Rating anhand von Ausfallstatistiken externer Ratingagenturen auf das Insolvenzrisiko des Bewertungsobjektes zu schließen.

Neben dem externen oder bankinternen Rating besteht jedoch auch die Möglichkeit, für die Ermittlung des Fremdkapitalzinssatzes und des Insolvenzrisikos anhand von Finanzkennzahlen (z. B. Eigenkapitalquote, Gesamtkapitalrendite oder Zinsdeckungsquote) auf das Rating zu schließen (sog. „synthetisches Rating“) (Gleißner 2010, S. 140). Ein häufig in der Praxis angewandtes synthetisches Rating ist die Zinsdeckungsquote, bei der das EBIT des Unternehmens mit dem Zinsaufwand in ein Verhältnis gesetzt wird (IACVA 2011, S. 16).

$$ZDQ = \frac{EBIT}{Zinsaufwand} \tag{4.5}$$

[74]Üblicherweise für einen Zeitraum von 6 Monaten bis 2 Jahren.

[75]Z. B. risikogerechte Preisbildung Kredite, Eigenkapitalunterlegung, Steuerung des Kreditausfallrisikos; siehe Schulenburg 2002, S. 3.

mit:

ZDQ = Zinsdeckungsquote
EBIT = Ergebnis vor Zinsen und Steuern

Eine einfache Umrechnung der Zinsdeckungsquote in ein Rating und den davon abhängigen Credit Spread wird von Damodaran kostenfrei zur Verfügung gestellt, der für amerikanische Unternehmen mit einem Rating den Zusammenhang zwischen der Zinsdeckungsquote und dem Rating untersucht (s. Abb. 4.41).

Neben dem synthetischen Rating ist es auch möglich, die Insolvenzwahrscheinlichkeit über sog. Simulationsmodelle zu ermitteln. Dabei wird für ein bestehendes Planungsmodell mithilfe der Monte-Carlo-Simulation eine Vielzahl an möglichen Szenarien berechnet. Dadurch kann bestimmt werden, in welcher Bandbreite die zukünftigen Erträge oder Cash Flows liegen und mit welcher Wahrscheinlichkeit eine Insolvenz eintritt (Gleißner 2010, S. 741). Die Ermittlung einer Wahrscheinlichkeitsverteilung der künftigen Ratingentwicklung anhand eines synthetischen Ratings ist dadurch ebenfalls möglich (IACVA 2011, S. 17). Problematisch ist jedoch, dass zur Durchführung einer Monte-Carlo-Simulation eine detaillierte Information darüber vorausgesetzt wird, wie die Risiken bestimmter Planparameter verteilt sind (Normalverteilung, Dreiecksverteilung, etc.) und wie diese Verteilung beschrieben werden kann.[76]

Liegen externe Ratings oder bankinterne Ratings nicht vor, bestehen alternative Ansätze, um zu einer Einschätzung im Hinblick auf das Rating des Bewertungsobjektes, einen angemessenen Fremdkapitalzinssatz sowie ein mögliches Insolvenzrisiko zu gelangen. Den Modellen liegen jedoch vereinfachende Annahmen zugrunde. Das synthetische Rating wird auf Basis weniger Finanzkennzahlen approximiert und bei Anwendung der Simulationsverfahren werden Informationen vorausgesetzt, die nur geschätzt werden können. Der Bewerter sollte vor diesem Hintergrund die Ergebnisse kritisch hinterfragen und seine eigenen Erfahrungen im Hinblick auf das Bewertungsobjekt und qualitative Erwägungen in Analogie zum Ratingprozess bei externen Ratingagenturen miteinbeziehen.

Insolvenz- und Ausfallwahrscheinlichkeit sind zwar nicht gleichbedeutend, im Rating kommt insbesondere die Ausfallwahrscheinlichkeit zum Ausdruck (IACVA 2011, S. 16). Ratingbasierte Schätzungen von Ausfallwahrscheinlichkeiten können aber einen Anhaltspunkt für die Einschätzung von Insolvenzwahrscheinlichkeiten geben (IACVA 2011, S. 16).[77] In der Literatur wird seit einiger Zeit diskutiert, ob die Risiken einer möglichen Insolvenz des Bewertungsobjektes im Bewertungskalkül in ausreichender Form abgebildet sind (Gleißner 2010, Lobe 2010, Gleißner 2011a, Lobe und Hölzl 2011, Knoll

---

[76] Z. B. Maximum, Minimum, wahrscheinlichster Wert, Erwartungswert, Standardabweichung.

[77] Weitere Ansätze zur Bestimmung von Insolvenzwahrscheinlichkeiten finden sich z. B. bei Gleißner 2011b, S. 250 f.

Abb. 4.41 Synthetisches Rating in Abhängigkeit von der Zinsdeckungsquote für Unternehmen mit einer Marktkapitalisierung unter USD 5 Mrd. (Stand: Januar 2017) (Damodaran 2017)

Zinsdeckungsquote von	bis	Rating	Credit Spread
12.5	100000.0	AAA	0.54%
9.5	12.5	AA	0.72%
7.5	9.5	A+	0.90%
6.0	7.5	A	0.99%
4.5	6.0	A-	1.13%
4.0	4.5	BBB	1.27%
3.5	4.0	BB+	1.98%
3.0	3.5	BB	2.38%
2.5	3.0	B+	2.98%
2.0	2.5	B	3.57%
1.5	2.0	B-	4.37%
1.3	1.5	CCC	8.64%
0.8	1.2	CC	10.63%
0.5	0.8	C	13.95%
-100000.0	0.5	D	18.60%

und Tartler 2011, IACVA 2011, Gleißner und Ihlau 2012). Dabei dreht sich die Diskussion insbesondere um die Frage, ob Insolvenzrisiken im Erwartungswert der finanziellen Überschüsse adäquat berücksichtigt sind und ob die Annahme einer ewigen Rente (d. h. eines unendlichen Planungshorizonts) vor dem Hintergrund bestehender Insolvenzrisiken sachgerecht ist. Unterliegt im Einzelfall ein Bewertungsobjekt einem (erhöhten) Insolvenzrisiko, würde dies bedeuten, dass der nach einem kapitalwertorientierten Verfahren ermittelte Unternehmenswert ohne Berücksichtigung des Insolvenzrisikos zu hoch ist. Vor allem bei Unternehmen mit einer schlechten Ratingeinstufung, z. B. einem geschätzten Rating von Caa bzw. CCC, sollten die Annahmen im Hinblick auf eine drohende Insolvenz und der ewigen Unternehmensfortführung kritisch hinterfragt werden (IACVA 2011, S. 21).

Grundsätzlich sollte bei der Bewertung darauf geachtet werden, dass die Risiken einer potenziellen Insolvenz bei der Anwendung der Risikozuschlagsmethode (s. Abschn. 3.6.5) im Bewertungskalkül sachgerecht abgebildet sind. Dabei muss auf die Bestandteile des Barwertkalküls, d. h. die zu kapitalisierenden Ergebnisse auf der einen Seite und den Kapitalisierungszinssatz auf der anderen Seite, eingegangen werden. Die zu kapitalisierenden Ergebnisse ergeben sich aus der Planungsrechnung des Bewertungsobjekts, die aufgrund der Ungewissheit der Zukunft nicht mit Sicherheit prognostiziert werden können. Die Planungsunsicherheit spiegelt sich in einer Vielzahl von Szenarien wider, die zum Bewertungsstichtag aus Sicht des Managements grundsätzlich möglich wären. Dies beinhaltet ggf. auch Szenarioausprägungen, die eine Insolvenz des Unternehmens beinhalten. Die möglichen Szenarien sind mit ihren Eintrittswahrscheinlichkeiten zu schätzen (s. Abschn. 4.3.4.3 und Abschn. 4.3.4.4). Die Planungsrechnung ergibt sich in der Folge aus dem Erwartungswert dieser Szenarien (Ballwieser 2016, S. 72). Die Möglichkeit, dass die tatsächliche Entwicklung von diesem Erwartungswert abweichen kann, macht das Risiko der Planungsrechnung aus. Das Risiko aus der Mehrwertigkeit der Planungsrechnung erfordert daher einen Kapitalisierungszinssatz, der dieses Risiko äquivalent widerspiegelt (Ballwieser 2016, S. 99).

Diese theoretischen Vorgaben werden erfahrungsgemäß in der Praxis selten umgesetzt. In der Literatur wird daher teilweise die Kritik geäußert, dass die Insolvenzrisiken im Erwartungswert der Planungsrechnung unterschätzt werden und der Ausfallwahrscheinlichkeit bei Insolvenz nicht genügend Rechnung getragen wird (Gleißner 2011b, S. 243 f.). Auch in der Praxis sieht man zunehmend, dass insbesondere in Branchen, in denen sich Insolvenzen häufen, wie jüngst z. B. in der Kfz-Branche, bei Bewertungen nicht mehr grundsätzlich von einer unendlichen Lebensdauer des Unternehmens ausgegangen wird. Anhand empirischer Untersuchungen wurde eine Insolvenzrate börsennotierter Unternehmen zwischen den Jahren 1986 und 2008 in Höhe von 0,18 % festgestellt (Lobe und Hölzl 2011, S. 256).

Gleichwertige Untersuchungen im Hinblick auf die Insolvenzrisiken liegen für KMU nicht vor, eine überschlägige Ermittlung von Insolvenzquoten für KMU und Großunternehmen weist im Zeitablauf unterschiedliche Ergebnisse auf (s. Abb. 4.42).

In der Literatur wird ebenfalls der Standpunkt vertreten, dass Insolvenzszenarien bei Bewertungen von KMU vermutlich oft nicht ausreichend berücksichtigt sind, da sich Unternehmer und geschäftsführende Eigentümer in der Regel schwertun, für das eigene Unternehmen eine Insolvenzwahrscheinlichkeit zu unterstellen (Knoll und Tartler 2011, S. 410). Es wird jedoch ebenfalls auf die Möglichkeit hingewiesen, dass nicht nur der untere Teil der Planungsszenarien fälschlicherweise ausgeblendet wird, sondern auch die Chancen nicht vollständig berücksichtigt sind. Daher ist insbesondere bei KMU die individuelle Situation des Bewertungsobjektes zu analysieren, da von einer erheblichen Bandbreite hinsichtlich der Wahrscheinlichkeit von Chance/Risiko-Extremen auszugehen ist (Knoll und Tartler 2011, S. 410).

Der Arbeitskreis Bewertung nicht börsennotierter Unternehmen des IACVA e. V. hat zu der Berücksichtigung von Insolvenzrisiken insbesondere bei KMU ein Modell vorgestellt, durch das sich Insolvenzrisiken im Bewertungskalkül berücksichtigen lassen, sofern diese im Erwartungswert der Zahlungsüberschüsse nicht bereits enthalten sind (IACVA 2011, S. 12 ff.). Für die ewige Rente wird in Anpassung des Standardmodells ohne nachhaltiges Wachstum die folgende Formel vorgeschlagen (IACVA 2011, S. 12 ff., Gleißner 2010, S. 737).

	2007/2008		2012		2016	
	KMU (Umsatz ≤ EUR 50 Mio.)	Großunternehmen (Umsatz > EUR 50 Mio.)	KMU (Umsatz ≤ EUR 50 Mio.)	Großunternehmen (Umsatz > EUR 50 Mio.)	KMU (Umsatz ≤ EUR 50 Mio.)	Großunternehmen (Umsatz > EUR 50 Mio.)
Anzahl der Insolvenzen[a]	29,740	60	29,350	150	21,640	60
Anzahl der Unternehmen[b]	31,30,242	10,267	36,09,280	11,296	34,62,935	13,258
Insolvenzquote[c]	9.5	5.8	8.1	13.2	6.2	4.5

Abb. 4.42 Überschlägige Ermittlung von Insolvenzquoten (in Anlehnung an Schütte-Biastoch 2011, S. 176) **a** Creditreform (2008, S. 13, 2012, S. 10, 2016, S. 9); **b** Destatis (2009, 2012, 2016); c Anzahl der Insolvenzen je 1000 Unternehmen

$$UW_o = \frac{E(Z\ddot{U}) \times (1-p)}{k+p} \tag{4.6}$$

mit:

UW$_0$ = Unternehmenswert zum Zeitpunkt 0
E(ZÜ) = Erwartungswert der Zahlungsüberschüsse ohne Berücksichtigung des Insolvenzrisikos
k = Kapitalisierungszinssatz
p = Insolvenzwahrscheinlichkeit

Bei Berücksichtigung einer nachhaltigen Wachstumsrate kann der Unternehmenswert anhand der folgenden Formel beschrieben werden (IACVA 2011, S. 15).

$$UW_o = \frac{E(Z\ddot{U}) \times (1-p)}{k - \mathrm{w} + \mathrm{p} \times (1 + \mathrm{w})} \tag{4.7}$$

mit:

w = konstante nachhaltige Wachstumsrate

Grundlage des Modells ist die Annahme, dass die Planungsrechnung nicht auf dem Erwartungswert der mit den jeweiligen Eintrittswahrscheinlichkeiten gewichteten Szenarien des Unternehmens basiert, sondern eine quasi einwertige Ertrags-, Bilanz- und letztlich Zahlungsüberschussprognose vorliegt, in der Insolvenzrisiken nicht ausreichend berücksichtigt sind (IACVA 2011, S. 14). Die Möglichkeit einer Insolvenz mit abnehmenden finanziellen Überschüssen an die Anteilseigner ist somit in den zu kapitalisierenden Überschüssen nicht berücksichtigt. Anhand der Formel kann das Insolvenzszenario mit der entsprechenden Wahrscheinlichkeit noch ergänzt werden (Gleißner 2011b, S. 246 f.). Bei einer Wahrscheinlichkeit des Insolvenzrisikos in Höhe von 0 %, handelt es sich um die standardmäßig angewandte Gordon/Shapiro-Wachstumsformel (s. Abschn. 3.6.5.5).

In Abb. 4.43 ist die Auswirkung der Insolvenzwahrscheinlichkeit bei Anwendung der oben vorgestellten Formel auf den Unternehmenswert beispielhaft dargestellt.

Für das Beispiel wurde ein konstanter Zahlungsüberschuss zu Beginn der ewigen Rente in Höhe von 10, ein Kapitalisierungszinssatz von 11 % und eine konstante

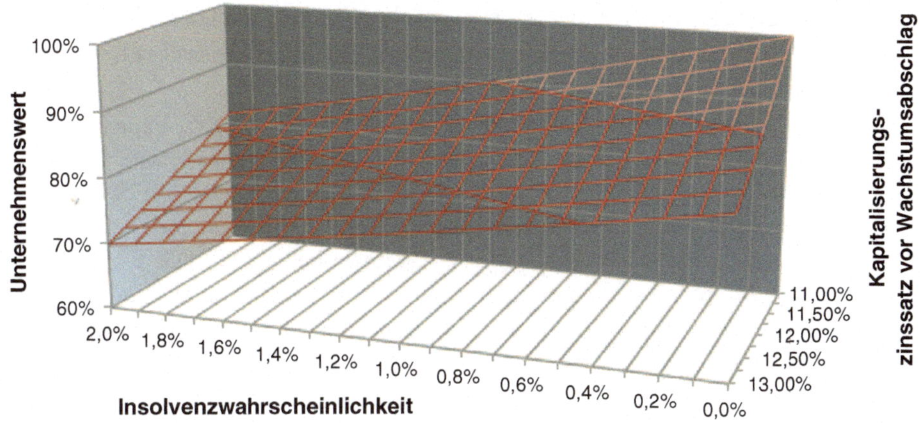

Abb. 4.43 Unternehmenswert in Abhängigkeit von Insolvenzwahrscheinlichkeit und Kapitalisierungszinssatz

Wachstumsrate von 1 % angenommen. Bei schrittweiser Erhöhung der Insolvenzwahrscheinlichkeit bis 2 % sinkt der Unternehmenswert auf 82 % vom Unternehmenswert im Ausgangsfall. Bei zusätzlicher Erhöhung des Kapitalisierungszinssatzes auf 13 % sinkt der Unternehmenswert auf 70 % vom Unternehmenswert im Ausgangsfall.

Die zusätzliche Berücksichtigung einer Insolvenzwahrscheinlichkeit anhand des vorgestellten Modells hat somit nicht unerhebliche Auswirkungen auf den Unternehmenswert. Inwieweit das Modell in der Praxis tatsächlich anwendbar ist, sollte im Einzelfall kritisch geprüft werden, da weiterhin wesentliche Fragen unbeantwortet bleiben. Geht man davon aus, dass tatsächlich eine einwertige Planungsrechnung ohne Berücksichtigung von mit Eintrittswahrscheinlichkeiten gewichtete Szenarien vorliegt, ist die zusätzliche Berücksichtigung lediglich eines weiteren Szenarios, d. h. des Insolvenzszenarios, zweifelhaft. Immerhin existieren in aller Regel weitere Szenarien, die vermutlich teilweise oberhalb und unterhalb der einwertigen Planungsrechnung liegen. Die Ergänzung der einwertigen Planungsrechnung allein um das Insolvenzszenario würde also zu einer Verzerrung des Unternehmenswertes nach unten führen, da Szenarien mit einer gegenüber der einwertigen Planungsrechnung vorteilhafteren Entwicklung unberücksichtigt bleiben (Knoll und Tartler 2011, S. 410). Die dem Modell zugrunde liegende Annahme besteht letztlich darin, dass die bestehende einwertige Planungsrechnung mit einer mit den Eintrittswahrscheinlichkeiten gewichteten mehrwertigen Planungsrechnung gleichgesetzt werden kann, in der die möglichen Szenarien bis auf das Insolvenzszenario enthalten sind. Davon ist in der Regel nicht auszugehen. In der Praxis ist durch den Bewerter zu untersuchen, inwieweit die Planungsrechnung einem Erwartungswert möglicher Szenarien entspricht und ob die Möglichkeit einer Insolvenz in ausreichender Form abgebildet wurde. Ist dies nicht der Fall, ist insbesondere bei ertragsschwachen Unternehmen, in denen die Wahrscheinlichkeit einer Insolvenz vergleichsweise hoch ist, eine Berücksichtigung von Insolvenzrisiken notwendig. Dies kann entweder durch eine Anpassung der Planungsrechnung oder durch das vorgestellte Modell zur Berücksichtigung der Insolvenzrisiken erfolgen.

Zusammenfassend lässt sich festhalten, dass im Einzelfall die Berücksichtigung einer Insolvenzwahrscheinlichkeit oder einer abweichenden Annahme im Hinblick auf die Annahme einer unbegrenzten Lebensdauer in der ewigen Rente zu prüfen ist. KMU weisen in der Regel eine kürzere Lebensdauer auf, die teilweise auch durch einen starken Personenbezug und die Problematik der Nachfolge bedingt ist. Das verfügbare statistische Datenmaterial gibt zumindest Hinweise darauf, dass KMU in ihrer Gesamtheit einem höheren Insolvenzrisiko unterliegen als Großunternehmen (Schütte-Biastoch 2011, S. 177). Dennoch kann hieraus nicht auf eine generelle Berücksichtigung einer Insolvenzwahrscheinlichkeit bei der Bewertung von KMU geschlossen werden.

Grundsätzlich stellt die vereinfachende Annahme einer unendlichen Lebensdauer insbesondere bei objektivierten Unternehmenswerten eine angemessene Vereinfachung des Bewertungskalküls dar. Jedoch sollte im Einzelfall eine kritische Überprüfung erfolgen, inwieweit personenbezogene Einflüsse eine Begrenzung der faktischen Lebensdauer zur Folge haben oder ob durch das Geschäftsmodell als solches – bspw. eine starke Fokussierung und mangelnde Diversifikation – vor dem Hintergrund der Produkt- und Marktentwicklung ein höheres Insolvenzrisiko resultiert und ob diese in der Planungsrechnung in ausreichender Form berücksichtigt wurden. Möglicherweise kann ein Insolvenzrisiko bzw. die begrenzte Lebensdauer eines Unternehmens auch durch ein Abschmelzmodell abgebildet werden (s. Abschn. 4.3.4.3). Soweit sich aus einer Branche – wie z. B. in der Solarindustrie – erhöhte Ausfallrisiken ergeben, ist auch zu berücksichtigen, inwieweit dieses Risiko bereits in den aktuell beobachteten und angewandten Betafaktoren seinen Niederschlag gefunden hat. Auch bei der Berücksichtigung von Insolvenzrisiken ist jeweils sicher zu stellen, dass keine Doppelerfassung der Risiken erfolgt.

4.4.2.2 Mangelnde Diversifikation der Anteilseigner

Beim CAPM wird davon ausgegangen, dass Kapitalanleger die Vorteile der Risikominimierung durch Aufteilung ihres Vermögens in verschiedene Kapitalanlagen (Diversifikation) nutzen. Dies ist jedoch bei KMU oftmals nicht der Fall, da viele geschäftsführende Gesellschafter ihr gesamtes Vermögen in das eigene Unternehmen investiert haben. Die Folge davon ist, dass diese Eigentümer ein höheres Risiko tragen als Kapitalanleger, die eine Vielzahl an unterschiedlichen Kapitalanlagen tätigen und dadurch das Risiko von Renditeschwankungen reduzieren. In Teilen der Literatur wurde deshalb eine Anpassung des Kapitalisierungszinssatzes für die Bewertungsfälle gefordert, in denen den Anteilseignern die Reduzierung des Risikos durch Diversifikation nicht möglich ist (Kratz und Wangler 2005, S. 170 f., Balz und Bordemann 2007, S. 737 ff.). Im Folgenden wird auf diese Zusammenhänge näher eingegangen. Dabei werden die Vorteile der Diversifikation zunächst anhand eines Beispiels erläutert. Im Anschluss daran wird diskutiert, ob und wie eine Anpassung des Kapitalisierungszinssatzes aufgrund mangelnder Diversifikation der Anteilseigner bei Bewertungen Anwendung von KMU finden sollte.

Bei der Diversifikation handelt es sich um die Aufteilung des Vermögens auf eine Vielzahl unterschiedlicher Kapitalanlagen. Wird das Vermögen bspw. in zwei Kapitalanlagen aufgeteilt, liegt die erwartete Rendite beim gewichteten Durchschnitt beider Kapitalanlagen. Beim Risiko, d. h. bei der anhand der Standardabweichung gemessenen Streuung um diese erwartete Rendite, würde man das gleiche erwarten. Tatsächlich ist bei der Mischung von Wertpapieren das Risiko des Portfolios geringer als der gewichtete Durchschnitt der einzelnen Wertpapiere (Bodie et al. 2002, S. 210). Anhand des folgenden Beispiels wird dies näher erläutert. In Abb. 4.44 wurden dafür die jährlichen Kursrenditen der Allianz SE und der Siemens AG für den Zeitraum der Jahre 1993 bis 2017 gegenübergestellt.

Bei der Investition in ein Portfolio, das jeweils zur Hälfte aus Aktien von der Allianz SE und der Siemens AG besteht, ermittelt sich die durchschnittliche Rendite des Portfolios im Betrachtungszeitraum aus dem gewichteten Durchschnitt der Renditen beider Unternehmen (10,5 %). Die Standardabweichung der Renditen des Portfolios beträgt 0,29. Dagegen liegt der gewichtete Durchschnitt der Standardabweichungen der Renditen der einzelnen Aktien mit 0,32 deutlich über der Standardabweichung der Renditen des Portfolios. Die Differenz spiegelt den Vorteil der Risikodiversifikation wider. Aus Anlegersicht ist es vorteilhaft, in ein Portfolio aus Anteilen beider Unternehmen zu investieren, statt einer Investition allein in die Anteile der Allianz SE. Vorausgesetzt die vergangene Verteilung der Renditen lässt sich auf die Zukunft übertragen, verspricht das Portfolio bei gleicher Standardabweichung eine höhere Rendite als die Allianz SE. Werden weitere Kapitalanlagen zum Portfolio hinzugefügt, lassen sich weitere Diversifikationsvorteile realisieren. Im sog. Marktportfolio, in dem alle Kapitalanlagen enthalten sind, ist das Diversifikationspotenzial vollständig ausgeschöpft. In Abb. 4.44 wurden die Kennzahlen

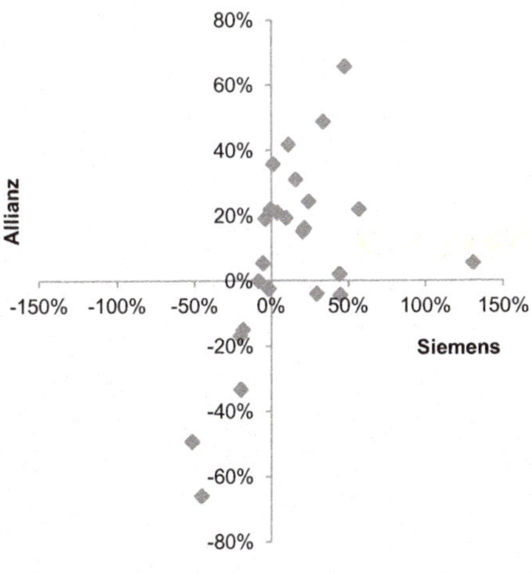

	Allianz SE	Siemens AG	Port-folio	CDAX
Durchschn. Kursrendite	8,2%	10,9%	10,5%	10,5%
Maximum	65,8%	130,7%	68,1%	44,6%
Minimum	-65,9%	-51,6%	-55,7%	-42,6%
σ	0,29	0,35	0,29	0,23

σ = Standardabweichung der Kursrenditen

Abb. 4.44 Jährliche Kursrenditen der Allianz SE und der Siemens AG in den Jahren 1993 bis 2017 (die zugrundeliegenden Aktienkurse wurden mithilfe von Bloomberg abgerufen)

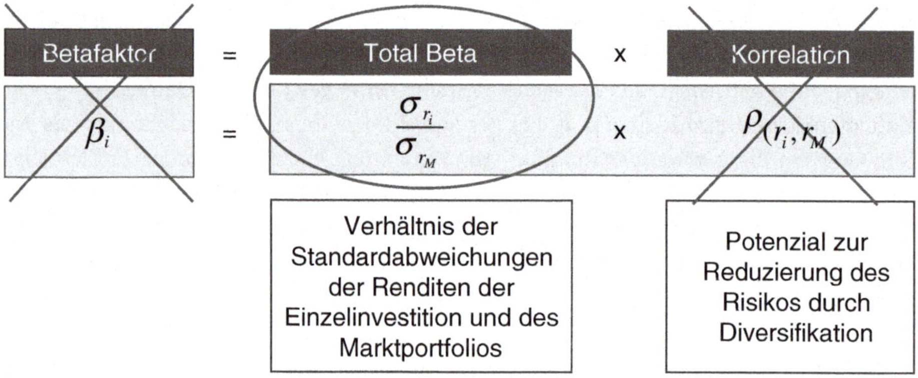

Abb. 4.45 Ermittlung des Total Beta

für den CDAX dem Portfolio aus Allianz SE und Siemens AG für den Betrachtungszeitraum beispielhaft gegenübergestellt. Dabei wird deutlich, dass das Risiko (gemessen durch die Standardabweichung) niedriger ist und gleichzeitig eine gleich hohe durchschnittliche Rendite erzielt werden kann.

Das CAPM geht von der Annahme vollständig diversifizierter Anleger aus, die ausschließlich das systematische Risiko tragen, d. h. das Risiko, welches trotz optimaler Diversifikation des Vermögens in Aktien und weiteren Anlageformen bestehen bleibt. Das unsystematische Risiko einer einzelnen Anlage kann der Investor somit durch Diversifikation seines Anlageportfolios ausschließen, so dass er auch keine Kompensation für die Übernahme dieses Risikos in Form zusätzlicher Renditeerwartungen verlangt. Aufgrund der Besonderheiten der Organisationsstruktur und/oder des Geschäftsmodells ist eine Trennung von Eigentumsrechten und Unternehmensleitung bei KMU häufig wirtschaftlich nicht sinnvoll bzw. möglich. Wie in Abschn. 2.1.2 bereits dargelegt, führen die Finanzierungserfordernisse von KMU dazu, dass die Gesellschafter und vor allem geschäftsführende Inhaber häufig ihr gesamtes Vermögen in ihrem Unternehmen binden. Darüber hinaus ist die Erweiterung des Eigentümerkreises bei KMU oftmals nicht gewünscht oder möglich. Die genannten Gründe führen bei KMU nicht selten zu einem kleinen Gesellschafterkreis, durch den die Vermögensbeteiligung des Einzelnen stark erhöht ist (Balz und Bordemann 2007, S. 740). Die Diversifikationsmöglichkeit der Eigentümer von KMU ist daher nur in geringem Umfang oder überhaupt nicht gegeben.

Zur Berücksichtigung des zusätzlichen unsystematischen Risikos wird im Schrifttum vorgeschlagen, das Standard-CAPM im Sinne des sog. „Total Beta" zu modifizieren (Dörschell et al. 2016, S. 442 f., Balz und Bordemann 2007, S. 737 ff.). Ausgangspunkt für die Anpassung des Standard-CAPM sind die bekannten Formeln zur Ableitung der Renditeerwartung des Investors:

$$r_i = r_f + (r_M - r_f) \times \beta_i \quad (4.8)$$

Mit

$$\beta_i = \frac{\mathrm{cov}(r_i, r_M)}{\mathrm{var}(r_M)} = \rho(r_i, r_M) \times \frac{\sigma_{r_i}}{\sigma_{r_M}} \tag{4.9}$$

mit

r_i	=	Renditeerwartung des Investors in das Unternehmen i
r_f	=	risikofreie Rendite
r_m	=	Renditeerwartung an das Marktportfolio m
β_i	=	Betafaktor des Unternehmens i
$cov(r_i, r_M)$	=	Kovarianz der Renditen von i und m
$var(r_M)$	=	Varianz der Renditen von m
$\rho(r_i, r_M)$	=	Korrelationskoeffizient der Renditen von i und m
σ_{ri} *bzw.* σ_{rM}	=	Standardabweichung der Renditen von i bzw. m

Das Gesamtrisiko einer Anlage, das auch als „Total Beta" $\left(\beta_i^{total}\right)$ bezeichnet wird, entspricht dem Verhältnis der Standardabweichungen der Renditen der Einzelinvestition und des Marktportfolios. Die Risikoreduktion vom Gesamtrisiko auf das systematische Risiko wird durch den Korrelationskoeffizienten dargestellt, der den Grad des Zusammenhangs zwischen den Anlagerenditen und den Marktrenditen beschreibt. Dieser Korrelationskoeffizient fällt bei einem nicht diversifizierten Investor weg, sodass das Gesamtrisiko verbleibt.

$$\beta_i^{total} = \frac{\sigma_{r_i}}{\sigma_{r_M}} bzw. \beta_i = \beta_i^{total} \times \rho(r_i, r_M) \tag{4.10}$$

Ein nicht diversifizierter Investor würde demnach folgende Renditeerwartung anstreben:

$$r_i = r_f + \left(r_M - r_f\right) \times \frac{\sigma_{r_i}}{\sigma_{r_M}} \tag{4.11}$$

Das Vorgehen ist auch in Abb. 4.45 grafisch dargestellt.

Der Ansatz lässt sich intuitiv leicht nachvollziehen. Ein nicht diversifizierter Investor erhält danach eine Rendite, die sich am Gesamtrisiko und nicht am systematischen Risiko bemisst. Das Gesamtrisiko wird dabei ausgedrückt durch das Verhältnis der Renditestreuung der Einzelinvestition im Vergleich zur Renditestreuung des Gesamtmarktes. Je höher das Gesamtrisiko der Einzelinvestition im Vergleich zum Gesamtrisiko des Marktes ist, desto höher ist die Renditeforderung des Investors.

Die Anpassung des Standard-CAPM um das „Total Beta" führt zu einer teilweise erheblichen Erhöhung des Risikozuschlages und hat damit im Vergleich zur Anwendung des CAPM wesentlich niedrigere Unternehmenswerte zur Folge.[78] Abb. 4.46 stellt

[78]Jonas 2008, S. 120 beziffert bspw. die Erhöhung des Risikozuschlages mit 7,5 %, was einem Wertabschlag von rund 40 % entspricht, Balz und Bordemann 2007, S. 742 ermitteln beispielhaft eine Erhöhung der Eigenkapitalkosten um 540 Basispunkte.

Betafaktoren nach Industrieklassifizierungen	Unlevered Betafaktor	Unlevered Total Beta	Absolute Abweichung	Prozentuale Abweichung
Consumer Discretionary: Automobile Manufacturers	0,43	0,63	0,20	46,50%
Consumer Discretionary: Automobile Suppliers	0,71	1,48	0,77	108,50%
Consumer Discretionary: Other	0,61	1,51	0,90	148,10%
Health Care	0,79	1,77	0,98	124,10%
Industrial: Transportation	0,51	0,88	0,37	72,50%
Telecommunication Services	0,55	1,19	0,64	116,40%
Utilities	0,23	0,57	0,34	147,80%
Materials	0,61	1,19	0,58	95,10%
Information Technology	0,78	2,13	1,35	173,10%
Financials	0,49	1,00	0,51	104,10%
Industrial: Capital Goods – Electrical Equipment	0,90	2,53	1,63	181,10%
Industrial: Capital Goods – Engineering	0,72	1,81	1,09	151,40%
Industrial: Capital Goods – Other	0,66	1,12	0,46	69,20%

Abb. 4.46 Betafaktoren nach Industrieklassifizierungen

für Unternehmen ausgewählter Branchen dem für einen Beobachtungszeitraum von zwei Jahren ermittelten durchschnittlichen unverschuldeten Betafaktor das jeweilige „Total Beta" gegenüber.[79]

Gegen das „Total Beta"-Konzept werden verschiedene Kritikpunkte vorgetragen, die vor dessen Anwendung gewürdigt werden sollten. Zum einen wird gegen das „Total Beta"-Konzept vorgebracht, dass es die Situation eines komplett nicht diversifizierten Investors darstellt, der sein Kapital vollständig in dem zu bewertenden Unternehmen gebunden hat. Empirische Untersuchungen haben gezeigt, dass bereits mit wenigen zusätzlichen Aktienanlagen in einem gleich verteilten Anlageportfolio ein signifikanter Diversifikationseffekt erzielt werden kann (Evans und Archer 1968, S. 767). Damit würde für einen Eigentümer, der neben seinem im zu bewertenden Unternehmen gebundenen Vermögen weitere wesentliche Vermögensanteile in anderen Anlageklassen investiert, bei Anwendung des „Total Beta"-Konzepts ein tendenziell zu niedriger Unternehmenswert ermittelt (Schulz 2009, S. 62 f.). Im Fall eines diversifizierten Investors ist dementsprechend der normale Betafaktor anzuwenden. Bei einem vollständig nicht diversifizierten Investor bietet sich das „Total Beta"-Konzept an. Beide Fälle bilden jedoch zwei mögliche Extreme ab (Franken und Koelen 2015, S. 1021), deren Voraussetzungen in der Praxis nur selten erfüllt sind. Wie im Folgenden noch erläutert wird, ist dabei auch nach dem Bewertungsanlass und dem Bewertungskonzept zu unterscheiden.

[79]Dörschell et al. 2016 sowie die online verfügbaren Aktualisierungen der darin enthaltenen Kapitalkosten; den ermittelten Betafaktoren liegt als Stichtag der 30.09. und eine wöchentliche Datenerhebung zugrunde. Die unlevered Betafaktoren stellen Betafaktoren ohne Berücksichtigung des Debt Betafaktors dar. Die Brancheneinteilung ergibt sich dabei auf Basis des Global Industry Classification Standard; vgl. ebenda, S. 58 f.

Aus theoretisch wissenschaftlicher Sicht ist der wesentliche Kritikpunkt darin zu sehen, dass der „Total Beta"-Ansatz kein in sich geschlossenes Gleichgewichtsmodell darstellt und auch als Ergänzung zum CAPM nicht bestehen kann, da sich die zugrundeliegenden Modellannahmen auf fundamentale Weise widersprechen (Ballwieser 2012, S. 34 f). Dies würde bedeuten, dass die Anwendbarkeit des CAPM insgesamt infrage gestellt werden kann. Ein weiterer wesentlicher Kritikpunkt besteht darin, dass auch im Rahmen des „Total Beta"-Ansatzes das unsystematische Risiko des Anlegers bei KMU anhand von börsennotierten Vergleichsunternehmen geschätzt wird, da die dafür notwendigen Renditen für KMU in der Regel nicht vorliegen. Beim unsystematischen Risiko handelt es sich jedoch gerade um unternehmensspezifische Risiken, die nicht zwangsläufig vergleichbar oder übertragbar sind (Ballwieser 2012, S. 34 f.). Beispiele für rein unternehmensspezifische Risiken sind der Erfolg oder Misserfolg von Neuentwicklungen und Investitionen, Unternehmensunfälle oder der Verlust von Mitarbeitern in wichtigen Schlüsselpositionen (Schulz 2009, S. 62 ff. i. V. m. Bodie et al. 2002, S. 294).

Ungeachtet der geäußerten Kritikpunkte kann für die Bestimmung subjektiver Entscheidungswerte das „Total Beta"-Konzept Anhaltspunkte bieten, den Effekt aus der mangelnden Diversifikation des Eigentümers zu quantifizieren. Eine Berücksichtigung der fehlenden Diversifikation des Eigentümers in den finanziellen Überschüssen wäre grundsätzlich zu bevorzugen, scheidet jedoch häufig mangels Praktikabilität aus.

Der Berücksichtigung mangelnder Diversifikation bei der Ermittlung von Unternehmenswerten sind enge Grenzen gesetzt. Voraussetzung für eine mögliche Anwendung ist eine genaue Untersuchung des entsprechenden Bewertungsanlasses, des Bewertungszwecks und die Sicht, aus der die Bewertung erfolgt. Ausgehend von einem geplanten Verkauf eines KMU im Zusammenhang mit dem Generationenwechsel des geschäftsführenden Eigentümers, ist der „Total Beta"-Ansatz auch aus Sicht eines Verkäufers grundsätzlich nicht anzuwenden. Dies lässt sich damit begründen, dass der Verkäufer nach Verkauf den Erlös am Kapitalmarkt anlegen und durch ein effizientes Portfolio die entsprechenden Vorteile der Diversifikation nutzen kann. Für einen Käufer hingegen, der sein gesamtes Vermögen in den Kauf des KMU investiert, sind die auf Basis des CAPM ermittelten Kapitalkosten zu niedrig. Er wünscht sich eine höhere Rendite als Ausgleich für die höheren Risiken, die er durch den Mangel an Diversifikation eingeht. In dieser Konstellation wird es beiden Parteien schwerfallen, auf Basis ihrer subjektiven Entscheidungswerte einen Einigungspreis für den Abschluss der Transaktion zu finden. Im Einzelfall ist der erfolgreiche Abschluss der Transaktion abhängig von der Verhandlungssituation der Parteien und der Frage, ob der Verkäufer einen alternativen Käufer findet, der mithilfe eines größeren Vermögens auch nach Abschluss der Transaktion Diversifikationsvorteile erzielen kann und dementsprechend bereit ist, einen höheren Kaufpreis zu zahlen. Ist dies nicht der Fall, ist zum Abschluss der Transaktion ein Einigungspreis zu ermitteln, bei dem beide Parteien anteilig an den Vorteilen der Diversifikation partizipieren. Dieser hängt letztlich auch vom Verhandlungsgeschick von Käufer und Verkäufer und der Argumentation hinsichtlich der Kapitalkosten als wesentlichem Bestandteil der Bewertung ab.

Wird anstelle eines subjektiven Entscheidungswertes hingegen ein objektivierter Unternehmenswert ermittelt, bei der die Bewertung nicht aufgrund der subjektiven Einschätzungen und Verhältnisse einzelner Parteien, sondern aus der Sicht eines typisierten Investors erfolgt, stellt sich die Frage nach einem typisierten Diversifikationsgrad, für den es derzeit keinerlei empirischen Untersuchungen für den deutschen Kapitalmarkt gibt. Darüber hinaus ist für die Bewertung unsystematischer Risiken kein Raum, sobald das Unternehmen auch von einem diversifizierten Investor gehalten werden könnte. Bei der objektivierten Unternehmensbewertung ist nicht auf den individuellen, sondern auf den typisierten Anteilseigner abzustellen. Anderenfalls würden im Rahmen der Unternehmensbewertung Risiken berücksichtigt, die nicht aus dem Bewertungsobjekt, sondern aus der Vermögenssphäre des Gesellschafters resultieren. Bei dem typisierten Anteilseigner des Unternehmens kann regelmäßig davon ausgegangen werden, dass er hinreichend diversifiziert ist. Daher bleibt für die Berücksichtigung unsystematischer Risiken unter den Annahmen des CAPM kein Raum.

In der Realität existieren jedoch Unternehmen, die von Eigentümern gehalten werden, denen eine Diversifizierung ihrer Vermögensrisiken nicht möglich ist. Darüber hinaus ist eine potenzielle Veräußerung eines Unternehmens an einen diversifizierten Käufer nicht in jedem Fall möglich oder durch den speziellen Bewertungsanlass gar nicht vorgesehen. Gemeint sind hiermit vor allem Bewertungsanlässe, in denen der die Gesellschaft prägende Gesellschafter den wesentlichen Teil seines Vermögens im Unternehmen gebunden hat und im Unternehmen verbleibt.

Mögliche Fallgestaltungen für derartige Bewertungsanlässe sind in Abb. 4.47 dargestellt.

Der Widerspruch zwischen den Prämissen des „Total Beta"-Konzepts und den modelltheoretischen Annahmen des CAPM führt jedoch dazu, dass die Anwendung des „Total Beta"-Konzepts im Rahmen der Ermittlung objektivierter Unternehmenswerte mehrheitlich abgelehnt wird. Vor dem Hintergrund, dass die Werteffekte aus der mangelnden Diversifikation der Anteilseigner nur schwerlich quantifizierbar sind und zu erheblich niedrigeren Unternehmenswerten führen können, sollte die Berücksichtigung mangelnder Diversifikation nicht ohne die Plausibilisierung durch andere Wert- und Preisfindungskonzepte erfolgen.[80] Ferner sind bei der Ermittlung von Ausgleichsansprüchen Mindestwerte aus gesellschaftsvertraglichen Abfindungsklauseln sowie aus der familien- und erbrechtlichen Rechtsprechung zu berücksichtigen.

Insgesamt bleibt festzuhalten, dass bei der Ermittlung objektivierter Unternehmenswerte insbesondere aufgrund des Abstellens auf einen typisierten und damit diversifizierten Investor für die Anwendung des „Total Beta"-Konzepts kein Raum bleibt. Bei subjektiven Wertermittlungen kann das „Total Beta"-Konzept unter Berücksichtigung

[80] Dies ist bspw. mittels Marktbeobachtungen unter expliziter Analyse der finanziellen Überschüsse und Zyklen der Multiplikatoren möglich.

Bewertungsanlass	Fallgestaltung
Zugewinnausgleichs-anspruch	Im Rahmen der Ehescheidung soll für die Ermittlung des Zugewinnausgleichanspruchs eine Unternehmensbewertung durchgeführt werden. Das gesamte Vermögen der Familie ist in dem Unternehmen investiert.
Steuerliche Zwecke	Im Rahmen der vorweggenommenen Erbfolge möchte der geschäftsführende Inhaber sein Unternehmen auf seinen Sohn übertragen. Das gesamte Vermögen des Inhabers ist in dem Unternehmen investiert.
Pflichtteilsanspruch	Der Inhaber eines Einzelunternehmens hinterlässt nach seinem Tod seinen beiden Söhnen A und B als einziges Vermögen das Einzelunternehmen. Im Testament des Vaters wird bestimmt, dass der Sohn A den Betrieb erhält und sein Bruder lediglich den Pflichtteil bekommen soll. Für Zwecke der Bemessung des Pflichtteilsanspruchs von B soll eine Unternehmensbewertung durchgeführt werden.
Gesellschaftsvertraglicher Abfindungsanspruch	Gesellschafter der XY-oHG sind X und Y. Beide Gesellschafter haben den wesentlichen Teil ihres Vermögens in der Gesellschaft gebunden. Y scheidet aus der oHG aus. Der Anteil des Y wächst dem X zu. Entsprechend den Regelungen des Gesellschaftsvertrags hat Y einen Abfindungsanspruch in Höhe des anteiligen Verkehrswertes.

Abb. 4.47 Beispielhafte Bewertungsanlässe, bei denen die Berücksichtigung mangelnder Diversifikation in Betracht kommen könnte

der oben aufgezeigten Schwächen Anhaltspunkte für Argumentationen und Werteinschätzungen unter Berücksichtigung der individuellen Verhältnisse des Investors bieten.

4.4.2.3 Mangelnde Fungibilität der Anteile

Die Übertragung von Unternehmensanteilen an KMU ist naturgemäß nicht so einfach wie bei großen börsennotierten Unternehmen. Dies führt unmittelbar zu der subjektiven Wahrnehmung des Investors, dass mit einem Investment in einen nicht jederzeit veräußerbaren Unternehmensanteil höhere Risiken verbunden sind. Dem CAPM liegt die Annahme eines vollkommenen Kapitalmarktes zugrunde, auf dem ohne Transaktionskosten täglich Unternehmensanteile frei veräußert werden können. Sowohl für KMU als auch für große, nicht börsennotierte Unternehmen trifft dies jedoch in der Praxis zumeist nicht zu, sodass diese möglicherweise einem Fungibilitäts- oder Illiquiditätsrisiko[81] unterliegen. Unter Fungibilität wird die Fähigkeit verstanden, das Eigentumsrecht an einem (Anteil an einem) Unternehmen schnell, sicher und ohne hohe Kosten durch Geld substituieren zu können (Barthel 2003, S. 1181 ff.).

Im Zusammenhang mit der Fungibilität kann die folgende Frage gestellt werden: Angenommen einem Investor mit einem Investitionsvolumen in Höhe von EUR 1 Mio. stehen zwei Anlageobjekte mit identischem Rendite- und Risikoprofil offen. Der einzige

[81]Beide Begriffe werden im Schrifttum häufig als Synonyme verwendet.

Unterschied besteht darin, dass es sich bei dem Unternehmen A um ein börsennotiertes Unternehmen handelt, während Unternehmen B ein KMU darstellt. Dem Investor bietet sich die Möglichkeit, EUR 1 Mio. in den Erwerb eines Anteil von 1 % am Unternehmen A oder eines Anteils von 10 % am Unternehmen B zu investieren. Die erwarteten Cash Flows und das erwartete Risiko sind in beiden Fällen identisch. Welche Investition ist attraktiver (s. Abb. 4.48)?

Da die Anteile am Unternehmen A an einem organisierten Markt gehandelt werden und es sich annahmegemäß um einen sehr liquiden Titel wie Aktien von DAX 30-Unternehmen handelt, eröffnet die Investition in das Unternehmen A dem Investor die Möglichkeit, den erworbenen Anteil schnell und zu geringen Transaktionskosten jederzeit wieder zu veräußern und das investierte Kapital einer alternativen Verwendung zuzuführen. Diese Möglichkeit ist bei der Investition in ein KMU, wie dem Unternehmen B, nicht gegeben, da die Veräußerung nicht börsennotierter Anteile teilweise mit erheblichem Zeit- und Kostenaufwand sowie Risiken verbunden ist, die bspw. aus der Suche nach geeigneten Vertragspartnern sowie aus Kaufpreis- und Vertragsverhandlungen resultieren (Zeidler 2006, S. 50). In der Regel ist es erforderlich, einen Berater mit der Käufersuche zu beauftragen. Darüber hinaus entstehen Kosten durch die Gewährleistung der durch potenzielle Käufer geforderten Transparenz, die für eine qualifizierte Investitionsentscheidung notwendig ist. Zudem verursacht ein Gesellschafterwechsel im Vergleich zu einer Aktiengesellschaft in der Regel höhere Kosten, z. B. durch die notarielle Beurkundung und die Eintragung ins Handelsregister (Schütte-Biastoch 2011, S. 197). Des Weiteren ist mit der Beteiligung an KMU häufig auch das Engagement in der Geschäftsführung verbunden, und der Eigentümerkreis ist im Vergleich zu Aktiengesellschaften viel kleiner. Diese Aspekte können sich auch auf die Handelbarkeit der Anteile von KMU auswirken (Schütte-Biastoch 2011, S. 197). Die Fungibilität der Unternehmensanteile ist demnach bei KMU deutlich niedriger als bei einer Investition in ein großes börsennotiertes Unternehmen mit Aktien, die einem hohen liquiden Handel

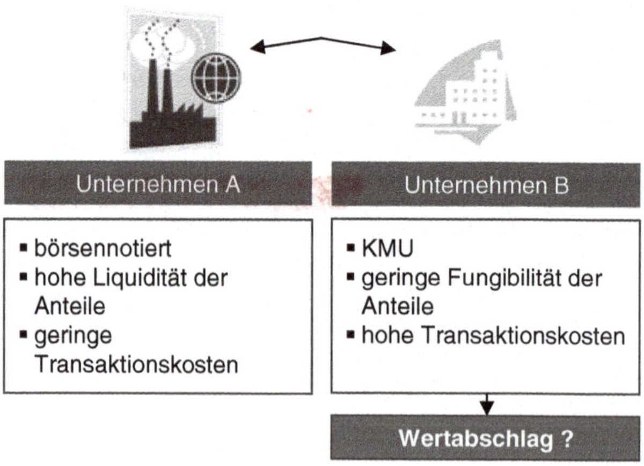

Abb. 4.48 Liquiditätsabschlag in der Bewertung

unterliegen. Im Beispiel wird dies dazu führen, dass sich ein wirtschaftlich rational handelnder Investor für den Kauf des 1 %-igen Anteils an dem Unternehmen A entscheiden wird. Beim Kauf des Anteils an dem Unternehmen B hätte er bei sonst gleichen Bedingungen den Nachteil aus einer geringeren Flexibilität.

Bisher vernachlässigt wurde in dieser Betrachtung, dass der Anteilskauf bei Unternehmen B auch Vorteile mit sich bringen kann. Diese beziehen sich insbesondere auf die größeren Möglichkeiten der Einflussnahme auf die Geschäftsführung im Zusammenhang mit dem höheren Anteilsbesitz. Beim Kauf eines KMU stehen dem Eigentümer ggf. Kontroll- und Einflussrechte zu, die er als Kleinaktionär eines börsennotierten Unternehmens in vergleichbarem Umfang nicht besitzt. Als Kleinaktionär hat er zwar die Möglichkeit der Einflussnahme durch das Stimm- und Auskunftsrecht auf der Hauptversammlung. Aufgrund des geringen Anteils am Grundkapitals sind die Möglichkeiten, seine persönlichen Interessen durchzusetzen, jedoch eingeschränkt. Bei Unternehmen A hat der Anteilseigner den Vorteil aus der Liquidität und der damit verbundenen Übertragbarkeit der Anteile. Bei Unternehmen B besteht aufgrund des höheren Anteilsbesitzes dagegen ggf. ein Vorteil aus der damit verbundenen möglichen Einflussnahme auf die Geschäftspolitik. Den Nachteilen aus der geringen Handelbarkeit steht somit ggf. ein Vorteil aus einer höheren Einflussnahme gegenüber. Im Beispiel müsste sich der Investor demnach entscheiden, ob er eher die Fungibilität der Anteile beim Unternehmen A oder die Kontrollrechte beim Unternehmen B präferiert. Eine Abwägung beider Effekte im Sinne einer Quantifizierung ist jedoch in der Regel schwierig, da der subjektive Nutzen aus der Einflussnahme nicht unabhängig vom jeweiligen Betrachter ist.

Darüber hinaus schließen sich die genannten Ausprägungen Handelbarkeit der Anteile und Einflussnahme auf die Geschäftspolitik des Unternehmens in der Praxis nicht immer aus. Oftmals haben börsennotierte KMU ihre Wurzeln in Familienunternehmen. In diesem Fall ist es möglich, dass eine Börsennotierung und ein liquider Handel der Anteile mit einem erheblichen Einfluss der Eigentümerfamilie auf die Geschäftsführung einhergehen.

Des Weiteren unterliegt vor allem die Übertragung von Anteilen an Personengesellschaften häufig im Gesellschaftsvertrag individuell definierten Bedingungen. Eine geringere Fungibilität kann sich auch aus gesetzlichen, vertraglichen oder faktischen anteilsbezogenen Verfügungsbeschränkungen ergeben. Beispielhaft seien an dieser Stelle unterwertige Abfindungsklauseln, gesellschaftsrechtliche, vertragliche oder faktische Ausschüttungs- und Entnahmerestriktionen, Vinkulierungsklauseln, Veräußerungssperren, Nießbrauchsbelastungen oder Existenz von Poolverträgen genannt (IDW 2016a, Tz. 45).

Diese Effekte werden durch das CAPM nicht erfasst. Beim CAPM wird die Handelbarkeit ohne Transaktionskosten vorausgesetzt. Bei börsennotierten Unternehmen erfolgt die Handelbarkeit prinzipiell mit nur geringen Transaktionskosten. Aufgrund dieses Unterschieds wird in Theorie und Praxis häufig die Forderung nach einem sog. Liquiditätsabschlag bei der Bewertung von KMU gestellt. Übertragen auf das Beispiel bedeutet dies, dass der Investor nur bereit wäre, in das Unternehmen B zu investieren, wenn er für die Übernahme der geringen Fungibilität der Anteile einen Abschlag auf den Kaufpreis erhält. Das gezeigte Transaktionsbeispiel lässt sich auch ohne Weiteres auf die Unternehmensbewertung übertragen. Bei der Bewertung handelt es sich immer um eine vergleichende Tätigkeit. Im Bewertungskalkül ist der mangelnden Fungibilität der Anteile am Bewertungsobjekt daher aufgrund der Äquivalenzprinzipien an das Bewertungs- und Vergleichsobjekt grundsätzlich Rechnung zu tragen (Moxter 1983, S. 159 ff., Münstermann 1966, S. 77 f., Schmalenbach 1996, S. 51 ff., Metz 2007, S. 118 ff.). Das Risikoäquivalenzprinzip fordert, dass die dem Kapitalisierungszinssatz zugrunde liegende Alternativanlage eine vergleichbare Risikostruktur aufweist (Ballwieser und Leuthier 1986, S. 609). Unternehmensanteile sind von höherem Wert, wenn sie handelbar sind (Piltz 1994, S. 63, 177). Anleger präferieren Wertpapiere, die sich zeitnah und ohne wesentliche Transaktionskosten veräußern lassen (Metz 2007, S. 118).

Im Schrifttum wird daher teilweise ein Wertabschlag für mangelnde Fungibilität gefordert, der sich als prozentualer Abschlag beim Wert nicht börsennotierter Unternehmen im Vergleich zum Wert jederzeit veräußerbarer, meist börsennotierter Unternehmensanteile darstellt. Die Höhe des Wertabschlages wird maßgeblich von der Zahl möglicher Käufer, der Ertragskraft des Bewertungsobjektes, der Liquidität der einzelnen Vermögenswerte des Bewertungsobjektes sowie der Höhe der Beteiligung an dem nicht börsennotierten Unternehmen beeinflusst (Schulz 2009, S. 75 ff.). Bei der Bewertung ganzer Unternehmen wird jedoch die separate Berücksichtigung des Fungibilitätsrisikos vielfach abgelehnt (Metz 2007, S. 118 ff.). Darüber hinaus stellt der Zeithorizont, in dem eine Veräußerung stattfinden muss, eine bedeutende Determinante in der Bemessung des Fungibilitätsrisikos dar. Je weiter der Veräußerungszeitpunkt in der Zukunft liegt, desto geringer ist der Wertabschlag aufgrund mangelnder Fungibilität (Schulz 2009, S. 108 f.).

Vor diesem Hintergrund ist wiederum die Berücksichtigung des Bewertungsanlasses bedeutsam (Franken und Koelen 2015, S. 1024 f.). Grundsätzlich geht das Konstrukt des objektivierten Unternehmenswertes von der unbegrenzten Lebensdauer des zu bewertenden Unternehmens an sich aus. Davon zu unterscheiden ist die Perspektive des Anteilseigners. Auch wenn das Unternehmen unendlich lange fortgeführt wird, können während der Lebensdauer des Unternehmens dessen Anteilseigner/Investoren wechseln (Ihlau und Duscha 2012, S. 497). Diese Annahme liegt auch dem Konzept der typisierten Haltedauer im Rahmen der Ermittlung der effektiven Veräußerungsgewinnbesteuerung zugrunde (Wiese 2007, S. 368 ff., Zeidler et al. 2008, S. 281). Aus der Sicht des Anteilseigners ist die Fungibilität der Anteile wertrelevant. Demnach ist nach Auffassung der Autoren bei der Ermittlung objektivierter Unternehmenswerte anlassbezogen zu würdigen, ob ein Fungibilitätsabschlag in Betracht kommt. Nach herrschender Auffassung ist ein pauschaler Zuschlag auf den Kapitalisierungszinssatz oder ein pauschaler Abschlag auf den Zukunftserfolgswert bei einer objektivierten Bewertung grundsätzlich nicht sachgerecht (IDW 2014a, Tz. 51). Unseres Erachtens ist im Einzelfall zu entscheiden, ob die Berücksichtigung von individuellen Transaktionskosten bei der Ermittlung der künftigen finanziellen Überschüsse sachgerecht erscheint (IDW 2018, Kap. B, Tz. 71). Für Bewertungsanlässe, bei denen von der Übertragbarkeit abstrahiert wird, d. h. wenn keine Veräußerungsabsicht besteht oder Ausgleichsansprüche zu bemessen sind, ist ein Wertabschlag aufgrund mangelnder Fungibilität nicht sachgerecht. Sofern ausnahmsweise ein Fungibilitätsabschlag bei der Ermittlung objektivierter Werte Anwendung finden sollte, ist dies jedenfalls sachgerecht zu begründen und transparent im Gutachten zu würdigen (Ihlau und Duscha 2012, S. 497).

Wird eine begrenzte Lebensdauer eines Unternehmens angenommen, sind die mit der Aufgabe der Unternehmenstätigkeit typischerweise zu erwartenden Auszahlungen bei der Prognose der künftigen finanziellen Überschüsse in Abzug zu bringen. Eine darüber hinausgehende Berücksichtigung mangelnder Fungibilität bei der Ermittlung eines objektivierten Unternehmenswerts wird nach mehrheitlich vertretener Auffassung jedoch nicht als sachgerecht angesehen. Die mangelnde Fungibilität von Unternehmensanteilen wirkt sich vielmehr auf den Grenzpreis eines potenziellen Erwerbers aus und kann daher nach dieser Auffassung aus heutiger Sicht nur bei der Ermittlung eines subjektiven Entscheidungswerts berücksichtigt werden (IDW 2014b, S. 3, IDW 2018, Kap. B, Tz. 72).

Im Rahmen der Ermittlung subjektiver Unternehmenswerte können konkrete Transaktionskosten wertmindernd berücksichtigt werden.

Etwas anderes kann sich bei der Überleitung des Unternehmenswerts auf den individuellen Anteilswert z. B. im Rahmen der Ermittlung von familien- und erbrechtlichen Ausgleichs- bzw. Auseinandersetzungsansprüchen ergeben. Während im ersten Schritt ein objektivierter Unternehmenswert ermittelt wird, so kann es in einem zweiten Schritt erforderlich sein, diesen auf einen subjektiven Anteilswert überzuleiten. Beim objektivierten Unternehmenswert wird typisierend unterstellt, dass das Risiko einer unendlichen Fortführung und Haltedauer des Unternehmensanteils dem Risiko einer möglichen Beendigung der Beteiligung gleichwertig gegenübersteht (Ihlau und Kohl 2016, S. 169). Bei dieser Annahme ist ein etwaiger Abschlag für mangelnde Fungibilität methodisch nicht sachgerecht. Bei der Überleitung zum Anteilswert ist fraglich, ob diese typisierende Annahme Gültigkeit besitzt. In Abhängigkeit von den gesellschaftsvertraglichen Regelungen kann es zu einer unterschiedlichen Risikoeinschätzung der beiden Alternativen „Unendliches Halten der Beteiligung“ versus „Frühere Beendigung der Beteiligung“ kommen. Dabei sind auf Basis des Gesellschaftsvertrags vor allem Annahmen über die voraussichtliche Haltedauer, die Anfechtbarkeit der Gesellschaftsverträge, die Fähigkeit zur Durchsetzung gesellschaftsvertraglicher Änderungen und das gesellschaftsvertragliche Ausscheidungsverhalten zu berücksichtigen (Ihlau und Kohl 2016, S. 169).

Auch bei Bewertungen für steuerliche Zwecke wird die Berücksichtigung von mangelnder Fungibilität diskutiert. Bei der Ermittlung des gemeinen Werts sind ungewöhnliche oder persönliche Verhältnisse des Steuerpflichtigen oder eines Rechtsvorgängers gemäß § 9 Abs. 2 Satz 3 BewG nicht zu berücksichtigen. Beispiele für ungewöhnliche oder persönliche Verhältnissesind:

- Notverkäufe im Rahmen von Zwangsversteigerungsverfahren oder aus einer „Konkursmasse" (FG Münster 1998),
- zwingende Sofortveräußerungen (BFH 1987),
- besonderer ideeller Wert und Interessenskäufe (Kreutziger 2013, § 9 BewG, Tz. 15a),
- verwandtschaftliche Beziehungen,
- Verfügungsbeschränkungen (§ 9 Abs. 3 BewG).

In der steuerrechtlichen Literatur wird zwischen persönlichen und sachlichen Verfügungsbeschränkungen differenziert. Während sich die persönlichen Verfügungsbeschränkungen auf die Person des Steuerpflichtigen beziehen, begründen sich die sachlichen Beschränkungen auf das Wirtschaftsgut selber. Letztere gelten demnach für die Eigentümer des Wirtschaftsgutes und wirken gegenüber jedermann. Als Beispiel für sachliche Verfügungsbeschränkungen können gesellschaftsvertragliche Verfügungsbeschränkungen genannt werden. Wenn diese Faktoren auf einen potenziellen Erwerber übergehen, sind sie wertmindernd zu erfassen (Daragan 2017, § 9, Tz. 35–45).

Die Berücksichtigung derartiger Verfügungsbeschränkungen wurde insbesondere im erbschaftsteuerlichen Gesetzgebungsverfahren 2016 erörtert. Der Gesetzgeber hat daraufhin einen besonderen Abschlag vom Vermögen für Familienunternehmen (Vorwegabschlag nach § 13a Abs. 9 ErbStG) geschaffen (IDW 2018, Kap. E, Tz. 46). Der Vorwegabschlag setzt das Vorliegen von folgenden Entnahme-, Verfügungs- und Abfindungsbeschränkungen im Gesellschaftsvertrag oder der Satzung voraus, die kumulativ erfüllt sein müssen:

- Der Gesellschaftsvertrag oder die Satzung müssen die Entnahme oder Ausschüttung auf höchstens 37,5 % des steuerrechtlichen Gewinns beschränken.
- Die Verfügung über die Beteiligung an dem Unternehmen ist auf Angehörige im Sinne des § 15 AO oder auf inländische Familienstiftung beschränkt.
- Für den Fall des Ausscheidens aus der Gesellschaft ist eine Abfindung vorsehen, die unter dem gemeinen Wert der Beteiligung liegt. Die Voraussetzungen müssen dabei den tatsächlichen Verhältnissen entsprechen und zwei Jahre vor dem Zeitpunkt dem Steuerentstehungszeitpunkt vorgelegen haben und weitere 20 Jahre danach eingehalten werden (§ 13a Abs. 9 S. 1 ErbStG und § 13a Abs. 9 S. 4 und 5 ErbStG).

Die Höhe des Vorwegabschlags entspricht der im Gesellschaftsvertrag oder in der Satzung vorgesehenen prozentualen Minderung der Abfindung gegenüber dem gemeinen Wert und darf 30 % nicht übersteigen (§ 13a Abs. 9 S. 3 ErbStG).

Rein formal bildet der Vorwegabschlag keinen Bewertungsabschlag auf den gemeinen Wert zur Berücksichtigung gesellschaftsvertraglicher Verfügungsbeschränkungen ab, sondern stellt eine Steuerbefreiung dar. Der Gesetzgeber begründet dies damit, dass der objektive gemeine Wert der Anteile aus subjektiver Sicht des Erwerbers wirtschaftlich nicht verfügbar sei (Deutscher Bundestag 2016, S. 38).

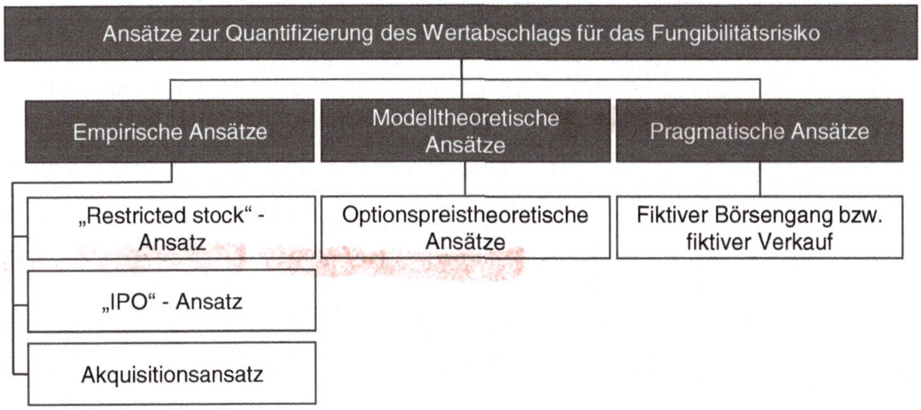

Abb. 4.49 Ansätze zur Quantifizierung des Wertabschlages für das Fungibilitätsrisiko (in Anlehnung an Schulz 2009, S. 82)

Eine Quantifizierung eines Wertabschlages für das Fungibilitätsrisiko gestaltet sich aufgrund zahlreicher verschiedener empirischer Ansätze und der eingeschränkten Übertragbarkeit auf den Einzelfall als schwierig. Abb. 4.49 stellt die im Schrifttum diskutierten Ansätze dar.

Um Fungibilitätsabschläge zu quantifizieren und zu analysieren, wurden im US-amerikanischen Raum verschiedene empirische Studien[82] erstellt, in denen Transaktionen von börsennotierten Aktien mit denen sog. „Restricted Stocks" desselben Unternehmens verglichen wurden. Ältere Studien für Untersuchungszeiträume, die vor dem Jahr 1990 endeten, ergaben Wertabschläge von durchschnittlich 35 % (Schulz 2009, S. 85). Jüngere Studien weisen deutlich geringere Wertabschläge auf. Als Grund wird der seit dem Jahr 1990 zulässige Handel mit „Restricted Stocks" durch sog. qualifizierte institutionelle Anleger angeführt, der den „Restricted Stocks" eine höhere Liquidität verschafft (Schulz 2009, S. 85). Mangels vergleichbarer Studien in Deutschland stellt sich die Frage, ob die Ergebnisse der US-Studien auf die Bewertung nicht börsennotierter Unternehmen übertragen werden können. Dies wird im Schrifttum aufgrund der Besonderheiten des US-Kapitalmarktes bezweifelt (Gampenrieder und Behrendt 2004, S. 90).

Auch die Ergebnisse des IPO-Ansatzes und des Akquisitionsansatzes werden im Schrifttum scharf kritisiert. Dem IPO-Ansatz, der Wertabschläge für mangelnde Liquidität aus einer Differenz gezahlter Preise vor und nach einem späteren Börsengang ableitet, liegt das konzeptionelle Problem zugrunde, dass Börsenpreise durch die aktuelle Nachfragesituation am Kapitalmarkt verzerrt sein können. Des Weiteren muss kritisch hinterfragt werden, inwiefern eine Vergleichbarkeit von Unternehmen, bei denen in absehbarer

[82] Für einen Überblick über die US-amerikanischen Studien vgl. Schulz 2009, S. 87, Ballwieser 2016, S. 115.

Zeit bereits ein IPO erfolgt, zu nicht börsenfähigen KMU besteht (Schütte-Biastoch 2011, S. 203). Der Akquisitionsansatz versucht, den Fungibilitätsabschlag anhand eines Vergleichs von Transaktionsmultiplikatoren für Käufe mit und ohne Kontrollmehrheit zu ermitteln (Dodel 2008, S. 2 ff.). Die Wertabschläge dieses Ansatzes variieren jedoch stark aufgrund der fehlenden Vergleichbarkeit der beobachteten Unternehmen (Schulz 2009, S. 95 f.).

Neben empirischen Studien existieren auch optionspreistheoretische Ansätze zur Bestimmung des Illiquiditätsrisikos (Chaffe 1993, S. 182 ff., Longstaff 1995, S. 1767 ff.). Diese sind jedoch aufgrund der Vielzahl der zu treffenden Annahmen wenig praktikabel. Ein pragmatischer Ansatz besteht darin, den Wertabschlag für mangelnde Fungibilität anhand der Kosten eines fiktiven Börsengangs oder Verkaufs der Beteiligung zu schätzen (Schulz 2009, S. 101 ff.).[83]

Beim Vergleich der verschiedenen Ansätze zur Quantifizierung des Wertabschlages für mangelnde Fungibilität besitzt der pragmatische Ansatz gegenüber den empirischen Ansätzen einen entscheidenden Vorteil: Auch wenn die Schätzung der Kosten nur mittels vereinfachender Annahmen möglich ist, erlaubt dieser Ansatz die Berücksichtigung der individuellen Verhältnisse des Bewertungsobjektes. Die Quantifizierung des Wertabschlages für mangelnde Fungibilität kann somit über die Kapitalisierung der aus einem fiktiven Börsengang oder Verkauf entstehenden Kosten unter Berücksichtigung möglicher Verkaufspreise erfasst werden.

Hinsichtlich der sich an die Quantifizierung anschließenden Darstellung des Wertunterschieds aufgrund mangelnder Fungibilität bestehen grundsätzlich mehrere Alternativen. Die mangelnde Fungibilität kann im Zähler berücksichtigt werden, indem die Kosten des künftigen Verkaufs oder Börsengangs in den erwarteten finanziellen Überschüssen erfasst werden. Neben der direkten Berücksichtigung im Zähler kommt als weitere – zu bevorzugende Methode – ein Abschlag vom Unternehmenswert in Betracht. Dabei werden die entsprechenden Kosten separat geplant, diskontiert und anschließend in einen Wertabschlag vom Unternehmenswert umgerechnet.[84]

Alternativ könnte die mangelnde Fungibilität auch durch einen Zuschlag zum Kapitalisierungszinssatz berücksichtigt werden. In der deutschsprachigen Literatur werden dabei Fungibilitätszuschläge auf den Kapitalisierungszinssatz von einem bis fünf Prozent vorgeschlagen (Schütte-Biastoch 2011, S. 200). Teilweise wird auch ein Risikozuschlag auf den Basiszinssatz, in Abhängigkeit von der Dringlichkeit der Veräußerung sowie der Markteffizienz, vorgeschlagen (Barthel 2003, S. 1186). Dieser Ansatz wird jedoch in der Literatur als theoretisch nicht begründbar und als unhaltbar abgelehnt (Gampenrieder und Behrendt 2004, S. 89). Darüber hinaus werden Aufschläge auf den Betafaktor in Höhe von 0,1 bis 0,5 vorgeschlagen (Keller und Hohmann 2004, S. 56). Dabei wird jedoch nicht ersichtlich, wie die Anpassung zu bestimmen ist, sodass auch

[83] Der Barwert dieser Kosten entspricht dem Wertabschlag für mangelnde Fungibilität.

[84] Für einen Wertabschlag plädieren Zeidler 2006, S. 52, Schütte-Biastoch 2011, S. 205, Ihlau und Duscha 2012, S. 498.

dieser Ansatz fragwürdig erscheint (Schütte-Biastoch 2011, S. 200). Insgesamt sind daher Zuschläge zum Kapitalisierungszinssatz für mangelnde Fungibilität auch vor dem Hintergrund des unsystematischen Eingriffs in das CAPM abzulehnen (so auch Franken und Koelen 2015, S. 1024 f.). Die mangelnde Fungibilität sollte daher entweder im Zähler des Barwertkalküls oder als Abschlag auf den Unternehmenswert berücksichtigt werden. Der letzt genannte Ansatz ist bei Bewertungen in den USA gängige Praxis.

Grundsätzlich ist bei Fungibilitätsabschlägen zu berücksichtigen, dass ihr Werteinfluss mit der zeitlichen Verschiebung einer möglichen Veräußerung in die Zukunft abnimmt. Soweit bei Bewertungen von langfristigen Haltedauern ausgegangen wird, sinkt die materielle Bedeutung. Für die Ermittlung objektivierter Unternehmenswerte erscheint es daher sachgerecht, auf eine wertmindernde Berücksichtigung mangelnder Fungibilität der Anteile regelmäßig zu verzichten (IDW 2014a, Tz. 51, IDW 2018, Kap. A, Tz. 72, Franken und Koelen 2015, S. 1025).

4.4.2.4 Größenabhängiger Zuschlag („Size Premium")

Die Unternehmensgröße selbst wird in der Literatur als bewertungsirrelevant angesehen (Schulz 2009, S. 254). Allerdings gehen mit der geringen Unternehmensgröße möglicherweise höhere operative Risiken einher, die eine höhere Renditeforderung der Anteilseigner zur Folge haben können. Vor diesem Hintergrund werden in der anglo-amerikanischen Bewertungspraxis die Risikozuschläge beim Kapitalisierungszinssatz regelmäßig um sog. „Size Premiums" erhöht. Diese Risikozuschläge werden mit empirischen Untersuchungen gerechtfertigt, die Zusammenhänge zwischen den geforderten Eigenkapitalkosten und der Unternehmensgröße zeigen sollen (z. B. Banz 1981, Fama und French 1993).

In der Literatur werden in diesem Zusammenhang das sog. „Modified CAPM" (MCAPM) und die „Build-up Method" diskutiert, deren Grundzüge in Abb. 4.50 dargestellt werden.

Beim MCAPM wird das Standard-CAPM neben der Small Company Premium um eine unternehmensspezifische Anpassung (sog. „Specific Company Risk Premium") für weitere Risikofaktoren erweitert. Die Konzeption der Build-up Method ähnelt der des MCAPM. Im Gegensatz zum MCAPM wird bei der Build-up Method jedoch anstelle eines unternehmensspezifischen Betafaktors lediglich das allgemeine Marktrisiko angesetzt (dies entspricht einem Betafaktor von eins). Das führt dazu, dass alle unternehmensspezifischen Risikofaktoren im Größenabschlag und der „Specific Company Risk Premium" abgebildet werden. Beim MCAPM werden hingegen nur diejenigen unternehmensspezifischen Risiken abgebildet, die im Betafaktor noch nicht berücksichtigt sind.

In der Build-up Method können darüber hinaus noch branchenspezifische Risiken angesetzt werden. Grundlage für die Bemessung der einzelnen Zu- bzw. Abschläge sind empirische Kapitalmarktuntersuchungen, die z. B. durch Duff & Phelps durchgeführt wurden (Duff & Phelps et al. 2017, Duff und Phelps 2013, S. 24 ff.).

Auch die Anwendung einer „Size Premium" wird mit empirischen Untersuchungen gerechtfertigt, die Zusammenhänge zwischen den geforderten Eigenkapitalkosten und

	Modified CAPM		Build-up Method
	Risikoloser Zinssatz (Basiszinssatz)		Risikoloser Zinssatz (Basiszinssatz)
+	Marktrisikoprämie	+	Marktrisikoprämie
×	Betafaktor	+	Small Company Premium
+	Small Company Premium	+/-	Specific Company Risk Premium
+/-	Specific Company Risk Premium	+/-	Industry Risk Premium
=	**Erwartete Eigenkapitalkosten**	=	**Erwartete Eigenkapitalkosten**

Abb. 4.50 Modified CAPM und Build-up Method im Überblick (Mellen und Evans 2010, S. 148ff., Pratt und Grabowski 2014, S. 177 ff.)

der Unternehmensgröße zeigen sollen. Aufbauend auf den Studien von *Banz* aus dem Jahr 1981 und *Fama/French* aus dem Jahr 1993 wurden zahlreiche empirische Studien zum Thema Größenzuschlag durchgeführt (Banz 1981, Fama und French 1993). Dabei scheinen die empirischen Untersuchungen aus den USA zu belegen, dass die Rendite börsennotierter Unternehmen umso höher ist, je kleiner das Unternehmen ist (Ballwieser 2016, S. 120, Ibbotson und Morningstar 2008, S. 131, 137). Auch in Deutschland wurden diesbezüglich Untersuchungen bspw. von *Stehle, Stock, Wallmeier* sowie *Schulz* vorgenommen (Stehle 1997, Stock 2002, Wallmeier 2007, Schulz 2009). Die Untersuchungen für den deutschen Kapitalmarkt lieferten bislang keinen statistisch belastbaren Beweis für eine größenabhängige Anpassung des Risikozuschlages (Schulz 2009, S. 122 ff., Wallmeier 2007, S. 537 f.). Eine von *Schulz* durchgeführte empirische Untersuchung zeigte sogar, dass größere Unternehmen tendenziell höhere „Size Premiums" aufweisen als kleine (Schulz 2009, S. 255). Dieser Befund würde demnach sogar den amerikanischen Untersuchungen widersprechen. Ungeachtet dessen setzen sich zunehmend auch Praktiker mit dem Größenzuschlag auseinander, sodass nun bspw. jährlich von Duff & Phelps Statistiken hinsichtlich des Größenzuschlags publiziert werden (Duff & Phelps et al. 2017). Die Validität dieser Untersuchungen ist umstritten (Ballwieser 2016, S. 120–122). Außerdem lässt sich die additive Erweiterung des CAPM um eine „Size Premium" aus theoretischen Gründen nicht rechtfertigen. Durch die Addition der „Size Premium" wird die optimale Gleichgewichtslösung des CAPM, das ein in sich geschlossenes Kapitalmarktmodell darstellt, zerstört (Jonas 2008, S. 120). Eine Anwendung einer generellen „Size Premium" ist daher abzulehnen.

4.4.2.5 Kombination von Anpassungen

Wie in den obigen Kapiteln gezeigt, existieren in der Theorie und Praxis eine Vielzahl von Ansätze, um Besonderheiten von KMU nicht nur im Zähler des Bewertungskalküls, sondern auch im Nenner, d. h. im Kapitalisierungszinssatz, abzubilden. Würden die genannten Effekte additiv im Kapitalisierungszinssatz berücksichtigt, ergäbe sich das folgende Bild (Abb. 4.51).

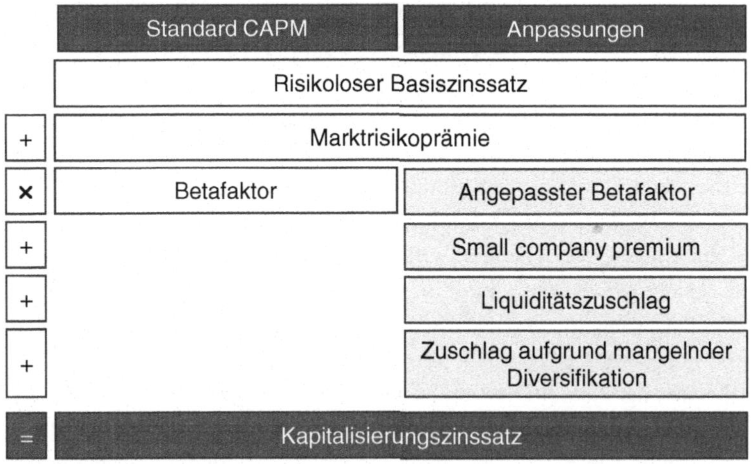

Abb. 4.51 Prämien zur Erhöhung des Kapitalisierungszinssatzes (Jonas 2011, S. 306 in Anlehnung an Mercer 1997)

Die oben genannten Zuschläge zum Kapitalisierungszinssatz können modelltechnisch auch als Abschläge vom Unternehmenswert berücksichtigt werden. Dies hat den Vorteil, dass kein Eingriff in den modelltheoretischen Zusammenhang des CAPM erfolgt. Unabhängig von einer möglichen Berücksichtigung als Zuschlag zum Kapitalisierungszinssatz oder als Abschlag zum Unternehmenswert besteht die Problematik der mangelnden Abgrenzung und möglichen Doppelerfassung der Effekte. Wenn KMU bspw. höher verschuldet sind und dadurch höhere Eigenkapitalkosten und damit höhere Risikozuschläge aufweisen, dann ist dieses Phänomen nicht zusätzlich in einem Größenzuschlag abzubilden (Jonas 2011, S. 306). Manche Themen verschwimmen, sind nur begrenzt messbar oder werden durch gegenläufige Aspekte wieder aufgewogen. Zu nennen sind hier bspw. die Aspekte der Prinzipal-Agent-Problematik, die bei KMU kaum vorzufinden ist, da der Mehrheitseigentümer in den meisten Fällen auch gleichzeitig die Geschäftsführerstellung innehat. Solche Aspekte werden im Rahmen von Transaktionen börsennotierter Kapitalgesellschaften häufig mit Paketzuschlägen vergütet. Vor diesem Hintergrund wird von pauschalen Zu- bzw. Abschlägen auch in der Literatur abgeraten (Schulz 2009, S. 46, Jonas 2011, S. 306, Schütte-Biastoch 2011, S. 228), weil die Gefahr von Doppelerfassungen besteht. Daher ist im Einzelfall genau zu analysieren, ob die Besonderheit nicht zunächst im Zähler wie oben bereits beschrieben abzubilden ist. Gerade die mangelnde Trennung von privater und betrieblicher Sphäre des Gesellschafters ist in der Regel durch Vergütungen für Mitarbeit, Haftung, Finanzierung etc. bei der Ermittlung der zu kapitalisierenden Überschüsse abbildbar. Weitere Aspekte, wie z. B. die mangelnde Diversifikation, sind nur bei speziellen Bewertungsanlässen und im Rahmen der Ermittlung subjektiver Entscheidungswerte anzuwenden, da bei der Ermittlung objektivierter Unternehmenswerte von einem typisiert diversifizierten

Investor ausgegangen wird. Auch mögliche Insolvenzrisiken sind zum einen nicht grundsätzlich bei jeder Bewertung zu berücksichtigen, sondern nur, wenn insbesondere mögliche Anhaltspunkte hierfür vorliegen. Es ist im Einzelfall zu prüfen, ob diese Risiken nicht bereits in der Planung der zu kapitalisierenden Überschüsse über mögliche Insolvenzszenarien, eine begrenzte Lebensdauer oder im Kapitalisierungszinssatz, bspw. über den Branchen-Betafaktor, abgebildet sind. Dies ist im Einzelfall zu prüfen. Bspw. hat es in der jüngsten Vergangenheit eine Vielzahl von Insolvenzen im Kfz-Gewerbe gegeben. Nur soweit die Themen wirklich abgrenzbar und nicht bereits an anderer Stelle berücksichtigt werden, kann ein zusätzlicher Abschlag, wie z. B. für mangelnde Fungibilität, angemessen sein. Die Höhe dieses Abschlags sollte jedoch nicht pauschal bzw. willkürlich bemessen werden, sondern z. B. anhand von möglichen Kosten eines fiktiven Börsengangs quantifiziert und vom Bewerter angemessen dokumentiert werden. In der Praxis ist es in diesem Zusammenhang hilfreich, die einzelnen KMU-spezifischen Risiken zu systematisieren, um mögliche Doppelerfassungen zu vermeiden. Ein solcher Ansatz stellt das im Folgenden beschriebene Stufenmodell zur Berücksichtigung der Risiken von KMU und nicht börsennotierten Unternehmen dar.

4.4.2.6 Das Stufenmodell zur Berücksichtigung von Risiken

Das Stufenmodell stellt einen Versuch dar, die Risiken von KMU und nicht börsennotierten Unternehmen im Kontext der Unternehmensbewertung zu berücksichtigen. Dabei werden in der ersten Stufe die Risiken in den Cash Flows, d. h. in den zu kapitalisierenden Überschüssen, abgebildet. Dies schließt auch das mögliche Insolvenzrisiko ein, welches bevorzugt im Zähler und nur – soweit die Planungsrechnung dies nicht berücksichtigt – auch umgerechnet in Form einer negativen Wachstumsrate im Kapitalisierungszinssatz berücksichtigt werden kann. Diese erste Stufe steht im Einklang mit den modelltheoretischen Annahmen des CAPM. In der zweiten Stufe werden unsystematische Risiken, die im Wesentlichen aus mangelnder Diversifikation der Anteilseigner resultieren, außerhalb des CAPM berücksichtigt. In der dritten Stufe finden Kapitalmarktunvollkommenheiten aufgrund mangelnder Marktliquidität und Fungibilität von Anteilen Berücksichtigung. Abb. 4.52 stellt die Grundzüge des Stufenmodells dar.

Im Rahmen der **Stufe 1** ist es für die Bestimmung der erwartungstreuen Planwerte erforderlich, bestehende Risiken zu quantifizieren, transparent darzustellen und in der Berechnung zu berücksichtigen. Voraussetzung hierfür ist eine systematische Identifikation der wesentlichen Risiken (z. B. unsicherer Planannahmen) und deren Quantifizierung durch eine geeignete Wahrscheinlichkeitsverteilung, im einfachsten Fall z. B. durch Angabe von a) Mindestwert, b) wahrscheinlichstem Wert und c) Maximalwert (Gleißner und Ihlau 2012, S. 313). Für die praktische Umsetzung bedeutet dies, dass wesentliche Werttreiber und Planungsannahmen zu identifizieren und deren Auswirkungen auf Umsatzerlöse, einzelne Aufwendungen, Finanzierung, Eigenkapitalausstattung etc. mittels Szenariorechnungen oder Simulation zu quantifizieren sind (s. auch Abschn. 4.3.4.3). In diesem Zusammenhang ist insbesondere der Einfluss KMU-spezifischer Merkmale auf die Planungsrechnung zu analysieren. Diese besonderen

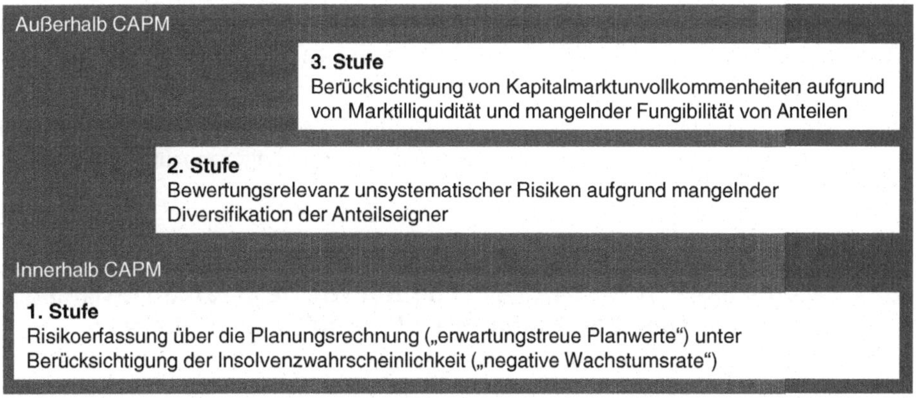

Abb. 4.52 Stufenmodell zur Berücksichtigung von Risiken in der Unternehmensbewertung (in Anlehnung an Gleißner und Ihlau 2012, S. 313)

Risiken sind in der Planungsrechnung und damit in den künftigen zu erzielenden Cash Flows adäquat abzubilden (Gleißner und Ihlau 2012, S. 313).

Neben den aus dem individuellen operativen Geschäft sowie der Finanzierung der KMU resultierenden Risiken sollte auch die Insolvenzwahrscheinlichkeit des KMU bestimmt werden. Bei einer sachgerechten Bewertung ist zu berücksichtigen, dass Unternehmen grundsätzlich nicht „ewig" existieren. Die mögliche Insolvenzwahrscheinlichkeit, die bspw. durch das Rating erfasst wird, kann durch die Laufzeit der ewigen Rente im Zähler abgebildet werden. Sie kann aber auch rein mathematisch wie eine „negative Wachstumsrate" als Zuschlag auf den (z. B. mittels CAPM berechneten) Kapitalisierungszinssatz berücksichtigt werden (s. Abschn. 4.4.2.1). Sie ist dabei allerdings nicht als ein „Risikozuschlag" aufzufassen, sondern erfasst, dass im Zeitablauf der Erwartungswert der Cash Flows der Terminal-Value-Phase (Endwert-Phase) sinkt. Die Erfassung der (prognostizierten) Insolvenzwahrscheinlichkeiten im nachhaltigen Ergebnis stützt damit die Anforderungen von „erwartungstreuen Planwerten" und stellt – auch wenn diese technisch im Nenner abgebildet wird – letztlich eine Korrektur des Zählers dar. Die in Stufe 1 erfassten Besonderheiten von KMU erfolgen somit systemkonform mit dem CAPM (Gleißner und Ihlau 2012, S. 314).

In **Stufe 2** werden unsystematische Risiken erfasst, die vor allem aus mangelnder Diversifikation der Anteilseigner resultieren (s. Abschn. 4.4.2.2). Insbesondere bei Anteilseignern von KMU wird in der Praxis häufig eine nicht den Annahmen des CAPM entsprechende Diversifikation beobachtet. Diese unsystematischen Risiken können nur außerhalb des CAPM berücksichtigt werden (Gleißner und Ihlau 2012, S. 317).

In **Stufe 3** werden Kapitalmarktunvollkommenheiten berücksichtigt, die zu höheren Transaktionskosten aufgrund von Marktilliquidität und mangelnder Fungibilität von Anteilen führen (s. Abschn. 4.4.2.3). Auch diese Effekte werden durch das CAPM nicht erfasst und sollten – soweit der Bewertungsanlass eine Transaktion vorsieht – in Höhe der Opportunitätskosten entweder im Zähler oder als Abschlag vom Unternehmenswert berücksichtigt werden (Gleißner und Ihlau 2012, S. 317 f.).

Die in Stufe 2 und 3 anzuwendenden Verfahren sind insbesondere dann relevant, wenn subjektive Entscheidungswerte bestimmt werden oder der Bewerter explizit Werte unter Berücksichtigung von Kapitalmarktunvollkommenheiten ableiten möchte (Gleißner und Ihlau 2012, S. 312).

4.4.3 Möglichkeiten der Berücksichtigung von besonderen Risiken von Wachstumsunternehmen im Kapitalisierungszinssatz

Das höhere Risiko von jungen Wachstumsunternehmen, welches aus – im Vergleich zu etablierten Unternehmen – potenziell höheren Planabweichungen vom Erwartungswert der finanziellen Überschüsse resultiert (s. Abschn. 4.3.4.5), muss sich zur Risikoäquivalenz zwischen Zähler und Nenner auch im Kapitalisierungszinssatz widerspiegeln. Risikozuschlag und Wachstumsabschlag (in der ewigen Rente) müssen die Besonderheiten des Wachstumsunternehmens somit hinreichend berücksichtigen (IDW 2018, Kap. A, Tz. 474, 2008, Tz. 148).

Bei einer größeren Unsicherheit der finanziellen Überschüsse steigt auch die Renditeforderung der Anteilseigner. Dies sollte bei der Ermittlung des Kapitalisierungszinssatzes berücksichtigt werden. In Verbindung mit dem als Beispiel herangezogenen Biotech Start-up-Unternehmen (s. Abschn. 4.3.4.5) bedeutet dies, dass der Betafaktor höher sein muss als bei einem etablierten Pharmakonzern.[85]

Im Bereich junger Wachstumsunternehmen ist eine Messung vergleichbarer Kapitalkosten in der Regel jedoch nicht möglich, da entsprechende Unternehmen nicht börsennotiert sind. In der Praxis werden die Besonderheiten von Wachstumsunternehmen bei der Bestimmung des Kapitalisierungszinssatzes deshalb häufig in Form von Zu- oder Abschlägen berücksichtigt. Venture Capital (VC)-Gesellschaften bspw. passen den Kapitalisierungszinssatz aufgrund von Risikoaspekten und ihrer Renditeerwartung an (Festel 2010, S. 175). Dabei wird nur von rd. einem Viertel der VC-Gesellschaften das CAPM angewandt, da die typischen Renditeforderungen von Beteiligungsgesellschaften durch das CAPM in der Regel nicht erreicht werden können. Stattdessen spielen eigene Erfahrungen und die Zielrendite der Investoren eine übergeordnete Rolle (siehe Venture Capital/Private Equity-Studie 2004; Achleitner et al. 2004, S. 704). Für Wachstumsunternehmen im „Early-Stage-Bereich" können sich daraus geforderte Kapitalisierungszinssätze von durchschnittlich rd. 40 % ergeben. Im Segment der „Expansion-Stage" liegen

[85]In einer Untersuchung durch *Bode-Greuel* und *Greuel* lagen die durchschnittlichen Betafaktoren je Kategorie zwischen 1,7 (Schwerpunkt auf Drug-Discovery) und 0,4 (große, internationale Pharmafirmen); siehe Bode-Greuel und Greuel 2010, S. 297; siehe auch Myers 1996, S. 59 ff.

die Kapitalisierungszinsätze im Durchschnitt noch bei rd. 26 % (Achleitner et al. 2004, S. 705). Die durchschnittlichen Kapitalisierungszinssätze bei der Bewertung von Start-ups schwanken in Abhängigkeit von der Entwicklungsphase des Unternehmens zwischen 25 % und 90 % (Rzepka et. al. 2016, S. 318). Insgesamt ist davon auszugehen, dass das Risiko und die geforderten Kapitalkosten der Wachstumsunternehmen stark von der Entwicklungsphase des Unternehmens abhängen. Eine Übersicht möglicher Entwicklungsphasen ist in Abb. 4.53 dargestellt.

Eine Einschätzung von Damodaran zu der erwarteten Eigenkapitalrendite von VC-Gesellschaften unter der Berücksichtigung der Entwicklungsphase des Unternehmens ist in Abb. 4.54 dargestellt (Damodaran 2009, S. 15).

Die Einschätzung des Kapitalisierungszinssatzes bei Wachstumsunternehmen bleibt damit Aufgabe des Bewerters. Eine Ableitung anhand von börsennotierten Vergleichsunternehmen wird aufgrund der Unterschiede im Hinblick auf den Entwicklungsstand

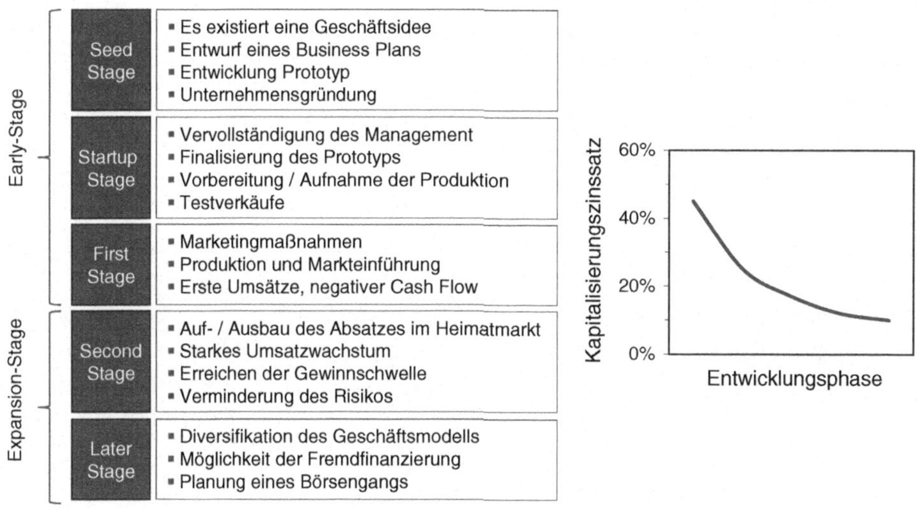

Abb. 4.53 Entwicklungsphasen von Wachstumsunternehmen in Zusammenhang mit der Höhe der Kapitalkosten

Entwicklungsphase	Erwartete Eigenkapitalrendite
Startup Stage	50% - 70%
First Stage	40% - 60%
Second Stage	35% - 50%
Later Stage	25% - 35%

Abb. 4.54 Vereinfachte Darstellung für die erwartete Eigenkapitalrendite von VC-Gesellschaften (Damodaran 2009, S. 15)

und die Wachstumsdynamik nicht möglich sein. In der Literatur wird zur Unterstützung teilweise auf sog. Scoring-Verfahren hingewiesen (Festel 2010, S. 177). Dabei kann die Höhe des Kapitalisierungszinssatzes bzw. des Betafaktors durch Einordnung des Unternehmens in ein Bewertungsraster nach oben oder unten angepasst werden. Ausgangsgröße ist dabei ein durchschnittlicher Kapitalisierungszinssatz für ein Wachstumsunternehmen in einer bestimmten Phase, z. B. 40 % für ein Unternehmen im Segment „Early-Stage" (Festel 2010, S. 177). Ein vereinfachtes Beispiel eines entsprechenden Scoring-Modells ist in Abb. 4.55 dargestellt.

Als Kriterien sollten vom Bewerter wesentliche Bestimmungsfaktoren für das zugrunde liegende Risiko des Bewertungsobjektes festgelegt werden. Darüber hinaus ist es wichtig, dass die entsprechenden Kategorien für die Risikoeinschätzung mit bestimmten Ausprägungen definiert sind. Im Hinblick auf das Management könnten neben der Erfahrung und Persönlichkeit z. B. folgende Fälle unterschieden werden. Das Managementteam ist:

- vollständig, verlässlich und sehr gut ausgebildet,
- vollständig und gut ausgebildet,
- vollständig und ausreichend qualifiziert,
- vollständig aber unzureichend qualifiziert,
- unvollständig und unzureichend qualifiziert.

Insgesamt ist darauf hinzuweisen, dass das Verfahren erhebliche Ermessungsspielräume bietet, da die Festlegung der Kriterien, die Zuordnung zu den Risikokategorien und die Quantifizierung der Risikokategorien nach subjektivem Ermessen erfolgen und daher nur eingeschränkt nachvollziehbar sind. Im Rahmen der Ermittlung eines objektivierten Unternehmenswertes ist deshalb von Scoring-Modellen abzuraten. Im Rahmen von subjektiven Entscheidungswerten kann es jedoch ein nützliches Hilfsmittel sein, um die

Kriterien	Risikoeinschätzung					Gewichtung	Anpassung
	-10%	-5%	0	+5%	+10%		
Technologie		●				10%	-0,5%
Produkte			●			20%	0%
Geschäftsmodell				●		10%	0,5%
Organisation					●	15%	1,5%
Management					●	20%	2,0%
Finanzen					●	15%	1,5%
Gesamt							5,0%

Abb. 4.55 Vereinfachte Darstellung für die Anpassung des Kapitalisierungszinssatzes anhand eines Scoring-Modells (die Vorgehensweise ist auch für die Anpassung des Betafaktors möglich; siehe auch Festel 2010, S. 177)

Überlegungen des Bewerters im Hinblick auf die wesentlichen Einflussfaktoren auf das Risiko eines Wachstumsunternehmens zu dokumentieren und zu quantifizieren.

4.4.4 Praktische Hinweise und Vereinfachungen bei der Ermittlung des Kapitalisierungszinssatzes von KMU

Wie oben gezeigt, wird bei der Ermittlung der Kapitalkosten mittels des CAPM auf Kapitalmarktdaten von börsennotierten Unternehmen zurückgegriffen (s. Abschn. 4.4.1.2). Diese Unternehmen sind von ihrer Natur her nur bedingt mit dem zu bewertenden KMU vergleichbar. Generell kann vor diesem Hintergrund die Frage gestellt werden, ob ganz von einer Anwendung des CAPM abgesehen werden sollte und es ggf. andere Möglichkeiten gibt, die spezifischen Risiken von KMU im Nenner des Bewertungskalküls abzubilden. In der Literatur werden hierfür bspw. sogenannte Scoring-Modelle genannt (Lewis und Stelter 1995, S. 86; Geginat et al. 2006, S. 23 f.; Festel 2010, S. 177). Als problematisch stellt sich bei diesen Ansätzen letztlich die fehlende intersubjektive Nachprüfbarkeit dar. Gelangt man vor diesem Hintergrund zu der Erkenntnis, dass, wie auch in der Bewertungspraxis üblich und vom IDW empfohlen, das CAPM auch für KMU anzuwenden ist (IDW 2014a, Tz. 47), stellt sich die Frage nach möglichen Vereinfachungen innerhalb des Bewertungsverfahrens sowie bezüglich der Ermittlung der zugrunde gelegten Kapitalmarktdaten.

Es kann zu überlegen sein, Vereinfachungen im Hinblick auf die Berücksichtigung der Finanzierung im Bewertungskalkül vorzunehmen. Die Finanzierung findet bei der Anwendung des Ertragswertverfahrens im Zähler des Barwertkalküls Eingang in das Zinsergebnis und in die steuerliche Bemessungsgrundlage. Im Nenner beeinflusst die Finanzierung die Eigenkapitalkosten. Die Eigenkapitalkosten hängen u.a. vom Betafaktor ab, der anhand von börsennotierten Vergleichsunternehmen ermittelt und im ersten Schritt mittels des sog. „unlevern" um die Finanzierungsstruktur des Vergleichsunternehmens bereinigt und im zweiten Schritt durch sog. „relevern" an die Finanzierungsstruktur des zu bewertenden KMU angepasst wird. Hieraus ergeben sich im Zeitablauf schwankende Eigenkapitalkosten.

Eine Vereinfachung bei der Ermittlung des Kapitalisierungszinssatzes lässt sich dadurch erreichen, dass entsprechend der Vorgehensweise bei der Bewertung hoch verschuldeter Unternehmen (s. Abschn. 4.3.1.4). statt des Ertragswertverfahrens ein DCF-Bruttoverfahren angewandt und dabei zugleich eine fixe Kapitalstruktur entsprechend der Verschuldung der Peer Group-Unternehmen angenommen wird (Jonas 2011, S. 303). Dabei wird die Verschuldung der Vergleichsunternehmen auf das Bewertungsobjekt übertragen, und die Free Cash Flows werden mit den Gesamtkapitalkosten (WACC) abgezinst. Der WACC wird dabei in allen Perioden konstant angesetzt. Die periodenspezifische Ermittlung der Eigenkapitalkosten entfällt damit (Jonas 2011, S. 303). Die Verschuldung des Bewertungsobjektes wird dadurch berücksichtigt, dass die zum Bewertungsstichtag bestehenden Nettofinanzschulden von dem ermittelten

Gesamtkapitalwert abgezogen werden. Diese Vorgehensweise hat jedoch zwei Nachteile. Zum einen wird diese Vereinfachung mit einer ungenauen Abbildung des Steuereffekts der Fremdfinanzierung (Tax Shield) erkauft (Jonas 2011, S. 303). Fraglich ist jedoch, ob dieser Steuereffekt im Regelfall so wesentlich ist, dass die Vereinfachung zu unangemessenen Verzerrungen des Unternehmenswerts führt (Jonas 2011, S. 303). Zum anderen ist dieser Ansatz auch insoweit problematisch, dass pauschal von der Annahme ausgegangen wird, die Finanzierungstruktur der Peer Group-Unternehmen sei mit der des Bewertungsobjektes vergleichbar und konstant im Zeitablauf. Diese Annahme ist sowohl vor dem Hintergrund des Bewertungsanlasses als auch hinsichtlich der individuellen Finanzierungsgegebenheiten kritisch zu hinterfragen und im Einzelfall zu beurteilen. KMU zeichnen sich sehr häufig durch eine höhere Fremdfinanzierung im Vergleich zu großen börsennotierten Unternehmen aus und sind darüber hinaus zum Teil auch durch eine persönliche Haftung und Finanzierungsmittel des Eigners geprägt. In Bewertungsfällen, in denen von den individuellen Finanzierungsgegebenheiten des Eigentümers abstrahiert wird, kann eine solche Vereinfachung erwogen werden.

Weitere Vereinfachungen können bei der für die Ermittlung des Kapitalisierungszinssatzes notwendigen Datenbasis in Betracht kommen. Bei Anwendung des CAPM ist für die Ermittlung des Betafaktors in der Regel eine Gruppe von Vergleichsunternehmen zu identifizieren, die im Hinblick auf ihr Chancen- und Risikoprofil sowie die wesentlichen Einflussfaktoren auf Wachstum und Rendite vergleichbar sind (s. Abschn. 4.4.1.2). Darüber hinaus sind für diese Unternehmen Betafaktoren zu ermitteln, die um das in den Betafaktoren enthaltene Finanzierungsrisiko zu bereinigen sind (s. Abschn. 3.6.5.3). Die statistische Signifikanz der Betafaktoren, die Frage nach der Sicherheit der Tax Shields sowie der Ansatz und die Höhe des Debt Betafaktors sind ebenfalls zu untersuchen. Insgesamt bestehen in diesem Zusammenhang hohe Anforderungen im Hinblick auf Umfang und Qualität der verfügbaren Information.

Wird bei der Datenerhebung nicht auf professionelle Informationsanbieter, wie bspw. Bloomberg, S&P Capital IQ, Mergermarket, Reuters etc. zurückgegriffen, stellt sich in der Praxis die Frage, ob auch Vereinfachungen hinsichtlich der Erhebung der erforderlichen Kapitalmarktdaten möglich sind. Im Internet existieren teilweise frei zugängliche Informationen, bei denen Betafaktoren zu sog. Branchen-Betafaktoren zusammengefasst werden.[86] Hier lassen sich u.a. verschuldete und unverschuldete Betafaktoren verschiedener Branchen (z. B. Banks oder Healthcare) abrufen. Darüber hinaus sind weitere Finanzdaten zu den einzelnen Branchen, wie bspw. Kapitalstruktur, Wachstumsraten und Multiplikatoren, verfügbar. Der Bewerter hat hierdurch die Möglichkeit, statt der aufwendigen Suche nach Peer Group-Unternehmen und der Ermittlung von Betafaktoren vereinfachend auf einen Branchendurchschnitt abzustellen. Dabei besteht alternativ die Möglichkeit, entweder einen unverschuldeten Betafaktor heranzuziehen, diesen

[86]Siehe auch http://pages.stern.nyu.edu/~adamodar/.

an die Kapitalstruktur des Unternehmensobjektes anzupassen oder unter Annahme des Finanzierungsrisikos der Branche auf den verschuldeten Betafaktor abzustellen. Darüber hinaus existieren auch in der Literatur Kapitalmarktstudien, in denen Kapitalkosten sowie die zugrunde liegenden Parameter, wie bspw. Betafaktoren, Fremdkapitalkosten und Kapitalstruktur für verschiedene Unternehmen und Branchen, ermittelt werden (z. B. Dörschell et al. 2016). Außerdem können über das Unternehmensregister Finanzkennzahlen, wie z. B. Verschuldungsgrad, verschiedener Branchen abgefragt werden.

Auch hinsichtlich der zugrunde zu legenden Datenbasis ist im Einzelfall abzuwägen, für welchen Zweck und Anlass die Bewertung erstellt werden soll und ob die Datenbasis die Anforderungen in diesem Zusammenhang erfüllt. Im Rahmen der Ermittlung objektivierter Unternehmenswerte bestehen Mindestanforderungen insbesondere hinsichtlich der Dokumentation und intersubjektiven Nachvollziehbarkeit der Datengrundlage. Vor allem bei Bewertungen aufgrund von gesellschaftsrechtlichen oder vertraglichen Bewertungsanlässen, die ggf. einer gerichtlichen Überprüfung standhalten müssen, ist die Datenbasis von entscheidender Bedeutung. Bewertungen sind in diesen Fällen weniger angreifbar, wenn ihnen eine fundierte und belastbare Datenbasis zugrunde liegt.

Insgesamt kann festgehalten werden, dass Vereinfachungen in der Praxis der Bewertung von KMU hinsichtlich der Ermittlung des Kapitalisierungszinssatzes im oben beschriebenen Umfang möglich sind. Die Anwendung der Vereinfachungen hinsichtlich der anzuwendenden Bewertungsmethoden und der Qualität der zugrunde liegenden Daten wird jedoch wesentlich vom Bewertungsanlass abhängen und ist bei objektivierten Bewertungen in der Regel nicht zu empfehlen.

Literatur

Achleitner, A. 2001. Start-up-Unternehmen: Bewertung mit der Venture-Capital-Methode. *Betriebs-Berater* 55 (18): 927–933.

Achleitner, A., H. Zelger, S. Beyer, und K. Müller. 2004. Venture Capital/Private Equity-Studie 2004: Company (E)valuation und EVCA Valuation Guidelines. *Finanz Betrieb* 6 (10): 701–709.

Adolff, J. 2007. *Unternehmensbewertung im Recht der börsennotierten Aktiengesellschaft*. München: Beck.

AICPA. 2005. Management override of controls: The Achilles' heel of fraud prevention. http://www.aicpa.org/ForThePublic/AuditCommitteeEffectiveness/DownloadableDocuments/achilles_heel.pdf. Zugegriffen: 28. März 2013.

Arbeitskreis „Finanzierung" der Schmalenbach-Gesellschaft. 1996. Wertorientierte Unternehmenssteuerung mit differenzierten Kapitalkosten. *ZfbF* 48 (6): 543–578.

Backhaus, K., B. Erichson, W. Plinke, und R. Weiber. 2016. *Multivariate Analysemethoden – Eine anwendungsorientierte Einführung*, 14. Aufl. Berlin: Springer.

Ballwieser, W. 1981. Die Wahl des Kalkulationszinsfußes bei der Unternehmensbewertung unter Berücksichtigung von Risiko und Geldentwertung. *BFuP* 33 (2): 97–114.

Ballwieser, W. 2012. *Unternehmensbewertung zwischen Fakten und Fiktionen*. München: Verlag der Bayerischen Akademie der Wissenschaften.

Ballwieser, W. 2016. *Unternehmensbewertung – Prozess, Methoden und Probleme*, 5. Aufl. Stuttgart: Schäffer Poeschel.

Ballwieser, W., und R. Leuthier. 1986. Betriebswirtschaftliche Steuerberatung: Grundprinzipien, Verfahren und Probleme der Unternehmensbewertung (Teil II). *DStR* 24 (18): 604–610.

Ballwieser, W., L. Franken, S. Ihlau, M. Jonas, T. Kohl, A. Mackenstedt, M. Popp, und U. Siebler. 2014. Besonderheiten bei der Ermittlung eines objektivierten Unternehmenswertes kleiner und mittelgroßer Unternehmen (IDW Praxishinweis 1/2014). *WPg* 67 (9): 463–474.

Balz, U., und H. Bordemann. 2007. Ermittlung von Eigenkapitalkosten zur Unternehmensbewertung mittelständischer Unternehmen mithilfe des CAPM. *Finanz Betrieb* 9 (9): 737–743.

Banz, R. 1981. The relationship between return and market value of common stocks. *Journal of Financial Economics* 9 (1): 3–18.

Barthel, C. 2003. Unternehmenswert: Berücksichtigungsfähigkeit und Ableitung von Fungibilitätszuschlägen. *Der Betrieb* 58 (22): 1181–1186.

BDU. 2009. Grundsätze ordnungsmäßiger Planung (GoP). https://www.bdu.de/media/3706/gop21-web.pdf. Zugegriffen: 16. Okt. 2017.

Behringer, S. 2001. Das Ertragswertverfahren zur Bewertung von kleinen Unternehmen. *DStR* 39 (17): 719–724.

Behringer, S. 2012. *Unternehmensbewertung der Mittel- und Kleinbetriebe*, 5, neu bearbeitete u. erweiterte Aufl. Berlin: Schmidt.

Beumer, J., und H. Duscha. 2015. Steuerliche Bewertungsmaßstäbe. In *Praxishandbuch der Unternehmensbewertung*, 6. Aufl, Hrsg. V. Peemöller, 1411–1443. Herne: NWB.

BFH. 1974. Entscheidung vom 27.11.1974 – I R 250/72. BStBl. II 1975, 306.

BFH. 1987. Entscheidung vom 2904.1987– X R 2/80. BStBl. II 1987, 769.

BFH. 1990. Entscheidung vom 28.2.1990 – I R 83/87. BStBl. II 1990, 649.

BFH. 2003. Entscheidung vom 22.10.2003 – I R 36/03. BStBl. II 2004, 307.

BGH. 2008. Entscheidung vom 6.2.2008 – XII ZR 45/06. *WPg* 2008, 583.

BGH. 2011a. Entscheidung vom 2.2.2011 – XII ZR 185/08. NJW 2011: 2572.

BGH. 2011b. Entscheidung vom 9.2.2011 – XII ZR 40/09. *NJW* 2011, 999.

Bode-Greuel, K.M., und J.M. Greuel. 2010. Bewertung von Biotech-Unternehmen. In *Branchenorientierte Unternehmensbewertung*, 3. Aufl, Hrsg. D. Ernst und J. Drukarczyk, 293–306. München: Vahlen.

Bodie, Z., A. Kane, und A. Marcus. 2002. *Investments*, 5. Aufl. New York: McGraw Hill.

Castedello, M., M. Jonas, S. Schieszl, und C. Lenckner. 2018. Die Marktrisikoprämie im Niedrigzinsumfeld – Hintergrund und Erläuterung der Empfehlung des FAUB. *WPg* 71 (13): 806–825.

Chaffe, D. 1993. Option Pricing as a Proxy for Discount for Lack of Marketability in Private Company Valuations. *Business Valuation Review* 12 (4):182-188

Copeland, T., J. Weston, und K. Shastri. 2008. *Finanzierungstheorie und Unternehmenspolitik*, 4. Aufl. München: Pearson Studium.

COSO. 1994. *Internal control – Integrated framework*, 2. Aufl. Jersey City: American Institute of Certified Public Accountants.

Creditreform. 2008. Insolvenzen Neugründungen Löschungen – Jahr 2008. Verband der Vereine Creditreform e.V. http://www.dresdencreditreform.de/files/analyse_insodtl_2008.pdf. Zugegriffen: 27. März 2013.

Creditreform. 2012. Insolvenzen in Deutschland – Jahr 2012. Verband der Vereine Creditreform e.V. https://www.creditreform.de/aktuelles/news-list/details/news-detail/insolvenzen-in-deutschland-jahr-2012.html. Zugegriffen: 27. März 2013.

Creditreform. 2016. Insolvenzen in Deutschland – Jahr 2016. Verband der Vereine Creditreform e.V. https://www.creditreform.de/fileadmin/user_upload/crefo/download_de/news_termine/wirtschaftsforschung/insolvenzen-deutschland/Analyse_Insolvenzen_in_Deutschland_Jahr_2016.pdf. Zugegriffen: 2. Juli 2018.

Damodaran, A. 2009. Valuing young, start-up and growth companies: Estimation issues and valuation challenges. http://people.stern.nyu.edu/adamodar/pdfiles/papers/younggrowth.pdf. Zugegriffen: 20. Aug. 2018.

Damodaran, A. Ratings, interest coverage ratios and default spread – For smaller non-financial service companies with market cap <$5 billion. http://pages.stern.nyu.edu/~adamodar/New_Home_Page/datafile/ratings.htm. Zugegriffen: 16. Okt. .

Daragan, H. 2017. In *Praxiskommentar Erbschaftsteuergesetz und Bewertungsgesetz*, Hrsg. H. Daragan, R. Halaczinsky, und C. Riedel, 3. Aufl. Bonn: Zerb.

Destatis. 2009. Umsatzsteuerstatistik – Eckdaten – Zeitreihenergebnisse und Strukturdaten 2007. https://www.destatis.de/DE/Publikationen/Thematisch/FinanzenSteuern/Steuern/Umsatzsteuer/UmsatzsteuerstatistikEckdaten5733104077004.pdf?__blob=publicationFile. Zugegriffen: 19. Apr. 2013.

Destatis. 2012. Unternehmensregister – Unternehmen nach Umsatzgrößenklassen. Stand vom 30. Mai 2012. https://www.destatis.de/DE/ZahlenFakten/GesamtwirtschaftUmwelt/UnternehmenHandwerk/Unternehmensregister/Tabellen/UnternehmenUmsatzgroessenklassenWZ08.html. Zugegriffen: 27. März 2012.

Destatis. 2016. Unternehmensregister – Unternehmen nach Umsatzgrößenklassen. Stand vom 30. September. https://www.destatis.de/DE/ZahlenFakten/GesamtwirtschaftUmwelt/UnternehmenHandwerk/Unternehmensregister/Tabellen/UnternehmenUmsatzgroessenklassenWZ08.html;jsessionid=724C2371F2841E00604AE521C9713BE5.InternetLive1. Zugegriffen: 2. Juli 2018.

Deutsche Bundesbank. 2016. Ertragslage und Finanzierungsverhältnisse deutscher Unternehmen im Jahr 2015. Deutsche Bank Monatsbericht 2016. https://www.bundesbank.de/Redaktion/DE/Downloads/Veroeffentlichungen/Monatsberichtsaufsaetze/2016/2016_12_ertragslage_und_finanzierungsverhaeltnisse.pdf?__blob=publicationFile. Zugegriffen: 17. Okt.

Deutscher Bundestag. 2016. Drucksache 18/8911 vom 22.6.2016.

Dodel, K. 2008. Abschläge auf Unternehmenswerte nicht börsennotierter Gesellschaften – Nachweis und Implikation bei der Bewertung deutscher Privatunternehmen. *BewertungsPraktiker* 1 (2008): 2–9.

Dörschell, A., L. Franken, und J. Schulte. 2008. Ermittlung eines objektivierten Unternehmenswertes für Personengesellschaften nach der Unternehmensteuerreform 2008. *WPg* 61 (10): 444–454.

Dörschell, A., L. Franken, und J. Schulte. 2012a. *Der Kapitalisierungszinssatz in der Unternehmensbewertung,* 2. überarbeitete und erweiterte Aufl. Düsseldorf: IDW.

Dörschell, A., L. Franken, und J. Schulte. 2016. *Kapitalkosten und Multiplikatoren für die Unternehmensbewertung*, 4. Aufl. Düsseldorf: IDW.

Drüen, K.-D. 2018. Kommentierung zu § 10a GewStG. In *Blümich EStG, KStG, GewStG*, Hrsg. B. Heuermann und P. Brandis. München: Vahlen.

Duff & Phelps. 2013. Risk premium report 2013 – Selected pages and examples. https://www.duffandphelps.com/assets/pdfs/publications/valuation/(excerpt)%202013%20duff%20phelps%20risk%20premium%20report.pdf. Zugegriffen: 16. Okt. 2017.

Duff & Phelps, R. Grabowski, C. Nunes, und J. Harrington. 2017. *2017 valuation handbook – U.S. guide to cost of capital.* New Jersey: Willey.

EIU. 2017. http://www.eiu.com. Zugegriffen: 16. Okt. 2017.

Ernst, M. 2015. Modulgesteuerte Businessplanung als Instrument der Unternehmensbewertung. In *Praxishandbuch der Unternehmensbewertung*, 6. Aufl, Hrsg. V. Peemöller, 221–243. Herne: NWB.

Evans, J., und S. Archer. 1968. Diversification and the reduction of dispersion: An empirical analysis. *Journal of Finance* 23 (5): 761–767.

Fama, E. 1991. Efficient capital markets II. *Journal of Finance* 46 (5): 1575–1617.

Fama, E., und K. French. 1992. The cross-section of expected stock returns. *Journal of Finance* 47 (2): 427–465.

Fama, E., und K. French. 1993. Common risk factors in the returns on stocks and bonds. *Journal of Financial Economics* 33 (1): 3–56.

Fama, E., und K. French. 1996. Multifactor explanations of asset pricing anomalies. *Journal of Finance* 51 (1): 55–84.

Festel, G. 2010. Bewertung von High-Tech-Start-ups durch systematische Anpassung des Betafaktors. *CF biz* 1 (3): 175–178.

FG Münster. 1998. Entscheidung vom 12.08.1998 – 8 K 5129/94. EFG 1999, 247.

Finance Magazin. 2017. http://www.finance-magazin.de/research/multiples. Zugegriffen: 16. Okt. 2017.

Fischer-Winkelmann, W.F., und K. Busch. 2009. Die praktische Anwendung der verschiedenen Unternehmensbewertungsverfahren – Empirische Untersuchung im steuerberatenden Berufsstand. *Finanz Betrieb* 11 (12): 715–726.

Franken, L., und J. Schulte. 2010. Beurteilung der Eignung von Betafaktoren mittels R^2 und t-Test: Ein Irrweg? – Auch ein Replik zu Knoll, *WPg* 63(22):1106–1109. *WPg* 63 (22): 1110–1116.

Franken, L., und P. Koelen. 2015. Besonderheiten bei der Bewertung von Personengesellschaften. In *Praxishandbuch der Unternehmensbewertung*, 6. Aufl, Hrsg. V. Peemöller, 1007–1027. Herne: NWB.

Gampenrieder, P., und A. Behrendt. 2004. Zur Sinnhaftigkeit von Fungibilitätszuschlägen. *Unternehmensbewertung & Management* 3 (2004): 85–91.

Geginat, J., B. Morath, R. Wittmann., und P. Knüsel. 2006. Kapitalkosten als strategisches Entscheidungskriterium. Roland Berger Strategy Consultants. http://www.bwl-onli-ne.ch/500KapitelOrdner/510KapitelOrdner/515KapitelOrdner/Kapitalkosen%20als%20strategisches%20Entscheidungskriterium.pdf. Zugegriffen: 16. Okt. 2017.

Gladen, W. 2014. *Performance Measurement: Controlling mit Kennzahlen*, 6 überarbeitete Aufl. Wiesbaden: Gabler.

Gleißner, W. 2008. Erwartungstreue Planung und Planungssicherheit – Mit einem Anwendungsbeispiel zur risikoorientierten Budgetierung. *Controlling* 20 (2): 81–87.

Gleißner, W. 2010. Unternehmenswert, Rating und Risiko. *WPg* 63 (14): 735–743.

Gleißner, W. 2011a. Bewertung nicht börsennotierter Unternehmen – Die Berücksichtigung von Insolvenzwahrscheinlichkeiten. *BewP* 1 (2011): 12–22.

Gleißner, W. 2011b. Der Einfluss der Insolvenzwahrscheinlichkeit (Rating) auf den Unternehmenswert und die Eigenkapitalkosten. *CF biz* 2 (4): 243–251.

Gleißner, W., und M. Wolfrum. 2011. Szenario-Analyse und Simulation: Ein Fallbeispiel mit Excel und Crystal Ball. http://www.werner-gleissner.de/site/publikationen/WernerGleissner_offiziell-Nr-1014-Szenario-Analyse-und-Simulation.pdf. Zugegriffen: 28. März 2013.

Gleißner, W., und R. Presber. 2010. Die Grundsätze ordnungsmäßiger Planung – GoP 2.1 des BDU: Nutzen für die betriebswirtschaftliche Steuerung. *Controller Magazin* 6/2010:82–86.

Gleißner, W., und S. Ihlau. 2012. Die Berücksichtigung von Risiken von nicht börsennotierten Unternehmen und KMU im Kontext der Unternehmensbewertung. *CF biz* 3 (6): 312–318.

Göllert, K., und W. Ringling. 1999. Die Eignung des Stuttgarter Verfahrens für die Unternehmens- bzw. Anteilsbewertung im Abfindungsfall. *DB* 54 (10): 516–519.

Grashoff, D. 2012. *Aktuelles Steuerrecht 2012*, 8. Aufl. München: Beck.

Großfeld, B. 2002. *Unternehmens- und Anteilsbewertung im Gesellschaftsrecht*, 4. Aufl. Köln: Schmidt.

Großfeld, B. 2016. *Recht der Unternehmensbewertung*, 8. Aufl. Köln: RWS.

Großfeld, B., und C. Egert. 1996. Cash Flow in der Unternehmensbewertung. In *Cash Flow in der Unternehmensbewertung. Festschrift Rainer Ludewig*, Hrsg. J. Baetge, D. Börner, K.-H. Forster, und L.L. Schruff, 365–383. Düsseldorf: IDW.

Grossman, S.J., und O.D. Hart. 1983. An analysis of the principal-agent-problem. *Econometrica* 51 (1): 7–45.

Grossman, S.J., und R. Schiller. 1981. The determinants of the variability of stock market prices. *The American Economic Review* 71 (2): 222–227.

Hayn, M., und H. Lokey. 2015. Bewertung junger Unternehmen. In *Praxishandbuch der Unternehmensbewertung*, 6. Aufl, Hrsg. V. Peemöller, 961–994. Herne: NWB.

Helbling, C. 2015a. Besonderheiten der Bewertung von kleinen und mittleren Unternehmen. In *Praxishandbuch der Unternehmensbewertung*, 6. Aufl, Hrsg. V. Peemöller, 995–1006. Herne: NWB.

Helbling, C. 2015b. Absicherungsstrategien gegen Risiken des Unternehmenskaufs. In *Praxishandbuch der Unternehmensbewertung*, 6. Aufl, Hrsg. V. Peemöller, 255–264. Herne: NWB.

IACVA. 2011. Bewertung nicht börsennotierter Unternehmen – Die Berücksichtigung von Insolvenzwahrscheinlichkeiten -. *BewertungsPraktiker* 1 (2011): 12–22.

Ibbotson, Morningstar. 2008. *Ibbotson SBBI 2008 Valuation Yearbook*. Chicago: Morningstar.

IDW. 2008. IDW Standard: Grundsätze zur Durchführung von Unternehmensbewertungen (IDW S 1 i.d.F. 2008), Stand: 2. April 2008. *WPg* 2008 (3):68 ff. (*FN-IDW* 7/2008, 271 ff.).

IDW. 2011. IDW Standard: Grundsätze für die Erstellung von Fairness Opinions (IDW S 8), Stand: 17. Januar 2011. *WPg* 2011 (1):85 ff. (FN-IDW 3/2011, 151 ff.).

IDW. 2012a. Hinweise zur Berücksichtigung der Finanzmarktkrise bei der Ermittlung des Kapitalisierungszinssatzes. *FN-IDW* 10 (2012): 568–569.

IDW. 2012b. IDW Stellungnahme zur Rechnungslegung: Handelsrechtliche Rechnungslegung bei Personengesellschaften (IDW RS HFA 7). Stand: 6. Februar 2012. *WPg* 2012 (1): 73 ff. (*FN-IDW* 3/2012, 189 ff.).

IDW. 2012c. IDW Stellungnahme zur Rechnungslegung: Anwendung der Grundsätze des IDW S 1 bei der Bewertung von Beteiligungen und sonstigen Unternehmensanteilen für Zwecke des handelsrechtlichen Jahresabschlusses (IDW RS HFA 10). Stand 29. November 2012. *FN-IDW* 1/2013: 62.

IDW. 2014a. Besonderheiten bei der Ermittlung eines objektivierten Unternehmenswerts kleiner und mittelgroßer Unternehmen (IDW Praxishinweis 1/2014). Stand: 5. Februar 2014. *WPg* 2014 (2): 28 ff. *FN-IDW* 4/2014:282 ff.

IDW 2014b. Ergebnisbericht-Online über die 113. Sitzung des FAUB, abrufbar im Mitgliederbereich der IDW Website unter Rubrik „Sitzungsberichte/FAUB".

IDW. 2015. IDW Standard: Grundsätze zur Bewertung immaterieller Vermögenswerte (IDW S 5), Stand: 16. April 2015. *WPg* 2011 (3): 98 ff. (*FN-IDW* 7/2011:467 ff.). *WPg* 2015 (3): 16 f. (*FN-IDW* 8/2015:447 f.)

IDW. 2016a. IDW Standard: Besonderheiten bei der Unternehmensbewertung zur Bestimmung von Ansprüchen im Familien- und Erbrecht (IDW S 13), Stand: 6. April 2016. *IDW Life* 7/2016: 574 ff.

IDW. 2016b. IDW Stellungnahme zur Rechnungslegung: Einzelfragen zu Wertminderungen von Vermögenswerten nach IAS 36 (IDW RS HFA 40). Stand: 14. Juni 2016. *WPg* 2015 (2): 77 ff., *FN-IDW* 6/2015: 335 ff., *IDW Life* 7/2016: 550.

IDW. 2016c. *IDW Prüfungsstandard: Feststellung und Beurteilung von Fehlerrisiken und Reaktionen des Abschlussprüfers auf die beurteilten Fehlerrisiken* (IDW PS 261 n.F.). Stand 14. Juni 2016. Düsseldorf: IDW.

IDW. 2017. *Beurteilung einer Unternehmensplanung bei Bewertung, Restrukturierungen, Due Diligence und Fairness Opinion* (IDW Praxishinweis 2/2017). Stand: 2. Januar 2017. *IDW Life* 3/2017, 343 ff.

IDW. 2018. *WPH Edition, Bewertung und Transaktionsberatung*. Düsseldorf: IDW.

Ihlau, S. 2018. Erfolg dank Earn-Out. *Berlin Valley* 29:99–101.

Ihlau, S., und K.-H. Barth. 2016. Grundlegender Wandel von Geschäftsmodellen durch die digitale Transformation – Auswirkungen auf die Unternehmensbewertung. *Betriebs-Berater* 71 (18): 1068–1072.

Ihlau, S., und S. Gödecke. 2010. Earn-Out-Klauseln als Instrument für die erfolgreiche Umsetzung von Unternehmenstransaktionen. *Betriebs-Berater* 65 (12): 687–691.

Ihlau, S., und H. Duscha. 2012. Hinweise zur Anwendung von IDW S 1 bei der Bewertung von KMU. *WPg* 65 (9): 489–499.

Ihlau, S., und T. Kohl. 2016. Unternehmensbewertung im Familien- und Erbrecht – Der neue Standard IDW ES 13. *WPg* 3:163–169.

Ihlau, S., und T. Kohl. 2017. Praxis der Unternehmensbewertung im Familien- und Erbrecht – Anwendungshilfen im neuen Standard IDW S 13. *WPg* 7:397–402.

IMF. 2017. http://www.imf.org/. Zugegriffen: 16. Okt. 2017.

Jonas, M. 2008. Besonderheiten der Unternehmensbewertung bei kleinen und mittleren Unternehmen. *WPg* (Sonderheft)61: 117–122.

Jonas, M. 2010. Abfindung und Besteuerung ausgeschlossener Gesellschafter. In *Festschrift für Wienand Meilicke zum 65. Geburtstag*, Hrsg. A. Herlinghaus, H. Hirte, R. Hüttemann, und T. Heidel, 271–286. Baden-Baden: Nomos.

Jonas, M. 2011. Die Bewertung mittelständischer Unternehmen – Vereinfachungen und Abweichungen. *WPg* 64 (7): 299–309.

Keiner, T. 2001. *Rating für den Mittelstand*. Frankfurt a. M.: Campus.

Keller, M., und B. Hohmann. 2004. Die Discounted-Cashflow-Methode zur Bewertung von kleinen und mittleren Unternehmen (Teil I). *Unternehmensbewertung & Management* 2 (2004): 52–57.

Kindermann, S. 2005. *Liquiditäts- und Effizienzmessung im Aktienhandel – Dimensionen des Preisbildungsprozesses auf einem kontinuierlichen elektronischen Anlegerauktionsmarkt*. Wiesbaden: Deutscher Universitätsverlag.

Knoll, L., und T. Tartler. 2011. Alles hat ein Ende … – Anmerkungen zu einer mehrstufigen Diskussion in Finanz Betrieb und CF biz. *CF biz* 2 (7): 409–413.

Koller, T., M. Goedhart, und D. Wessels. 2005. *Valuation – Measuring and managing the value of companies*. Hoboken: Wiley.

Kratz, N., und C. Wangler. 2005. Unternehmensbewertung bei nicht kapitalmarktorientierten Unternehmen: Das Problem der Ermittlung entscheidungsrelevanter Kapitalkosten. *Finanz Betrieb* 7 (3): 169–176.

Kreutziger, S. 2013. In *BewG*, 3. Aufl, Hrsg. S. Kreutziger, M. Schaffner, und R. Stephany. München: Beck.

Kupke, T., und A. Nestler. 2003. Steuerliche Verlustvorträge bei der Ermittlung von objektivierten Unternehmenswerten – Plädoyer für eine differenzierte Behandlung. *Betriebs-Berater* 58 (23): 2279–2285.

Kußmaul, H. 2013. *Betriebswirtschaftliche Steuerlehre*, 7. Aufl. München: Oldenbourg Wissenschaftsverlag.

Laffont, J.J., und D. Martimort. 2001. *The theory of incentives: The principal-agent model*. New Jersey: Princeton University Press.

Lewis, T., und D. Stelter. 1995. *Steigerung des Unternehmenswertes: Total Value Management*. Landsberg: Verlag Moderne Industrie.

Lobe, S. 2010. Lebensdauer von Firmen und ewige Rente: Ein Widerspruch? *CF biz* 1 (3): 179–182.

Lobe, S., und A. Hölzl. 2011. Ewigkeit, Insolvenz und Unternehmensbewertung: Globale Evidenz. *CF biz* 2 (4): 252–257.

Löhnert, P., und U. Böckmann. 2015. Multiplikatorverfahren in der Unternehmensbewertung. In *Praxishandbuch der Unternehmensbewertung*, 6. Aufl, Hrsg. V. Peemöller, 647–697. Herne: NWB.

Longstaff, F. 1995. How much can marketability affect security values? *Journal of Finance* 50 (5): 1767–1774.

Lück, W., und A. Makowski. 1996. Internal control. *WPK-Mitteilungen* 35 (3): 157–160.

Mackenstedt, A., A. Menze, und F. Werner. 2018. Auswirkungen der Digitalisierung auf die Unternehmensbewertung. *WPg* 71 (13): 826–832.

Maehrle, H., M. Friedrich, und S. Jaslowitzer. 2005. Bewertung junger High Tech-Unternehmen. *Finanz Betrieb* 12 (7): 834–839.

Mandl, G. 1995. Zur Bewertung von Klein- und Mittelbetrieben. In *Erfolgspotenziale für Klein- und Mittelbetriebe. Festschrift Walter Sertl zum 65. Geburtstag*, Hrsg. H. Stiegler, H. Kotek, M. Petermandl, und W. Kemmetmüller, 373–389. Linz: Universitätsverlag Trauner.

Mandl, G., und K. Rabl. 1997. *Unternehmensbewertung. Eine praxisorientierte Einführung*. Wien: Ueberreuter.

Meitner, M., und F. Streitferdt. 2015. Die Bestimmung des Betafaktors. In *Praxishandbuch der Unternehmensbewertung*, 6. Aufl, Hrsg. V. Peemöller, 521–587. Herne: NWB.

Mellen, C.M., und F.C. Evans. 2010. *Valuation for M&A: Building value in private companies*. Hoboken: Wiley.

Mercer, C. 1997. *Quantifying marketability discounts: Developing and supporting marketability discounts in the appraisal of closely held business interests*. Memphis: Peabody Publishing.

Metz, V. 2007. *Der Kapitalisierungszinssatz bei der Unternehmensbewertung: Basiszinssatz und Risikozuschlag aus betriebswirtschaftlicher Sicht und aus Sicht der Rechtsprechung*. Wiesbaden: Deutscher Universitäts Verlag.

Moxter, A. 1983. *Grundsätze ordnungsmäßiger Unternehmensbewertung*, 2. Aufl. Wiesbaden: Gabler.

Münstermann, H. 1966. *Wert und Bewertung der Unternehmen*. Wiesbaden: Gabler.

Myers, S. 1996. Measuring pharmaceutical risk and the cost of capital. In *Risk and return in the pharmaceutical industry*, Hrsg. J. Sussex und N. Marchant. London: Office of Health Economics.

Olbrich, M., und C. Olbrich. 2008. Unternehmensbewertung im Zugewinnausgleich. *Der Betrieb* 63 (27): 1483–1485.

OLG Hamm. 2014. Entscheidung vom 10.4.2014 – 10 U 35/13, *BeckRS* 2014, 11567.

OLG München. 2012. Entscheidung vom 4.4.2012 – 3 U 4952/10. *BeckRS* 2012, 08586.

Paul, H., und V. Wollny. 2014. *Instrumente des strategischen Managements*, 2. Aufl. München: Oldenbourg.

Peemöller, V., T. Geiger, und H. Barchet. 2001. Bewertung von Early-Stage-Investments im Rahmen der Venture Capital-Finanzierung. *Finanz Betrieb* 5 (3): 334–344.

Peemöller, V., und S. Kunowski. 2015. Ertragswertverfahren nach IDW. In *Praxishandbuch der Unternehmensbewertung*, 6. Aufl, Hrsg. V. Peemöller, 277–352. Herne: NWB.

Perridon, L., M. Steiner, und A.W. Rathgeber. 2017. *Finanzwirtschaft der Unternehmung*, 17. überarbeitete u. erweiterte Aufl. München: Vahlen.

Petersen, K., und C. Zwirner. 2008. IAS 32 (rev. 2008) – Endlich (mehr) Eigenkapital nach IFRS. *DStR* 46 (21–22): 1060–1066.

Piltz, D.J. 1994. *Die Unternehmensbewertung in der Rechtsprechung*. Düsseldorf: IDW.

Popp, M. 2008. Ausgewählte Aspekte der objektivierten Bewertung von Personengesellschaften. *WPg* 61 (19): 935–944.

Popp, M. 2015. Vergangenheits- und Lageanalyse. In *Praxishandbuch der Unternehmensbewertung*, 6. Aufl, Hrsg. V. Peemöller, 173–220. Herne: NWB.

Popp, M., und S. Kunowski. 2015. Berücksichtigung von Steuern. In *Praxishandbuch der Unternehmensbewertung*, 6. Aufl, Hrsg. V. Peemöller, 1311–1361. Herne: NWB.

Porter, M. E. 1979. How competitive forces shape strategy. HBR. https://hbr.org/1979/03/how-competitive-forces-shape-strategy. Zugegriffen: 17. Okt. 2017.

Porter, M.E. 2004. *The competitive strategy: Techniques for analyzing industries and competitors*. New York: Free Press.

Pratt, S., und R. Grabowsi. 2014. *Cost of capital: Applications and examples*, 5. Aufl. Hoboken: Wiley.

Radin, A. J. 2008. A practical approach to finding management override. *CPA Journal* 78 (10): 6 ff.

Röhrig, A.P., und M. Doege. 2006. Das Kapital der Personengesellschaften im Handels- und Ertragsteuerrecht – Begriff, Bedeutung, Gestaltungen. *DStR* 44 (12): 489–501.

Rojann, J., und R. Elschen. 2009. Liquidität und Anteilsbesitzkonzentration. *Finanz Betrieb* 11 (2): 88–93.

Ross, S.A. 1973. The economic theory of agency: The principal's problem. *The American Economic Review* 63 (2): 134–139.

Ross, S.A. 1976. The arbitrage theory of capital asset pricing. *Journal of Economic Theory* 13 (3): 341–360.

Rzepka, M., C. Hille, und S. Schieszl. 2016. Die Bewertung von Start-up-Unternehmen – Aktuelle Entwicklungen, Bewertungstrends und angewendete Bewertungsmethoden. *Corporate Finance* 9 (7): 311–320.

Schmalenbach, E. 1996. *Die Beteiligungsfinanzierung*, 9. Aufl. Köln: Westdeutscher Verlag.

Schoberth, J., und S. Ihlau. 2008. Besonderheiten und Handlungsempfehlungen bei der Bewertung von Familienunternehmen. *Betriebs-Berater* 63 (39): 2114–2118.

Schulenburg, K. 2002. Externes und bankinternes Rating im Vergleich. http://www.dialog-im-mittelpunkt.de/wp-content/uploads/2015/06/Schulenburg.pdf. Zugegriffen: 17. Okt. 2017.

Schulz, R. 2009. *Größenabhängige Risikoanpassungen in der Unternehmensbewertung*. Düsseldorf: IDW.

Schütte-Biastoch, S. 2011. *Unternehmensbewertung von KMU*. Wiesbaden: Gabler.

Sieben, G. 1963. *Der Substanzwert der Unternehmung*. Wiesbaden: Gabler.

Sieben, G., und H. Maltry. 2015. Der Substanzwert der Unternehmung. In *Praxishandbuch der Unternehmensbewertung*, 6. Aufl, Hrsg. V. Peemöller, 759–783. Herne: NWB.

Siegel, T. 1994. Unternehmensbewertung, Unsicherheit und Komplexitätsreduktion. *BFuP* 46 (5): 457–476.

Siepe, G., A. Dörschell, und J. Schulte. 2000. Der neue IDW Standard: Grundsätze zur Durchführung von Unternehmensbewertungen (IDW S 1). *WPg* 53 (19): 946–960.

Standard & Poor's. 2017. 2016 Annual global corporate default study and rating transitions. https://www.spratings.com/documents/20184/774196/2016+Annual+Global+Corporate+Default+Study+And+Rating+Transitions.pdf/2ddcf9dd-3b82-4151-9dab-8e3fc70a7035. Zugegriffen: 11. Dezember 2018.

Statistisches Bundesamt. 2018. Grund- und Gewerbesteueraufkommen im Jahr 2017 um 4,8 % gestiegen. https://www.destatis.de/DE/ZahlenFakten/GesellschaftStaat/OeffentlicheFinanzenSteuern/Steuern/Steuerhaushalt/RealsteuervergleichAktuell.html. Zugegriffen: 10. Dezember 2018.

Stehle, R. 1997. Der Size-Effekt am deutschen Aktienmarkt. *ZBB* 9:237–260.

Stehle, R. 2004. Die Festlegung der Risikoprämie von Aktien im Rahmen der Schätzung des Wertes von börsennotierten Kapitalgesellschaften. *WPg* 57 (17): 906–927.

Stehle, R., und M.H. Schmidt. 2015. Returns on German Stocks 1954 to 2013. *Credit and Capital Markets – Kredit und Kapital* 48 (3): 427–476.

Stock, D. 2002. *Zur Relevanz von CAPM-Anomalien für den deutschen Aktienmarkt*. Frankfurt a. M.: Lang.

Wagner, F.W. 2007. Der Einfluss der Besteuerung auf zivilrechtliche Abfindungs- und Ausgleichsansprüche bei Personengesellschaften. *WPg* 60 (21): 929–937.

Wagner, F.W. 2008. Unterschiedliche Wirkungen bewertungsbedingter und transaktionsbedingter latenter Ertragsteuern auf Abfindungs- und Ausgleichsansprüche. *WPg* 61 (17): 834–840.

Wagner, W., G. Saur, und T. Willershausen. 2008. Zur Anwendung der Neuerungen der Unternehmensbewertungsgrundsätze des IDW S 1 i.d.F. 2008 in der Praxis. *WPg* 61 (16): 731–747.

Wallmeier, M. 2007. Implizite Kapitalkostensätze und der Fortführungswert im Residualgewinnmodell. *BFuP* 59 (6): 558–579.

Wambach, M., und T. Kirchmer. 2002. Unternehmensrating: Weit reichende Konsequenzen für mittelständische Unternehmen und für Wirtschaftsprüfer. *Betriebs-Berater* 57 (8): 400–405.

Wiese, J. 2007. *Unternehmensbewertung und Abgeltungssteuer. WPg* 60 (9): 368–375.

Wöhe, G., U. Döring, und G. Brösel. 2016. *Einführung in die allgemeine Betriebswirtschaftslehre*, 26. Aufl. München: Vahlen.

Wollny WP GmbH. 2013. BaseRateGuide (Basiszinssatz-Rechner) http://www.wollnywp.de/unternehmensbewertung/bewertungstools/. Zugegriffen: 29. Apr. 2013.

Wüstemann, J. und T. Brauchle. 2018. BB-Rechtsprechungsreport Unternehmensbewertung 2017/18. *Betriebs-Berater* 73 (27/28): 1579–1584.

Wüstemann, J., und J. Bischof. 2011. Eigenkapital im nationalen und internationalen Bilanzrecht: Eine ökonomische Analyse. *ZHR* 175 (2011): 210–246.

Zdrowomyslaw, N., und R. Kasch. 2002. *Betriebsvergleiche und Benchmarking für die Managementpraxis: Unternehmensanalyse, Unternehmenstransparenz und Motivation durch Kenn- und Vergleichsgrößen*. München: Oldenbourg Wissenschaftsverlag.

Zeidler, G. 2006. Die Anwendbarkeit von IDW S 1 auf kleine und mittlere Unternehmen. In *-Besonderheiten der Bewertung von Unternehmensanteilen sowie von kleinen und mittleren Unternehmen*, Hrsg. J. Baetge und H.J. Kirsch. Düsseldorf: IDW.

Zeidler, G., S. Schöniger, und A. Tschöpel. 2008. Auswirkungen der Unternehmensteuerreform 2008 auf Unternehmensbewertungskalküle. *Finanz Betrieb* 10 (4): 276–288.

Zellmann, J., C. Prengel, und C. Lebschi. 2014. Die Bewertung von Venture Capital Portfoliounternehmen – Best Practice Studie bei VC-Fonds in Deutschland. *BewertungsPraktiker* 3 (2014): 74–83.

Zieger, M., und S. Schütte-Biastoch. 2008. Gelöste und ungelöste Fragen bei der Bewertung von kleinen und mittleren Unternehmen (KMU). *Finanz Betrieb* 10 (9): 590–601.

Zimmermann. 1997. *Schätzung und Prognose von Betawerten – Eine Untersuchung am deutschen Aktienmarkt*. Bad Soden/Ts: Uhlenbruch.

Zusammenfassung

5

Die Unternehmensbewertung gehört zu einer der Königsdisziplinen der Betriebswirtschaft und stellt in der Praxis ein sehr spannendes und herausforderndes Tätigkeitsgebiet dar. Dies begründet sich im Wesentlichen damit, dass eine fundierte Unternehmensbewertung das Verständnis des Geschäftsmodells des Unternehmens, der Märkte, in denen es tätig ist, und zugleich der Techniken der Bewertung bedarf. KMU haben zum einen in der deutschen Wirtschaft eine wesentliche Bedeutung und zeichnen sich als Bewertungsobjekte dadurch aus, dass sie meist stark von der Person des Unternehmers geprägt sind. Dies führt dazu, dass bei der Bewertung von KMU zusätzliche individuelle Besonderheiten zu berücksichtigen sind. Das vorliegende Buch gibt hierzu einen praxisorientierten Überblick.

Das Buch ist in drei wesentliche Teilbereiche gegliedert. Zunächst werden die spezifischen Merkmale und Besonderheiten von KMU dargestellt. Im zweiten Teil werden die Grundlagen der Bewertung von KMU ausgehend von dem Bewertungsanlass über die Auswahl des Bewertungsverfahrens bis hin zum Bewertungsprozess erläutert. Der dritte Teil beschäftigt sich mit der Berücksichtigung der Besonderheiten von KMU sowohl bei der Ermittlung der zu kapitalisierenden Überschüsse als auch des Kapitalisierungszinssatzes. Schließlich gibt die tabellarische Zusammenfassung in diesem Buch einen Überblick, wie die möglichen Besonderheiten von KMU sowohl bei der Ermittlung subjektiver als auch objektivierter Unternehmenswerte – unterschieden danach, ob der Unternehmer im Unternehmen verbleibt oder ausscheidet – zu berücksichtigen sind.

Eine eindeutige Abgrenzung von KMU anhand von quantitativen Ansätzen gibt es nicht. Vielmehr dienen qualitative Merkmale der Abgrenzung. Dazu zählen insbesondere ein fokussiertes, wenig diversifiziertes Geschäftsmodell, der wesentliche Einfluss der Eigner bzw. der Familie, eingeschränkte Finanzierungsmöglichkeiten sowie einfache Strukturen bezüglich des Rechnungswesens, interner Kontrollen und der Planungsrechnung.

S. Ihlau und H. Duscha, *Besonderheiten bei der Bewertung von KMU*,
https://doi.org/10.1007/978-3-658-18675-3_5

„Bewerten heißt vergleichen“ (Moxter 1983, S. 123). Die Besonderheiten der KMU führen aber gerade dazu, dass sie nicht so einfach mit großen börsennotierten Unternehmen vergleichbar sind. Das macht ihre Bewertung komplex. Der Preis für ein Unternehmen bildet sich am Markt durch Angebot und Nachfrage und ist letztlich das Ergebnis einer Verhandlungssituation. Der Wert eines Unternehmens kann jedoch unterschiedlich sein, je nach subjektivem Nutzen des Bewertungssubjektes. Welches Bewertungskonzept bei einer Bewertung anzuwenden ist, bestimmt sich aus dem Bewertungsanlass. Bewertungsanlässe sind sehr vielfältig. Unternehmensbewertungen erfolgen im Zusammenhang mit Nachfolgeregelungen, bei Käufen/Verkäufen aber auch in dominierten Situationen, wie dem Ausscheiden von Gesellschaftern sowie familien- und erbrechtlichen Auseinandersetzungen. Auch für nicht transaktionsbezogene Anlässe, beispielsweise für die Ermittlung von Steuern oder Bilanzansätzen sowie für Finanzierungen, werden Unternehmensbewertungen benötigt.

Die Auswahl des Bewertungsverfahrens hängt eng mit dem Bewertungsanlass und dem Bewertungszweck zusammen. Marktpreisorientierte Bewertungsverfahren bieten sich vornehmlich im Transaktionsumfeld oder zur Plausibilisierung von Werten an. Erste Kaufpreisindikationen erfolgen sehr häufig anhand von Multiples. Insbesondere Bewertungsanlässe, in denen keine freie Verhandlungssituation bezüglich des Preises gegeben ist, wie die Ermittlung von Abfindungs- und Ausgleichsansprüchen, die Ermittlung einer steuerlichen Bemessungsgrundlage oder die Absicherung einer Finanzierung, bedürfen einer fundamentalen Bewertung. Auch Kauf- und Verkaufsentscheidungen lassen sich besser begründen, wenn man sich der wesentlichen Werttreiber und ihrer Auswirkungen auf den Wert bewusst ist. Als Gesamtbewertungsverfahren im Transaktionsumfeld bietet sich das gängige DCF-Bruttoverfahren an. Bei dominierten Bewertungsanlässen wird in Deutschland in der Regel das Ertragswertverfahren angewandt. Bei Bewertungen für steuerliche Zwecke besteht die Möglichkeit, das vereinfachte Ertragswertverfahren anzuwenden. Dies kann jedoch in Abhängigkeit vom wirtschaftlichen Umfeld und der erwarteten künftigen Entwicklung des Unternehmens zu unzutreffenden Ergebnissen führen. Den Einzelbewertungsverfahren mit den Ausprägungen Substanzwert und Liquidationswert kommt meist nur eine Bedeutung als Wertuntergrenze zu. Dennoch kann die Substanz im Sinne von Einzelerwerbswerten bei der Bewertung von KMU von Bedeutung sein. Für Wachstums- bzw. Start-up-Unternehmen kommen je nach Lebenszyklusphase, in der sie sich befinden, unterschiedliche Bewertungsmethoden zur Anwendung.

Die Bewertung an sich lässt sich thematisch in die Prognose der künftig erzielbaren Überschüsse und in die Ermittlung eines risikoäquivalenten Kapitalisierungszinssatzes gliedern. Die Prognose der künftig erzielbaren Überschüsse von KMU wird bei personenbezogenen Unternehmen maßgeblich von der übertragbaren Ertragskraft bestimmt. In diesem Zusammenhang ist jeweils auch das Bewertungskonzept zu berücksichtigen, d. h. soll ein objektivierter Unternehmenswert entweder unter der Maßgabe, dass der das Unternehmen bestimmende Unternehmer im Unternehmen verbleibt bzw. ausscheidet oder ein subjektiver Unternehmenswert ermittelt werden. Bei der Ermittlung subjektiver Unternehmenswerte wird jeweils auf die individuellen Verhältnisse aus Sicht des Bewertungssubjektes abgestellt. Objektivierte Unternehmenswerte hingegen stellen von den individuellen Wertvorstellungen der betroffenen Parteien unabhängige Werte eines Unternehmens dar, sodass in diesem Zusammenhang gewisse Typisierungen und „Objektivierungen" vorzunehmen sind. Bezogen auf die Bewertung von KMU bedeutet dies, dass zunächst die personenbezogenen Einflussfaktoren und Besonderheiten zu identifizieren und im Anschluss entsprechend dem Bewertungskonzept in den zu kapitalisierenden Ergebnissen und im Kapitalisierungszinssatz zu berücksichtigen sind.

Wesentliche KMU-spezifische Themen sind dabei personenbezogene Einflüsse auf die operative Ertragskraft, wie besondere Beziehungen der Eigner zu Kunden oder Lieferanten, Spezialwissen, technisches Know-How, Führungsqualitäten und ein berufliches Netzwerk, die das Unternehmen maßgeblich prägen. Wesentlich ist in diesem Zusammenhang die Ermittlung der übertragbaren Ertragskraft. Dabei ist zu unterscheiden zwischen einer vollständig oder nur partiell bzw. temporär übertragbaren Ertragskraft. Bei einer partiell bzw. temporär übertragbaren Ertragskraft schmilzt das künftige Ertragspotenzial aus den nur begrenzt übertragbaren Faktoren über einen endlichen Zeitraum ab.

Häufig bestehen Geschäftsverbindungen zu nahestehenden Personen oder Unternehmen, die zum einen auf ihre Marktüblichkeit und zum anderen ebenfalls im Hinblick auf die Fortsetzbarkeit bei einem möglichen Ausscheiden des Gesellschafters zu untersuchen sind. Bezüglich der Geschäftsführungsvergütung und mitarbeitenden Familienmitgliedern sind bei der Ermittlung objektivierter Unternehmenswerte marktübliche Vergütungen anzusetzen. Insbesondere Personengesellschaften zeichnen sich häufig durch eine mangelnde Trennung von privaten und betrieblichen Vermögen sowie Kapital aus. Häufig werden betriebsnotwendige Vermögenswerte dem Unternehmen von den Gesellschaftern zur Verfügung gestellt, deren adäquate Vergütung sowie künftige Nutzbarkeit sicherzustellen ist. Andererseits befinden sich teilweise nicht betriebsnotwendige Vermögensgegenstände im Unternehmen, die dann entsprechend gesondert zu bewerten sind. Hinsichtlich der Kapitalstrukturen weisen KMU sehr häufig aufgrund ihres Personenbezuges Besonderheiten auf. Dabei sind insbesondere bei Personengesellschaften häufig Eigenkapitalausstattungen vorzufinden, die unter dem marktüblichen Niveau liegen. Dies geht zum Teil einher mit einer unbeschränkten Haftung der Gesellschafter. Hinsichtlich des im Rahmen der Bewertung zu berücksichtigenden Fremdkapitals sind insbesondere die Abgrenzung und Verzinsung von Gesellschafterdarlehen sowie die Auswirkungen der Bereitstellung von Sicherheiten oder Haftungsübernahmen durch die Gesellschafter von Bedeutung.

Hinsichtlich der für die Ermittlung der zu kapitalisierenden Ergebnisse maßgeblichen Planungsrechnung weisen KMU häufig Unzulänglichkeiten auf, da insbesondere das Geschäftsmodell und die strategischen Ziele lediglich in den Köpfen der Unternehmer verankert sind. Auch für die Bewertung von KMU sind integrierte Planungsrechnungen bestehend aus Bilanz-, Erfolgs- und Cash-Flow-Planungen für einen Mehrjahreszeitraum von zumindest drei bis fünf Jahren erforderlich. Zur Abbildung der für KMU spezifischen Risiken bieten sich Szenariorechnungen an, beispielsweise bezüglich personenbezogener Faktoren vor dem Hintergrund, dass der Eigentümer aus dem Unternehmen ausscheidet. Mehrwertige Planungen dienen in diesem Zusammenhang der Abbildung der zentralen Werttreiber und ihrer Unsicherheiten. Auch bei Wachstumsunternehmen sind Szenariorechnungen hilfreich, um Prognoseunsicherheiten zu erfassen. Das Bewertungskalkül setzt die Diskontierung von Erwartungswerten voraus. Dabei ist zu beachten, dass diese nicht notwendigerweise den wahrscheinlichsten eindimensionalen Überschüssen entsprechen. Grundsätzlich wird empfohlen, Besonderheiten von KMU vorrangig in den zu kapitalisierenden Überschüssen und somit im Zähler des Bewertungskalküls abzubilden.

Um den Aufwand und die Kosten bei der Bewertung von KMU gering zu halten, wird häufig nach Vereinfachungen gesucht. Mögliche Vereinfachungen ergeben sich aus dem Bewertungsanlass und dem Wertkonzept. Aufwendig im Rahmen einer Gesamtbewertung ist insbesondere die Analyse der Planungsrechnung einschließlich des Geschäftsmodells sowie des Marktumfeldes, in dem das Unternehmen agiert. Soll ein subjektiver Unternehmenswert ermittelt werden, kann dies auch in Form einer indikativen Wertermittlung erfolgen. Solche indikativen Wertermittlungen bieten sich beispielsweise im ersten Schritt einer Transaktion an. Hierbei erfolgt dann keine oder nur eine eingeschränkte Analyse der Planungsrechnung und die Bewertung wird auf Basis der vorgelegten Planungsrechnung ggf. mit verschiedenen Szenarien erstellt. Grundsätzlich gilt jedoch: Je intensiver die Analyse der Planungsrechnung im Rahmen der Bewertung durchgeführt wird, desto belastbarer ist das Ergebnis der Bewertung und das Verständnis für die Werttreiber und ihre Auswirkungen auf den Unternehmenswert.

Der Kapitalisierungszinssatz stellt die zweite wesentliche Komponente im Bewertungskalkül dar. Es stellt sich die Frage, inwieweit die Besonderheiten und individuellen Risiken von KMU – unter Wahrung des Äquivalenzprinzips – im Kapitalisierungszinssatz abzubilden sind. In der Praxis hat sich auch bei der Bewertung von KMU die Anwendung des CAPM zur Ermittlung des Kapitalisierungszinssatzes durchgesetzt. Danach setzt sich der Kapitalisierungszinssatz aus einem risikolosen Basiszinssatz und einem Risikozuschlag zusammen. Der Risikozuschlag ermittelt sich aus dem Produkt der Marktrisikoprämie und dem Betafaktor. Darüber hinaus ist für die ewige Rente ggf. ein Wachstumsabschlag zu berücksichtigen. Hinsichtlich der Ermittlung des Basiszinssatzes und der Marktrisikoprämie ergeben sich für die Bewertung von KMU keine Abweichungen von den bei der Bewertung von Großunternehmen angewandten Methoden. Denn beide Größen – zum einen die risikofreie Anlage und zum anderen das allgemeine Marktrisiko – beziehen sich auf vergleichbare Marktdaten. Das unternehmensindividuelle Risiko wird im CAPM durch den Betafaktor berücksichtigt. Da KMU in der Regel nicht börsennotiert sind, wird der Betafaktor anhand von Vergleichsunternehmen einer ausgewählten Peer Group ermittelt. KMU weisen jedoch eine Vielzahl von Besonderheiten auf, die sie gerade nicht mit großen börsennotierten Unternehmen vergleichbar erscheinen lassen. Daher ist die Auswahl geeigneter Vergleichsunternehmen mit besonderer Sorgfalt vorzunehmen. Problematisch stellt sich häufig die Ermittlung von Betafaktoren für Start-up-Unternehmen dar, da es zu diesen grundsätzlich neuen Geschäftsmodellen keine Vergleichsunternehmen gibt. Gleiches gilt insbesondere auch für in Nischen fokussiert tätige Unternehmen, dessen Geschäftsmodell sich beispielsweise durch die Digitalisierung komplett ändert. Finden sich keine direkt vergleichbaren Peer Group-Unternehmen, besteht die Möglichkeit, auf Branchen-Betafaktoren zurückzugreifen. Soweit der Bewerter auch in diesem Fall zu dem Ergebnis kommt, dass der so ermittelte Betafaktor das Risiko des zu bewertenden KMU nicht adäquat widerspiegelt, können ggf. Aufschläge auf den Betafaktor erforderlich sein. Ein solcher Aufschlag bedarf jedoch ausreichender praktischer Erfahrungen des Bewerters und einer sachgerechten Begründung. Neben dem operativen Risiko wird im Betafaktor auch das Kapitalstrukturrisiko abgebildet. Bei der Bewertung von KMU sind hierbei insbesondere die spezifischen Besonderheiten, die sich aus einer möglicherweise unzureichenden Kapitalausstattung, Haftungsübernahmen und Gesellschafterdarlehen ergeben, äquivalent zu berücksichtigen.

Darüber hinaus stellt sich die Frage nach weiteren Anpassungen des Kapitalisierungszinssatzes vor dem Hintergrund, ob KMU generell durch eine geringere Unternehmensgröße ein höheres operatives Risiko und damit eine höhere Renditeforderung der Anteilseigner aufweisen. Die Anwendung einer allgemeinen Size Premium wird dabei abgelehnt. Es gibt jedoch drei Besonderheiten von KMU, die gegebenenfalls zusätzliche Anpassungen erforderlich machen. Dies betrifft das Insolvenzrisiko, die mangelnde Diversifikation der Anteilseigner sowie die unzureichende Fungibilität der Anteile. Ein möglicherweise erhöhtes Insolvenzrisiko von KMU kann beispielsweise resultieren aus einer hohen Personenabhängigkeit, einer Nischenspezialisierung oder daraus, dass das Unternehmen sich in der Start-up-Phase befindet. Aus einer hohen Personenabhängigkeit kann sich darüber hinaus eine grundsätzlich begrenzte Lebensdauer des Unternehmens ergeben. Insolvenz- und Ausfallrisiken spielen bei der Bewertung von Fremdkapital eine bedeutende Rolle und werden häufig in Ratings abgebildet. Insoweit können Ratings Anhaltspunkte für mögliche Insolvenzwahrscheinlichkeiten liefern. Ratings liegen jedoch für KMU seltener vor. Somit ist im Einzelfall zu prüfen, ob ein erhöhtes Insolvenzrisiko bei dem spezifischen KMU vorliegt und wie dieses zu bewerten ist. Das Insolvenzrisiko sollte grundsätzlich im Rahmen von Szenarioanalysen im Zähler des Bewertungskalküls berücksichtigt werden. Rein mathematisch kann die Insolvenzwahrscheinlichkeit auch wie eine „negative Wachstumsrate" als Zuschlag auf den Kapitalisierungszinssatz angesetzt werden.

Beim CAPM wird davon ausgegangen, dass Kapitalanleger die Vorteile der Risikominimierung durch Aufteilung ihres Vermögens in verschiedene Kapitalanlagen (Diversifikation) nutzen. Dies ist jedoch bei KMU oftmals nicht der Fall, da viele geschäftsführende Gesellschafter ihr gesamtes Vermögen in das eigene Unternehmen investiert haben. Die Fälle der vollständigen Diversifikation und der ausschließlichen Investition in das eigene Unternehmen stellen die beiden Grenzfälle dar. In der Praxis wird in der Regel ein Mischfall anzutreffen sein. Zu der Frage, in welcher Höhe ein durchschnittlicher Investor diversifiziert ist, liegen keine Untersuchungen vor. Bei der Ermittlung objektivierter Unternehmenswerte wird in der Regel von einem typisierten, hinreichend diversifizierten Anteilseigner ausgegangen. Bei der Ermittlung subjektiver

Entscheidungswerte kann das „Total Beta"-Konzept Anhaltspunkte bieten, den Effekt aus der mangelnden Diversifikation des Eigentümers zu quantifizieren.

Die Übertragung von Unternehmensanteilen an KMU ist naturgemäß nicht so einfach wie bei großen börsennotierten Unternehmen. Das sog. Fungibilitätsrisiko ist im Rahmen der Bewertung von KMU abhängig von dem Bewertungsanlass und dem Wertkonzept zu berücksichtigen. Soweit ein objektivierter Unternehmenswert ermittelt wird und von der Übertragbarkeit der Anteile abstrahiert wird, ist mangels Veräußerungsabsicht kein Raum für die Berücksichtigung mangelnder Fungibilität. Soweit konkrete Transaktionsabsichten bestehen, ist – insbesondere auch bei der Ermittlung subjektiver Entscheidungswerte – im Einzelfall sachgerecht zu würdigen und zu begründen, ob eine mangelnde Fungibilität zu berücksichtigen ist. Die Berücksichtigung mangelnder Fungibilität kann über die geschätzten Kosten eines fiktiven Verkaufs oder Börsengangs ermittelt werden und entweder im Zähler oder umgerechnet als Wertabschlag vom Unternehmenswert Berücksichtigung finden. Eine Berücksichtigung im Kapitalisierungszinssatz wird abgelehnt.

Viele der oben beschriebenen Besonderheiten von KMU sind nicht eindeutig abgrenzbar. So besteht, insbesondere wenn alle Komponenten additiv erfasst werden, die Gefahr der Doppelerfassung. Weiterhin können ggf. gegenläufige Effekte aus der fehlenden Prinzipal-Agent-Thematik oder dem Vorteil der Einflussnahme durch Mehrheitsbeteiligung resultieren. In der Praxis ist es daher hilfreich, die einzelnen KMU-spezifischen Risiken zu systematisieren, um mögliche Doppelerfassungen zu vermeiden. Hierfür bieten sich zum einen das dargestellte Stufenmodell sowie zum anderen die als Anlage zu dem Buch beigefügte tabellarische Zusammenfassung zur Berücksichtigung der einzelnen Besonderheiten von KMU bei der Ermittlung der zu kapitalisierenden Ergebnisse sowie des Kapitalisierungszinssatzes an.

Literatur

Moxter, A. 1983. *Grundsätze ordnungsmäßiger Unternehmensbewertung*, 2. Aufl. Wiesbaden: Gabler.

Tabellarische Zusammenfassung

Themenbereiche	Sachverhalte	Objektivierter Wert		Subjektiver Wert	Siehe Abschnitt
		Eigentümer bleibt im Unternehmen	Eigentümer scheidet aus		
Auswirkungen der Besonderheiten von KMU auf die zu kapitalisierenden Ergebnisse					
Personenbezogene Einflüsse auf die operative Ertragskraft	Kundenbeziehungen	Keine Anpassung im Detailplanungszeitraum, Ausnahme: Substanzbesteuerung – Fiktion Unternehmer scheidet aus – Abschmelzmodell, ggf. Reduzierung der Umsatzerlöse in der Phase der ewigen Rente	Szenarioanalysen, ggf. Reduzierung der Umsatzerlöse, ggf. Abschmelzmodell	Szenarioanalysen, Einschätzung der Umsatzerlöse aus Sicht des Bewertungssubjekts	4.3.1.1
	Lieferantenbeziehungen	Keine Anpassung im Detailplanungszeitraum, ggf. Erhöhung des Materialaufwands durch Anpassung der Lieferkonditionen auf das Marktniveau in der Phase der ewigen Rente	Szenarioanalysen; ggf. Anpassung der Lieferkonditionen und Beschaffungspreise an das Marktniveau	Szenarioanalysen, Einschätzung der Lieferantenkonditionen aus Sicht des Bewertungssubjekts	4.3.1.1

S. Ihlau und H. Duscha, *Besonderheiten bei der Bewertung von KMU*,
https://doi.org/10.1007/978-3-658-18675-3

Themenbereiche	Sachverhalte	Objektivierter Wert		Subjektiver Wert	Siehe Abschnitt
		Eigentümer bleibt im Unternehmen	Eigentümer scheidet aus		
	Spezialwissen, technisches Know-How	Keine Anpassung im Detailplanungszeitraum, Ausnahme: Substanzbesteuerung – Fiktion Unternehmer scheidet aus – Abschmelzmodell, ggf. Ansatz von marktüblichen Lizenz- und Patentgebühren in der Phase der ewigen Rente	ggf. Ansatz von marktüblichen Lizenz- und Patentgebühren, ggf. Abschmelzmodell	Berücksichtigung der individuellen verfügbaren und einzubringenden Ressourcen aus Sicht des Bewertungssubjekts	4.3.1.1
	Führungsqualitäten, berufliches Netzwerk	Keine Anpassung im Detailplanungszeitraum, Ausnahme: Substanzbesteuerung – Fiktion Unternehmer scheidet aus – Abschmelzmodell, ggf. Berücksichtigung von Ausbildungskosten für die Einarbeitung von Schlüsselpersonen in der Phase der ewigen Rente	ggf. Berücksichtigung von Ausbildungskosten für die Einarbeitung von Schlüsselpersonen	Individuelle Beurteilung aus Sicht des Bewertungssubjekts	4.3.1.1
	Geschäfte mit nahestehenden Personen	Ansatz von marktüblichen Konditionen/Drittvergleichspreisen im Detailplanungszeitraum und in der Phase der ewigen Rente, ggf. Berücksichtigung konkreter vertraglicher Regelungen	Ansatz von marktüblichen Konditionen/ Drittvergleichspreisen im Detailplanungszeitraum und in der Phase der ewigen Rente	Ansatz individueller Vergütungskonditionen aus Sicht des Bewertungssubjekts	4.3.1.1

Themenbereiche	Sachverhalte	Objektivierter Wert		Subjektiver Wert	Siehe Abschnitt
		Eigentümer bleibt im Unternehmen	Eigentümer scheidet aus		
Vergütung der Geschäftsführung/von Familienmitgliedern	Geschäftsführungsvergütung	Ansatz eines angemessenen Unternehmerlohns für einen Fremdgeschäftsführer/Drittvergleich, ggf. Berücksichtigung konkreter vertraglicher Regelungen	Ansatz eines angemessenen Unternehmerlohns für einen Fremdgeschäftsführer/Drittvergleich	Ansatz individueller Vergütungskonditionen aus Sicht des Bewertungssubjekts	4.3.1.2
	Vergütung von Familienmitgliedern/nahestehenden Personen	Ansatz marktüblicher Vergütungen, ggf. Berücksichtigung konkreter vertraglicher Regelungen	Ansatz marktüblicher Vergütungen	Ansatz individueller Vergütungskonditionen aus Sicht des Bewertungssubjekts	4.3.1.2
Vermögen	Zur Verfügungstellung von Vermögensgegenständen (z. B. Grundstücke, Patente, technisches Know-How) durch den Eigentümer oder durch Familienmitglieder	Fiktive Einbringung der betriebsnotwendigen Vermögensgegenstände zu marktüblichen Konditionen oder Anpassungen von Miet- und Leasingaufwand, Lizenz- und Patentgebühren an das Marktniveau	Fiktive Einbringung der betriebs-notwendigen Vermögensgegenstände zu marktüblichen Konditionen oder Anpassungen von Miet- und Leasingaufwand, Lizenz- und Patentgebühren an das Marktniveau	Individuelle Vermögenszuordnung und konsistenter Ansatz der Vergütungskonditionen aus Sicht des Bewertungssubjekts	4.3.1.3
	Nicht betriebsnotwendiges Vermögen	Gesonderte Bewertung bei gleichzeitiger Eliminierung von Aufwendungen und Erträgen	Gesonderte Bewertung bei gleichzeitiger Eliminierung von Aufwendungen und Erträgen	Gesonderte Bewertung bei gleichzeitiger Eliminierung von Aufwendungen und Erträgen	3.6.2

Themenbereiche	Sachverhalte	Objektivierter Wert		Subjektiver Wert	Siehe Abschnitt
		Eigentümer bleibt im Unternehmen	Eigentümer scheidet aus		
Kapital	Gesellschafterdarlehen	In der Detailplanungsphase ggf. nach Vertragslage; in der Phase der ewigen Rente Anpassung an marktübliche Konditionen	Annahme der Ablösung der Gesellschafterdarlehen durch marktüblich verzinste Darlehen	Ansatz künftiger Finanzierung und Finanzierungskonditionen aus Sicht des Bewertungssubjekts	4.3.1.4
	Eigenkapitalausstattung, die unter dem marktüblichen Niveau liegt	Unter der Annahme, dass das Unternehmen bereits über einen längeren Zeitraum mit der vorhandenen Eigenkapitalausstattung geführt wurde und in der Zukunft mit dieser Eigenkapitalausstattung fortgeführt werden soll, ist eine Anpassung der Eigenkapitalausstattung nicht erforderlich	ggf. Maßnahmen zur Stärkung der Eigenkapitalausstattung	Berücksichtigung künftiger Finanzierungsmaßnahmen aus Sicht des Bewertungssubjekts	4.3.1.4
	Bereitstellung von Sicherheiten (z. B. Bürgschaften, Grundschulden) und sonstige Haftungsübernahmen	ggf. Ergänzung von marktüblichen Avalgebühren und sonstigen Gebühren	Ergänzung von marktüblichen Avalgebühren und sonstigen Gebühren	Individuelle Finanzierungskonditionen aus Sicht des Bewertungssubjekts	4.3.1.4
	Unbeschränkte persönliche Haftung	Keine Anpassung	ggf. Anpassung um geschätzte Kosten für einen fiktiven Rechtsformwechsel	ggf. Anpassung um geschätzte Kosten für einen fiktiven Rechtsformwechsel	4.3.1.4

Themenbereiche	Sachverhalte	Objektivierter Wert		Subjektiver Wert	Siehe Abschnitt
		Eigentümer bleibt im Unternehmen	Eigentümer scheidet aus		
Eingeschränkte Informationsquellen	Unangemessenes Planungs- und Berichtswesen	Szenarioanalyse der zu kapitalisierenden Ergebnisse	Szenarioanalyse der zu kapitalisierenden Ergebnisse	Szenarioanalyse der zu kapitalisierenden Ergebnisse	4.3.2.1
	Unzureichendes internes Kontroll- und Steuerungssystem	ggf. Ab- oder Zuschlag auf die finanziellen Überschüsse in der Planung bei fehlender Planungstreue	ggf. Ab- oder Zuschlag auf die finanziellen Überschüsse in der Planung bei fehlender Planungstreue	ggf. Ab- oder Zuschlag auf die finanziellen Überschüsse in der Planung bei fehlender Planungstreue	4.3.2.2
Steuern	Anpassung aufgrund von Überlassungsvergütungen	Konsistente steuerliche Behandlung aufgrund der angepassten Vermögens- und Vergütungsstruktur	Konsistente steuerliche Behandlung aufgrund der angepassten Vermögens- und Vergütungsstruktur	Konsistente steuerliche Behandlung aufgrund der angepassten Vermögens- und Vergütungsstruktur	4.3.5
	Substitution von Haftungsübernahmen/ Finanzierungen	Anpassung der steuerlichen Bemessungsgrundlage aufgrund höherer Zinsaufwendungen/Avalgebühren	Anpassung der steuerlichen Bemessungsgrundlage aufgrund höherer Zinsaufwendungen/Avalgebühren	Anpassung der steuerlichen Bemessungsgrundlage aufgrund höherer Zinsaufwendungen/ Avalgebühren, sofern durch die individuellen Finanzierungskonditionen aus Sicht des Bewertungssubjekts veranlasst	4.3.5

Themenbereiche	Sachverhalte	Objektivierter Wert		Subjektiver Wert	Siehe Abschnitt
		Eigentümer bleibt im Unternehmen	Eigentümer scheidet aus		
	Verlustvorträge	Typisierte Berücksichtigung der Verlustvorträge	ggf. typisierte Berücksichtigung der Verlustvorträge, sofern sie nach dem Eigentümerwechsel erhalten bleiben	Keine Berücksichtigung von Verlustvorträgen, wenn Untergang aufgrund des Bewertungsanlasses	4.3.5
	Thesaurierungsbegünstigung bei Personengesellschaften	Keine Berücksichtigung, wenn Annahme eines typisierten Ertragsteuersatzes in Höhe von 35 %, bei dem die Vollentnahme steuerlich günstiger ist – soweit anlassbezogen ein höherer typisierter Ertragsteuersatz angesetzt wird, ggf. auch Berücksichtigung einer Thesaurierungsbegünstigung	Keine Berücksichtigung, wenn Annahme eines typisierten Ertragsteuersatzes in Höhe von 35 %, bei dem die Vollentnahme steuerlich günstiger ist – soweit anlassbezogen ein höherer typisierter Ertragsteuersatz angesetzt wird, ggf. auch Berücksichtigung einer Thesaurierungsbegünstigung	Berücksichtigung der Thesaurierungsbegünstigung in Abhängigkeit von dem individuellen Grenzsteuersatz des Anteilseigners	4.3.5.2

Themenbereiche	Sachverhalte	Objektivierter Wert		Subjektiver Wert	Siehe Abschnitt
		Eigentümer bleibt im Unternehmen	Eigentümer scheidet aus		
	Transaktionsabhängige Steuerwirkungen bei Personengesellschaften	Mangels Eigentümerwechsel keine Berücksichtigung transaktionsabhängiger Steuerwirkungen, Ausnahme: Substanzbesteuerung – fiktive Veräußerung des Unternehmens	ggf. keine Berücksichtigung transaktionsabhängiger Steuerwirkungen, da diese erst Folge des Eigentümerwechsels sind	Berücksichtigung transaktionsabhängiger Steuerwirkungen aus Sicht des Bewertungssubjekts	4.3.5.2
	Sonderbetriebsvermögen bei Personengesellschaften	Keine Berücksichtigung, aber ggf. Ansatz marktüblicher Miet- und Leasingaufwendungen, Lizenz- und Patentgebühren	Keine Berücksichtigung, aber ggf. Ansatz marktüblicher Miet- und Leasingaufwendungen, Lizenz- und Patentgebühren	Keine Berücksichtigung, Ansatz individueller Miet- und Leasingaufwendungen, Lizenz- und Patentgebühren aus Sicht des Bewertungssubjekts	4.3.5.2
	Ergänzungsbilanzen bei Personengesellschaften	Mangels Eigentümerwechsel keine Berücksichtigung von künftigen Ergänzungsbilanzeffekten	ggf. keine Berücksichtigung von künftigen Ergänzungsbilanzeffekten, da diese erst Folge des Eigentümerwechsels sind	Berücksichtigung der künftigen Ergänzungsbilanzeffekte	4.3.5.2

Themenbereiche	Sachverhalte	Objektivierter Wert		Subjektiver Wert	Siehe Abschnitt
		Eigentümer bleibt im Unternehmen	Eigentümer scheidet aus		
Auswirkungen der Besonderheiten von KMU auf den Kapitalisierungszinssatz					
Geschäftsrisiko	Je nach Größe des Unternehmens ein im Vergleich zum Gesamtmarkt höheres operatives Risiko bei KMU	Wenn für KMU kein eigener Betafaktor ermittelbar, dann Verwendung von Betafaktoren einer Peer Group oder Branchen-Beta. Falls der Betafaktor der Peer Group oder das Branchen-Beta das operative Risiko des KMU nicht angemessen reflektiert, können ggf. begründete Anpassungen des Betafaktors sachgerecht sein. Keine Berücksichtigung einer Size Premium	Wenn für KMU kein eigener Betafaktor ermittelbar, dann Verwendung von Betafaktoren einer Peer Group oder Branchen-Beta. Falls der Betafaktor der Peer Group oder das Branchen-Beta das operative Risiko des KMU nicht angemessen reflektiert, können ggf. begründete Anpassungen des Betafaktors sachgerecht sein. Keine Berücksichtigung einer Size Premium	Wenn für KMU kein eigener Betafaktor ermittelbar, dann Verwendung von Betafaktoren einer Peer Group oder Branchen-Beta. Falls der Betafaktor der Peer Group oder das Branchen-Beta das operative Risiko des KMU nicht angemessen reflektiert, können ggf. begründete Anpassungen des Betafaktors sachgerecht sein. Keine Berücksichtigung einer Size Premium	4.4.1.2
	Eingeschränkte Vergleichbarkeit des Peer Group Betafaktors				4.4.1.2

Themenbereiche	Sachverhalte	Objektivierter Wert		Subjektiver Wert	Siehe Abschnitt
		Eigentümer bleibt im Unternehmen	Eigentümer scheidet aus		
Neues/geändertes Geschäftsmodell	Digitale Transformation/ Disruption/ Wachstums- und Start-up-Unternehmen	Häufig keine geeignete Peer Group für das neue/geänderte Geschäftsmodell. In der Vergangenheit beobachtete Betafaktoren bilden das Risiko des künftigen Geschäftsmodells nur eingeschränkt ab, ggf. Anpassung des Betafaktors	Häufig keine geeignete Peer Group für das neue/geänderte Geschäftsmodell. In der Vergangenheit beobachtete Betafaktoren bilden das Risiko des künftigen Geschäftsmodells nur eingeschränkt ab, ggf. Anpassung des Betafaktors	Häufig keine geeignete Peer Group für das neue/ geänderte Geschäftsmodell. In der Vergangenheit beobachtete Betafaktoren bilden das Risiko des künftigen Geschäftsmodells nur eingeschränkt ab, ggf. Anpassung des Betafaktors	4.4.3
Kapitalstruktur	Bereitstellung oder Substitution von Sicherheiten (z. B. Bürgschaften, Grundschulden) und sonstige Haftungsübernahmen	Entsprechende Anpassung der Kapitalkosten an die künftig geplante Finanzierungsstruktur und -konditionen	Entsprechende Anpassung der Kapitalkosten an die künftig geplante Finanzierungsstruktur und -konditionen	Entsprechende Anpassung der Kapitalkosten an die künftig geplante Finanzierungsstruktur und -konditionen aus Sicht des Bewertungssubjekts	4.4.1.3
	Nicht marktübliche Kapitalstruktur	Soweit Anpassungen der Kapitalstruktur erfolgten, entsprechende Berücksichtigung bei den Kapitalkosten	Anpassung der Kapitalkosten entsprechend der angesetzten marktüblichen Finanzierung	Berücksichtigung der künftigen Finanzierungsstruktur und -konditionen aus Sicht des Bewertungssubjekts	4.4.1.3

Themenbereiche	Sachverhalte	Objektivierter Wert		Subjektiver Wert	Siehe Abschnitt
		Eigentümer bleibt im Unternehmen	Eigentümer scheidet aus		
Steuern	Siehe oben	Anwendung des Äquivalenzprinzips	Anwendung des Äquivalenzprinzips	Anwendung des Äquivalenzprinzips	3.6.5.4
Insolvenz	Höhere Insolvenzwahrscheinlichkeit	Wenn im Einzelfall erforderlich, Berücksichtigung des Insolvenzrisikos durch eine mehrwertige Planung (Insolvenzszenario) bei der Ableitung der finanziellen Überschüsse, alternativ rechnerische Abbildung im Nenner	Wenn im Einzelfall erforderlich, Berücksichtigung des Insolvenzrisikos durch eine mehrwertige Planung (Insolvenzszenario) bei der Ableitung der finanziellen Überschüsse, alternativ rechnerische Abbildung im Nenner	Wenn im Einzelfall erforderlich, Berücksichtigung des Insolvenzrisikos durch eine mehrwertige Planung (Insolvenzszenario) bei der Ableitung der finanziellen Überschüsse, alternativ rechnerische Abbildung im Nenner	4.4.2.1
Diversifikation	Mangelnde Diversifikation des Anteilseigners	Soweit die Annahme eines typisierten, hinreichend diversifizierten Anteilseigners, keine Berücksichtigung	Soweit die Annahme eines typisierten, hinreichend diversifizierten Anteilseigners, keine Berücksichtigung	„Total Beta"-Konzept kann Anhaltspunkte bieten, den Effekt aus der mangelnden Diversifikation des Eigentümers zu quantifizieren	4.4.2.2

Themenbereiche	Sachverhalte	Objektivierter Wert		Subjektiver Wert	Siehe Abschnitt
		Eigentümer bleibt im Unternehmen	Eigentümer scheidet aus		
Fungibilität	Höhere Transaktionskosten und begrenzte Finanzierungsmöglichkeit	Mangels Veräußerungsabsicht keine Berücksichtigung mangelnder Fungibilität	ggf. Berücksichtigung des Fungibilitätsrisikos im Zähler oder durch einen Wertabschlag vom Unternehmenswert (quantifiziert über die geschätzten Kosten eines fiktiven Börsengangs oder Verkaufs), keine Berücksichtigung im Kapitalisierungszinssatz	Berücksichtigung des Fungibilitätsrisikos im Zähler oder durch einen Wertabschlag vom Unternehmenswert (quantifiziert über die geschätzten Kosten eines fiktiven Börsengangs oder Verkaufs), keine Berücksichtigung im Kapitalisierungszinssatz	4.4.2.3
	Geringere Handelbarkeit				4.4.2.3
	Überleitung zum Anteilswert	In Abhängigkeit der gesellschaftsvertraglichen Regelungen Berücksichtigung mangelnder Fungibilität beim Anteilswert	In Abhängigkeit der gesellschaftsvertraglichen Regelungen Berücksichtigung mangelnder Fungibilität beim Anteilswert	In Abhängigkeit der gesellschaftsvertraglichen Regelungen Berücksichtigung mangelnder Fungibilität beim Anteilswert	4.4.2.3

Sachverzeichnis

S. Ihlau und H. Duscha, *Besonderheiten bei der Bewertung von KMU*,
https://doi.org/10.1007/978-3-658-18675-3

Printed by Printforce, the Netherlands